国家出版基金项目
NATIONAL PUBLICATION FOUNDATION

"十四五"时期国家重点出版物出版专项规划项目

量子信息技术丛书

连续变量量子保密通信

张一辰　著

北京邮电大学出版社
www.buptpress.com

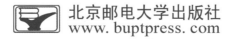

内 容 简 介

连续变量量子保密通信是量子保密通信研究的一大分支，具有突出的成本优势和高可靠性的特点。本书旨在介绍连续变量量子保密通信理论与技术的最新进展，主要从基本概念、基础理论、主要协议、理论安全性证明、系统关键器件建模、协议的改进等多个角度对连续变量量子保密通信进行全面介绍。本书可作为量子密钥分发领域相关研究者学习和研究的参考书。

图书在版编目（CIP）数据

连续变量量子保密通信 / 张一辰著. -- 北京：北京邮电大学出版社，2023.3
ISBN 978-7-5635-6861-1

Ⅰ.①连… Ⅱ.①张… Ⅲ.①量子力学－保密通信－研究 Ⅳ.①TN918.6

中国国家版本图书馆 CIP 数据核字（2023）第 013578 号

策划编辑：姚 顺 刘纳新 **责任编辑**：姚 顺 **责任校对**：张会良 **封面设计**：七星博纳

出版发行：北京邮电大学出版社
社 址：北京市海淀区西土城路 10 号
邮政编码：100876
发 行 部：电话：010-62282185 传真：010-62283578
E-mail：publish@bupt.edu.cn
经 销：各地新华书店
印 刷：保定市中画美凯印刷有限公司
开 本：720 mm×1 000 mm 1/16
印 张：19
字 数：401 千字
版 次：2023 年 3 月第 1 版
印 次：2023 年 3 月第 1 次印刷

ISBN 978-7-5635-6861-1 定 价：98.00 元

·如有印装质量问题，请与北京邮电大学出版社发行部联系·

量子信息技术丛书

顾问委员会

喻　松　王　川　徐兵杰　张　茹　焦荣珍

编　委　会

主　　任　任晓敏

委　　员　张　勇　张一辰　曹　聪
　　　　　陈　星　方　萍　窦　钊

总 策 划　姚　顺

秘 书 长　刘纳新　马晓仟

前　言

连续变量量子密钥分发是量子保密通信研究的一大分支，载体是光场态的正则分量（相空间中的“位置”和“动量”），用于编码的量子态所在的 Hilbert 空间是无限维且连续的，并具有突出的成本优势和高可靠性的特点，近年来成为量子保密通信方向的研究热点之一。本书依据目前的研究现状，主要从基本概念、基础理论、主要协议、理论安全性证明、系统关键器件建模、协议的改进等角度进行全面介绍。我们希望通过本书的介绍，读者能够对连续变量量子密钥分发技术有较为全面的掌握，并且能够独立开展相关的分析和研究。

全书共分为 8 章，第 1 章简单介绍量子密钥分发的基本概念、发展历史、主要协议类型、量子密钥分发网络的现状以及连续变量量子密钥分发协议的概述。第 2 章列举了连续变量量子密钥分发协议及其安全性证明的基础理论，包括数学、量子力学、量子光学、经典信息论、量子信息论等方面。第 3 章介绍连续变量量子密钥分发协议的制备测量模型与纠缠等价模型。第 4 章介绍连续变量量子密钥分发协议的理论安全性证明及安全码率建模方法。第 5 章介绍连续变量量子密钥分发协议系统关键器件的建模与实际安全性分析方法。第 6 章到第 8 章介绍连续变量量子密钥分发协议的改进方法。其中，第 6 章介绍无噪线性放大操作及其等价的高斯后选择对协议的改进；第 7 章介绍减光子操作及其等价的非高斯后选择对协议的改进；第 8 章介绍相位敏感光放大器和相位非敏感光放大器对探测器的非理想性进行优化，从而提升整个协议的性能。

由于作者水平有限，书中谬误之处在所难免，恳请同行及广大读者批评、指正。

张一辰
于北京邮电大学

目　　录

第1章

连续变量量子保密通信概述

信息安全，无论是在国防、军事、外交领域，抑或在金融、交通、通信等民用领域，都有着至关重要的地位，关乎国家安全和社会稳定。在信息技术日益发达的今天，信息的窃取技术也层出不穷，即使使用的设备终端可以做到绝对安全，但面临信道中的窃听，大多数时候也是束手无策。

因此，为了保证通信的信息安全，保密通信技术的重要性不言而喻，发展更新、更好、更安全的保密通信手段成为重要的研究方向。现有的保密通信方法，仍是以经典密码方法为主，即数学密码方法，通过算法对信息进行加密。随着数学理论与量子计算技术的进步，大量经典密码算法面临着被破译的风险。比如现在广泛使用的RSA算法采用能同时操作2 000个量子比特的量子计算机实施量子大数分解算法[1]，在理论上仅需1秒钟就可以对现有的RSA加密算法进行破解。尽管量子计算并未能完全实现，但破解经典密码的算法已经出现，一旦量子计算方向产生实验上的突破，完全摧毁现有的部分密码方法并非遥不可及[2]。如此一来，通过信道窃听结合先进的密码破译技术使得通信毫无保密性可言。于是寻找无条件安全的、可实施的保密通信方法迫在眉睫。

私钥体系中的“一次一密”方案[3]，已经被证明具有无条件安全性[4,5]。在“一次一密”的加密过程中，每次的加密解密，通信双方都需要相同的、完全随机的、与明文等长的密钥进行操作，并且每两次加密过程所用的密钥都无关，这样就能保证每次保密通信过程都是安全的。“一次一密”方案尽管保证了通信的安全性，却又引出一个新的问题：如何安全分配密钥，使得通信双方获取一致的密钥而不被第三方窃听？这就是所谓的密钥分发问题。在明文较长时，安全的密钥分发尤为困难，而经典密码技术中密钥分发的安全性基于计算复杂性假设，不具备无条件安全性。

为了解决这一问题，必须要有新的手段进行密钥分发，但新的密钥分发手段又无法直接安全传输信息，否则密钥分发问题就失去了意义。考虑到信息和密钥的区别，如果将二者都变为一定的数字序列，那么信息序列有一定的规律，并且在传输中序列不能有部分减少进而影响到信息本身，而密钥序列是完全随机的，传输过程中可以有部分序列的丢失，但只要保证传输后通信双方密钥信息一致即可。针对密钥分发问题中这样的特性，量子密钥分发[6]（Quantum Key Distribution，QKD）技术出现了。在介绍 QKD 之前，先简要说明三个容易混淆的概念：量子通信、量子保密通信、量子密钥分发。严格来讲，这是三个不同的概念。

基本概念区分如下：

a）**量子通信**：基于量子态来进行信息传递的通信都可以称为量子通信。比如，量子保密通信、隐形传态（Teleportation）和稠密编码（Dense Coding）等等。

b）**量子保密通信**：作为量子通信的一个子集，特指采用量子的方法来确保信息安全的通信，不仅包含 QKD，还包括量子签名（Quantum Signature）、量子安全直接通信（Quantum Secure Direct Communication）、量子安全共享（Quantum Secret Sharing）、量子比特承诺（Quantum Bit Commitment）等。

c）**量子密钥分发**：作为量子保密通信的一个子集，QKD 又特指利用量子态来实现安全的密钥分发，然后再结合经典的加密算法来保证信息的安全。比如基于单光子的 BB84 协议以及基于相干态的 GG02 协议等等。

可以看出：量子通信的概念最为广泛，指一般的通信过程；而量子保密通信的概念次之，仅包含通信中的保密通信部分；最后是 QKD，它仅是保密通信中一种特殊的密钥分发方法。但是，由于 QKD 在当前技术条件下发展最为迅速，也是整个量子通信领域中最接近实际工程应用的方向之一，因此有时也将这三个概念相互替代使用。读者在阅读不同书籍时应该注意这三个概念的理解和区分。本书的主要目的是讨论 QKD 中的一大分支，连续变量量子密钥分发（Continuous-Variable QKD，CV-QKD）的原理与技术，所以在本章中主要介绍 CV-QKD 的概述和研究现状，对于其他的量子通信协议及发展现状，读者可以阅读相关的文献来进一步地了解。

1.1 量子密钥分发

QKD 技术被证明能实现无条件安全的密钥分发，其安全性是由量子测不准关系和量子不可克隆定理保证的，而非计算复杂性假设。简要来说，信息发送方通过制备量子态来加载密钥信息，接收方选取相应的测量基去测量以获取信息。其实窃听者也想通过测量获取密钥信息，但如果他选取的测量基与通信双方不一致，那么就会使得量子态坍缩，从而改变其状态，而无法获得正确的信息。同时，无法在不知道某一量子态具体状态的情况下，对其完美克隆[7]。

1.1.1 基本假设

一个具有无条件安全性的密码系统是指:即便给予窃听者以无限的计算资源,其利用任何破译算法都不能破解该密码系统。对于使用 QKD 协议来产生密钥的“一次一密”密码系统,若要具有无条件安全性,就要求 QKD 部分同样具有无条件安全性。在 QKD 协议中所指的无条件安全性不仅包括经典密码中的定义,还包括对窃听者在信道中对量子态的一切可能的操作不做任何限制。在一定的前提假设下,推导出协议的安全码率下界的计算公式,就是对一个 QKD 协议的安全性分析。不同的协议会有不同的前提假设,但不论何种协议,其前提假设均不能包含任何对窃听者计算资源的限制,且不应包含任何对窃听者在信道中对量子态所可能进行操作的限制。

下面首先介绍一组重要的前提假设。根据这些基本假设,将进一步引出一些安全性分析方法中常用到的分类。介绍这组假设的原因主要在于:这组假设提出较早,且使用十分广泛,许多协议的理论安全性分析都是基于这组假设进行的;同时,长期的实践使得这组假设的强度“刚刚好”,去除其中一些假设会使得安全性分析难度上升、系统性能下降,而添加额外假设又显得协议的适用范围过窄。特别地,将该组前提假设称为基本假设,共有如下四条。

QKD 的基本假设如下:

a) 窃听者无法侵入通信双方的设备中,且通信双方的设备不会主动泄露与经典随机数据相关的各种信息。即窃听者不能从通信双方的设备中直接或间接地获得经典密钥信息或是协议运行所需要的随机选择信息。

b) 通信双方所拥有的仪器设备均严格按照协议要求方式工作。即光源、调制、解调、探测等仪器均是按照协议描述符合理想模型的,且使用真随机数发生器来产生随机数。

c) 用于经典通信的信道是经过无条件安全认证的。

d) 窃听者需遵守基本科学原理,包括数学、物理学等,在此前提下,对窃听者的物理操作能力与计算能力不做限制。

在上述四个基本假设中,虽然对窃听者可实施的窃听行为做出了限定,比如第一条和第二条假设限定窃听者不能从通信双方的系统上直接或间接地获取任何和随机密钥以及随机基选择相关的信息,将窃听者所有可能获取信息的途径限制在对信道中量子态的操作与测量上,而第四条假设限定了窃听者在信道中对量子态的操作必须是可由科学原理所允许的,但对于窃听者的计算能力并没有任何限制。因此,在上述假设框架下具有安全性的 QKD 协议,是具有经典密码学中所定义的无条件安全性的。

1.1.2 性能指标

对于量子密钥分发协议性能的描述可以从三个主要方向出发：安全密钥率，最大安全传输距离，最大可容忍噪声。主要描述协议生成安全密钥的能力，支持的信道长度以及对外界噪声的抵抗能力。

QKD 的性能指标如下：

a) 安全码率：表示系统每发送一个量子态可以从中提取的安全密钥比特数，通常使用比特每脉冲(bit/pulse)作为单位。进一步，如果发送端一共发送了 n 个量子态，最终可以提取的安全密钥为 m 比特。那么可以用 m/n 计算安全码率。

b) 最大安全传输距离：由于信道中存在衰减，而在之前的安全性假设中，认为这个衰减是由窃听者完全掌握，因此，信道越长，窃听者所掌握的信息也越多，合法通信双方所能得到的安全密钥越少。随着衰减的增加，安全码率最终会降为 0。由于在实际环境中，衰减会随着信道长度的增加而增加，因此使用更为直观的安全传输距离来描述系统可以支持的信道衰减。

c) 最大可容忍噪声：类比于最大安全传输距离，信道中一切未知的噪声在安全性假设中都可以认为是被窃听者所掌握。在固定的信道衰减下，当噪声增加超过某个特定数值，安全码率会下降到 0，这个噪声的大小就是系统最大可容忍噪声。针对不同的协议，对于系统噪声的定义也各不相同，例如在连续变量协议中，将信道中引入的未知噪声统称为过量噪声，因此连续变量协议中最大可容忍噪声就是在特定条件下，使安全码率降为 0 的过量噪声大小。

1.1.3 主要协议类型

QKD 的核心思想是利用非正交单量子态的不可克隆性来完成密钥的安全分发。自 1984 年第一个 QKD 协议提出至今，已经提出了许多具体可执行的 QKD 协议，且针对同种协议也有许多不同的改进版。在主流的 QKD 协议体系中，主要根据信源端编码的维度分为离散变量类协议和连续变量类协议。

离散变量类协议(DV-QKD)，是指这样一类 QKD 协议：在整个密钥分发过程中，用于编码的量子态所在的 Hilbert 空间是有限维的。例如，利用光子的若干特定偏振方向或相对相位进行编码。这类协议是 QKD 中研究相对成熟的协议，最早提出的 BB84 协议[8]就属于此类协议，迄今已有 30 多年的研究历史，协议数量也相对丰富，其中单光子类协议得到了最广泛的研究和关注。单光子类协议是指在密钥分发过程中利用单光子的不同量子态进行编码、解码，从而实现密钥分发的一类协议。

常见的单光子类协议还包括 BB84 协议、二态协议、六态协议、SARG04 协议等。

连续变量类协议(CV-QKD),是指这样一类 QKD 协议:在整个密钥分发过程中,用于编码的量子态所在的 Hilbert 空间是无限维且连续的。这类协议中信息的存在形式不再是离散变量类协议的二进制比特,信息的载体也不再是单光子的偏振或者相位,而是光场的正则分量(相空间中的“位置”和“动量”)[9]。根据协议的结构特点可以将连续变量类协议分为单路协议、双路协议以及测量设备无关协议等等。单路协议中,量子态由发送端制备,此后经过信道传输至接收端测量;双路协议中,通信双方均制备量子态,其中一方将自己的量子态发送至另外一方,双方的量子态进行相互作用后,再经过信道送回并且进行测量;测量设备无关协议中,通信双方均制备量子态,发送至不可信的第三方进行贝尔态测量。三类 CV-QKD 协议量子态的制备以及测量结构各不相同,因此在安全性分析以及具体实现过程中也各具特色。

1.2 量子密钥分发网络

QKD 技术经过 30 年的发展,产生了许多的研究成果,其研究方向也逐渐从理论向应用转变,QKD 系统已经迈向工业化,在全世界范围内已经构建了多个 QKD 网络,包括美国 DAPRA QKD 网络、欧盟 SECOQC QKD 网络、日本 UQCC QKD 网络和中国 QKD 网络等等。下面我们简要介绍一些已经部署的 QKD 网络。

1.2.1 光纤量子密钥分发网络

全世界各地都开展了光纤量子密钥分发实际链路的建设,如图 1-1 所示。

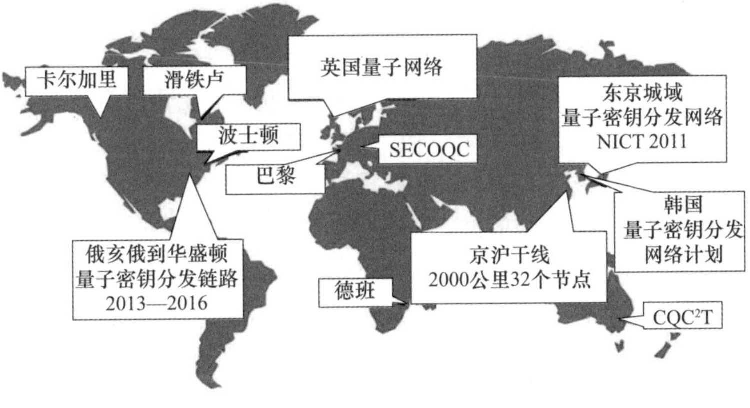

图 1-1 光纤 QKD 网络建设发展现状

世界上第一个 QKD 网络是美国 DARPA QKD 网络,该网络由 BBN

Technologies 以及哈佛大学和波士顿大学于 2002 年提出[10]。在哈佛大学和波士顿大学之间实现的 QKD 最大距离为 29 km[11]，最大密钥速率为 400 bit/s。该网络实现的性能被认为是 QKD 进一步部署的基础。表 1-1 对美国 DARPA QKD 网络做了简要总结。然而，DARPA 网络在 2006 年被关闭，此后就没有美国政府机构其他的实地部署报告。2017 年，中国成功发射"墨子号"卫星，推动了量子国家计划的宣布。2018 年，一个刚成立的公司 Quantum Xchange 宣布在美国建立第一个商业量子通信网络"Phio"的计划[12]。基于自己独有的可信节点，Quantum Xchange 提供长距离下的安全密钥传输。这个 QKD 网络在华盛顿特区和纽约市运营，包括连接华尔街金融市场和新泽西的数据中心的链路[13]。为了实现双倍的网络容量，其宣布与东芝公司合作[14]。

表 1-1　美国 DARPA QKD 网络

项目年份	2002—2006
节点数量	10
QKD 网络类型	交换 QKD 网络和可信中继器
最大的密钥速率①	400 bit/s
QKD 使用的协议	BB84
参考文献	[10][15][16]

2004 年，欧盟委员会在欧盟第六框架计划中加入 SECOQC 项目(基于量子密码的安全通信)，集合了来自 11 个欧盟国家、俄罗斯和瑞士的 41 个科研及产业合作伙伴。SECOQC 项目旨在明确 QKD 技术的实际应用，并系统地处理包括安全性、设计和体系结构、通信协议、实现、演示和测试操作等在内的 QKD 网络的相关问题。SECOQC 的方法是将 QKD 网络定义为基于点对点 QKD 能力的基础设施，旨在 ITS 密钥协议和实现安全通信[17]。考虑到 DARPA QKD 网络获得的第一个结果是可用的，SECOQC 决定进一步改进可信中继器 QKD 网络类型。"量子主干线"QBB 城际(6～85 km)网络由七条光纤绑定的密钥分发链路和一条短距离自由空间链路构成，该网络被部署在维也纳进行测试[18]。应当被指出的是 SECOQC 项目的任务并不是量子通信网络在应用层面上的发展，该项目进行了多次实验，以测试创建的解决方案。在 2008 年 10 月 8—10 日举行的 SECOQC QKD 会议期间，进行了电话通信和视频会议的演示，在节点之间建立了一个 VPN 通道并应用了 AES 加密技术，AES 密钥每 20 秒更新一次②，并且在特定的时刻，AES 加密会被 OTP 替代，其主要目的在于测试路由机制、估计密钥的消耗及生成，并突出 SECOQC 网络功能的基本机制。

① 这里的密钥速率是指准备进一步使用及储存在密钥池中的最终密钥速率。

② 密钥每 20 秒刷新一次，无论是否有要由该密钥保护的流量。尽管进行频繁的密钥交换的 AES 加密无法提供 ITS 通信，但对于不需要更严格的安全标准的某些应用程序，此模式可能是可以接受的。

表 1-2 中对欧盟 SECOQC QKD 网络做了简要总结。欧盟对量子密码学的兴趣可以从对量子技术旗舰、QuantEra、COST 和 EuraMet 等项目的资助表现出来[19,20,21,22,23,24]。2019 年，欧盟联合了 38 个来自产业界和学术界团队成立的 Horizont2020 项目 OPEN QKD 进行了官宣[25]，该项目旨在为未来欧洲的量子基础设施及量子技术与欧洲实际通信系统在未来三年内的融合奠定基础。

表 1-2 欧盟 SECOQC QKD 网络

项目年份	2004—2008
节点数	6
QKD 网络类型	可信中继器
最大密钥速率③	在 33 km 距离上 3.1 kbit/s
使用的 QKD 协议	BB84(诱骗态)、SARG04、COW、BBM92、CV-QKD
主要参考文献	[17][26][27]

SECOQC 两年之后，9 个来自日本和欧盟的组织参与了日本 UQCC QKD 试验台网络项目。该网络由日本国家信息通信技术研究院(NICT)的开放试验台网络的一部分构成，被称为"日本千兆位网络 2+"(JGN2plus)[28]。日本 QKD 网络在东京覆盖了 4 个接入点：白山(Hakusan)、本乡(Hongo)、小金井(Koganei)和大手町(Otemachi)，以及 6 个由商用光纤连接的节点被设置在这些接入点处。由于所选用的光纤有一半是架空的，因此在链路上产生了较大的损耗。小金井和大手町节点之间的链路存在每公里约0.3 dB的损耗，而在其他链路中每公里损耗达到了 0.5 dB。与 SECOQC 类似，该项目的参与者使用了特定的网络连接，具体分配如下：三菱电器公司和 NTT 公司负责大手町和白山节点间长达 24 km 的链路，他们利用 BB84 协议实现的最大密钥速率为 2 kbit/s，且量子密钥误码率为 4.5%；NEC 提供小金井和大手町之间 45 km 的链路，且用 NICT 超导单光子探测器实现了诱骗态 BB84 协议，最大密钥速率为 81.7 kbit/s，平均量子密钥误码率为 2.7%；NTT 在网络中的最长链路上使用了差分相移 QKD 协议，该链路位于小金井的 1 号节点和 2 号节点之间，长达 90 km，他们还利用一个超导单光子探测器实现了最大密钥速率 15 kbit/s，平均量子误码率为 2.3%[29]的 QKD；三个来自奥地利的组织，包括奥地利国家研究院、量子光学和量子信息研究院以及维也纳大学在内，组成一个单独的团队，称为"All Vienna"，他们展示了自有的 SECOQC QKD 设备，该设备基于 QKD BBM92 协议，位于小金井的 2 号节点和 3 号节点之间，最大密钥速率为0.25 kbit/s；东芝欧洲研究有限公司演示了他们的 BB84 系统，并且在小金井 2 号节点和大手町 2 号节点之间 45 km 长的链路上使用了自差雪崩光电二极管，最大密钥速率达到 304 kbit/s，平均

③ 注意准备使用和储存在存储库中的最终材料的密钥速率。

量子密钥误码率为3.8%；最后，瑞士 idQuantique 公司利用 Cerberis 商业解决方案中的 SARG04 协议，在大手町和本乡节点之间提供了一条长达 13 km 的链路，得到的最大密钥速率为 1.5 kbit/s。

如表 1-3 所示，日本 QKD 网络显示 QKD 技术可以实现密钥速率达到每秒几百 kbit 的情况。该网络还证明了 QKD 链路远距离传输的潜力，在小金井 1 号节点和小金井 2 号节点间实现了 90 km 的链路记录[30]。

表 1-3　东京 UQCC QKD 网络

项目年份	2010
节点数	6
QKD 网络类型	可信中继器
最大密钥速率④	在 45 km 距离上 304 kbit/s
使用的 QKD 协议	BB84、BBM92
主要参考文献	[28][29]

我国也一直在全国范围内建设 QKD 网络。这些工作从建立的试验性 QKD 城域网开始[31-36]，一个基于卫星的 QKD 网络也正在形成[37]。2017 年 9 月，我国 2000 公里长的京沪骨干 QKD 网络开始运行[37]，到目前为止，它是世界上最长的 QKD 网络[38,39]，该项目由中国科学技术大学牵头，其他参与者包括中国有线电视网络公司、山东信息通信技术研究院、中国工商银行和新华财经信息交易所等。该网络于 2016 年 9 月完成，经过了一年的测试，已投入运行。其骨干网由 32 个物理节点组成，通过 QKD 链路线性连接，其中北京、济南、合肥、南京和上海是接入节点，其余为可信中继节点。其主干网被设计成一个高带宽的信道，给位于不同城市的城域网和 QKD 网络之间传送量子密钥。到目前为止，该骨干网已经被连接至北京、上海、济南和合肥建立起的 QKD 城域网中。这样就形成了一个 QKD 广域网，为包括银行、政府机构和大型企业在内的终端用户提供了多种安全服务[40]。2018 年 11 月，我国建成了武汉至合肥的主干 QKD 链路，完成了京沪骨干网的扩展，目的是将武汉 QKD 城域网连接到京沪骨干网，其相邻节点之间有 2 至 8 条 QKD 链路。为了节省光纤资源，该网络使用了量子波分复用技术，将 4 个量子信道合并到一根光纤中。该网络租用了中国有线电视网络公司已部署好的暗光纤。骨干线上相邻节点之间的距离从 34 km 到 89 km 不等，光纤损耗从 7.26 dB 到 22.27 dB 不等。骨干网部署了由科大国盾量子科技有限公司提供的 QKD 设备，这些设备实现了基于偏振编码的诱骗态 BB84 协议。一些设备还集成了单光子探测器并由科大国盾量子科技有限公司运营。从长远来看，骨干网将进一步扩展，会覆盖中国更广阔的地区。

④　注意准备使用和储存在存储库中的最终材料的密钥速率。

如图 1-2 所示，中国拥有连接上海、北京、合肥和济南的城域网，目前在 QKD 的实际开发方面处于领先地位。然而，除了使用需要昂贵的单光子探测器的离散 QKD 协议之外，依赖于连续变量和测量设备无关 QKD 的实验也有报道。对于 CV-QKD，在 50 km 范围内达到了 5.77 kbit/s[41]。测量设备无关 QKD 的实验在49.1 km传输距离上的密钥速率为 98.2 kbit/s，12 km 的距离上为1 Mbit/s[42]。此外，基于测量设备无关的 QKD 系统不仅可以在损耗类似的对称信道中高效工作，甚至可以在损耗不对称的信道中高效工作。优化方法可以在标准电信光纤中将这种测量设备无关 QKD 实现的安全传输距离延长 20～50 km 以上。表 1-4 列出了上面所描述的网络的简要总结和可公开获得的参考资料。

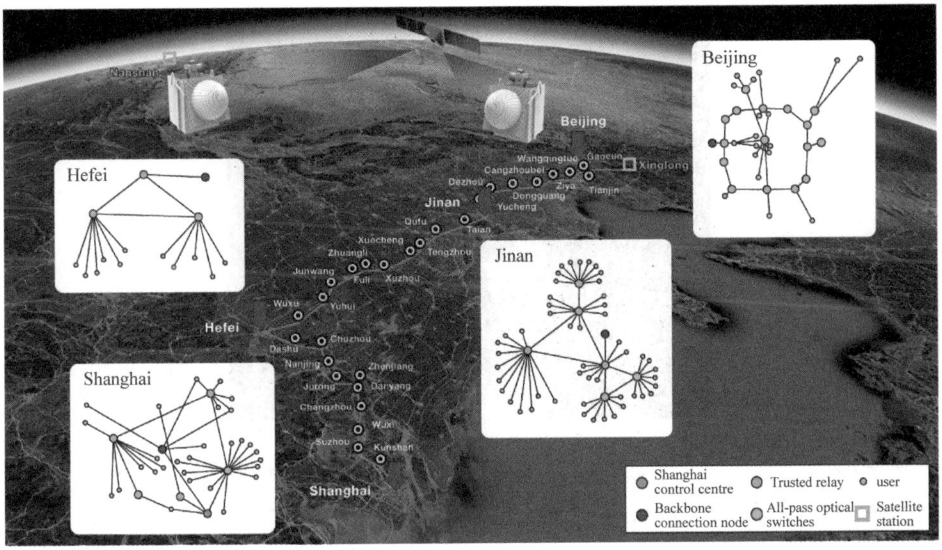

图 1-2　中国 QKD 网络[38]

表 1-4　中国 QKD 网络

网络	北京-上海	济南	武汉	HCW
项目年份	2014-2017	2017	2017	2017
节点数目	32	32	71	9
QKD 网络类型	可信中继	可信中继	可信中继	可信中继
最大密钥速率	在 43 km 距离上 250 kbit/s	在 32 km 距离上 64.7 kbit/s	在 16.5 km 距离上 141 kbit/s	在 3.1 km 距离上 16.15 kbit/s
最常用协议	诱骗态 BB84	诱骗态 BB84	诱骗态 BB84	诱骗态 BB84
关键参考文献	[39]	[43]	[43]	[31][32][33][34]

1.2.2 星地量子密钥分发网络

量子中继技术仍然存在技术屏障，因此，现阶段全国乃至全球范围内量子通信问题的主流解决方案是通过卫星作为可信中继，扩大量子通信网络的范围。卫星激光通信技术发展已经较为成熟，可以为星地之间的量子密钥分发提供技术支持。同时，卫星作为中继具有覆盖范围广，安全性高等优势，是各国量子密钥分发网络研究的热点。近年来，各国先后发射量子通信试验卫星或者使用已有卫星进行星地之间的量子密钥分发实验，如图 1-3 所示。

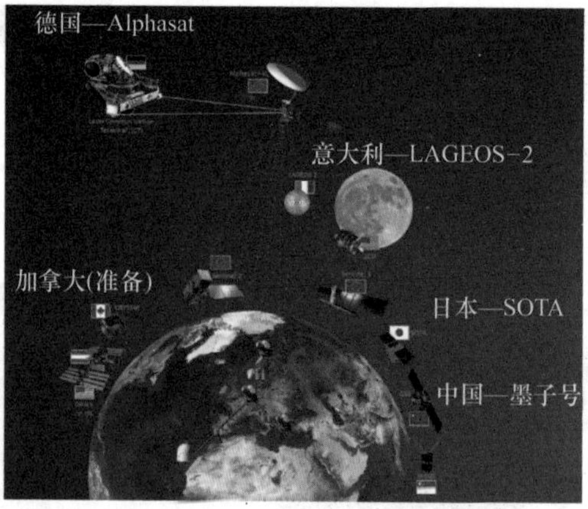

图 1-3 世界各国量子通信卫星部署情况

2014 年 5 月，日本使用轨道高度为 628 km 的 SOTA 卫星进行了星地之间量子态传输实验，测试了从卫星发射的偏振编码量子态经过大气信号传输后的偏振变化情况，验证了星地之间偏振编码量子密钥分发的可行性。2015 年 6 月，意大利利用 LAGEOS-2 卫星进行了星地之间偏振编码双路量子密钥分发实验，卫星的轨道高度为 1 336 km。实验成功建立了星地之间的量子密钥分发系统，并且获得了 147 bit/s 的安全密钥率。

我国于 2016 年 8 月 16 日成功发射了全世界首颗量子科学实验卫星——墨子号，这颗卫星的主要任务包括星地高速量子密钥分发实验、广域量子通信网络实验、星地量子纠缠分发实验、地星量子隐形传态实验。卫星轨道高度为 500 km，重量为 640 kg，地面站分布在阿里（量子隐形传态）、南山、德令哈、兴隆、丽江（量子密钥分发）等地，此外，奥地利科学院和维也纳大学的科学家在维也纳和格拉茨也设置了地面站。在 273 s 的卫星扫描过程中，使用地面上的 1 m 望远镜，预计在 645 km 时筛选出的密钥速率为 12 kbit/s 到 1 200 km 时筛选出的密钥速率为 1 kbit/s。经过后处理，得到 1.1 kbit/s 的安全密钥速率。

德国马克斯・普朗克实验室在 2016 年 10 月，在距离地面 38 600 km 的轨道利用 Alphasat-地球同步卫星进行了连续变量 QKD 的可行性实验，这是迄今为止距离最远的星地之间的量子密钥分发实验。实验成功获得了低噪声相干态的探测结果，并且验证了在星地链路使用连续变量 QKD 系统可以免疫背景光的干涉，在白天不需要任何滤光镜的条件下仍然可以正常工作。

1.3　连续变量量子密钥分发

作为 QKD 协议的一大主要分类，连续变量量子密钥分发（Continuous-Variable QKD，CV-QKD）系统可以充分利用光纤通信 40 多年来的技术成果，具有突出的成本优势和高可靠性，近年来成为 QKD 方向的研究热点之一。CV-QKD 技术的研究大致可以分为协议的总体理论框架完善以及理论安全性证明、实验系统的研制、实际安全性研究等。本书依据目前的研究现状，主要将会从基本概念、基础理论、主要协议、理论安全性证明、系统关键器件建模、协议的改进等多个角度对 CV-QKD 理论与技术进行详细的介绍。

国际上进行 CV-QKD 研究的主要单位有：美国麻省理工学院、美国亚利桑那州立大学、法国国家科学研究院、法国巴黎高等电信学院、英国约克大学、瑞士苏黎世联邦理工大学等。国内进行 CV-QKD 研究的主要单位有：北京大学、北京邮电大学、中国电子科技集团公司第三十研究所、上海交通大学、山西大学、国防科学技术大学等。主要研究团队在图 1-4 中进行了概述。

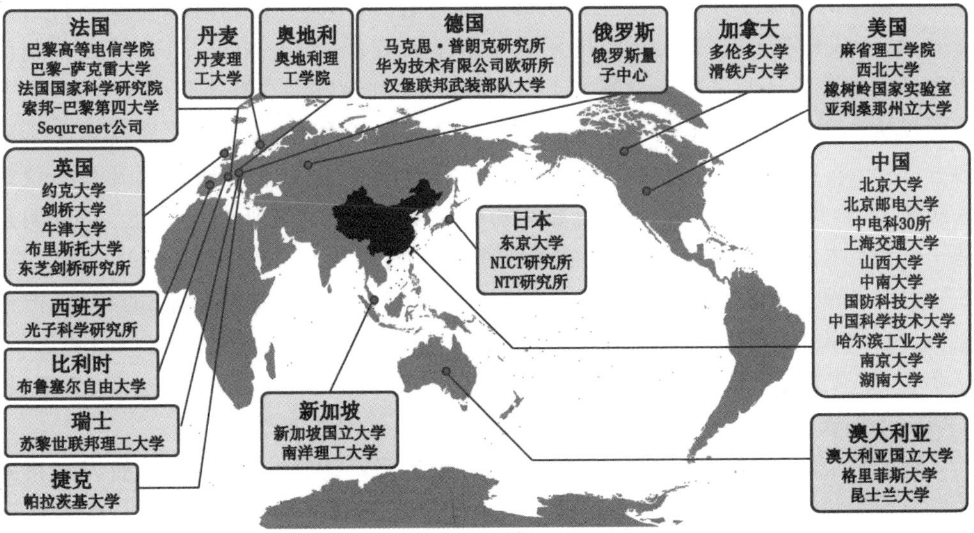

图 1-4　国内外 CV-QKD 研究主要团队

第一个 CV-QKD 协议于 1999 年提出，是基于离散调制的 CV-QKD 协议[9]。目前被广泛研究的连续调制(高斯调制)的相干态 CV-QKD 协议于 2002 年由 F. Grosshans 和 P. Grangier 提出,简称 GG02 协议[45]。该协议使用高斯调制的相干态作为发送态,平衡零拍探测器作为探测手段来进行密钥分发,其设备可以与经典相干光通信设备兼容,一经提出便受到了广泛的关注。但是,起初该协议使用正向协调方式,由于接收方和窃听者具有相同的地位,因此当传输损耗达到 3 dB 时,窃听者总可以获得和接收方一样多、甚至比接收方还多的信息量。因而协议的传输距离受限于 3 dB 极限,在标准光纤中往往不超过 15 km。随后,在 2003 年,使用反向协调的协议被提出,从原理上突破了 3 dB 极限对系统性能带来的制约,大大提升了协议的使用范围[46]。基于相干态外差探测的单路协议在 2004 年被澳大利亚国立大学的 C. Weedbrook 等人提出,简称无开关协议(No-Switching 协议)[47,48],该协议也属于高斯调制相干态类协议。该协议在接收端使用外差探测器同时探测加载信息的两个正则分量,使得初始码率提升了一倍。但是,相比于基于相干态零差探测的单路协议,该协议的信号会多引入一个真空态噪声,降低了信噪比。所以协议在传输距离方面的性能和基于相干态零差探测的单路协议相当。基于这两种单路协议,后续该类高斯调制的单路协议进一步可以演变出 8 种协议,它们分别是相干态/ 压缩态、零差/ 外差探测和正向/ 反向协调协议[50,51]。

该类协议的安全性证明主要分为两个阶段:联合窃听下的安全性证明和相干窃听下的安全性证明。目前这 8 种协议在联合窃听下的安全性均已得到证明,但是相干窃听下仅有 4 种协议得到了证明:正向/ 反向协调的无开关协议和压缩态零差探测协议。

下面按时间顺序介绍安全性证明的发展过程:2006 年,比利时布鲁塞尔自由大学的 R. Garicia-Patron 等人及西班牙光子科学研究所的 M. Navascues 等人分别用两种不同的方法证明了高斯调制相干态 CV-QKD 协议在联合窃听下的安全性,该方法可以被应用于 8 种高斯调制的单路协议[52,53]。2009 年,瑞士苏黎世联邦理工学院的 R. Renner 等人证明了在分发密钥码长无限的情况下,联合窃听是无开关协议最优窃听方案,即针对 CV-QKD 进行相干窃听并不优于联合窃听[54]。但是,该证明是基于无限码长的条件下进行的,与实际实验中的有限码长无法匹配。2013 年,瑞士苏黎世联邦理工学院的 A. Leverrier 等人利用相空间上"旋转不变性"的特性,严格证明了在码长有限时相干态 CV-QKD 协议在相干窃听下的安全性[55]。A. Leverrier 在 2015 年又进一步证明了无开关协议在相干窃听下是组合安全的[56]。2017 年,相干窃听下的安全码率有了进一步的修正,提升了协议的性能[57]。

在 CV-QKD 协议理论不断发展的同时,关于 CV-QKD 协议的实验研究也得到了广泛研究,涌现了一系列研究成果。从最早的背靠背实验验证,到近年来突破 50 km 的实地光纤外场试验系统研制成功,再到通过商用光纤线路、针对明确应用场景的完整的 CV-QKD 应用示范项目的验收通过,CV-QKD 协议的实验研究已经走向了实用化。下面将按照时间顺序,对 CV-QKD 中比较典型的实验研究进行介绍,相关研究也在表 1-5 中进行了总结。

表 1-5 国内外 CV-QKD 实验小结

时间	实验条件	研究小组/公司	协议	主要指标	参考文献
2003	自由空间	法国国家科学研究院	GG02	75 kbit/s@3.1 dB	[46]
2007	实验室光纤	法国国家科学研究院	GG02	2 kbit/s@25 km	[58]
2013		法国高等电信学院	GG02	1 kbit/s@80 km	[59]
2013		中国山西大学	四态调制	1 kbit/s@30.2 km	[60]
2015		中国上海交通大学	GG02	52 kbit/s@50 km	[61]
2016		美国田纳西大学	GG02	原理验证	[62]
2016		美国圣地亚国家实验室	GG02	原理验证	[63]
2017		中国山西大学	一维调制	0.7 kbit/s@50 km	[60]
2020		中国北大-北邮联合团队	GG02	6.21 bit/s@202.81 km	[65]
2012	商用光纤	法国国家科学研究院	GG02	2 kbit/s@17.7 km	[66]
2016		中国上海交通大学		6 kbit/s@19.92 km	[67]
2017		中国北大-北邮联合团队		6 kbit/s@50 km	[68]
2019		西班牙马德里理工大学		20 kbit/s @ 6.4 km	[69]
2019		中国北大-北邮联合团队		12.4 kbit/s@70.03 km	[70]

2003 年,法国国家科学研究院和比利时布鲁塞尔自由大学的联合研究小组首次实验验证了基于高斯调制的相干态 CV-QKD 协议[46]。2007 年,法国国家科学研究院联合 Thales 公司技术研究所搭建了一套结构更加完整的基于光纤信道的 CV-QKD 实验系统,该系统发送重复频率为 500 kHz 的信号,经过 25 km 的光纤信道传输,并采用高效快速的 LDPC 纠错码实现 2 kbit/s 的安全密钥率[58]。该系统随后接入了欧盟建立的 SECOQC 量子通信网络,在维也纳的光纤网络中实现 57 h 的连续运行。2012 年,该系统又在 SEQURE 项目中进行了长达六个月的点对点稳定运行,首次验证了实际光纤环境中的 CV-QKD 系统的稳定性,大大推进了 CV-QKD 在信息安全中的应用进程[66]。2013 年,法国的 P. Jouguet 等人基于上述实验结构,实现了超过 80 km 光纤信道传输的 CV-QKD 实验系统,突破了连续变量系统无法长距离传输的难题[59]。2015 年,上海交通大学曾贵华教授团队发表了传输距离 50 km,时钟频率 25 MHz 的高速 CV-QKD 系统实验研究。为了实现系统的高速运行,系统使用了带宽为 300 MHz 的平衡零拍探测器。系统经过了 12 小时测试,最终得到 52 kbit/s的安全码率[61]。2016 年,美国田纳西大学和圣地亚国家实验室同时实验验证了基于"本地"本振光的 CV-QKD 实验系统,该方案可以堵住由于发送经典本振光信号而引起的一些漏洞[62,63]。2017 年,山西大学李永民教授团队完成了新型一维调制 CV-QKD 系统的实验验证[64]。

2017年，北京大学郭弘教授带领的北京大学-北京邮电大学联合团队(以下简称北大-北邮联合团队)在广州和西安两地的不同类型商用光纤网络中分别进行了CV-QKD系统的实际性能测试，光纤长度分别为30.02 km(信道损耗12.48 dB)和49.85 km(信道损耗11.62 dB)。最终，在超过24小时的连续运行中，系统密钥生成的安全码率维持在6 kbit/s左右[68]。该实验结果展示了CV-QKD系统的运行稳定性及与现有经典光通信网络的良好兼容性。2019年，北大-北邮联合团队开展了CV-QKD与实际保密通信业务结合和示范应用，完成对青岛市政务大数据和云计算中心、中国移动青岛开发区分公司数据中心、青岛国际经济合作区管委会三地视频、音频和文档的加密传输，实现全球首个通过商用光纤线路、针对明确应用场景的完整的CV-QKD应用示范。如图1-5所示，应用示范线路总长71.03 km，其中青岛市政务大数据和云计算中心到中国移动青岛开发区分公司数据中心光纤长度42.76 km，平均损耗14.13 dB，平均量子密码码率达到12.4 kbit/s；中国移动青岛开发区分公司数据中心到青岛国际经济合作区管委会光纤长度28.27 km，平均损耗11.73 dB，平均量子密码码率达到19.0 kbit/s[70]。2020年，北大-北邮联合团队使用低损耗光纤实现了202.81 km CV-QKD实验，此实验所实现的202.81 km光纤传输距离刷新了世界纪录[65]，且在几乎所有距离上，安全密钥生成速率都高于之前的实验结果，两项核心指标均处于世界领先水平。

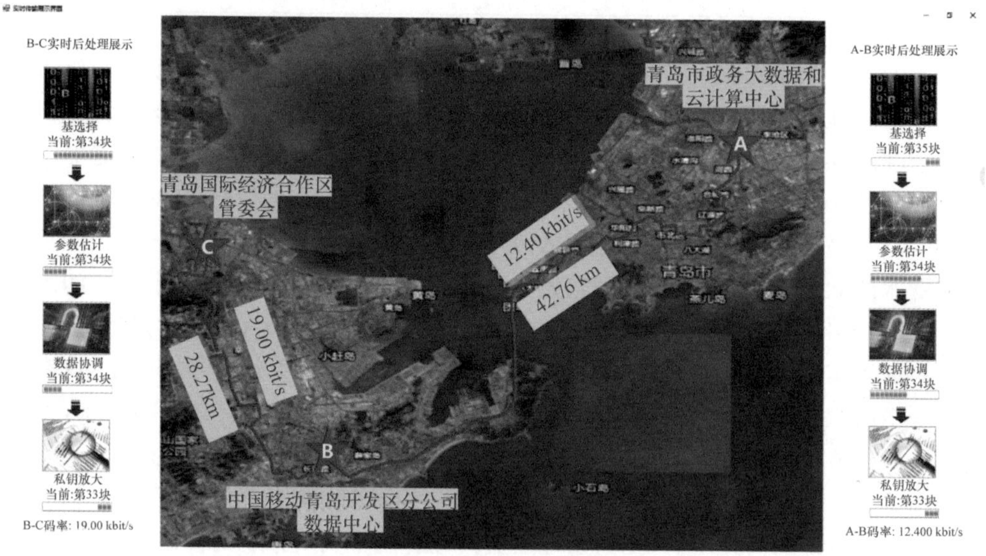

图1-5 青岛市CV-QKD应用示范项目

在进行理论安全性分析的时候，通常假设通信双方Alice与Bob都是完全被信任的，因此窃听者的窃听攻击只会在信道中进行，而不会对通信双方的设备产生影响。然而，实际CV-QKD系统的光源以及探测设备往往难以达到“完全设备可信”的理想性要求，并且在实际应用中 Alice 与 Bob 端设备往往很难被用户完全表征。这些非理想性因素会使得通信双方泄露额外的信息给窃听者，从而使得窃听者利用这些信息对实际 QKD 系统进行攻击，导致系统的安全性降低。根据攻击目标的不同，可以将黑客攻击方案分为针对源端的黑客攻击方案和针对测量端的黑客攻击方案，相关研究也在表 1-6 中进行了总结。

表 1-6 针对实际 CV-QKD 系统的黑客攻击方案

序号	黑客攻击方案	攻击目标	防御机制	参考文献
1	特洛伊木马攻击	源端・强度、相位调制器	增加隔离器	[71]
2	非理想光源攻击	源端・强度、相位调制器	监控高斯调制	[72]
3	激光器种子攻击	源端・激光器	监控调制后量子态	[73]
4	光衰减器攻击	源端・衰减器	监控调制后量子态	[74]
5	本振光波动攻击	测量端・本振光	监控本振光光强	[75]
6	本振光校准攻击	测量端・本振光	监控本振光光强	[76]
7	参考脉冲攻击	测量端・本振光	监控散粒噪声校准	[77]
8	探测器饱和攻击	测量端・探测器	监控探测器状态	[78]
9	波长攻击	测量端・探测器	监控本振光波长	[79][80][81]

针对源端的黑客攻击方案有特洛伊木马攻击[71]和非理想光源攻击[72]。特洛伊木马攻击是由德国马克斯・普朗克研究小组于 2014 年提出的[71]。在特洛伊木马攻击中，窃听者 Eve 通过注入明亮的光脉冲并分析反射的脉冲来探测 CV-QKD 系统的调制信息。这些反射脉冲源于折射率变化，例如在两个光学元件之间的连接处或光学器内部密度波动。反射脉冲信号中包含着光调制器(用于编码量子态)的标记，这会使得窃听者提取到原始密钥的部分信息。2019 年，上海交通大学曾贵华教授团队和国防科技大学黄安琪博士合作一起提出激光器种子攻击[73]和光衰减器攻击[74]。窃听者可通过量子信道将具有适当波长的强光注入激光二极管，使得传输的高斯调制相干态强度增大，从而窃听者可以使用简单的截取重发攻击而不被发觉。

针对测量端的黑客攻击方案有本振光波动攻击[75]、本振光校准攻击[76]、参考脉冲攻击[77]、探测器饱和攻击[78]和波长攻击[79-81]等。其中前三种攻击方案针对的都是 CV-QKD 探测端的本振光，因为在 CV-QKD 理论安全性分析中假设本振光是可信的，不会被窃听者控制，但是实际系统中由于本振光需要通过信道传输，所以很有可能被窃听者所控制。本振光强度的变化会导致测量所对应的散粒噪声单位(Shot Noise Unit，SNU)与系统标定值不同，从而导致对系统过量噪声的估计产生偏差，留下安全隐患。这三种攻击方案可以通过监控本振光的强度的均值和方差来进行防御。探测器饱和攻击[78]是通过增加光强使探测器工作在饱和状态，以致减小输出信号方差，这样便可以减少由截取重发操作而引起的过量噪声的增加，使合法通信双方无法发现窃听操作。抵御探测器饱和攻击方案的策略可以采用检测输出信号和信道透射率之间的关系来监控探测器的工作状态而实现。利用两端分束器的分束比依赖于波长的漏洞，中国科学技术大学韩正甫教授团队[79-81]和国防科技大学梁林梅教授团队[80]提出了针对实际 CV-QKD 系统的波长攻击方案。抵御该攻击方案的策略可以通过在探测器前添加滤波器以及实时监控本振光波长而实现。

为了完全消除由于设备不完美因素所带来的安全性漏洞，完全设备无关的 QKD 协议被提出。这类协议不依赖于对于 QKD 设备的任何安全性假设，因此，即使在设备完全被窃听者所掌握的情况下也可以保证其安全性，是一种安全性最高的协议。然而，由于完全设备无关协议需要利用无漏洞的贝尔测试来进行密钥获取，在实验上将面临巨大挑战。这类协议在现有的实验条件下，密钥生成速率过低，很难满足使用需求。于是，半设备无关 CV-QKD 协议的概念被提出，这类协议可以很好地在安全性与协议性能上做出折中，可以在具有较高安全性的同时兼顾较高的密钥生成速率。半设备无关 CV-QKD 协议的主要思想是对系统中的一部分设备的安全性不做要求，而对其他设备则认为是可信的。典型的半设备无关 CV-QKD 协议有，源无关 CV-QKD 协议以及测量设备无关 CV-QKD 协议。

2013 年，C. Weedbrook 提出了将光源置于 Alice 与 Bob 之间的思想来实现源无关 CV-QKD 协议[82]。然而，在之前研究的协议中，源无关的思想仍然没有完全实现，其原因在于虽然之前的协议消除了大多数有关光源的安全性假设，但是仍然有一些假设存在，例如：协议要求光源服从独立同分布假设，且窃听者不存在高能量脉冲的攻击行为。2016 年，澳大利亚昆士兰大学的 N. Walk 等人利用冯·诺依曼熵版本的熵不确定关系对 CV-QKD 协议的安全性进行分析，并得到了连续变量情况下的单边设备无关 QKD 协议[83]，这种协议也可以看作是源无关 CV-QKD 协议。2014 年，北大-北邮联合团队提出了可以抵御所有针对探测器攻击的测量设备无关 CV-QKD 协议[84]。在该协议中，传统单路协议的收发双方均成为了量子态的制备和发送方，由非可信的第三方完成全部测量工作，因此协议的安全性是不依赖于测量设备的。同年，北大-北邮联合团队还提出使用压缩态的测量设备无关 CV-QKD 协议，该协议具有更远的传输距离[85]。随后，测量设备无关 CV-QKD 协议的安全性分析与协议性能改进方法被广泛研究与扩展[86-100]。2020 年，北大-北邮联合团队提出了网络化的源无关 CV-QKD 协议，并利用组合安全性分析框架，使用熵不确定关系的安全性分析思路，在相干窃听下建立起该协议的安全性分析方法，来保证协议不依赖于独立同分布假设，同时在协议中加入能量测试，来保证协议源端的高能量脉冲攻击可以被发现[101]。

参考文献

[1] Rivest R L, Shamir A, Adleman L. A method for obtaining digital signatures

and public-key cryptosystems[J]. Communications of the ACM, 1978, 21: 120-126.
[2] Nielsen N, Chuang I. Quantum computation and quantum information[M]. Cambridge: Cambridge University Press, 2000.
[3] Vernam G S. Cipher printing telegraph systems for secret wire and radio telegraphic communications [J]. Journal of Electrical Engineering & Technology, 1926, 55: 109-115.
[4] Shannon C E. A mathematical theory of communication[J]. The Bell System Technical Journal, 1948, 27: 379-423, 623-656.
[5] Shannon C E. Communication theory of secrecy systems[J]. The Bell System Technical Journal, 1949, 28: 656-715.
[6] 郭弘，李政宇，彭翔. 量子密码[M]. 北京：国防工业出版社，2016.
[7] Wootters W, Zurek W. A single quantum cannot be cloned[J]. Nature, 1982, 299: 802-803.
[8] Bennett C, Brassard G. Proceedings of IEEE international conference on computers, systems and signal processing, december 9-12, 1984[C]. New York: IEEE, 1984.
[9] Ralph T C. Continuous variable quantum cryptography [J]. Physical Review A, 1999, 61(1): 010303.
[10] Elliott C, Pearson D, and Troxel G. Proceedings of the conference on applications, technologies, architectures, and protocols for computer communications[C]. New York: Association for Computing Machinery, 2003.
[11] Sergienko A V. Quantum communications and cryptography[M]. United Kingdom: CRC Press, 2005.
[12] Silicon Angle. Quantum Xchange to build first quantum network in U. S. offering 'unbreakable encryption' [EB/OL]. (2018-06-26) [2021-03-05]. https://siliconangle.com/2018/06/26/quantum-xchange-build-first-quantum-network-u-s-offering-unbreakable-encryption/.
[13] ID Quantique. Quantum xchange and ID quantique make ultra-secure quantum networks a reality for leading U. S. industries[EB/OL] (2019-07-24) [2021-03-05]. https://www.idquantique.com/quantum-xchange-and-id-quantique-make-ultra-secure-quantum-networks-a-reality-for-leading-us-industries/.
[14] SPIE. Quantum xchange tests toshiba's QKD network and doubles capacity [EB/OL]. (2019-05-01) [2021-03-05]. https://optics.org/news/10/4/50.
[15] Elliott C, Yeh H. DARPA quantum network testbed [R]. BBN

Technologies Cambridge, New York, 2007.

[16] Elliott C, Colvin A, Pearson D, et al. Proceedings of Quantum Information and computation III. international society for optics and photonics, march 81-Apirl 1, 2005[C]. United States: SPIE, 2007.

[17] Peev M, Pacher C, Alléaume R, et al. The SECOQC quantum key distribution network in Vienna[J]. New Journal of Physics, 2009, 11 (7): 075001.

[18] Langer T. The practical application of quantum key distribution[D]. Switzerland: University of Lausanne, 2013.

[19] Quantum Support Action (QSA)-Version 1.1. Supporting quantum technologies beyond H2020 [EB/OL]. (2018-05-07) [2021-03-05]. https://qt.eu/app/uploads/2018/05/Supporting-QT-beyond-H2020_v1.1.pdf

[20] Riedel M F, Binosi D, Thew R, et al. The european quantum technologies flagship programme [J]. Quantum Science and Technology, 2017, 2 (3): 030501.

[21] Nature. Chief of Europe's €1-billion brain project steps down[EB/OL]. (2018-08-20) [2021-03-05]. https://www.nature.com/articles/d41586-018-06020-0.

[22] QUROPE. Quantum manifesto: A new area of technology[EB/OL]. (2016-02-02) [2021-03-05]. http://Qurope.Eu/Manifesto.

[23] Riedel M, Kovacs M, Zoller P, et al. Europe's quantum flagship initiative [J]. Quantum Science and Technology, 2019, 4(2): 020501.

[24] Quantum technology in space[R]. Intermediate Strategic Report for ESA and national space agencies, 2017.

[25] OpenQKD. Open european quantum key distribution testbed [EB/OL]. (2019-09-06) [2021-03-05]. https://www.unige.ch/gap/qic/qtech/news/openqkd-open-european-quantum-key-distribution-testbed.

[26] Christian K, Mario P. Applied quantum cryptography[M]. Switzerland: Springer Science & Business Media, 2010.

[27] Dianati M, Alléaume R, Gagnaire M, et al. Architecture and protocols of the future European quantum key distribution network[J]. Security and Communication Networks, 2008, 1(1): 57-74.

[28] Sasaki M, Fujiwra M, Ishizuka H, et al. Proceedings of CLEO: Applications and technology[C]. United States: Optical Society of America, 2011.

[29] Sarkar S K, Basavaraju T G, Puttamadappa C. Ad hoc mobile wireless networks: principles, protocols and applications[M]. United Kingdom: CRC

Press, 2007.

[30] Shimizu K, Honjo T, Fujiwara M, et al. Performance of long-distance quantum key distribution over 90-km optical links installed in a field environment of Tokyo metropolitan area [J]. Journal of Lightwave Technology, 2013, 32(1): 141-151.

[31] Chen T, Liang H, Liu Y, et al. Field test of a practical secure communication network with decoy-state quantum cryptography[J]. Optics Express, 2009, 17(8): 6540-6549.

[32] Xu F, Chen W, Wang S, et al. Field experiment on a robust hierarchical metropolitan quantum cryptography network[J]. Chinese Science Bulletin, 2009, 54(17): 2991-2997.

[33] Han Z, Xu F, Chen W, et al. Optical fiber communication conference [C]. United states: Optical Society of America, 2010.

[34] Wang S, Chen W, Yin Z, et al. Field test of wavelength-saving quantum key distribution network[J]. Optics Letters, 2010, 35(14): 2454-2456.

[35] Chen T, Wang J, Liang H, et al. Metropolitan all-pass and inter-city quantum communication network [J]. Optics Express, 2010, 18(26): 27217-27225.

[36] Wang S, Chen W, Yin Z, et al. Field and long-term demonstration of a wide area quantum key distribution network[J]. Optics Express, 2014, 22(18): 21739-21756.

[37] Liao S, Lin J, Ren J, et al. Space-to-ground quantum key distribution using a small-sized payload on Tiangong-2 space lab[J]. Chinese Physics Letters, 2017, 34(9): 090302.

[38] Zhang Q, Xu F, Chen Y A, et al. Large scale quantum key distribution: challenges and solutions[J]. Optics Express, 2018, 26(18): 24260-24273.

[39] Chen Y, Zhang Q, Chen T, et al. An integrated space-to-ground quantum communication network over 4,600 kilometres [J]. Nature, 2021, 589 (7841): 214-219.

[40] Qiu J. Quantum communications leap out of the lab[J]. Nature News, 2014, 508(7497): 441.

[41] Zhang Y, Li Z, Chen Z, et al. Continuous-variable QKD over 50 km commercial fiber [J]. Quantum Science and Technology, 2019, 4 (3): 035006.

[42] Tang Y L, Yin H L, Zhao Q, et al. Measurement-device-independent quantum key distribution over untrustful metropolitan network[J]. Physical

Review X, 2016, 6(1): 011024.

[43] China Daily. Quantum tech to link Jinan governments[EB/OL]. (2017-07-11) [2021-03-05]. http://www.chinadaily.com.cn/china/2017-07/11/content_30065215.htm.

[44] Zhao Y. Proceedings of the ITU QIT workshop [C]. China: Shanghai, 2019.

[45] Grosshans F, Grangier P. Continuous variable quantum cryptography using coherent states[J]. Physical Review Letters, 2002, 88(5): 057902.

[46] Grosshans F, Grangier P. Reverse reconciliation protocols for quantum cryptography with continuous variables [J]. ArXiv Preprint Quant-ph, 0204127, 2002.

[47] Weedbrook C, Lance A M, and Bowen W P, et al. Quantum cryptography without switching[J]. Physical Review Letters, 2004, 93: 170504.

[48] Lance A M, Symul T, Sharma V, et al. No-switching quantum key distribution using broadband modulated coherent light[J]. Physical Review Letters, 2005, 95(18): 180503.

[49] Weedbrook C, Pirandola S, García-Patrón R, et al. Gaussian quantum information[J]. Reviews of Modern Physics, 2012, 84(2): 621.

[50] Garcia-Patron R. Continuous-variable quantum key distribution [D]. Belgium: Universite Libre de Bruxelles, 2007.

[51] Leverrier A. Theoretical study of continuous-variable quantum key distribution[D]. Paris: Telecom ParisTech, 2009.

[52] Navascués M, Grosshans F, Acin A. Optimality of Gaussian attacks in continuous-variable quantum cryptography [J]. Physical Review Letters, 2006, 97(19): 190502.

[53] Garcia-Patron R, Cerf N J. Unconditional optimality of gaussian attacks against continuous variable quantum key distribution[J]. Phys. Rev. Lett, 97: 190503 (2006).

[54] Renner R, Cirac J I. de Finetti representation theorem for infinite-dimensional quantum systems and applications to quantum cryptography[J]. Physical Review Letters, 2009, 102(11): 110504.

[55] Leverrier A, García-Patrón R, Renner R, et al. Security of continuous-variable quantum key distribution against general attacks [J]. Physical Review Letters, 2013, 110(3): 030502.

[56] Leverrier A. Composable security proof for continuous-variable quantum key distribution with coherent states[J]. Physical Review Letters, 2015, 114

(7): 070501.

[57] Leverrier A. Security of continuous-variable quantum key distribution via a Gaussian de Finetti reduction[J]. Physical Review Letters, 2017, 118 (20): 200501.

[58] Lodewyck J, Bloch M, García-Patrón R, et al. Quantum key distribution over 25 km with an all-fiber continuous-variable system[J]. Physical Review A, 2007, 76(4): 042305.

[59] Jouguet P, Kunz-Jacques S, Leverrier A, et al. Experimental demonstration of long-distance continuous-variable quantum key distribution[J]. Nature Photonics, 2013, 7(5): 378-381.

[60] Wang X, Bai Z, Wang S, et al. Four-state modulation continuous variable quantum key distribution over a 30-km fiber and analysis of excess noise[J]. Chinese Physics Letters, 2013, 30(1): 010305.

[61] Huang D, Huang P, Lin D, et al. Long-distance continuous-variable quantum key distribution by controlling excess noise[J]. Scientific Reports, 2016, 6(1): 1-9.

[62] Soh D B S, Brif C, Coles P J, et al. Self-referenced continuous-variable quantum key distribution protocol[J]. Physical Review X, 2015, 5 (4): 041010.

[63] Qi B, Lougovski P, Pooser R, et al. Generating the local oscillator "locally" in continuous-variable quantum key distribution based on coherent detection [J]. Physical Review X, 2015, 5(4): 041009.

[64] Wang X, Liu W, Wang P, et al. Experimental study on all-fiber-based unidimensional continuous-variable quantum key distribution[J]. Physical Review A, 2017, 95(6): 062330.

[65] Zhang Y, Chen Z, Pirandola S, et al. Long-distance continuous-variable quantum key distribution over 202. 81 km of fiber[J]. Physical Review Letters, 2020, 125(1): 010502.

[66] Jouguet P, Kunz-Jacques S, Debuisschert T, et al. Field test of classical symmetric encryption with continuous variables quantum key distribution [J]. Optics Express, 2012, 20(13): 14030-14041.

[67] Huang D, Huang P, Li H, et al. Field demonstration of a continuous-variable quantum key distribution network[J]. Optics Letters, 2016, 41 (15): 3511-3514.

[68] Zhang Y, Li Z, Chen Z, et al. Continuous-variable QKD over 50 km commercial fiber [J]. Quantum Science and Technology, 2019, 4

(3): 035006.

[69] Aguado A, Lopez V, Lopez D, et al. The engineering of software-defined quantum key distribution networks[J]. IEEE Communications Magazine, 2019, 57(7): 20-26.

[70] Zhang Y, Chen Z, Chu B, et al. Continuous variable QKD network in Qingdao[C]. Bulletin of the American Physical Society, 2020, 65.

[71] Khan I, Jain N, Stiller B, et al. Trojan horse attacks on practical continuous-variables quantum key distribution systems[C]. Conference on Quantum Cryptography (QCRYPT), 2014.

[72] Huang P, He G, Zeng G. Bound on noise of coherent source for secure continuous-variable quantum key distribution[J]. International Journal of Theoretical Physics, 2013, 52(5): 1572-1582.

[73] Zheng Y, Huang P, Huang A, et al. Security analysis of practical continuous-variable quantum key distribution systems under laser seeding attack[J]. Optics Express, 2019, 27(19): 27369-27384.

[74] Zheng Y, Huang P, Huang A, et al. Practical security of continuous-variable quantum key distribution with reduced optical attenuation[J]. Physical Review A, 2019, 100(1): 012313.

[75] Ma X Sun S, Jiang M, et al. Local oscillator fluctuation opens a loophole for Eve in practical continuous-variable quantum-key-distribution systems[J]. Physical Review A, 2013, 88(2): 022339.

[76] Jouguet P, Kunz-Jacques S, Diamanti E. Preventing calibration attacks on the local oscillator in continuous-variable quantum key distribution[J]. Physical Review A, 2013, 87(6): 062313.

[77] Ren S, Kumar R, Wonfor A, et al. Reference pulse attack on continuous-variable quantum key distribution with Local local oscillator[J]. Journal of the Optical Society of America B, 2019, 3: B1-B15.

[78] Qin H, Kumar R, Alléaume R. Proceedings of emerging technologies in security and defence; and quantum security II; and unmanned sensor systems x[C]. International Society for Optics and Photonics. United States: SPIE, 2013.

[79] Huang J, Weedbrook C, Yin Z, et al. Quantum hacking of a continuous-variable quantum-key-distribution system using a wavelength attack[J]. Physical Review A, 2013, 87(6): 062329.

[80] Ma X, Sun S, Jiang M, et al. Wavelength attack on practical continuous-variable quantum-key-distribution system with a heterodyne protocol[J]. Physical Review A, 2013, 87(5): 052309.

[81] Huang J Z, Kunz-Jacques S, Jouguet P, et al. Quantum hacking on quantum key distribution using homodyne detection[J]. Physical Review A, 2014, 89(3): 032304.

[82] Weedbrook C. Continuous-variable quantum key distribution with entanglement in the middle[J]. Physical Review A, 2013, 87(2): 022308.

[83] Walk N, Hosseini S, Geng J, et al. Experimental demonstration of Gaussian protocols for one-sided device-independent quantum key distribution[J]. Optica, 2016, 3(6): 634-642.

[84] Li Z, Zhang Y, Xu F, et al. Continuous-variable measurement-device-independent quantum key distribution[J]. Physical Review A, 2014, 89(5): 052301.

[85] Zhang Y, Li Z, Yu S, et al. Continuous-variable measurement-device-independent quantum key distribution using squeezed states[J]. Physical Review A, 2014, 90(5): 052325.

[86] Ottaviani C, Spedalieri G, Braunstein S L, et al. Continuous-variable quantum cryptography with an untrusted relay: Detailed security analysis of the symmetric configuration[J]. Physical Review A, 2015, 91(2): 022320.

[87] Zhang Y, Li Z, Weedbrook C, et al. Noiseless linear amplifiers in entanglement-based continuous-variable quantum key distribution[J]. Entropy, 2015, 17(7): 4547-4562.

[88] Zhang X, Zhang Y, Zhao Y, et al. Finite-size analysis of continuous-variable measurement-device-independent quantum key distribution[J]. Physical Review A, 2017, 96(4): 042334.

[89] Papanastasiou P, Ottaviani C, Pirandola S. Finite-size analysis of measurement-device-independent quantum cryptography with continuous variables[J]. Physical Review A, 2017, 96(4): 042332.

[90] Lupo C, Ottaviani C, Papanastasiou P, et al. Parameter estimation with almost no public communication for continuous-variable quantum key distribution[J]. Physical Review Letters, 2018, 120(22): 220505.

[91] Chen Z, Zhang Y, Wang G, et al. Composable security analysis of continuous-variable measurement-device-independent quantum key distribution with squeezed states for coherent attacks[J]. Physical Review A, 2018, 98(1): 012314.

[92] Lupo C, Ottaviani C, Papanastasiou P, et al. Continuous-variable measurement-device-independent quantum key distribution: Composable security against coherentattacks[J]. Physical Review A, 2018, 97(5): 052327.

[93] Zhao Y, Zhang Y, Xu B, et al. Continuous-variable measurement-device-

independent quantum key distribution with virtual photon subtraction[J]. Physical Review A, 2018, 97(4): 042328.

[94] Ma H, Huang P, Bai D, et al. Continuous-variable measurement-device-independent quantum key distribution with photon subtraction[J]. Physical Review A, 2018, 97(4): 042329.

[95] Huang L, Zhang Y, Chen Z, et al. Unidimensional continuous-variable quantum key distribution with untrusted detection under realistic conditions [J]. Entropy, 2019, 21(11): 1100.

[96] Ma H, Huang P, Bai D, et al. Long-distance continuous-variable measurement-device-independent quantum key distribution with discrete modulation[J]. Physical Review A, 2019, 99(2): 022322.

[97] Wang P, Wang X, Li Y. Continuous-variable measurement-device-independent quantum key distribution using modulated squeezed states and optical amplifiers[J]. Physical Review A, 2019, 99(4): 042309.

[98] Ma H, Huang P, Wang T, et al. Security bound of continuous-variable measurement-device-independent quantum key distribution with imperfect phase reference calibration[J]. Physical Review A, 2019, 100(5): 052330.

[99] Zhao W, Shi R, Shi J, et al. Phase-noise estimation using Bayesian inference for discretely modulated measurement-device-independent continuous-variable quantum key distribution[J]. Physical Review A, 2020, 102(2): 022621.

[100] Bai D, Huang P, Zhu Y, et al. Unidimensional continuous-variable measurement-device-independent quantum key distribution[J]. Quantum Information Processing, 2020, 19(2): 1-21.

[101] Zhang Y, Chen Z, Weedbrook C, et al. Continuous-variable source-device-independent quantum key distribution against general attacks[J]. Scientific Reports, 2020, 10(1): 1-10.

第2章
连续变量量子密钥分发理论基础

为了更好地让读者理解这些内容，本书需要读者对有关的数学、物理以及信息论等知识有一定的了解[1]。本章将介绍一些与量子密钥分发相关的数学、量子力学、量子光学、经典信息论、量子信息论等方面的基础知识，以便读者更好地理解本书后续部分的内容。

2.1 数学基础

在量子力学中，量子态、力学量算符等有多种表示方式。本书主要使用狄拉克符号来表示量子态和算符，并且特定表象下以矩阵来表示有限维空间的力学量算符，应用的数学主要涉及 Hilbert 空间、矩阵计算、重要的概率分布等理论[2-3]。

2.1.1 Hilbert 空间

Hilbert 空间是经典欧几里得空间的推广，其概念将会贯穿整本书，本书所有的向量与矩阵计算都将在 Hilbert 空间的基础上进行，接下来将从经典的向量空间推广到 Hilbert 空间上去。

2.1.1.1 向量空间

定义 2.1 向量空间　满足一定运算规则的向量集合被称为向量空间(通常记为 V)，其满足以下要求。

向量空间中的运算包括向量加法和标量乘法，其定义为：

向量加法：将 V 中两个元素 $\boldsymbol{\mu}$ 和 $\boldsymbol{v}$，通过加法映射到 V 中的另一个元素，记为 $\boldsymbol{\mu}+\boldsymbol{v}$。

标量乘法：将数域中的元素 c 与 V 中的元素 $\boldsymbol{\mu}$ 通过乘法映射为 V 中的另一个元素，记为 $c\cdot\boldsymbol{\mu}$。

这些概念比较抽象，因此将使用具体的模型来形象理解。设有 n 维向量 $\boldsymbol{\mu}$，其由 n 个复数描述 $c_1,c_2,\cdots,c_n$，即

$$\boldsymbol{\mu}=\begin{bmatrix}c_1\\ \vdots\\ c_n\end{bmatrix} \tag{2-1}$$

则相应的向量加法和标量乘法为

$$\begin{bmatrix}c_1\\ \vdots\\ c_n\end{bmatrix}+\begin{bmatrix}d_1\\ \vdots\\ d_n\end{bmatrix}=\begin{bmatrix}c_1+d_1\\ \vdots\\ c_n+d_n\end{bmatrix},c\cdot\begin{bmatrix}c_1\\ \vdots\\ c_n\end{bmatrix}=\begin{bmatrix}cc_1\\ \vdots\\ cc_n\end{bmatrix} \tag{2-2}$$

因此向量空间中的向量满足以下运算规则

向量加法交换律：$\boldsymbol{\mu}+\boldsymbol{v}=\boldsymbol{v}+\boldsymbol{\mu}$。

向量加法结合律：$(\boldsymbol{\mu}+\boldsymbol{v})+\boldsymbol{\omega}=\boldsymbol{\mu}+(\boldsymbol{v}+\boldsymbol{\omega})$。

存在向量加法零元，即存在零向量 $\mathbf{0}$，使得 V 中任意向量 $\boldsymbol{\mu}$，都有 $\boldsymbol{\mu}+\mathbf{0}=\boldsymbol{\mu}$。

存在向量加法逆元，即对于 V 中任意向量 $\boldsymbol{\mu}$ 都存在 $\boldsymbol{v}\in V$，使得 $\boldsymbol{\mu}+\boldsymbol{v}=0$。

标量乘法对数域上加法的分配率，即 $(c+d)\cdot\boldsymbol{\mu}=c\cdot\boldsymbol{\mu}+d\cdot\boldsymbol{\mu}$。

标量乘法对向量加法的分配率，即 $c\cdot(\boldsymbol{\mu}+\boldsymbol{v})=c\cdot\boldsymbol{\mu}+c\cdot\boldsymbol{v}$。

标量乘法和数域上的乘法可交换，即 $c\cdot(d\cdot\boldsymbol{\mu})=(c\cdot d)\cdot\boldsymbol{\mu}$。

存在标量乘法单位元，即对于数域上的单位元，及任意 V 中的向量，有 $1\cdot\boldsymbol{\mu}=\boldsymbol{\mu}$。

下面介绍几个与向量空间有关的重要概念。

(1) 向量空间的基

基是一组向量空间中特定向量的集合，这些向量彼此线性无关，并且对向量空间中的任意向量，都能由这组向量唯一地表示。其具体定义如下：

定义 2.2　向量空间的基　设 $B=\{\boldsymbol{e}_1,\boldsymbol{e}_2,\cdots,\boldsymbol{e}_n\}$ 是定义在数域上的向量空间 V 的有限子集，若其具有以下性质：

只有当 $\lambda_1=\lambda_2=\cdots=\lambda_n=0$ 时，才有 $\lambda_1\boldsymbol{e}_1+\lambda_2\boldsymbol{e}_2+\cdots+\lambda_n\boldsymbol{e}_n=\mathbf{0}$；

对于任意 $\boldsymbol{\mu}\in V$ 都存在 $\lambda_1,\lambda_2,\cdots,\lambda_n$，使得 $\lambda_1\boldsymbol{e}_1+\lambda_2\boldsymbol{e}_2+\cdots+\lambda_n\boldsymbol{e}_n=\boldsymbol{\mu}$，

则称 $B=\{\boldsymbol{e}_1,\boldsymbol{e}_2,\cdots,\boldsymbol{e}_n\}$ 是向量空间 V 的一组基。

而对于 n 是无限大的情况，也可将上述定义推广得到。通常将 n 称为向量空间的维度，代表构成这个空间所需的基本向量的数目。

(2) 线性变换

线性变换是一个从向量空间 V 到向量空间 W 的映射，其具体定义如下：

定义 2.3 线性变换 若一个映射 $f:V\to W$ 满足：对数域中任意数 c 和 V 中的任意向量 $\boldsymbol{\mu},\boldsymbol{v}$ 都有

$$f(\boldsymbol{\mu}+\boldsymbol{v})=f(\boldsymbol{\mu})+f(\boldsymbol{v})$$

$$f(c\cdot\boldsymbol{\mu})=c\cdot f(\boldsymbol{\mu})$$

则称映射 f 是一个线性变换。

当在向量空间 V 和 W 中都选定一组基后，这个线性变换就可以用矩阵表示。假设在维度为 n 的向量空间 V 中选定一组基 $\{\boldsymbol{e}_1,\boldsymbol{e}_2,\cdots,\boldsymbol{e}_n\}$，则 V 中的任意向量 $\boldsymbol{\mu}$ 可表示为：

$$\boldsymbol{\mu}=\sum_{i=1}^{n}c_i\,\boldsymbol{e}_i \tag{2-3}$$

经过线性变换 f 后，

$$f(\boldsymbol{\mu})=\sum_{i=1}^{n}c_i f(\boldsymbol{e}_i) \tag{2-4}$$

由于 $f(\boldsymbol{e}_i)=\boldsymbol{w}_i$ 也可以用维度为 m 的向量空间 W 中的一组基 $\{\boldsymbol{e}'_1,\boldsymbol{e}'_2,\cdots,\boldsymbol{e}'_n\}$ 表示：

$$\boldsymbol{w}_i=\sum_{j=1}^{m}d_{ji}\,\boldsymbol{e}'_j \tag{2-5}$$

所以

$$f(\boldsymbol{\mu})=\sum_{i=1}^{n}c_i\sum_{j=1}^{m}d_{ji}\,\boldsymbol{e}'_j=\sum_{i=1}^{n}\sum_{j=1}^{m}d_{ji}c_i\,\boldsymbol{e}'_j \tag{2-6}$$

其中 c_i 由向量 $\boldsymbol{\mu}$ 决定，$\boldsymbol{e}'_j$ 由 W 选择的基决定，而 f 则完全由 d_{ji} 决定，因此定义矩阵来描述线性变换 f

$$\boldsymbol{A}=\begin{bmatrix} d_{11} & \cdots & d_{1n} \\ \vdots & & \vdots \\ d_{m1} & \cdots & d_{mn} \end{bmatrix} \tag{2-7}$$

按照相应维度，$\boldsymbol{A}$ 为 $m\times n$ 矩阵，表示将 n 维向量映射为 m 维向量。

而对于复合线性变换：$g\circ f:V\to W,W\to X$，其中 X 为 l 维向量空间。假设映射 $f:V\to W$ 表示为 $m\times n$ 矩阵：$\boldsymbol{A}=(d_{ji})$，映射 $g:W\to X$ 表示为 $l\times m$ 矩阵 $\boldsymbol{B}=(h_{kj})$。则复合线性变换可以表示成 $l\times n$ 矩阵，该矩阵可由上两个映射的矩阵推导得出：

$$g\circ f(\boldsymbol{\mu})=\sum_{i=1}^{n}c_i\sum_{j=1}^{m}d_{ji}\sum_{k=1}^{l}h_{kj}\,\boldsymbol{e}''_k=\sum_{i=1}^{n}c_i\sum_{j=1}^{m}\sum_{k=1}^{l}(h_{kj}d_{ji})\,\boldsymbol{e}''_k \tag{2-8}$$

因此定义矩阵乘法

$$\boldsymbol{C}=\boldsymbol{B}\boldsymbol{A}=(r_{ki}) \tag{2-9}$$

其中

$$r_{ki} = \sum h_{kj} d_{ji} \tag{2-10}$$

根据线性变换的性质，还可以定义矩阵加法和矩阵与标量的相乘，这些运算同样满足加法交换律、加法结合律、乘法结合律等等，但需要特别指出的是矩阵乘法不满足乘法交换律，即 $\boldsymbol{BA} \neq \boldsymbol{AB}$。

2.1.1.2 内积空间

如果一个向量空间中定义了内积运算，其就可以称为内积空间。其定义如下。

定义 2.4 内积 对于向量空间 V 中的向量 $\boldsymbol{\mu}$ 和 $\boldsymbol{\nu}$，定义映射 $(\boldsymbol{\mu},\boldsymbol{\nu}): V \times V \to F$ 为它们的内积。即 $(\boldsymbol{\mu},\boldsymbol{\nu}) \in F$ 是数域 F 上的一个标量，其满足以下性质：

$(\boldsymbol{\mu},\boldsymbol{\mu}) \geqslant 0$，即向量与自身的内积为一非负数。等号仅在 $\boldsymbol{\mu}$ 为零向量时取到。（正定性）

$(\boldsymbol{\mu}, c \cdot \boldsymbol{\mu}) = c(\boldsymbol{\mu},\boldsymbol{\mu})$，$(\boldsymbol{\mu},(\boldsymbol{\nu}+\boldsymbol{\omega})) = (\boldsymbol{\mu},\boldsymbol{\nu}) + (\boldsymbol{\mu},\boldsymbol{\omega})$。（第一变元线性性）

$(\boldsymbol{\mu},\boldsymbol{\nu}) = (\boldsymbol{\nu},\boldsymbol{\mu})^*$，其中 * 表示共轭。（对称性）

这些定义有些抽象，但实际上，在人们熟悉的欧几里得空间中，向量间的点乘即为两向量之间的内积，即引入向量点乘后的欧几里得空间成为一个内积空间。利用内积的定义，可以证明，对于一个线性变换 A，其不同本征值对应的本征向量彼此正交，即它们的内积为零。因此对于任意线性变换 A，都可以找到 A 的 n 个线性无关的本征向量，构成 n 维线性空间中的一组正交归一完备基。

2.1.1.3 Hilbert 空间

在内积空间的基础上，再引入范数的概念，就可以定义 Hilbert 空间。范数的定义如下：

定义 2.5 范数 对向量空间 V 中的向量 $\boldsymbol{\mu}$ 和 $\boldsymbol{\nu}$，定义映射 $p(\boldsymbol{\mu}) \to$ 为范数，即 $p(\boldsymbol{\mu}) \in \mathbb{R}$ 是实数域 $\mathbb{R}$ 上的一个标量，其需要满足以下性质：

$p(\boldsymbol{\mu}) \geqslant 0$，当且仅当 μ 为零向量时等号成立。

$p(c \cdot \boldsymbol{\mu}) = |c| p(\boldsymbol{\mu})$。（正值齐次性）

$p(\boldsymbol{\mu}+\boldsymbol{\nu}) \leqslant p(\boldsymbol{\mu}) + p(\boldsymbol{\nu})$。（次可加性）

本书常用的是 p-范数，其定义为：

定义 2.6 p-范数 给定任意向量 $\boldsymbol{\mu}$ 和实数 $p \geqslant 1$，对于字母表 Σ，定义 $\boldsymbol{\mu}$ 的 p-范数为

$$\|\boldsymbol{\mu}\|_p = \left(\left(\sum_{a \in \Sigma} |\boldsymbol{\mu}(a)|^p \right) \right)^{\frac{1}{p}}$$

对于一个内积空间中的向量 $\boldsymbol{\mu}$，其由内积诱导出的范数为

$$\|\boldsymbol{\mu}\| = \sqrt{(\boldsymbol{\mu},\boldsymbol{\mu})}$$

即为 $p=2$ 的 p-范数，如果对于一个内积空间 V，其对于由内积诱导出的范数而言是完备的，就称这个空间为一个 Hilbert 空间。这里完备是指，按照该范数给出的度量，空间中的任何一个柯西序列都收敛于这个空间中。柯西序列是指：若内积空间中的元素组成的序列 $\{\boldsymbol{\mu}_n\}$ 满足，对于任意 $\varepsilon>0$，存在正整数 N，当 $m,n>N$ 时，总有 $\|\boldsymbol{\mu}_m-\boldsymbol{\mu}_n\|<\varepsilon$，就称 $\{\boldsymbol{\mu}_n\}$ 为内积空间的一组柯西序列。

柯西序列 $\{\boldsymbol{\mu}_n\}$ 收敛于它的内积空间中，是指存在内积空间中的某个向量使得

$$\lim_{n\to\infty}\|\boldsymbol{\mu}_n-\boldsymbol{\mu}\|=0 \tag{2-11}$$

当任意柯西序列 $\{\boldsymbol{\mu}_n\}$ 都收敛于自身的内积空间时，就说明空间是完备的，即该内积空间是一个 Hilbert 空间。

2.1.2 矩阵计算

2.1.2.1 本征向量和本征值

对于线性变换 f 的表示矩阵 $\boldsymbol{A}$，可以定义其本征向量 $\boldsymbol{\alpha}$ 和本征值 λ 如下：

定义 2.7 本征向量和本征值 满足方程 $\boldsymbol{A\alpha}=\lambda\boldsymbol{\alpha}$ 的向量 $\boldsymbol{\alpha}$ 称为 $\boldsymbol{A}$ 的本征向量，标量 λ 为 $\boldsymbol{A}$ 的本征值。

从中可以看到只有当 $\boldsymbol{A}$ 的行和列维度相同时，才可能具有本征向量和本征值，并且满足条件的本征向量和本征值可能不止一个，通常使用以下公式计算本征值

$$|\lambda\boldsymbol{I}-\boldsymbol{A}|=0 \tag{2-12}$$

其中 $\boldsymbol{I}$ 为单位矩阵。

2.1.2.2 求迹

对于一个行和列维度相同的矩阵 $\boldsymbol{A}$，其迹的定义为主对角线上各个元素之和：

$$\mathrm{tr}(\boldsymbol{A}) = \sum \boldsymbol{A}(i,i) \tag{2-13}$$

迹具有循环性质，即

$$\mathrm{tr}(\boldsymbol{AB})=\mathrm{tr}(\boldsymbol{BA}) \tag{2-14}$$

向量 $\boldsymbol{\mu}$ 和 $\boldsymbol{v}$，其内积可以表示为迹的形式

$$(\boldsymbol{\mu},\boldsymbol{v})=\mathrm{tr}(\boldsymbol{v}\boldsymbol{\mu}^*) \tag{2-15}$$

利用迹将内积扩展：定义空间上的一个内积如下

$$\langle \boldsymbol{A},\boldsymbol{B}\rangle=\mathrm{tr}(\boldsymbol{B}\boldsymbol{A}^*) \tag{2-16}$$

可以证明这个内积满足内积所要求的所有属性。

2.1.2.3 直和和直积

对于维度为 $m\times n$ 的矩阵 $\boldsymbol{A}$ 和维度为 $p\times q$ 的矩阵 $\boldsymbol{B}$，定义其直和为：

$$\boldsymbol{A}\oplus\boldsymbol{B}=\begin{bmatrix}\boldsymbol{A} & 0\\ 0 & \boldsymbol{B}\end{bmatrix}=\begin{bmatrix}a_{11} & \cdots & a_{1n} & 0 & \cdots & 0\\ \vdots & \ddots & \vdots & \vdots & \ddots & \vdots\\ a_{m1} & \cdots & a_{mn} & 0 & \cdots & 0\\ 0 & \cdots & 0 & b_{11} & \cdots & b_{1q}\\ \vdots & \ddots & \vdots & \vdots & \ddots & \vdots\\ 0 & \cdots & 0 & b_{p1} & \cdots & b_{pq}\end{bmatrix} \tag{2-17}$$

对于维度为 $m\times n$ 的矩阵 $\boldsymbol{A}$ 和维度为 $p\times q$ 的矩阵 $\boldsymbol{B}$，定义其直积为：

$$\boldsymbol{A}\otimes\boldsymbol{B}=\begin{bmatrix}a_{11}\boldsymbol{B} & \cdots & a_{1n}\boldsymbol{B}\\ \vdots & \ddots & \vdots\\ a_{m1}\boldsymbol{B} & \cdots & a_{mn}\boldsymbol{B}\end{bmatrix}=\begin{bmatrix}a_{11}b_{11} & \cdots & a_{11}b_{1q} & & a_{1n}b_{11} & \cdots & a_{1n}b_{1q}\\ \vdots & \ddots & \vdots & \cdots & \vdots & \ddots & \vdots\\ a_{11}b_{p1} & \cdots & a_{11}b_{pq} & & a_{1n}b_{p1} & \cdots & a_{1n}b_{pq}\\ & \vdots & & \ddots & & \vdots & \\ a_{m1}b_{11} & \cdots & a_{m1}b_{1q} & & a_{mn}b_{11} & \cdots & a_{mn}b_{1q}\\ \vdots & \ddots & \vdots & \cdots & \vdots & \ddots & \vdots\\ a_{m1}b_{p1} & \cdots & a_{m1}b_{pq} & & a_{mn}b_{p1} & \cdots & a_{mn}b_{pq}\end{bmatrix} \tag{2-18}$$

即，设

$$\boldsymbol{A}=\begin{bmatrix}1 & 0\\ 0 & 1\end{bmatrix},\boldsymbol{B}=\begin{bmatrix}1\\ 2\end{bmatrix} \tag{2-19}$$

则其直和为

$$\boldsymbol{A}\oplus\boldsymbol{B}=\begin{bmatrix}1 & 0 & 0\\ 0 & 1 & 0\\ 0 & 0 & 1\\ 0 & 0 & 2\end{bmatrix} \tag{2-20}$$

其直积为

$$\boldsymbol{A}\otimes\boldsymbol{B}=\begin{bmatrix}1 & 0\\ 2 & 0\\ 0 & 1\\ 0 & 2\end{bmatrix} \tag{2-21}$$

直积满足乘法的分配率，但不满足交换律即 $\boldsymbol{A}\otimes\boldsymbol{B}\neq\boldsymbol{B}\otimes\boldsymbol{A}$，如果矩阵维度允许，直积还有以下性质

$$(\boldsymbol{A}\otimes\boldsymbol{B})\times(\boldsymbol{C}\otimes\boldsymbol{D})=(\boldsymbol{A}\times\boldsymbol{C})\otimes(\boldsymbol{B}\times\boldsymbol{D}) \tag{2-22}$$

如果 $\boldsymbol{A}\times\boldsymbol{C}$ 和 $\boldsymbol{B}\times\boldsymbol{D}$ 成立。

2.1.2.4 厄米共轭

矩阵的共轭转置称为厄米共轭，记为

$$\boldsymbol{A}^{\dagger}=(\boldsymbol{A}^{*})^{\mathrm{T}} \tag{2-23}$$

满足其厄米共轭等于自身的矩阵称为厄米矩阵

$$\boldsymbol{A}^{\dagger}=\boldsymbol{A} \tag{2-24}$$

2.1.3 重要的概率分布

在 CV-QKD 中，以下几种为常见的分布类型，下面介绍其具体形式。

2.1.3.1 均匀分布

均匀分布是指随机变量的各个取值概率完全相等的分布。对于离散型随机变量，其概率分布为

$$P(X=x_k)=\frac{1}{n} \tag{2-25}$$

其中 $k=1,2,3,\cdots,n$。而对于连续型随机变量，其概率分布为

$$F(x)=\frac{1}{a-b}(x-a) \tag{2-26}$$

其中 $a\leqslant x\leqslant b$。即对在区间 $[a,b]$ 内均匀分布的随机变量 X，其取值落在子区间 $[x_1,x_2]$ 内的概率正比于区间长度 x_2-x_1。

2.1.3.2 二项式分布

假设在一个事件中只有 0 和 1 两种情况，出现结果 1 的概率为 p，出现结果 0 的概率为 $1-p$，将该事件重复 n 次，则结果 1 总共出现 k 次的概率为

$$P(X=k)=\mathrm{C}_n^k p^k(1-p)^{n-k} \tag{2-27}$$

其中，$k=1,2,3,\cdots,n$，$0<p<1$。这样的分布称为二项式分布，记为 $X\sim B(n,p,k)$。可以计算出二项式分布期望 $E(X)=np$，方差 $D(X)=np(1-p)$。

2.1.3.3 泊松分布

设随机变量 X 取值为 k 的概率为

$$P(X=k)=\frac{\lambda^k}{k!}\mathrm{e}^{-\lambda} \tag{2-28}$$

其中，$k=1,2,3,\cdots$，则称随机变量 X 服从泊松分布。可以计算出泊松分布的期望 $E(X)=\lambda$，方差 $D(X)=\lambda$。

当二项式分布 $B(n,p,k)$ 中的 n 足够大时，并且 np 趋于某个有限值 λ 时，二项式分布就可以近似为泊松分布，即

$$\lim_{n\to\infty} C_n^k p^k (1-p)^{n-k} = \frac{\lambda^k}{k!} e^{-\lambda} \tag{2-29}$$

2.1.3.4 高斯分布

设连续型随机变量 X 的概率密度函数为

$$f(x) = \frac{1}{\sqrt{2\pi}\sigma} e^{-\frac{(x-\mu)^2}{2\sigma^2}} \tag{2-30}$$

则称 X 服从高斯分布，可以计算出高斯分布的期望 $E(X)=\mu$，方差 $D(X)=\sigma^2$，通常记为 $X \sim N(\mu,\sigma^2)$。

利用中心极限定理可以证明，当 n 足够大时，可以利用高斯分布 $N(\mu,\sigma^2)$ 去近似估计二项式分布 $B(n,p,k)$，此时 $\mu=np$，$\sigma^2=np(1-p)$。

2.2 量子力学基础

本小节介绍量子力学的一些基础知识。由于量子力学本身内容十分丰富，限于篇幅，本部分仅选取与 CV-QKD 关系最为紧密的基础知识加以介绍，主要包括量子态、量子算符、对易关系、量子测量、密度矩阵、Schmidt 正交分解与纯化等[4]。

2.2.1 量子态

一个量子系统在任何时刻的状态都可以用一个 Hilbert 空间中的态矢量 $|\varphi\rangle$ 来表示，这一态矢量完备地给出了量子系统的所有信息。这里态矢量表示范数为 1 的向量，即其与自身的内积等于 1。需要说明的是，在量子力学中，通常用狄拉克符号表示 Hilbert 空间中的向量、内积等。例如上述 $|\varphi\rangle$ 称为右矢(ket)，表示一个列向量，与之相应的还有左矢(bra)，记为 $\langle\varphi|$，表示一个行向量。左矢与右矢之间存在厄米共轭的关系，即 $\langle\varphi| = (|\varphi\rangle)^\dagger$，通过厄米共轭，一个列向量将转变为与之共轭的行向量。

利用狄拉克符号，可以将两个向量 $|\varphi\rangle$，$|\phi\rangle$ 的内积，通过左矢与右矢的作用表示出来，即左矢 $\langle\phi|$“作用”在右矢 $|\varphi\rangle$ 上：$\langle\phi|\varphi\rangle$ 就得到它们的内积。而态矢量满足归一性，即 $\langle\varphi|\varphi\rangle=1$。

2.2.2 量子算符

量子力学中所讲的算符，与上一小节介绍过的线性变换十分类似。线性变换通过作用在空间中的向量上，将一个向量变换为另一个向量。类似地，算符作用在物理系统上，使其从一种物理状态变换为另一种状态。在量子力学中，物理系统的状态由 Hilbert 空间中的态矢量所描述，因此，算符的作用对象为态矢量，这就与一个 Hilbert 空间中的线性变换的概念一致。而算符的本征值与本征态的定义，与线性变换本征值与本征向量也完全相同。在量子力学中，通常用符号 $\hat{A}$ 表示一个力学量 A 相对应的算符。有时为了简便，在不至于引起混淆时，会省去算符 $\hat{A}$ 头上的尖号，而直接用 A 来表示。

量子算符有以下性质：

1）在量子力学中，描写微观系统的力学量对应于 Hilbert 空间中的厄米算符。

2）力学量所能取的值，是相应算符的本征值。

假设力学量 $\hat{A}$ 的本征值集合为 $\{\lambda_i\}$，对应的本征态矢量集合为 $\{|\varphi_i\rangle\}$，当微观系统处于某个状态 $|\varphi\rangle$ 时，对其测量物理量 $\hat{A}$，测量结果以一定概率取到本征值 λ_i，概率大小为态矢量 $|\varphi\rangle$ 按本征态矢量组 $\{|\varphi_i\rangle\}$ 展开 $|\varphi_i\rangle$ 项对应系数的模方。测量完成后，系统的状态塌缩到 λ_i 对应的本征态 $|\varphi_i\rangle$。

由于厄米算符的本征值一定是实数，因此，将力学量对应的算符的本征值，作为这个力学量的可能取值，就保证了所有力学量的取值必定为实数，是具有实际物理意义的。这在一定程度上说明了将力学量定义为厄米算符，且将其本征值定义为力学量取值的合理性。

量子算符的第三个性质是可以将态 $|\varphi\rangle$ 按力学量对应的本征向量组进行展开。利用线性空间的性质，在力学量对应的厄米算符 $\hat{A}$ 的所有本征向量中，可以选出一组彼此线性无关的向量，构成描述整个 Hilbert 空间的一组正交完备基，而任何一个态矢量，都可以用这组正交完备基所表出。

用数学的语言描述，对于任何力学量对应的厄米算符 $\hat{A}$，存在一组正交完备基 $\{|\varphi_1\rangle, |\varphi_2\rangle\cdots, |\varphi_n\rangle\}$ 满足

$$\hat{A}|\varphi_i\rangle=\lambda_i|\varphi_i\rangle \tag{2-31}$$

且

$$\langle\varphi_j|\varphi_i\rangle=\delta_{ij}, \sum|\varphi_i\rangle\langle\varphi_i|=\boldsymbol{I} \tag{2-32}$$

此时任意态矢量 $|\varphi\rangle$ 可以表示为

$$|\varphi\rangle=\sum c_i|\varphi_i\rangle \tag{2-33}$$

利用量子力学中叠加态的相关思想，可以把态 $|\varphi\rangle$ 看成是各本征态 $|\varphi_i\rangle$ 按一定概率叠加而成，其相应概率为 $|c_i|^2$。而力学量的取值只能为 λ_i 其中之一，因此，可以自然地按照概率的思想，假设力学量按一定概率取到各个 λ_i，而这个概率的大小，也自然假定为 $|c_i|^2$。由于 $|\varphi_i\rangle$ 具有归一性，可以验证各取值的概率之和满足 $\sum |c_i|^2 = 1$，这表明这种概率的假设是相对完备的。

2.2.3 对易关系

定义两个量子算符 $\hat{A}$ 和 $\hat{B}$ 间的对易式为

$$[\hat{A},\hat{B}]=\hat{A}\hat{B}-\hat{B}\hat{A} \tag{2-34}$$

这里算符之间的乘积，其定义与线性变换中矩阵的乘积相同，因此算符之间的乘积也不满足交换律，所以对易式 $[\hat{A},\hat{B}]$ 的结果也不一定为 0。当 $[\hat{A},\hat{B}]=0$ 时称算符 $\hat{A}$ 和 $\hat{B}$ 是可对易的（commutable），否则称 $\hat{A}$ 和 $\hat{B}$ 是不可对易的（non-commutable）。

在量子力学中，系统中每个粒子的位置算符 $\hat{X}$ 与动量算符 $\hat{P}$ 满足下列对易关系：

$$[\hat{X}_i,\hat{X}_j]=0,[\hat{P}_i,\hat{P}_j]=0,[\hat{X}_i,\hat{P}_j]=i\hbar\delta_{ij} \tag{2-35}$$

以上对易关系是量子力学中一个基本而重要的假设，由此建立了一种与经典力学的对应和推广，从而将许多经典物理中的物理量与运动方程量子化。

根据对易关系以及 Hilbert 空间本身的代数性质，可以推出量子力学中一个非常著名的定理，即不确定性原理（uncertainty principle）：

$$(\Delta\hat{A})^2\cdot(\Delta\hat{B})^2\geqslant\frac{1}{2}|\langle[\hat{A},\hat{B}]\rangle|^2 \tag{2-36}$$

其中 $\Delta\hat{A}=\sqrt{\langle\hat{A}^2\rangle-\langle\hat{A}\rangle^2}$ 为对物理量 $\hat{A}$ 进行测量结果的标准差，也被称为不准确度。

结合对易关系可以得到

$$\Delta\hat{X}_i\cdot\Delta\hat{P}_i\geqslant\frac{\hbar}{2} \tag{2-37}$$

即无法同时精确测得某个量子态在同一方向上的位置和动量。

2.2.4 量子测量

在量子算符中已经指出，力学量在进行一次量子测量后，对于被测量的力学量 $\hat{A}$，测量值为 $\hat{A}$ 的某个本征值 λ_i，相应概率为 $|c_i|^2$。同时还指出，测量完成后，系统

的状态即塌缩到 λ_i 对应的本征态 $|\varphi_i\rangle$。在这个过程中，可以看出，量子测量实际上改变了系统状态，亦即对系统状态的一种变换。这是量子力学与经典力学的一个本质不同，即测量本身也是系统的一部分，它将与系统发生作用，而不是孤立于系统存在的。

根据这一特征，可以把量子测量用测量算符集合 $\{\hat{M}_i\}$ 表示出来，其中，下标 i 表示第 i 种测量，即测得物理量取值为 λ_i，同时使得系统状态塌缩为 $|\varphi_i\rangle$ 的那种测量。

可以用测量算符对量子测量进行定义。进一步说，假设系统在测量前处于状态 $|\varphi\rangle$，则认为经过量子测量后，得到第 i 种测量结果的概率为

$$\Delta\hat{X}_i \cdot \Delta\hat{P}_i \geqslant \frac{\hbar}{2} \tag{2-38}$$

此时，系统变为

$$|\varphi'\rangle = \frac{\hat{M}_i|\varphi\rangle}{\sqrt{p(i)}} \tag{2-39}$$

在量子信息中常用的是投影测量和正算子取值测量。

如果测量算符为投影算符的集合 $\{\hat{P}_i\}$，则该测量为投影测量，其中 $\hat{P}_i$ 定义为

$$\hat{P}_i = |i\rangle\langle i| \tag{2-40}$$

这里 i 是 Hilbert 空间的一组正交完备基，基满足

$$\langle i \mid j\rangle = \delta_{ij}, \sum_i |i\rangle\langle i| = \boldsymbol{I} \tag{2-41}$$

利用投影测量算符，可以定义可观测物理量 $\hat{A}$ 为

$$\hat{A} = \sum_i i\,\hat{P}_i \tag{2-42}$$

可以验证，$\{|i\rangle\}$ 即为物理量 $\hat{A}$ 对应的本征态集合，且 $|i\rangle$ 对应的本征值为 i。按照量子测量的定义，对于投影测量而言，有 $p(i) = |\langle\varphi|i\rangle|^2$ 的概率测得物理量的值为 i，且系统塌缩为态 $|i\rangle$。如果将 $|\varphi\rangle$ 展开为 $|\varphi\rangle = \sum_i c_i|i\rangle$，则这个概率就是 $|c_i|^2$。

投影测量是一种较为简明而理想化的测量，然而在实际系统中，整体量子系统通常都是高维度的复杂系统，而量子测量针对的仅是这个大系统中的某个子空间。可以把这种局域的量子测量，看作是对整体系统进行投影测量的一个部分。这时，就需要考虑正算符取值测量，即 POVM。

对于算符集合 $\{\hat{M}_i\}$，定义算子 $\hat{F}_i = \hat{M}_i^\dagger\hat{M}_i$，则 $\hat{F}$ 满足

$$\sum_i \hat{F}_i = \sum_i \hat{M}_i^\dagger\hat{M}_i = \boldsymbol{I}, \langle\varphi|\hat{F}_i|\varphi\rangle = \langle\varphi|\hat{M}_i^\dagger\hat{M}_i|\varphi\rangle \geqslant 0 \tag{2-43}$$

因此 $\hat{F}_i$ 是半正定厄米算符（非负定厄米算符）。这样一组半正定厄米算符集合 $\{\hat{F}_i\}$ 就构成了系统的一组 POVM。

2.2.5 密度矩阵

在上述讨论中，均假设系统处于一个确定状态，即可用 Hilbert 空间态矢量来表示。然而在实际系统中，常常不能准确地知道系统究竟处于何种状态，例如量子统计等问题。这时，就需要利用密度矩阵方法来描述系统所处状态。

一个系统的密度矩阵(density matrix)，也称为密度算符，定义如下：

$$\boldsymbol{\rho} = \sum_i p_i |\varphi_i\rangle\langle\varphi_i| \tag{2-44}$$

表示系统以一定的概率 p_i 处在状态 $|\varphi_i\rangle$ 上。

与叠加态的相关含义不同，这里的概率是一种经典的统计概率，表示由于已知条件不够充分，只能以一定概率推测系统处于哪个量子态。当系统处在确定量子态时，有 $\boldsymbol{\rho}=|\varphi\rangle\langle\varphi|$，这种状态称为纯态，而当 $\boldsymbol{\rho}$ 中至少含有两种量子态时，则称为混态。

可以发现，密度矩阵 $\boldsymbol{\rho}$ 恰好可以描述测量后的量子态结果，因为经过测量，量子态 $|\varphi\rangle$ 将塌缩到某个固定的 $|\varphi_i\rangle$ 上，并且概率 p_i 是已知的，只是在测量之前无法确定测量结果，而这正是密度矩阵所表达的含义。

密度矩阵的一些重要性质如下：

$\boldsymbol{\rho}$ 是正定厄米算符，即 $\boldsymbol{\rho}^\dagger=\boldsymbol{\rho}$，且 $\langle\varphi|\boldsymbol{\rho}|\varphi\rangle\geqslant 0$，当且仅当 $|\varphi\rangle$ 为零向量时等号成立。

密度矩阵的迹为 1。即 $\mathrm{tr}(\boldsymbol{\rho}) = \sum_i \rho_{ii} = 1$。这里 ρ_{ii} 表示密度矩阵的对角元。

$\mathrm{tr}(\boldsymbol{\rho}^2)\leqslant 1$，当且仅当系统处于纯态时等号成立。

当系统的密度矩阵为 $\boldsymbol{\rho}$ 时，物理量 A 的平均值为 $\langle\hat{A}\rangle=\mathrm{tr}(\hat{A}\boldsymbol{\rho})$。

系统的密度矩阵满足量子刘维方程 $i\hbar\frac{\partial}{\partial t}\boldsymbol{\rho}=[\hat{H},\boldsymbol{\rho}]$。

对系统进行幺正变换 U(即变换 U 满足 $U^\dagger U=\boldsymbol{I}$ 时，相应密度矩阵的变化为 $\boldsymbol{\rho}'=U\boldsymbol{\rho}U^\dagger$。

在实际系统中，常常遇到下列情况：量子系统由各个不同部分构成，而关心的物理量只与系统某一部分有关。例如在涉及两个粒子(粒子 A 和 B)的系统中，只考虑粒子 A 的某个物理量，这时，就需要用到约化密度矩阵的概念。定义约化密度矩阵 $\hat{\boldsymbol{\rho}}_A$ 为系统中只考虑粒子 A 时对应的密度矩阵，其中

$$\hat{\boldsymbol{\rho}}_A = \mathrm{tr}_B(\hat{\boldsymbol{\rho}}) = \sum_i \langle i_B|\hat{\boldsymbol{\rho}}|i_B\rangle \tag{2-45}$$

表示仅对密度矩阵 $\boldsymbol{\rho}$ 中与粒子 B 有关的部分求偏迹(partial trace)，$|i_B\rangle$ 表示粒子 B 对应的一组基。

偏迹的定义如下，假设 A 和 B 所组成的系统的概率密度矩阵为 $\boldsymbol{\rho}_{AB}$，$\{|a\rangle\}$ 和 $\{|b\rangle\}$ 分别为 A 和 B 的一组正交完备基，则其偏迹为

$$\boldsymbol{\rho}_A = \mathrm{tr}_B(\boldsymbol{\rho}_{AB}) = \sum_b (\boldsymbol{I}\otimes\langle b|)\,\boldsymbol{\rho}_{AB}\,(\boldsymbol{I}\otimes|b\rangle) \tag{2-46}$$

$$\boldsymbol{\rho}_B = \mathrm{tr}_A(\boldsymbol{\rho}_{AB}) = \sum_a (\langle a| \otimes \boldsymbol{I})\, \boldsymbol{\rho}_{AB} (|a\rangle \otimes \boldsymbol{I}) \tag{2-47}$$

2.2.6 Schmidt 正交分解与纯化

本节将会使用前面几个小节介绍的知识点来讨论量子信息论中的两个重要方法,即 Schmidt 正交分解与纯化。

定理 2.1　Schmidt 正交分解定理　对于由粒子 A 与粒子 B 组成的两体复合系统中的任意纯态量子态 $|\varphi\rangle$,总存在粒子 A 空间的一组正交归一完备基 $\{|i_A\rangle\}$ 以及粒子 B 空间的正交归一完备基 $\{|i_B\rangle\}$,使得

$$|\varphi\rangle = \sum_i \lambda_i |i_A\rangle |i_B\rangle$$

其中,Schmidt 分解系数 λ_i 满足 $\lambda_i \geqslant 0$ 且 $\sum_i \lambda_i^2 = 1$。

Schmidt 正交分解能清晰地将复合系统量子态表示成各子空间量子态的直积态的叠加。为简化问题,讨论由两粒子 A 和 B 组成的系统。系统的状态 $|\varphi\rangle$ 应同时包含粒子 A 和 B 的状态。对于这种情况,通常采用直积态,即 $|\varphi\rangle = |i_A\rangle \otimes |i_B\rangle$ 来表示系统中粒子 A 处在 $|i_A\rangle$ 态,而粒子 B 处在 $|i_B\rangle$ 态。这里 $\otimes$ 表示直积,可以通过直积,利用一个 n 维空间和一个 m 维空间生成一个 $n \times m$ 维空间。为了方便,通常将直积态 $|i_A\rangle \otimes |i_B\rangle$ 简记为 $|i_A\rangle |i_B\rangle$,或者 $|i_A i_B\rangle$。

利用直积态,可以将包含两粒子或多粒子系统的量子态,用各粒子空间中的量子态表示出来。对于两粒子情况,总可以将 $|\varphi\rangle$ 表示为若干由粒子 A 空间的量子态 $|i_A\rangle$ 与粒子 B 空间量子态 $|i_B\rangle$ 所组成直积态 $|i_A\rangle \otimes |i_B\rangle$ 的叠加形式。在量子信息中,为了更好地对复合系统量子态进行测量,还希望在 $|\varphi\rangle$ 的直积态叠加表达式中,粒子 A 空间的量子态集合 $\{|i_A\rangle\}$ 与粒子 B 空间的量子态集合 $\{|i_A\rangle\}$ 都是正交归一的。这样,当进行测量时,就可以根据选定的正交归一基组,单独在粒子 A 空间或粒子 B 空间进行投影测量。

下面介绍纯化的概念。量子态的纯化可以实现混态到纯态的转移。

定理 2.2　量子态的纯化　对于任意的量子态 $\hat{\boldsymbol{\rho}}_A$,可以引入参考系统 R,并可在系统 A 与系统 R 组成的两体复合系统中找到一个纯态 $|AR\rangle$,使得其满足

$$\hat{\boldsymbol{\rho}}_A = \mathrm{tr}(|AR\rangle\langle AR|)$$

即复合系统 AR 的子系统 A 与 $\hat{\boldsymbol{\rho}}_A$ 相同。此时,将纯态 $|AR\rangle$ 称为量子态 $\hat{\boldsymbol{\rho}}_A$ 的纯化。

上述定理表明，对于某子空间中的一个混态，总可以找到包含该子空间的更大的 Hilbert 空间中的一个纯态，该纯态在子空间中的投影就是该混态。因此，对于一个系统的混态量子态，既可以从混态的角度去看待，也可以在引入一个参考系统后的大系统中，将其视为一个纯态的子系统，这两种方式，只是观测的系统与角度不同。特别地，当$\hat{\boldsymbol{\rho}}_A$ 标准正交形式，即

$$\hat{\boldsymbol{\rho}}_A = \sum_i p_i |i_A\rangle\langle i_A| \tag{2-48}$$

此时，纯化量子态有如下简单形式：

$$|AR\rangle = \sum_i \sqrt{p_i}\,|i_A\rangle|i_R\rangle \tag{2-49}$$

Schmid 正交分解与量子态纯化之间存在一定的关联。比如只需令 Schmidt 分解系数$\lambda_i = \sqrt{p_i}$，纯化的表达式就与 Schmidt 正交分解的表达式形式完全相同。

2.3 量子光学基础

本部分介绍量子光学的一些基础知识。由于量子光学本身内容十分丰富，限于篇幅，本部分仅选取与 CV-QKD 关系最为紧密的基础知识加以介绍，主要包括自由电磁场的量化、Fock 态、相干态、压缩态、相干光、相空间和 Winger 函数、量子态计算的数值矩阵表示等[5]。

2.3.1 自由电磁场的量子化

在物理学的发展过程中，人们对于光的研究始终没有停止过。18 世纪之前，物理学家们普遍认为，光是一种由无数微小粒子组成的物质，光微粒说占据主导地位。然而，针对光的折射、衍射等现象，光微粒说很难解释清楚其中的原理。因此，有物理学家提出了光波动说，即认为光是一种波，具有波动性。杨氏双缝干涉实验和菲涅耳的衍射实验为光的波动说提供了强有力的证据，而麦克斯韦提出的关于电磁波的理论，更是直接预言了光就是一种电磁波。此后，赫兹实验进一步证实了这一理论。因此，在经典物理中，通常利用麦克斯韦提出的方程组来研究电磁场的性质，进而研究光的性质。

在真空中，利用麦克斯韦方程组

$$\begin{cases} \nabla\times H=\dfrac{\partial D}{\partial t}, & \nabla\times E=-\dfrac{\partial B}{\partial t} \\ \nabla\cdot B=0, & \nabla\cdot D=0 \end{cases} \tag{2-50}$$

可以得出波动方程

$$\nabla^2 E = c^2 \frac{\partial^2 E}{\partial t^2} \tag{2-51}$$

仅考虑驻波的情形，不失一般性，假设电场的振动方向为 x 轴方向，即 $E=E_x \mathrm{e}_x$，可以解得

$$E_x(z,t) = \sum_j A_j q_j(t) \sin(k_j z) \tag{2-52}$$

其中

$$A_j = \sqrt{\frac{2\omega_j^2}{V\varepsilon_0}}, \quad k_j = j\frac{\pi}{L} \tag{2-53}$$

同样，对电磁场分量也有类似的结果

$$H = H_y(z,t) e_y, \quad H_y(z,t) = \sum_j A_j \left[\frac{q_j(t)\varepsilon_0}{k_j}\right] \cos(k_j z) \tag{2-54}$$

上面两式子中的下标 j 表示不同的振动模式，其中k_j 表示该模式下的波数，ω_j 则是电磁场的圆频率。将不同模式的电场、磁场分量叠加起来，就得到驻波情况下，自由空间电磁场的整个表达式。利用这个结果，可以对光的性质，包括能量、动量等方面进行分析。

利用麦克斯韦理论可以解释与光有关的许多性质，然而仍有一些未能解决的问题。例如，物理学家在实验中发现了光电效应现象：当利用光束照射金属板时，只有光的频率足够高时，才会有光电流。且单个光电子的能量只与频率有关，而与光强无关。这个实验结果利用经典的麦克斯韦理论无法解释，因为麦克斯韦理论中的电磁场能量始终是连续的。

普朗克提出了黑体辐射的能量是是 $E=h\nu$ 的整数倍(即一份份的)，爱因斯坦在此基础上又提出了光量子的假说。这一观点成功地解释了光电效应。建立量子力学理论后，物理学家可以利用正则量子化，并完美地描述光量子以及之后的光子的概念。

在经典物理中，利用从麦克斯韦理论得到的结果，可以得出系统的哈密顿量为

$$H = \frac{1}{2}\int_V d^3 r(\varepsilon_0 E_x^2 + \mu_0 H_y^2) = \frac{1}{2}\sum_j (p_j^2 + \omega_j^2 q_j^2) \tag{2-55}$$

哈密顿量是系统所有粒子的动能和势能的总和，在量子力学中通常以算符表示，对应系统的总能量。按照量子力学中正则量子化的步骤，将这一组正则分量从经典过渡到量子，即把 $\hat{p}_i$ 和 $\hat{q}_j$ 视为算符，并满足基本对易关系：

$$[\hat{q}_i, \hat{q}_j] = 0, [\hat{p}_i, \hat{p}_j] = 0, [\hat{q}_i, \hat{p}_j] = i\hbar\delta_{ij} \tag{2-56}$$

这样，就实现了电磁场的量子化，即把电场、磁场分量都表示成与$\hat{q}_i$、$\hat{p}_j$ 相关的算符的函数，同时，电磁场的总能量、总动量等物理量，也可以由$\hat{q}_i$、$\hat{p}_j$ 表示出来。

为了形式的简便，可以定义如下的湮灭算符$\hat{a}_j$ 和产生算符$\hat{a}_j^\dagger$，其定义为

$$\hat{a}_j\,e^{-i\omega_j t}=\sqrt{\frac{1}{2\hbar\omega_j}}(\omega_j\hat{q}_j+i\hat{p}_j),\hat{a}_j^{\dagger}\,e^{i\omega_j t}=\sqrt{\frac{1}{2\hbar\omega_j}}(\omega_j\hat{q}_j-i\hat{p}_j) \tag{2-57}$$

容易验证，产生算符和湮灭算符之间，满足如下对易关系式：

$$[\hat{a}_i,\hat{a}_j]=0,[\hat{a}_i^{\dagger},\hat{a}_j^{\dagger}]=0,[\hat{a}_i,\hat{a}_j^{\dagger}]=i\hbar\delta_{ij} \tag{2-58}$$

利用产生算符和湮灭算符，可将电场、磁场的表达式写为如下形式：

$$\begin{cases} E_x=\sum\limits_j\varepsilon_j(\hat{a}_j\,e^{-i\omega_j t}+\hat{a}_j^{\dagger}\,e^{i\omega_j t})\sin(k_j z), \\ H_x=-i\varepsilon_0 c\sum\limits_j\varepsilon_j(\hat{a}_j e^{-i\omega_j t}-\hat{a}_j^{\dagger}\,e^{i\omega_j t})\cos(k_j z), \end{cases} \tag{2-59}$$

其中 $\varepsilon_j=\sqrt{\frac{\hbar\omega_j}{2\varepsilon_0 V}}$。系统的哈密顿量可写为

$$\hat{H}=\sum_j\hbar\omega_j(\hat{a}_j^{\dagger}\hat{a}_j+\frac{1}{2}) \tag{2-60}$$

这就完成了电磁场的量子化。

2.3.2 Fock 态

根据自由空间电磁场的哈密顿量，可以定义其本征态，即 Fock 态。为方便叙述，以下只考虑单个光场模式的情况，即 $\hat{H}=\hbar\omega(\hat{a}^{\dagger}\hat{a}+\frac{1}{2})$的情况。

定义 Fock 态$|n\rangle$为能量本征值 E_n的本征态，满足

$$\hat{H}|n\rangle=\hbar\omega\left(\hat{a}^{\dagger}\hat{a}+\frac{1}{2}\right)|n\rangle=E_n|n\rangle \tag{2-61}$$

在上式左边使用湮灭算符$\hat{a}$，并利用对易关系$[\hat{a},\hat{a}^{\dagger}]=i\hbar$，变为

$$\hat{H}\hat{a}|n\rangle=(E_n-\hbar\omega)\hat{a}|n\rangle \tag{2-62}$$

即$\hat{a}|n\rangle$也是能量本征态，对应能级的能量为$(E_n-\hbar\omega)$，$n=0$ 时，也就是最低能态——基态：

$$\hat{H}\hat{a}|0\rangle=(E_0-\hbar\omega)\hat{a}|0\rangle \tag{2-63}$$

由于 E_0 为基态能量，而 $E_0-\hbar\omega$ 应当对应比 E_0 更小的能量本征值，这是矛盾的，因此必须有$\hat{a}|0\rangle=0$，基于此可以得到 E_0 的值：

$$\hat{H}|0\rangle=E_0|0\rangle=\frac{1}{2}\hbar\omega|0\rangle \tag{2-64}$$

即

$$E_0=\frac{1}{2}\hbar\omega \tag{2-65}$$

联合上述结论可以得到$|n\rangle$对应的能量本征值为：

$$E_n = n\hbar\omega + E_0 \tag{2-66}$$

这表示具有 n 个能量为 $\hbar\omega$ 的光子或量子，E_0 为没有光子时的真空能量，因此本征态 $|n\rangle$ 被称为光子数态或者 Fock 态，其构成正交完备集合：

$$\langle m|n\rangle = \delta_{mn}, \quad \sum_{n=0}^{\infty}|n\rangle\langle n| = \boldsymbol{I} \tag{2-67}$$

可以得到：

$$\hat{a}^{\dagger}\hat{a}|n\rangle = n|n\rangle \tag{2-68}$$

也就是能量本征态 $|n\rangle$ 也是算符 $\hat{a}^{\dagger}\hat{a}$ 的本征态。

由于 $E_n - \hbar\omega = E_{n-1}$，则有 $\hat{H}\hat{a}|n\rangle = E_{n-1}\hat{a}|n\rangle$，因此 $\hat{a}|n\rangle$ 为本征值 E_{n-1} 的本征态，即

$$\hat{a}|n\rangle = \alpha_n|n-1\rangle \tag{2-69}$$

系数 α_n 由归一化条件给出：

$$\langle n-1|n-1\rangle = \frac{1}{|\alpha_n|^2}\langle n|\hat{a}^{\dagger}\hat{a}|n\rangle = \frac{n}{|\alpha_n|^2} = 1 \tag{2-70}$$

因此 $\alpha_n = \sqrt{n}$，即 $\hat{a}|n\rangle = \sqrt{n}|n-1\rangle$，同样的方法可以得到 $\hat{a}^{\dagger}|n\rangle = \sqrt{n+1}|n+1\rangle$，即湮灭算符 $\hat{a}$ 和产生算符 $\hat{a}^{\dagger}$ 可以作为 $|n\rangle$ 的升降算符，可以得出：

$$|n\rangle = \frac{(\hat{a}^{\dagger})^n}{\sqrt{n!}}|0\rangle, \quad n = 0,1,2,\cdots \tag{2-71}$$

因此，任何光场态都可以用 Fock 态进行展开：

$$|\varphi\rangle = \sum_n c_n|n\rangle \tag{2-72}$$

2.3.3 相干态

相干态在量子光学中非常重要，是谐振子系统的量子态，最适合模拟粒子在平方势的经典运动的量子态，其是在量化电磁场中具有最大相干性和最小不确定性的一类量子态。

在数学上，按照定义，相干态 $|\alpha\rangle$ 定义为湮灭算符 $\hat{a}$ 的唯一本征态，对应的本征值为 α：

$$\hat{a}|\alpha\rangle = \alpha|\alpha\rangle \tag{2-73}$$

由于湮灭算符 $\hat{a}$ 是非厄米的，因此本征值 α 一般为复数，此外没有任何边界条件限定湮灭算符 $\hat{a}$ 的谱为离散值，因此 α 可以取任意的复数，可以记为：$\alpha = |\alpha|e^{i\theta}$，其中 $|\alpha|$ 和 $e^{i\theta}$ 分别为相干态 $|\alpha\rangle$ 的振幅和相位。

相干态在不同表象中具体的表达形式不同，常用的是在数态表象中的形式。为

把相干态在数态基上展开，用光子数态$|n\rangle$左乘相干态的本征方程：

$$\langle n|\hat{a}|\alpha\rangle=\sqrt{n+1}\langle n+1|\alpha\rangle=\alpha\langle n|\alpha\rangle \tag{2-74}$$

将利用式$|n\rangle=\frac{(\hat{a}^{\dagger})^{n}}{\sqrt{n!}}|0\rangle$，可以得到

$$\langle n|\alpha\rangle=\frac{\alpha^{n}}{\sqrt{n!}}\langle 0|\alpha\rangle \tag{2-75}$$

因此，相干态的数态展开为

$$|\alpha\rangle=\sum_{n}|n\rangle\langle n|\alpha\rangle=\langle 0|\alpha\rangle\sum_{n}\frac{\alpha^{n}}{\sqrt{n!}}|n\rangle \tag{2-76}$$

由于相干态应该是归一化的，有

$$|\langle\alpha|\alpha\rangle|^{2}=|\langle 0|\alpha\rangle|^{2}\sum_{n}\frac{|\alpha|^{2n}}{n!}=|\langle 0|\alpha\rangle|^{2}\mathrm{e}^{|\alpha|^{2}}=1 \tag{2-77}$$

$$\langle 0|\alpha\rangle=\mathrm{e}^{-|\alpha|^{2}/2} \tag{2-78}$$

得到相干态在数态基上展开的表达式

$$|\alpha\rangle=\sum_{n}|n\rangle\langle n|\alpha\rangle=\mathrm{e}^{-|\alpha|^{2}/2}\sum_{n}\frac{\alpha^{n}}{\sqrt{n!}}|n\rangle \tag{2-79}$$

可以看到相干态的光子数分布属于泊松分布，则其平均光子数为

$$\langle\hat{n}\rangle=\langle\alpha|\hat{a}^{\dagger}\hat{a}|\alpha\rangle=|\alpha|^{2} \tag{2-80}$$

探测到n个光子的概率为

$$P(n)=|\langle n|\alpha\rangle|^{2}=\mathrm{e}^{-|\alpha|^{2}}\frac{|\alpha|^{2n}}{n!} \tag{2-81}$$

光子数方差为：$(\Delta n)^{2}=\langle\hat{n}^{2}\rangle-\langle\hat{n}\rangle^{2}$，算得：

$$\langle\hat{n}^{2}\rangle=\langle\alpha|\hat{a}^{\dagger}\hat{a}\hat{a}^{\dagger}\hat{a}|\alpha\rangle=\langle\alpha|\hat{a}^{\dagger}(\hat{a}^{\dagger}\hat{a}+1)\hat{a}|\alpha\rangle=|\alpha|^{4}+|\alpha|^{2} \tag{2-82}$$

因此相干态中光子数测量的方差为：

$$(\Delta n)^{2}=|\alpha|^{2} \tag{2-83}$$

也就是说相干态中粒子数测量的方差等于光子数的平均值，与泊松分布的性质完全一致。

相干态$|\alpha\rangle$构成了一组超完备基，即

$$\frac{1}{\pi}\int|\alpha\rangle\langle\alpha|d^{2}\alpha=\boldsymbol{I} \tag{2-84}$$

且有

$$\langle\alpha|\alpha'\rangle=\mathrm{e}^{-|\alpha-\alpha'|^{2}}\neq 0 \tag{2-85}$$

这表明，任何光场态可以用相干态$|\alpha\rangle$进行展开。并且，$|\alpha\rangle$的这种超完备性是具有冗余度的，因为$|\alpha\rangle$与$|\alpha'\rangle$彼此不正交。这种完备基称为超完备基。

相干态还可以定义为位移算符作用于真空态而产生的光场态，即

$$|\alpha\rangle=\hat{D}(\alpha)|\alpha\rangle \tag{2-86}$$

其中位移算符$\hat{D}(\alpha)$定义为

$$\hat{D}(\alpha)=e^{\alpha\hat{a}^{\dagger}-\alpha^{*}\hat{a}} \tag{2-87}$$

α 是一个与位移量有关的复数。运用 Baker-Campbell-Hausdorff 引理：

$$e^{-\alpha A}B\ e^{\alpha A}=B-\alpha[A,B]+\frac{\alpha^{2}}{2!}[A,[A,B]]+\cdots \tag{2-88}$$

可以得到

$$\hat{D}^{\dagger}(\alpha)\hat{D}(\alpha)=\hat{D}(\alpha)\hat{D}^{\dagger}(\alpha)=\boldsymbol{I} \tag{2-89}$$

$$\hat{D}^{\dagger}(\alpha)\hat{a}\hat{D}(\alpha)=\hat{a}+\alpha \tag{2-90}$$

$$\hat{D}^{\dagger}(\alpha)\hat{a}^{\dagger}\hat{D}(\alpha)=\hat{a}^{\dagger}+\alpha^{*} \tag{2-91}$$

可以看出平移算符的作用就是将算符$\hat{a}(\hat{a}^{\dagger})$平移 $\alpha(\alpha^{*})$。使用上述关系可以证明相干态就是湮灭算符的本征态，即

$$\hat{a}|\alpha\rangle=\hat{a}\hat{D}(\alpha)|0\rangle=\hat{D}(\alpha)\hat{D}^{\dagger}(\alpha)\hat{a}\hat{D}(\alpha)|0\rangle \tag{2-92}$$

$$\hat{a}|\alpha\rangle=\hat{a}\hat{D}(\alpha)|0\rangle=\hat{D}(\alpha)\hat{D}^{\dagger}(\alpha)\hat{a}\hat{D}(\alpha)|0\rangle \tag{2-93}$$

2.3.4 压缩态

对于量子化的光场的两个共轭变量坐标 $\hat{x}$ 和动量 $\hat{p}$，满足对易关系$[\hat{x},\hat{p}]=i\hbar$，则二者的方差满足海森堡不确定关系

$$\Delta\hat{x}\Delta\hat{p}\geqslant\frac{\hbar}{2} \tag{2-94}$$

多数情况下，两个共轭变量的分布和涨落是对称的，但是在各种光学干涉仪器中，高精度测量场的相位更重要，此时，共轭变量的不对称分布和涨落更具优势。量子态共轭变量的涨落仅仅由海森堡不确定关系限制了最小值，当一个变量的涨落减小，则必定意味着另一个变量的涨落会增大，这就是所谓的“压缩涨落”，共轭变量中某一个变量的涨落被压缩，这样的态被称为压缩态。

压缩态在数学上可以用对相干态作用压缩算符来定义，即

$$|\alpha\zeta\rangle=\hat{S}(\zeta)\hat{D}(\alpha)|0\rangle \tag{2-95}$$

其中压缩算符

$$\hat{S}(\zeta)=e^{\zeta^{*}\hat{a}^{2}/2-\zeta\hat{a}^{\dagger 2}/2} \tag{2-96}$$

这里 ζ 也是一个复数，可记为 $\zeta=re^{i\theta}$。

利用基本对易关系式和 Baker-Campbell-Hausdorff 引理，可以得到经压缩算符$\hat{S}(\zeta)$“作用”后产生、湮灭算符的表达式如下：

$$\hat{S}^{\dagger}(\zeta)\hat{a}\hat{S}(\zeta)=\hat{a}\cos hr-\hat{a}^{\dagger}e^{i\theta}\sin hr \tag{2-97}$$

$$\hat{S}^{\dagger}(\zeta)\hat{a}^{\dagger}\hat{S}(\zeta)=\hat{a}^{\dagger}\cos hr-\hat{a}e^{-i\theta}\sin hr \tag{2-98}$$

压缩算子可以实现对某个正则分量，即$\hat{q}$或 $\hat{p}$ 的压缩，使得 $\Delta\hat{q}\neq\Delta\hat{p}$。仍然可以利用$\hat{a}$和$\hat{a}^{\dagger}$的对易关系式来计算 $\Delta\hat{q}$ 和 $\Delta\hat{p}$。

为了方便讨论，可以定义下述无量纲的算符：

$$\hat{Y}_1=\frac{1}{2}(\hat{a}e^{-\frac{i}{2}\theta}+\hat{a}^{\dagger}e^{i\theta}),\quad \hat{Y}_2=\frac{1}{2i}(\hat{a}e^{-\frac{i}{2}\theta}-\hat{a}^{\dagger}e^{i\theta}) \tag{2-99}$$

其中，θ 是复数 ζ 的相角。不难看出，其就是经过旋转的无量纲化正则坐标和正则动量，可以计算出其在相干态下满足

$$\Delta\hat{Y}_1=\Delta\hat{Y}_2=\frac{1}{2} \tag{2-100}$$

即相干态同样是其最小测不准波包。而在压缩态下，通过计算可以得到

$$\Delta\hat{Y}_1=\frac{1}{2}e^{-r},\quad \Delta\hat{Y}_2=\frac{1}{2}e^{r} \tag{2-101}$$

所以，虽然与相干态一样，仍然有 $\Delta\hat{Y}_1\cdot\Delta\hat{Y}_2=1/4$，但 $\Delta\hat{Y}_1\neq\Delta\hat{Y}_2$，即实现了在某个分量上方差的压缩，而另一个分量的方差则被放大了。

实际上，压缩态还有更广泛的定义，不过在量子信息中最常见的是上述压缩相干态。在不引起混淆的情况下，本书中提到的压缩态均指压缩相干态。利用压缩相干态，光场在$\hat{q}$分量或 $\hat{p}$ 分量上携带的信息在测量时的不确定度将会被压缩，从而可能提高信噪比，使得某些通信协议可以具有更好的特性。

图 2-1 给出了真空态、相干态和压缩态在相空间的示意图。

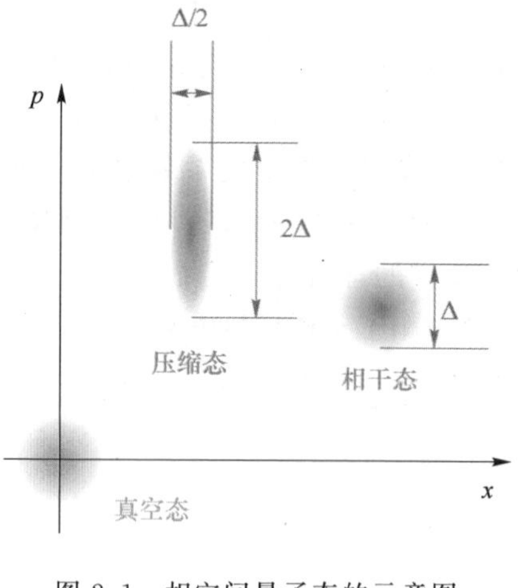

图 2-1　相空间量子态的示意图

2.3.5 相干光

相干光是具有恒定的角频率 ω、相位 φ 和振幅 ε_0 的相干光，由理想的单模激光器在阈值以上稳定激发的光都可以看做相干光。考虑一具有恒定功率 P 的激光束，在长度为 L 的空间间隔内的平均光子数为：

$$\bar{n}=PL/c \tag{2-102}$$

假定 L 足够大，使得$\bar{n}$可以取一个确定的整数值。现在把这个光束分为长度为 L/N 的 N 份，当 N 足够大时，在任一光束段中发现一个光子的概率 $p=\bar{n}/N$ 非常小，显然发现两个或者更多光子的概率几乎可以忽略。

那么在长度为 L 包含 N 个分段的光束中发现 n 个光子的概率 $P(n)$ 可以由二项分布得出

$$P(n)=\frac{N!}{n!\ (N-n)!}p^n(1-p)^{N-n} \tag{2-103}$$

其中 $p=\bar{n}/N$，带入得到

$$P(n)=\frac{1}{n!}\frac{N!}{(N-n)!\ N^n}\bar{n}^n\left(1-\frac{\bar{n}}{N}\right)^{N-n} \tag{2-104}$$

当 $N\to\infty$时，利用 Stirling 定理：

$$\lim_{N\to\infty}[\ln N!]=N\ln N-N \tag{2-105}$$

可以得到

$$\lim_{N\to\infty}\frac{N!}{(N-n)!\ N^n}=1 \tag{2-106}$$

根据 e 的定义：

$$\lim_{N\to\infty}\left(1-\frac{\bar{n}}{N}\right)^{N-n}=\mathrm{e}^{-\bar{n}} \tag{2-107}$$

因此可以得到：

$$\lim_{N\to\infty}P(n)=\frac{\bar{n}^n}{n!}\mathrm{e}^{-\bar{n}} \tag{2-108}$$

这是一个泊松分布，因此可以用相干态来描述相干光源所发出的相干光。

2.3.6 相空间和 Wigner 函数

量子态的全部信息就包含在密度矩阵 $\hat{\boldsymbol{\rho}}$ 中，因此如果能找到一组合适的基，并写出这组基下 $\hat{\boldsymbol{\rho}}$ 的表示形式则就可以获得其全部信息，比如使用 Fock 态作为基。此外，任何一个量子态都有对应的 Wigner 函数，其同样包含了量子态的全部信息，即只要知道其 Wigner 函数就可写出该量子态。Wigner 函数是定义在相空间中的准概

率分布函数[5]。为介绍相关定义，首先引入以下记号。

在介绍自由电磁场量子化的时候引入了正则坐标和正则动量，进而定义了产生算符$\hat{a}$和湮灭算符$\hat{a}^{\dagger}$。在此，使用产生和湮灭算符反过来定义无量纲化的正则位置 $\hat{x}$ 和正则动量 $\hat{p}$ 如下：

$$\begin{cases}\hat{x}=(\hat{a}+\hat{a}^{\dagger})\\ \hat{p}=i(\hat{a}^{\dagger}-\hat{a})\end{cases} \tag{2-109}$$

假设所研究问题涉及 N 个光场模式，每个模式对应的正则位置和动量可组成一个算符向量

$$\hat{r}=(\hat{x}_1,\hat{p}_1,\hat{x}_2,\hat{p}_2,\cdots,\hat{x}_N,\hat{p}_N) \tag{2-110}$$

不难验证其具有如下对易关系

$$[\hat{r}_i,\hat{r}_j]=2i\Omega_{ij} \tag{2-111}$$

其中，Ω_{ij}是矩阵$\boldsymbol{\Omega}$ 的元素。$\boldsymbol{\Omega}$ 的定义为：

$$\boldsymbol{\Omega}=\bigoplus_{k=1}^{N}\omega=\begin{pmatrix}\omega & & \\ & \ddots & \\ & & \omega\end{pmatrix},\quad \omega=\begin{pmatrix}0 & 1\\ -1 & 0\end{pmatrix} \tag{2-112}$$

为定义相空间表象，首先需要引入 Weyl 算符

$$D(\boldsymbol{\xi})=\mathrm{e}^{\hat{r}^{T}\Omega\xi} \tag{2-113}$$

其中，$\boldsymbol{\xi}$ 是一个 $2N$ 维相空间的向量。这样，对于一个密度矩阵为 $\hat{\boldsymbol{\rho}}$ 的量子态，可以定义其特征函数为

$$\chi(\boldsymbol{\xi})=\mathrm{tr}[\hat{\boldsymbol{\rho}}D(\boldsymbol{\xi})] \tag{2-114}$$

对其进行傅里叶变换，就能得到量子态 $\hat{\boldsymbol{\rho}}$ 的 Wigner 函数

$$W(r)=\int_{R^{2N}}\frac{d^{2N}}{(2\pi)^{2N}}\mathrm{e}^{(-\hat{r}^{T}\Omega\xi)}\chi(\boldsymbol{\xi}) \tag{2-115}$$

Wigner 函数可以归一化为 1，但通常是非正定函数，因而对应于量子态在相空间上的准概率分布。Wigner 函数的自变量 r 对应的是系统正则分量$\hat{r}$的本征值，以这些本征值为基矢可以构造出一个实的辛空间，这就是相空间。对于任意一个量子态 $\hat{\boldsymbol{\rho}}$，相空间上都存在一个 Wigner 函数与之对应。由于密度算符 $\hat{\boldsymbol{\rho}}$ 包含一个量子态的所有信息，因而在相空间上，Wigner 函数就包含了此量子态的所有信息，这种特性使 Wigner 函数成为分析量子态的有力工具。

Wigner 函数是一个线性函数，所以，一个混合态 $\hat{\boldsymbol{\rho}}=\sum_i p_i\hat{\boldsymbol{\rho}}_i$ 的 Wigner 函数为

$$W_{\hat{\boldsymbol{\rho}}}(r)=\sum_i W_{\hat{\boldsymbol{\rho}}_i}(r) \tag{2-116}$$

对整个相空间的 Wigner 函数积分等于该量子态的迹

$$\int_{R^{2N}} \mathrm{d}r \cdot W_{\hat{\boldsymbol{\rho}}}(r) = \mathrm{tr}(\hat{\boldsymbol{\rho}}) \tag{2-117}$$

2.3.7 高斯操作

一般来说，对量子态进行一系列操作叫做量子操作。量子操作在量子信道中是可逆的。一般的操作变换通过幺正变换来实现 $U^{-1}=U^{\dagger}$，对量子态的变换可通过 $\hat{\boldsymbol{\rho}}\to U\hat{\boldsymbol{\rho}}U^{\dagger}$，或者在纯态的条件下通过 $|\varphi\rangle\to U|\varphi\rangle$ 实现。

目前所说的量子操作是指将一种高斯态变换为另一种高斯态的操作。显然，这个定义适用于量子信道和幺正变换的情况。如果一个量子操作 U 总是将一个高斯态映射为另一个高斯态，那么这个操作就是高斯操作。每一个高斯操作都对应着一个作用于协方差矩阵的辛变换 $\boldsymbol{S}$，当对某量子态 $\boldsymbol{\rho}$ 实施该操作时，其协方差矩阵就变为

$$\boldsymbol{\gamma}_{\text{out}}=\boldsymbol{S}\gamma_{\text{in}}\boldsymbol{S}^{\mathrm{T}} \tag{2-118}$$

其中矩阵 $\boldsymbol{S}$ 是对称的。

下面介绍几种常用的高斯操作，包括相位旋转操作、分束片操作和量子探测等。

相位旋转操作可以对光场模式实现幅度为 θ 的移相，作用在单个量子态上，其变换辛矩阵为

$$\boldsymbol{S}(\theta)=\begin{pmatrix}\cos\theta & \sin\theta\\ -\sin\theta & \cos\theta\end{pmatrix} \tag{2-119}$$

双模形式的最重要的高斯操作之一是分束片变换，分束片变换定义为

$$\boldsymbol{B}(\theta)=\exp\left[\theta(\hat{a}^{\dagger}\hat{b}-\hat{a}\hat{b}^{\dagger})\right] \tag{2-120}$$

其中 $\hat{a}$ 和 $\hat{b}$ 是两种模式的湮灭算符，θ 决定了分束片的透射率 $T=\cos^2\theta\in[0,1]$。当 $T=1/2$ 时被称为平衡分束片。湮没算符通过线性单一的 Bogoliubov 变换得到

$$\begin{pmatrix}\hat{a}\\ \hat{b}\end{pmatrix}\to\begin{pmatrix}\sqrt{T} & \sqrt{1-T}\\ -\sqrt{1-T} & \sqrt{T}\end{pmatrix}\begin{pmatrix}\hat{a}\\ \hat{b}\end{pmatrix} \tag{2-121}$$

对应的辛映射为

$$\hat{\boldsymbol{x}}\to\boldsymbol{B}(T)\hat{\boldsymbol{x}},\quad \boldsymbol{B}(T)=\begin{pmatrix}\sqrt{T}\boldsymbol{I}_2 & \sqrt{1-T}\boldsymbol{I}_2\\ -\sqrt{1-T}\boldsymbol{I}_2 & \sqrt{T}\boldsymbol{I}_2\end{pmatrix} \tag{2-122}$$

下面介绍量子探测操作，以双模形式为例，假定量子态 ρ_{AB} 的位移矢量为(d_A, d_B)，协方差矩阵为

$$\boldsymbol{\gamma}=\begin{pmatrix}\boldsymbol{A} & \boldsymbol{C}\\ \boldsymbol{C}^{\mathrm{T}} & \boldsymbol{B}\end{pmatrix} \tag{2-123}$$

对 B 模式进行零差探测后，A 模式对应的协方差矩阵定义为

$$\boldsymbol{\gamma}_A^{\text{out}}=\boldsymbol{A}-\boldsymbol{C}(\boldsymbol{XBX})^{\text{MP}}\boldsymbol{C}^{\text{T}} \tag{2-124}$$

其中 $\boldsymbol{X}=\text{diag}(1,0)$，MP 表示对矩阵的 Moore-Penrose 逆。其位移矢量定义为

$$\boldsymbol{d}_A^{\text{out}}=\boldsymbol{d}_A^{\text{in}}+\boldsymbol{C}(\boldsymbol{XBX})^{\text{MP}}(\boldsymbol{m}-\boldsymbol{d}_B^{\text{in}}) \tag{2-125}$$

其中 $\boldsymbol{m}=(m_{1x},0,m_{2x},0,\cdots)$是 B 模式的零差探测的结果，通过在零差探测之前施加相位旋转可以获得任何其他正交分量的测量。注意，协方差矩阵 $\boldsymbol{\gamma}_A^{\text{out}}$ 不依赖于测量结果 $\boldsymbol{m}$，这是高斯态的一个非常重要的性质。

外差探测可以看作平衡分束器之前的两个不同的零差探测，因此可以对之前的结果进行调整。则对 B 模式进行外差探测后，A 模式对应的协方差矩阵定义为

$$\boldsymbol{\gamma}_A^{\text{out}}=\boldsymbol{A}-\boldsymbol{C}(\boldsymbol{B}+\boldsymbol{I}_2)^{-1}\boldsymbol{C}^{\text{T}} \tag{2-126}$$

其位移矢量定义为

$$\boldsymbol{d}_A^{\text{out}}=\boldsymbol{d}_A^{\text{in}}+\sqrt{2}\boldsymbol{C}(\boldsymbol{B}+\boldsymbol{I}_2)^{-1}(\boldsymbol{m}-\boldsymbol{d}_B^{\text{in}}) \tag{2-127}$$

其中 $\boldsymbol{m}=(m_{1x},m_{1p},m_{2x},m_{2p},\cdots)$是 B 模式的外差探测的结果。

2.3.8 量子态计算的数值矩阵表示

接下来将以 Fock 态为基，使得上几节中讲过的概念和计算具象化，用数值矩阵来进行演示。首先通常将 Fock 态的数值矩阵写为

$$|0\rangle=\begin{bmatrix}1\\0\\0\\\vdots\end{bmatrix},\quad |1\rangle=\begin{bmatrix}0\\1\\0\\\vdots\end{bmatrix},\quad |2\rangle=\begin{bmatrix}0\\0\\1\\\vdots\end{bmatrix},\cdots \tag{2-128}$$

由于所有的量子态都可以用 Fock 基进行展开，也就是说可以将所有量子态都表示为这样的数值矢量的形式。

那么基于湮灭算符和产生算符与 Fock 态的关系，其数值矩阵为

$$\hat{\boldsymbol{a}}=\begin{bmatrix}0&1&0&0&\\0&0&\sqrt{2}&0&\\0&0&0&\sqrt{3}&\cdots\\0&0&0&0&\end{bmatrix},\quad \hat{\boldsymbol{a}}^{\dagger}=\begin{bmatrix}0&0&0&0&\\1&0&0&0&\\0&\sqrt{2}&0&0&\cdots\\0&0&\sqrt{3}&0&\end{bmatrix} \tag{2-129}$$

设量子态$|\boldsymbol{\varphi}\rangle=\frac{1}{2}|0\rangle+\frac{1}{2}|1\rangle$，则其数值矩阵为

$$|\boldsymbol{\varphi}\rangle=\frac{1}{\sqrt{2}}|0\rangle+\frac{1}{\sqrt{2}}|1\rangle=\begin{bmatrix}\frac{1}{\sqrt{2}}\\\frac{1}{\sqrt{2}}\end{bmatrix} \tag{2-130}$$

则其概率密度矩阵$|\boldsymbol{\varphi}\rangle\langle\boldsymbol{\varphi}|$可以写为

$$|\boldsymbol{\varphi}\rangle\langle\boldsymbol{\varphi}|=\frac{1}{2}|0\rangle\langle 0|+\frac{1}{2}|0\rangle\langle 1|+\frac{1}{2}|1\rangle\langle 0|+\frac{1}{2}|1\rangle\langle 1|=\begin{bmatrix}\frac{1}{2} & \frac{1}{2}\\ \frac{1}{2} & \frac{1}{2}\end{bmatrix} \tag{2-131}$$

如果使用$|0\rangle$基对量子态$|\boldsymbol{\varphi}\rangle$进行测量

$$\langle 0|(|\boldsymbol{\varphi}\rangle\langle\boldsymbol{\varphi}|)|0\rangle=\begin{bmatrix}1 & 0\end{bmatrix}\begin{bmatrix}\frac{1}{2} & \frac{1}{2}\\ \frac{1}{2} & \frac{1}{2}\end{bmatrix}\begin{bmatrix}1\\ 0\end{bmatrix}=\frac{1}{2} \tag{2-132}$$

表示$|\boldsymbol{\varphi}\rangle$取到$|0\rangle$的概率为$\frac{1}{2}$。

如果概率密度矩阵由系统 A 和 B 的密度矩阵直积而成，则可以使用偏迹从总系统中还原子系统，设 $\boldsymbol{\rho}_A=\begin{bmatrix}\frac{1}{2} & \frac{1}{2}\\ \frac{1}{2} & \frac{1}{2}\end{bmatrix}$，$\boldsymbol{\rho}_B=\begin{bmatrix}1 & 0\\ 0 & 1\end{bmatrix}$，则 $\boldsymbol{\rho}_{AB}$ 为$\begin{bmatrix}\frac{1}{2} & \frac{1}{2} & 0 & 0\\ \frac{1}{2} & \frac{1}{2} & 0 & 0\\ 0 & 0 & \frac{1}{2} & \frac{1}{2}\\ 0 & 0 & \frac{1}{2} & \frac{1}{2}\end{bmatrix}$，系统 B 的一组正交完备基为$\{|0\rangle,|1\rangle\}$，

求偏迹：

$$\boldsymbol{\rho}_A=\mathrm{tr}_B(\boldsymbol{\rho}_{AB})=(\boldsymbol{I}\otimes\langle 0|)\boldsymbol{\rho}_{AB}(\boldsymbol{I}\otimes|0\rangle)+(\boldsymbol{I}\otimes\langle 1|)\boldsymbol{\rho}_{AB}(\boldsymbol{I}\otimes|1\rangle) \tag{2-133}$$

即可以得到 $\boldsymbol{\rho}_A=\begin{bmatrix}\frac{1}{2} & \frac{1}{2}\\ \frac{1}{2} & \frac{1}{2}\end{bmatrix}$。

2.4　香农熵与经典信息论基础

本部分介绍香农熵与经典信息论的一些基础知识(为了与后文量子信息论作区分，故本部分叫做经典信息论)，主要包括经典概率事件、经典信息论和熵的性质等[7]。

2.4.1　基础知识

2.4.1.1　经典概率事件

考虑将一个公平的硬币(出现正面和反面的概率相等)投掷多次的实验。即使无

法猜测出给定一次投掷的结果,但能够通过大量的事件预测出有一半的结果为正面。现在用一个有偏差的硬币重复这个实验使得出现正面的概率为 $p_h=p$。大数定律揭示了在进行了大量(n)的硬币投掷后,出现正面的数量(N_h)和背面的数量(N_t)将分别近似为 $N_h \approx np$ 和 $N_t \approx n(1-p)$。在大量投掷硬币后,观察到的所有序列都属于一个称为典型集的子集,该子集近似地包括了所有的发生概率。

如果一个 n 次硬币投掷的序列由 $N_h \approx np$ 个正面和 $N_t \approx n(1-p)$ 个反面组成,则这个序列被称为典型序列,其发生的概率为

$$p(x_1, x_2, \cdots, x_n) \approx p^{np}(1-p)^{n(1-p)} \tag{2-134}$$

则

$$\log p(x_1, x_2, \cdots, x_n) \approx np\log p + n(1-p)\log(1-p) = -nH(p) \tag{2-135}$$

其中 $H(p)$ 为香农熵,

$$H(p) = -[p\log p + (1-p)\log(1-p)] \tag{2-136}$$

其中 log 为以 2 底数的对数,而熵以比特表示。注意,为了保持连贯性 $0\log 0=0$。

根据定义,所有典型序列有相同的发生概率 $p_{\mathrm{TS}} \approx 2^{-nH(p)}$。对于较大的 n 并假设 np 为(近似)整数,这些典型序列的数量 N_{TS} 能够被估计出来,为

$$N_{\mathrm{TS}} \approx \binom{n}{np} = \frac{n!}{(np)!\ (n(1-p))!} \tag{2-137}$$

当 n 较大时可使用 Stirling 公式

$$\log n! \approx n\log n - n \tag{2-138}$$

此时典型序列的数量近似为

$$N_{\mathrm{TS}} \approx 2^{nH(p)} \tag{2-139}$$

可以推断出,在抛掷 n 次硬币之后所有可能出现的序列($N=2^n$)中,存在一个由大约 $N_{\mathrm{TS}} \approx 2^{nH(p)}$ 个等概率典型序列($p_{\mathrm{TS}} \approx 2^{-nH(p)}$)组成的子集,几乎包含所有的发生概率,$P_{\mathrm{TS}} = p_{\mathrm{TS}} N_{\mathrm{TS}} \approx 1$。

2.4.1.2 数据压缩

想象你想要通过电子邮箱发送 n 次硬币投掷的结果 $x^n = x_1, x_2, \cdots, x_n$。显而易见的方法为发送 n 比特的字符串,其中正面编码为 0,反面编码为 1。但是否存在更经济的方法能够缩短发送的比特数量。答案是有的,例如,根据典型集合的特点使用以下的编码-解码方法:

x^n 的编码操作:如果 x^n 为典型的,编码双射函数 M 将 $2^{nH(p)}$ 个典型集合中的其中一个映射进更小的 $nH(p)$ 比特总体。如果 x^n 不是典型的,则发送由 $nH(p)$ 个 0 组成的字符串。

x^n 的解码操作:使用相反的映射 M^{-1} 以从 $nH(p)$ 比特中恢复典型序列。

仅当序列 x_n 为不典型时才会发生错误。对于 $n \to \infty$,典型集合的概率无限接近 1,误差无限减小,这意味着编码是可靠的。在本小节的后面,将给出 $nH(p)$ 实际上

是可以实现的最佳压缩。

2.4.1.3 随机性的度量

公平硬币($p_t = p_h$)是一种理想的随机源,其中所有事件都是等概率的。可以将这个随机源产生的 1 比特随机比特以 c 表示。任何有偏差的随机源都可以转换为公平随机源,其中一种转换方法是对输出序列进行数据压缩。由于 $2^{nH(p)}$ 个典型序列是等概率的,可以将每个典型序列映射到 $nH(p)$ 比特的字符串以生成 $nH(p)$ 随机比特。正如下一节将看到的那样,这种方法给出了熵的一种可操作性解释,即一系列随机源产生随机比特的速率。

2.4.1.4 静态信息源与动态信息源

接下来将会使用以下符号表示信息(随机性)过程中的信息源,以反映它们的静态/动态性质:无噪二进制信道表示为[$c \to c$],以及关联分布的无噪比特[cc]。有噪关联分布表示为{cc},以及一般有噪信道表示为{$c \to c$}。

下面将通过介绍 Alice 和 Bob 如何从有噪关联信息源(表示为{cc})中提取关联比特(表示为[cc][1])对不同种类的熵进行可操作性解释。随后,将研究其与通过有噪信道(表示为{$c \to c$})传输无噪比特(表示为[$c \to c$])的通信协议之间的关系。此类协议考虑了两种不同的情况,生成静态或动态信息源。

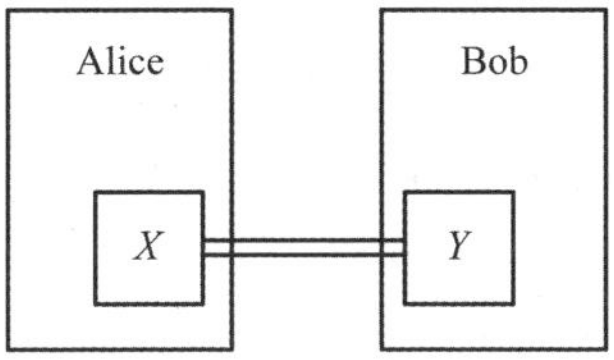

图 2-2 静态信息源

如图 2-2 所示,Alice 和 Bob 间的有噪分布 $p(x,y)$ 中包含一个静态信息源{cc},一个静态两体源由一对关联字母(X,Y)组成。这样做的目的是利用提取将有噪分布转化为关联比特[cc]。

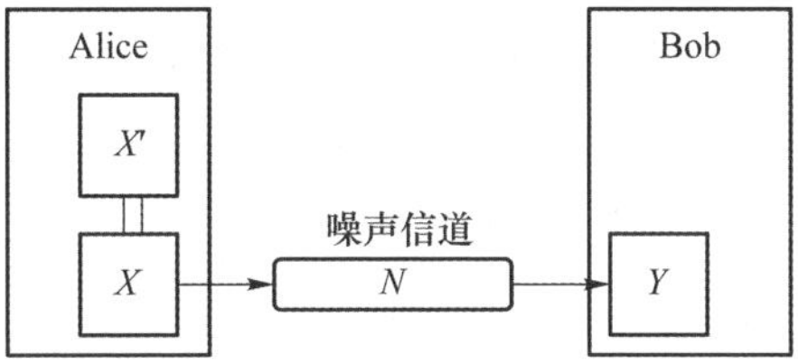

图 2-3 动态信息源

如图 2-3 所示,Alice 持有一个纯纠缠态 $|\psi\rangle_{AB_0}$,她通过量子信道 N 将模式 B_0 送

给 Bob。其中，有噪信道 N 是一个动态信息源 $\{c\rightarrow c\}$，它将 Alice 端的两体理想关联分布 $p(x,x')=p_x\delta_{x,x'}$ 转换为 Alice 和 Bob 间的有噪分布 $p(x,y)$。这样做的目的是通过一个有噪信道（$\{c\rightarrow c\}$）传输无噪关联比特（$[c\rightarrow c]$）。

2.4.1.5 经典信息论简介

为了研究通信信道中进行的数据压缩和传输，香农建立了他自己的理论。任何文本（或图像，歌曲……）都可以作为信息源：

定义 2.1 信息源 一个由随机变量序列 $X_1, X_2, \cdots\cdots$ 组成的源，其值取自有限字母表 $H=\{0,1,\cdots,d\}$。

独立同分布信息源：硬币是“独立同分布”(i. i. d.)信息源的一种简单示例。

定义 2.2 独立同分布信息源 一个独立同分布信息源包含随机变量序列 $X_1, X_2, \cdots, X_n$，其值取自有限字母表 $H=\{0,1,\cdots,d\}$。所有变量 X_i 都是独立的 $p(x_1, x_2, \cdots, x_n)=p(x_1)p(x_2)\cdots p(x_n)$ 且概率密度函数为 $p(x)=\Pr\{X=x\}, x\in H$ 相同的分布 $X_i=X$。

在本书中，主要关注量子密钥分发，其只涉及随机和私有数据，因此仅研究独立同分布信息源，就已经足够了。假设从独立同分布信息源产生文本数据，则压缩（传输）信息或随机性是等效的。由于很容易检测出英文文本中的字母不是以独立的方式出现的——它们之间存在很强的关联性，因此真实信息源通常不会为独立同分布信息源。尽管如此，在实践中运用独立同分布假设是非常有效的，并且为了处理独立同分布信息源的特殊情况而引入的思想可以推广到更复杂的信息源。

2.4.2 香农熵及其相关性质

本小节介绍香农熵及其相关性质，包括经典概率事件、数据压缩、随机性的度量、静态信息源与动态信息源等基础知识，香农熵、联合熵、条件熵、相对熵、互信息、条件互信息以及香农熵的性质，微分熵及其相关性质等内容。

2.4.2.1 香农熵

上述硬币的例子涉及了一个随机源，其字母表由两个字母 $A=\{$“正面”,“反面”$\}$组成。这可以推广到具有较大字母表 $H=\{0,1,\cdots,d\}$ 的随机源 X，其中每个字母 x 的出现概率为 $p(x)$。在有 n 个字母的字符串中，x 出现大约 $np(x)$ 次的典型字符串的数量为

$$\frac{n!}{\prod(np(x))!} \approx 2^{nH(X)} \tag{2-140}$$

所有典型序列都有相同的概率 $p(x) \approx 2^{-nH(X)}$，其中 $H(X)$ 为香农熵

$$H(X) = -\sum_{x \in H} p(x) \log p(x) \tag{2-141}$$

香农熵 $H(X)$ 给出了一个给定的独立同分布信息源可以达到的最佳数据压缩率，从而给出了信息源产生的随机性（或信息）的量。或者，可以将其视为在获得 X 值之前其不确定性的大小。

2.4.2.2 联合熵

一对字母表为 $H=\{0,1,\cdots,d_1\}$ 和 $I=\{0,1,\cdots,d_2\}$ 联合分布为 $p(x,y)$ 的离散随机变量 (X,Y) 的联合熵 $H(X,Y)$ 定义为

$$H(X,Y) = -\sum_{x \in H}\sum_{y \in l} p(x,y) \log p(x,y) \tag{2-142}$$

与熵 $H(X)$ 相同，联合熵 $H(X,Y)$ 可以解释为在得知 (X,Y) 值之前的不确定性量或最佳联合压缩率。

2.4.2.3 条件熵

一对联合分布为 $p(x,y)$ 的离散随机变量 (X,Y) 的条件熵 $H(Y|X)$ 定义为

$$\begin{aligned} H(Y \mid X) &= \sum_{x \in H} p(x) H(Y \mid X = x), \\ &= -\sum_{x \in H}\sum_{y \in l} p(x,y) \log p(y|x) \end{aligned} \tag{2-143}$$

条件熵 $H(Y|X)$ 可以解释为当知道 X 时关于 Y 的平均不确定性。如图 2-4 所示，联合熵和条件熵的关系可由链式法则的维恩图表示。

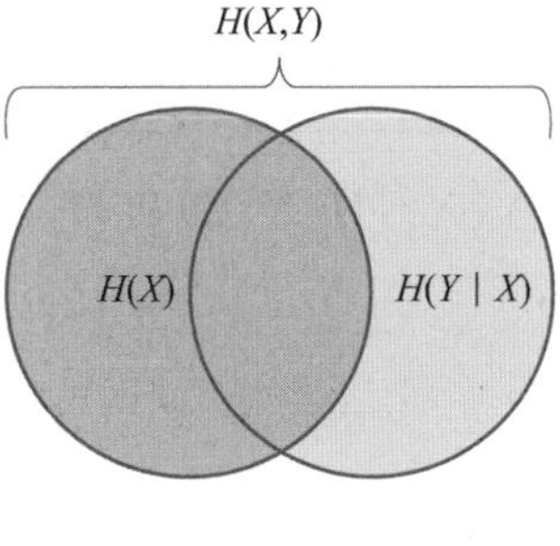

图 2-4 $H(X)$ 和 $H(Y|X)$ 之间的关系

定理 2.3 香农熵链式法则：

$$H(X,Y) = H(X) + H(Y|X)$$

证明:使用条件概率的定义:

$$\log p(x,y)=\log p(x)+\log p(y|x) \tag{2-144}$$

将期望值带入等式两端就可获得该定理。链式法则可以推广到多个随机源 X_1，$X_2,\cdots,X_n$ 的情况

$$H(X_1,X_2,\cdots,X_n)=\sum_{i=1}^{n}H(X_i \mid X_{i-1},\cdots,X_1) \tag{2-145}$$

2.4.2.4 相对熵

两个概率密度函数 $p(x)$和 $q(x)$的相对熵或 Kullback-Leibler 距离定义为

$$D(p\parallel q)=\sum_{x\in H}p(x)\log\frac{p(x)}{q(x)} \tag{2-146}$$

其值为非负的,当且仅当 $p(x)=q(x)$时为 0。

2.4.2.5 互信息

一对联合分布为 $p(x,y)$的离散随机变量(X,Y)的互信息 $H(X:Y)$定义为

$$H(X:Y)=-\sum_{(x,y)\in H\times Y}p(x,y)\log\frac{p(x,y)}{p(x)p(y)}=D(p(x,y)\parallel p(x)p(y)) \tag{2-147}$$

两体源(X,Y)的互信息可以解释为 Alice 和 Bob 间关联性的度量。根据互信息、熵和条件熵的定义,可以很容易推导出以下关系:

定理 2.4　互信息和熵:

$$H(X:Y)=H(X)-H(X|Y) \tag{2-148}$$

$$H(X:Y)=H(Y)-H(Y|X) \tag{2-149}$$

$$H(X:Y)=H(X)+H(Y)-H(X,Y) \tag{2-150}$$

如图 2-5 所示,$H(X)$,$H(Y|X)$,$H(X|Y)$和 $H(X:Y)$之间的关系同样也可以用维恩图来表示。

2.4.2.6 条件互信息

在已知 Z 的条件下随机变量 X 和 Y 的条件互信息的定义为

$$H(X:Y|Z)=H(X|Z)-H(X|Y,Z) \tag{2-151}$$

其服从链式法则。

$$H(X_1,X_2,\cdots,X_n:Y\mid Z)=\sum_{i=1}^{n}H(X_i:Y\mid X_{i-1},\cdots,X_1,Z) \tag{2-152}$$

如果 Z 与其余部分完全无关,这就成为了互信息的链式法则。

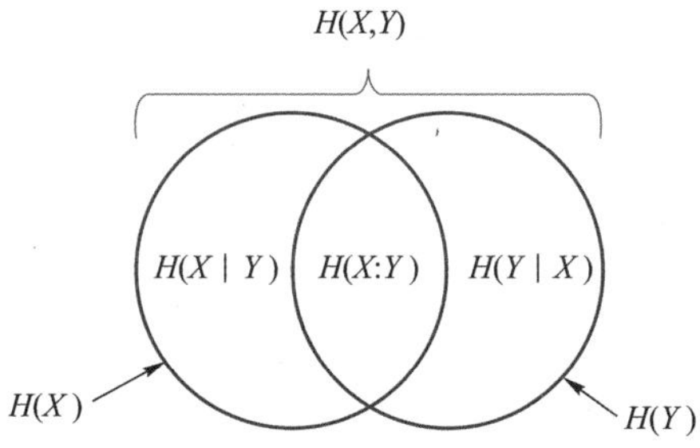

图 2-5　$H(X)$，$H(Y|X)$，$H(X|Y)$和 $H(X:Y)$之间的关系

2.4.2.7　香农熵的性质

香农熵的性质(部分)：

1. $D(p \| q) \geqslant 0$
2. $H(X) \geqslant 0$
3. $H(Y|X) \geqslant 0$
4. $H(X) \leqslant \log d$
5. 熵的次可加性：$H(X,Y) \leqslant H(X)+H(Y)$
6. $H(X)$ 是凹函数：如果 $X=\sum p_i X_i \Rightarrow H(X) \geqslant \sum p_i H(X_i)$
7. $H(X,Y) \geqslant \max\{H(X),H(Y)\}$
8. $H(X:Y) \geqslant 0$
9. $H(X:Y) \leqslant \min\{H(X),H(Y)\}$
10. $H(X:Y|Z) \geqslant 0$
11. 条件减少熵：$H(X|Y,Z) \leqslant H(X|Y)$
12. 对于固定的转换 $p(y|x)$ $H(X:Y)$ 为 $p(x)$ 的凹函数
13. 对于固定的输入 $p(x)$ $H(X:Y)$ 为 $p(y|x)$ 中的凸部

证明中会使用到的定义与定理如下：

定义　随机变量 X 和 Y 在给定随机变量 Z 时的条件互信息定义为

$$I(X:Y|Z)=E_{p(x,y,z)}\log\frac{p(X,Y|Z)}{p(X|Z)p(Y|Z)} \tag{2-153}$$

其链式法则为

$$I(X:Y|Z)=H(X|Z)-H(X|Y,Z) \tag{2-154}$$

Jensen 不等式

1. 若 $f(x)$是区间$[a,b]$上的凸函数，则对任意的 $x_1,x_2,x_3,\cdots,x_n \in [a,b]$，有不等式

$$f\left(\frac{x_1+x_2+...+x_n}{n}\right)\geqslant\frac{f(x_1)+f(x_2)+\cdots+f(x_n)}{n} \tag{2-155}$$

其加权形式为

$$f(a_1x_1+a_2x_2+\cdots+a_nx_n)\leqslant a_1f(x_1)+a_2f(x_2)+\cdots+a_nf(x_n) \tag{2-156}$$

其中 $a_1,a_2,\cdots,a_n$ 为正数且和为 1。

2. 若 $f(x)$ 是区间 $[a,b]$ 上的凹函数，则对任意的 $x_1,x_2,x_3,\cdots,x_n\in[a,b]$，有不等式

$$f\left(\frac{x_1+x_2+\cdots+x_n}{n}\right)\leqslant\frac{f(x_1)+f(x_2)+\cdots+f(x_n)}{n} \tag{2-157}$$

其加权形式为

$$f(a_1x_1+a_2x_2+\cdots+a_nx_n)\geqslant a_1f(x_1)+a_2f(x_2)+\cdots+a_nf(x_n) \tag{2-158}$$

其中 $a_1,a_2,\cdots,a_n$ 为正数且和为 1。

定理 2.5　设 $(X,Y)\sim p(x,y)=p(x)p(y|x)$，如果固定 $p(y|x)$，则互信息 $I(X:Y)$ 是关于 $p(x)$ 的凹函数，而如果固定 $p(x)$，则互信息 $I(X:Y)$ 是关于 $p(y|x)$ 的凸函数。

具体证明过程如下：

1. 因为 $D(p\parallel q)=\sum\limits_{x\in X}p(x)\log\frac{p(x)}{q(x)}=-\sum\limits_{x\in X}p(x)\log\frac{q(x)}{p(x)}$，由于 log 函数是凹函数，根据 Jensen 不等式，有

$$-\sum_{x\in X}\left[p(x)\log\frac{q(x)}{p(x)}\right]\geqslant-\log\left[\sum_{x\in X}p(x)\frac{q(x)}{p(x)}\right]=-\log\left[\sum_{x\in X}q(x)\right]=0 \tag{2-159}$$

故得证 $D(p\parallel q)\geqslant0$，当且仅当 $p(x)=q(x)$ 时取等。

2. 根据定义 $H(X)=-\sum\limits_{x\in H}p(x)\log p(x)$，其中 $0\leqslant p(x)\leqslant1$，有 $-p(x)\log p(x)\geqslant0$，故得证 $H(X)\geqslant0$，当存在 $x_i\in H$，$p(x_i)=1$，而其他 $x_k\in H$，$p(x_k)=0$ 时取等。

3. 根据定义 $H(Y\mid X)=\sum\limits_{x\in H}p(x)H(Y\mid X=x)$，其中根据性质 2，易证 $H(Y\mid X=x)\geqslant0$，故得证 $H(Y\mid X)\geqslant0$。

4. 首先定义 U 为有 d 种字母的均匀分布，即 $u(x)=\frac{1}{d}$，对于任意 $p(x)$，有

$$\begin{aligned}D(p(x)\parallel u(x))&=\sum_{x\in X}p(x)\log\frac{p(x)}{u(x)}=\sum_{x\in X}p(x)\log d+\sum_{x\in X}p(x)\log p(x)\\&=\log d-H(X)\end{aligned} \tag{2-160}$$

根据性质 1 得到 $\log d-H(X)\geqslant0$，故得证 $\log d\geqslant H(X)$，当且仅当 $u(x)=p(x)$ 时

取等。

5. 根据定义可得

$$
\begin{aligned}
H(X)+H(Y)-H(X,Y) &= \sum_{x\in X} p(x)\log\frac{1}{p(x)}+\sum_{y\in Y} p(y)\log\frac{1}{p(y)}-\\
&\quad \sum_{y\in Y}\sum_{x\in X} p(x,y)\log\frac{1}{p(x,y)}\\
&= \sum_{x\in X}\left[\Big(\sum_{y\in Y} p(x,y)\Big)\log\frac{1}{p(x)}\right]+\\
&\quad \sum_{y\in Y}\left[\Big(\sum_{x\in X} p(x,y)\Big)\log\frac{1}{p(y)}\right]-\\
&\quad \sum_{y\in Y}\sum_{x\in X} p(x,y)\log\frac{1}{p(x,y)}\\
&= \sum_{y\in Y}\sum_{x\in X} p(x,y)\log\frac{1}{p(x)p(y)}-\\
&\quad \sum_{y\in Y}\sum_{x\in X} p(x,y)\log\frac{1}{p(x,y)}\\
&= \sum_{y\in Y}\sum_{x\in X} p(x,y)\log\frac{p(x,y)}{p(x)p(y)}\\
&= D(p(x,y)\parallel p(x)p(y))
\end{aligned}
\tag{2-160}
$$

由于性质 1,故得证 $H(X,Y)\leqslant H(X)+H(Y)$,当且仅当 $p(x,y)=p(x)p(y)$时取等。

6. 根据定义 $H(X)=-\sum_{x\in H} p(x)\log p(x)$,有

$$
\begin{aligned}
H\Big(\sum p_i X_i\Big) &= \sum\sum_{x\in H}\left[p_i p(x_i)\log\frac{1}{p_i p(x_i)}\right]\\
&= \sum\sum_{x\in H}\left[p_i p(x_i)\log\frac{1}{p(x_i)}\right]+\sum\sum_{x\in H}\left[p_i p(x_i)\log\frac{1}{p_i}\right]\\
&\geqslant \sum p_i\sum_{x\in H}\left[p_i(x)\log\frac{1}{p_i(x)}\right]\\
&= \sum p_i H(X_i)
\end{aligned}
\tag{2-162}
$$

故得证。

7. 根据链式法则 $H(X,Y)=H(X)+H(Y|X)=H(Y)+H(X|Y)$以及性质 3,可得 $H(X,Y)\geqslant H(X)$且 $H(X,Y)\geqslant H(Y)$,故得证。

8. 根据链式法则和性质(5)可得

$$H(X:Y)=H(X)+H(Y)-H(X,Y)=D(p(x,y)\parallel p(x)p(y))\geqslant 0$$

9. 根据链式法则 $H(X:Y)=H(X)-H(X|Y)=H(Y)-H(Y|X)$以及性质 3,

可得 $H(X:Y) \geqslant H(X)$ 且 $H(X:Y) \leqslant H(Y)$，故得证。

10. 根据定义 $I(X:Y|Z)=E_{p(x,y,z)}\log\frac{p(X,Y|Z)}{p(X|Z)p(Y|Z)}$，其中显然有 $\frac{p(X,Y|Z)}{p(X|Z)p(Y|Z)}>1$，故得证 $I(X:Y|Z)\geqslant 0$.

11. 根据链式法则 $I(X:Y|Z)=H(X|Z)-H(X|Y,Z)$ 和性质 10，可证 $H(X|Y,Z) \leqslant H(X|Y)$。

12. 根据链式法则和定义

$$I(X:Y) = H(Y) - H(Y \mid X) = H(Y) - \sum_{x \in X} p(x) H(Y \mid X = x) \quad (2\text{-}163)$$

由于固定 $p(y|x)$ 则 $p(y)$ 是关于 $p(x)$ 的线性函数，因而关于 $p(y)$ 的凹函数 $H(Y)$ 也是关于 $p(x)$ 的凹函数，而 $\sum_{x \in X} p(x) H(Y \mid X = x)$ 是关于 $p(x)$ 的线性函数，因此它们的差 $I(X:Y)$ 仍是关于 $p(x)$ 的凹函数。

13. 定义两个不同的条件分布 $p_1(y|x)$ 和 $p_2(y|x)$，相应的联合分布为 $p_1(x,y)=p(x)p_1(y|x)$ 和 $p_2(x,y)=p(x)p_2(y|x)$，其各自的边际分布为 $p(x)$，$p_1(y)$ 和 $p(x)$，$p_2(y)$。考虑条件分布

$$p_\lambda(y|x)=\lambda p_1(y|x)+(1-\lambda)p_2(y|x) \quad (2\text{-}164)$$

其中 $0\leqslant\lambda\leqslant 1$。而对应的联合分布为

$$p_\lambda(x,y)=\lambda p_1(x,y)+(1-\lambda)p_2(x,y) \quad (2\text{-}165)$$

对应的 Y 的分布为

$$p_\lambda(y)=\lambda p_1(y)+(1-\lambda)p_2(y) \quad (2\text{-}166)$$

设 $q_\lambda(x,y)=p(x)p_\lambda(y)$ 为边际分布的乘积，则有

$$q_\lambda(x,y)=\lambda q_1(x,y)+(1-\lambda)q_2(x,y) \quad (2\text{-}167)$$

由于互信息是联合分布和边际分布乘积的相对熵，有

$$I(X:Y)=D(p_\lambda(x,y)||q_\lambda(x,y)) \quad (2\text{-}168)$$

相对熵 $D(p||q)$ 为关于二元对 (p,q) 的凸函数，由此可知互信息是条件分布的凸函数。

2.4.3 微分熵及其相关性质

因为在本书中主要介绍连续变量的应用，因此需要引入微分熵 $H(X)$ 的概念，即概率密度为 $f(x)$ 的连续随机变量 X 的熵，

$$H(X) = -\int_S f(x)\log f(x)\mathrm{d}x \quad (2\text{-}169)$$

其中 S 是随机变量的定义域。微分熵具有离散随机变量熵的大多数性质，可以类似地定义条件微分熵，互微分熵和相对微分熵，它们与微分熵具有与之前引入的离散分布完全相同的性质。

仅有一个却非常重要的差异，微分熵的定义与一个常数有关。如果应用 $y=ax$ 的尺度，其中 $f_Y(y)=f_X(y/a)/|a|$，则微分熵为：

$$\begin{aligned} H(aX) &= -\int f_Y(y)\log f_Y(y)\mathrm{d}y = -\int \frac{1}{|a|}f\left(\frac{y}{a}\right)\log\left(\frac{1}{|a|}f\left(\frac{y}{a}\right)\right)\mathrm{d}y \\ &= -\int f_X(x)\log f_X(x)\mathrm{d}x + \log|a| = H(X) + \log|a| \end{aligned} \tag{2-170}$$

条件熵的定义也与该常数有关。当考虑以两个熵之差定义的量时，例如对于互信息 $H(X:Y)=H(Y)-H(Y|X)$，此问题就消失了，因为这两个常数相互抵消。然后就可以很好地定义连续变量信道上的容量或密钥分发速率之类的量。

下面概率密度为高斯分布的连续变量的微分熵的计算。

2.4.3.1 微分熵

考虑方差为 V_X 均值为 0 的高斯分布

$$g(x)=\frac{1}{\sqrt{2\pi V_X}}\mathrm{e}^{-x^2/2V_X} \tag{2-171}$$

其微分熵为

$$\begin{aligned} H(X) &= -\int g(x)\ln g(x)\mathrm{d}x = -\int g(x)\left[-\frac{x^2}{2V_X}-\ln\sqrt{2\pi V_X}\right]\mathrm{d}x \\ &= \frac{1}{2}+\frac{1}{2}\ln 2\pi V_X = \frac{1}{2}\log V_X + C, \end{aligned} \tag{2-172}$$

其中 C 是任意常数。

对于均值为 0 的两体高斯分布，其协方差矩阵为

$$K_{AB}=\begin{bmatrix}\langle x^2\rangle & \langle xy\rangle \\ \langle xy\rangle & \langle y^2\rangle\end{bmatrix} \tag{2-173}$$

其微分熵为

$$H(X,Y)=\frac{1}{2}\log(\det K_{AB})+C' \tag{2-174}$$

对于多体系统的微分熵的计算也类似。

2.4.3.2 条件微分熵

条件熵 $H(Y|X)$ 定义为

$$H(Y|X) = \int \mathrm{d}x H(Y|X=x) \tag{2-175}$$

根据条件概率的定义 $f(y|x)=f(x,y)/f(x)$，可以得到

$$H(Y|X)=\frac{1}{2}\log V_{Y|X}+C \tag{2-176}$$

其中 $V_{Y|X}$ 为已知 X 时 Y 的方差

$$V_{Y|X}=\frac{\det K_{AB}}{V_X}=\langle y^2\rangle-\frac{\langle xy\rangle^2}{\langle x^2\rangle} \tag{2-177}$$

2.4.3.3 互信息

两体分布的互信息具有三个等价定义

$$H(X:Y)=H(Y)-H(Y|X)=\frac{1}{2}\log\left[\frac{V_Y}{V_{Y|X}}\right] \tag{2-178}$$

$$H(X)-H(X|Y)=\frac{1}{2}\log\left[\frac{V_X}{V_{X|Y}}\right] \tag{2-179}$$

$$=H(X)+H(Y)-H(X,Y)=\frac{1}{2}\log\left[\frac{V_XV_Y}{\det K_{AB}}\right] \tag{2-180}$$

2.4.4 香农熵的可操作性解释

典型序列的概念是信息论所有结论的核心，将典型序列的概念严格地推广到二进制之外的情况。假设 X 是一个独立同分布信息源，给定 $\varepsilon>0$，如果

$$2^{-n(H(X)+\varepsilon)}\leqslant p(x_1x_2\cdots x_n)\leqslant 2^{-n(H(X)-\varepsilon)} \tag{2-181}$$

则信息源产生的符号序列 $x^n=x_1x_2\cdots x_n$ 是 ε-典型($\in T_X$)的。该定义的另一种常用表示为

$$\left|\frac{1}{n}\log\frac{1}{p(x_1x_2\cdots x_n)}-H(x)\right|\leqslant\varepsilon \tag{2-182}$$

使用大数定律可以证明以下典型序列定理：

典型序列定理：

1. 假设 $\varepsilon>0$，对于任意 $\delta>0$ 和充分大的 n，序列是 ε-典型的概率至少为 $1-\delta$。

2. 对于任意 $\varepsilon>0$、$\delta>0$，当 n 足够大时，ε-典型序列的数量 $|T_X|$ 满足

$$(1-\delta)2^{n(H(X)-\varepsilon)}\leqslant|T_X|\leqslant 2^{n(H(X)+\varepsilon)} \tag{2-183}$$

3. 假设 $R<H(X)$，令 $S(n)$ 为至多 2^{nR} 个非典型序列的集合。那么，对于任意的 $\delta>0$，当 n 足够大时，

$$\sum_{x\in S(n)}p(x)\leqslant 2\delta \tag{2-184}$$

其中第三点指出，对于较大的 n，当典型序列的数量远大于 2^{nR} 时，从信息源输出的序列位于 2^{nR} 大小的子集 $S(n)$ 内的概率变为零。

2.4.4.1 香农无噪信道编码定理

如图 2-6 所示，存在压缩率为 R 的压缩方案，可以将从字母表 H 取值的长度为

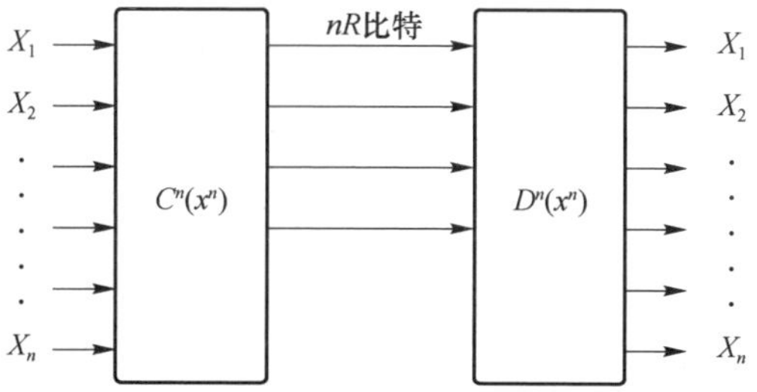

图 2-6 压缩率为 R 的压缩方案

n 的序列 $x^n=(x_1,\cdots,x_n)$映射到的长度为 nR 的比特序列中，该比特序列用 $C^m(x^n)=C^m(x_1,\cdots,x_n)$表示。解压缩方案将 nR 个压缩后的比特映射回长度为 n 的字符串里，该字符串的值取自 H。如果当 $n\to\infty$时 $\Pr(D^n(C^n(x))=x)\to1$，则压缩-解压缩方案 $D^n(C^n(x))$被认为是可靠的。香农的无噪编码定理详细说明了存在压缩率为 R 的可靠压缩方案的条件。

定理 2.6 香农的无噪信道编码定理

假设 X 是一个熵为 $H(X)$的独立同分布信息源。假设 $R>H(X)$，则存在该源的压缩率为 R 的可靠压缩方案。相反，如果 $R<H(X)$，则任何压缩方案都不可靠。

证明：如前所述的压缩方案中，首先需要检查信息源的输出是否为 ε-典型。当信息源的输出不是 ε-典型时，则发送由 nR 个零组成的失败序列(即出现错误)。当信息源的输出是 ε-典型时，那么，只需使用 nR 个比特存储特定典型序列的索引即可压缩输出。选择 $\varepsilon>0$，满足 $H(X)+\varepsilon<R$，对于 $\delta>0$ 且 n 较大时，典型序列数量最多为 $2^{n(H(X)+\varepsilon)}<2^{nR}$。而错误概率为

$$P_e=\Pr(x\notin T_X)\leqslant\delta \tag{2-185}$$

相反，如果 $R<H(X)$，则通过典型序列定理 3 可以知道，对于足够大的 n，输出的序列位于 2^{nR} 大小的子集 $S(n)$内的概率变为零。因此，$R<H(X)$的任何压缩方案都不可靠。

2.4.4.2 随机性与信息的度量

正如前文提到的那样，熵 $H(X)$是独立同分布信息源可以生成的随机性的度量。$2^{nH(p)}$个典型序列是等概率的，将每个典型序列映射到 $nH(p)$比特的字符串是生成 $nH(p)$个随机比特(c)的一种方式。在信息源的独立同分布模型中，熵可以等效地解释为由信息源生成信息的速率。

2.4.4.3 关联的度量

如图 2-7 所示，当存在一个能够将 X 的每个元素映射到 Y 中元素的双射 b 时，

两体源会生成无噪关联分布。利用 $x^n(y^n)$，Alice(Bob)将完全确定 Bob 的字符串 y^n(Alice 的字符串x^n)，黑点对应非零概率的联合随机变量对(x,y)。联合概率分布的表达式为

$$p(x,y)=p_x\delta_{y,b(x)} \tag{2-186}$$

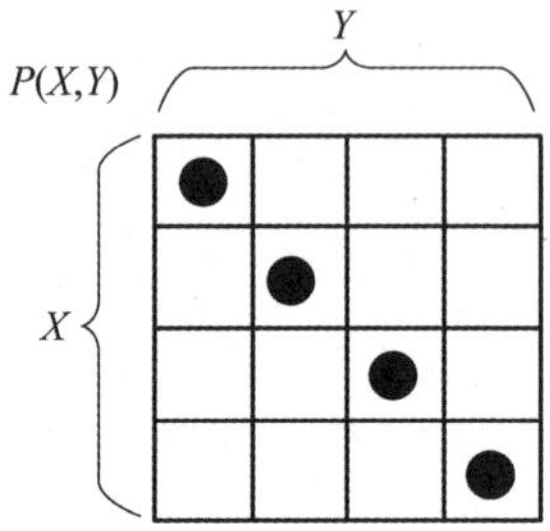

图 2-7　联合分布 $p(x,y)$的无噪关联分布

当无噪关联源具有等概分布 $p(x,y)=\delta_{y,b(x)}/d$ 时，将看到在将 n 对符号分配给 Alice 和 Bob 之后，他们共享 $n\log d$ 个理想关联比特，在局部看来其像是 $n\log d$ 的随机性。即 Alice 和 Bob 共享 $n\log d$ 比特的关联性(表示为 $n\log d[cc]$)。

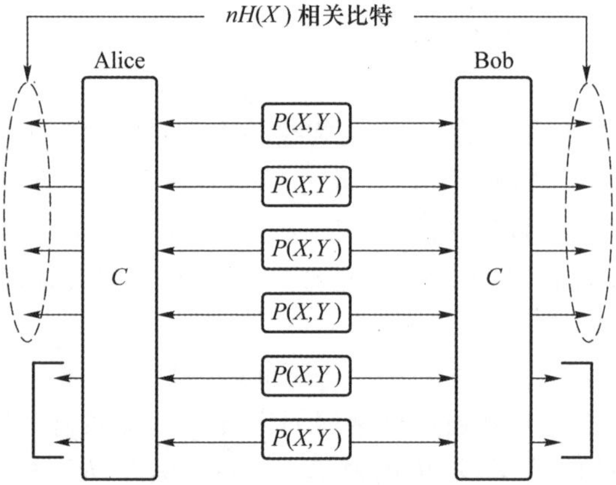

图 2-8　从非均匀无噪分布 $p(x,y)$中提取关联比特

如图 2-8 所示，对于从非均匀无噪分布 $p(x,y)$中提取的包含 n 个关联字母对的字符串，通过在 Alice 或 Bob 端对其应用数据压缩 C，很容易检测出 Alice 和 Bob 是否能从该字符串中提取 $nH(X)$个关联比特。这给出了熵的可操作性解释，即熵是由无噪关联源生成的关联性。

信息源通过从 X 到 Y 的非重叠集合的映射 f(反之亦然)产生的关联分布为

$$p(x,y)=p_x\delta_{x,f^{-1}(y)} \tag{2-187}$$

如图 2-9 所示，通过局部映射 $g(y)$，Bob 可以将 X 的元素与 Y 的非重叠子集之间的关联分布无失真地转换为 X 元素与 $g(Y)$元素之间的关联分布。由于局部操作

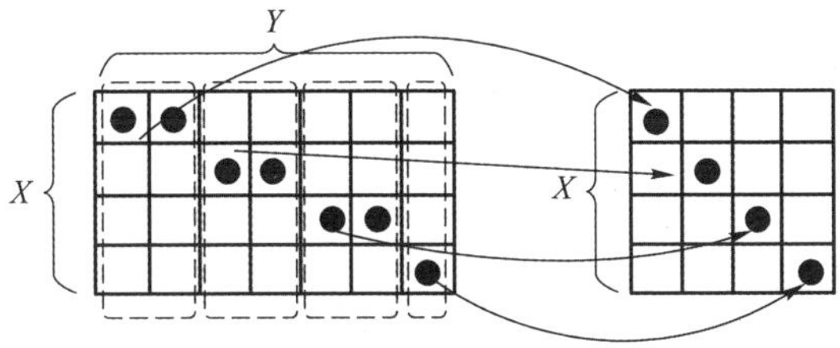

图 2-9 无失真关联分布的退化

无法提高关联性，Alice 和 Bob 可以提取的最大关联比特数依然为 $\min\{H(X),H(Y)\}$。

该退化方法可以推广到有失真关联信息源，其中互信息 $I(X:Y)$ 是可以从联合分布中提取的关联性的量。注意，当关联性是无失真时，会达到 $I(X:Y)\leqslant\min\{H(X),H(Y)\}$ 的上限（香农熵的性质(9)）。

2.5 冯·诺依曼熵与量子信息论基础

上一节主要介绍了经典信息论中的一些概念和定理，配合这些内容，我们可以进一步分析、理解经典通信中的编码、解码、纠错等环节。然而在量子信息中，由于处理的对象是量子态而非经典信息，整个分析方法就需要有所改动。量子信息中最为常用的信息载体是量子比特（qubit），与经典信息中比特（bit）概念的最大区别是，量子比特不是固定只有 0 和 1 两种取值，而是可以处于叠加态，这导致量子信息中难以直接利用香农熵等经典信息论知识进行分析。因此，本章介绍量子信息论的一些基本内容，帮助读者实现从经典信息到量子信息的过渡。本小节主要介绍量子信息论的一些基础知识，主要包括量子信息的基本定义、熵、量子与经典关联、Helevo 界、连续变量的熵等内容[8-12]。

2.5.1 基础知识

2.5.1.1 静态信息源与动态信息源

接下来将使用大写字母（A）来代表量子态，小写字母（a）来代表对相应的量子系统（A）测量的输出结果。在前一小节中，已经展示了双方如何从一个有噪两体概率分布（记为 $\{cc\}$）提取具有关联的比特（记为 $[cc]$），以及它与无噪比特（记为 $[c\rightarrow c]$）通过有噪信道（记为 $\{c\rightarrow c\}$）进行通信的协议的关系。通过类比经典信息论可以得到对应的量子理论，可以定义一个纠缠比特（$(|00\rangle+|11\rangle)/\sqrt{2}$）的无噪单位记为 $[qq]$，

定义一个无噪的量子比特信道记为[$q \rightarrow q$]。同样地，无噪的信息源也有静态和动态两种。

Alice 和 Bob 之间的两体有噪量子态 ρ_{AB} 所包含的静态源{qq}，如图 2-10 所示。通过提纯希望将这个量子态转换为静态信息源，如纠缠比特[qq]，经典关联[cc]，或是密钥比特[ss]。

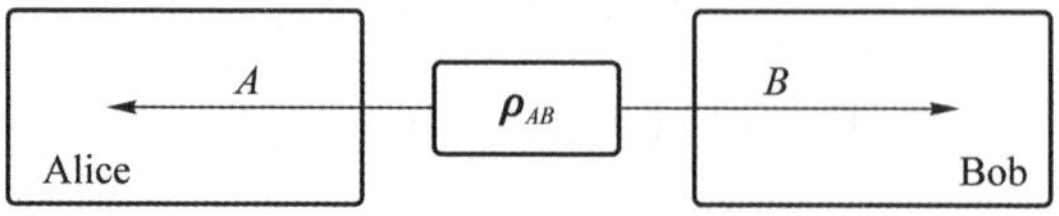

图 2-10　用于提取纠缠或经典关联的静态信息源

有噪量子信道 N 包含一个动态源{$q \rightarrow q$}，它将 Alice 端的两体纯态 $|\psi\rangle_{AB_0}$，变换为 Alice 和 Bob 间的混态 $\boldsymbol{\rho}_{AB} = (I_A \otimes N) |\psi\rangle\langle\psi|_{AB_0}$，如图 2-11 所示。该量子信道可以用来分发纠缠比特[$q \rightarrow q$]，分发经典关联[$c \rightarrow c$]，或分发密钥比特[$s \rightarrow s$]。

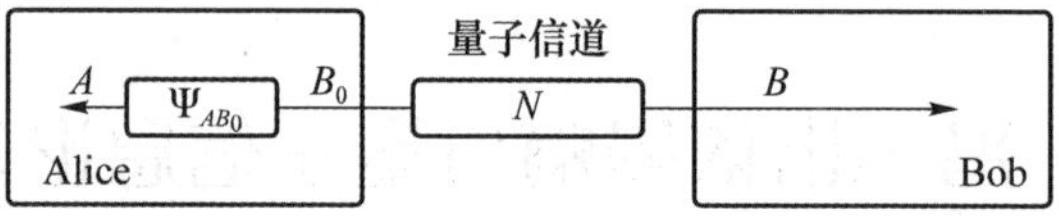

图 2-11　将两体纯态变为混态的动态信息源

2.5.1.2　独立同分布的源

将独立同分布($i.i.d.$)的经典源推广到量子领域至关重要。为了在两体之间分发纠缠比特([$q \rightarrow q$])，需要可以产生纠缠的源。

定义 2.3： 对于一个独立同分布的纠缠源产生的独立的纠缠态，将这个两体信息态记作 $|\psi\rangle_{AB} \otimes \cdots \otimes |\psi\rangle_{AB}$，其中

$$|\psi\rangle_{AB} = \sum_x \sqrt{p(x)}\,|x\rangle_A\,|x\rangle_B \tag{2-188}$$

如果想要产生的是经典关联或密钥比特的源([cc]，[$c \rightarrow c$])，将用到所谓的经典-量子源(C-Q 源)。

定义 2.4： 对于一个独立同分布的经典-量子源产生的独立的成对经典-量子态，整个经典寄存器 a 和量子信号 B 的联合态具有密度矩阵 $\boldsymbol{\rho}_{aB} \otimes \cdots \otimes \boldsymbol{\rho}_{aB}$。对于一个产生纯态 $\boldsymbol{\rho}_{aB}$ 的源，有

$$|\psi\rangle_{AB} = \sum_x \sqrt{p(x)}\,|x\rangle_A\,|x\rangle_B \tag{2-189}$$

$$\boldsymbol{\rho}_{aB} = \sum_a p(x)\,|a\rangle\langle a| \otimes |\varphi_a\rangle\langle\varphi_a|_B \tag{2-190}$$

纠缠和经典-量子源确实是相关的,一个纠缠源$|\psi\rangle_{AB}=\sum_a\sqrt{p(a)}|a\rangle|\varphi_a\rangle$可以生成一个如图 2-12 所示的经典-量子源$\boldsymbol{\rho}_{aB}$。Alice 对系统 A 实施投影测量$\sum_a|a\rangle\langle a|$,得到满足概率分布 $p(a)$的结果 a,并将 Bob 的态投影为$\langle\varphi_a|_B$。

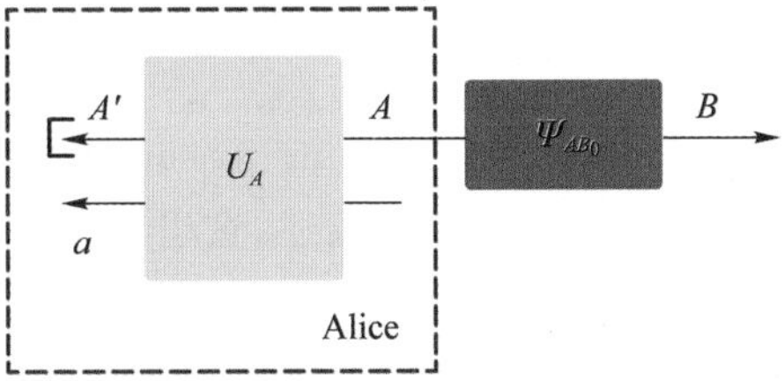

图 2-12 经典-量子源示意图

2.5.1.3 施密特正交分解与纯化

任何两体纯态$|\psi\rangle_{AB}$可以写为

$$|\psi\rangle_{AB}=\sum_i\lambda_i|i\rangle_A|i\rangle_B \tag{2-191}$$

其中$|i\rangle_{A(B)}$是系统$A(B)$的正交态,λ_i被称为施密特系数,其是满足$\sum_i\lambda_i=1$的非负实数。

证明:$|\psi\rangle_{AB}$可以写为

$$|\psi\rangle_{AB}=\sum_{j,k}a_{j,k}|j\rangle_A\ |k\rangle_B \tag{2-192}$$

使用奇异值分解 $\boldsymbol{a}=\boldsymbol{vdw}$,其中 $\boldsymbol{v}$ 和 $\boldsymbol{w}$ 为幺正矩阵,$\boldsymbol{d}$ 为对角矩阵,令$|i\rangle_A=\sum_j v_{ji}|j\rangle_A$和$|i\rangle_B=\sum_k w_{ki}|k\rangle_B$可以得到该结论。

该结论非常有用。量子态的许多重要属性(例如熵)完全由特征值决定,例如,当$\boldsymbol{\rho}_A=\sum_i\lambda_i^2|i\rangle\langle i|_A$和$\boldsymbol{\rho}_B=\sum_i\lambda_i^2|i\rangle\langle i|_B$具有完全相同的特征值,则这两个系统是相同的。

纯化:在量子信息计算中是一种非常有用的技术。如果给定量子系统A的量子态$\boldsymbol{\rho}_A=\sum_i\lambda_i^2|i\rangle\langle i|_A$,则可以引入另一个参考系统$R$,并定义纯态。

$$|\psi\rangle_{RA}=\sum_i\sqrt{\lambda_i}|i\rangle_R|i\rangle_A \tag{2-193}$$

使得 $\mathrm{tr}_R[|\psi\rangle\langle\psi|_{RA}]=\boldsymbol{\rho}_A$。这个想法是要定义一个纯态,使得其施密特系数是$\boldsymbol{\rho}_A$特征值的平方根。

纯化的自由度

令$|\psi_1\rangle_{RA}$和$|\psi_2\rangle_{RA}$为ρ_A的两个不同纯化。可以很容易证明存在幺正操作U_R,

使得

$$|\psi_2\rangle_{RA}=U_R\otimes I_A\ |\psi_1\rangle_{RA} \tag{2-194}$$

因为在系统 R 中不同的正交基下两个纯态具有相同 Schmidt 分解。

2.5.1.4　量子不可克隆定理

量子不可克隆定理(Quantum Non-Cloning Theorem)最先于 1982 年由 W. K. Wootters 等人证明，随后又发展出若干等价表述，这里列举三种：

定理 2.7　量子不可克隆定理(三种等价表述)

表述一：不存在能完美克隆任意未知量子态的量子克隆机。

表述二：不存在能完美克隆两个非正交量子态的量子克隆机。

表述三：不可能从非正交量子态中获取编码信息同时不扰动量子态。

证明：如图 2-13 所示，假设存在完美的克隆机，则有

$$\begin{aligned} U|M_0\rangle|\text{blank}\rangle|\alpha\rangle&=|M_\alpha\rangle|\alpha\rangle|\alpha\rangle \\ U|M_0\rangle|\text{blank}\rangle|\beta\rangle&=|M_\beta\rangle|\beta\rangle|\beta\rangle \end{aligned} \tag{2-195}$$

设 $|\gamma\rangle=a|\alpha\rangle+b|\beta\rangle$，根据量子克隆机原理，则有

$$\begin{aligned} U|M_0\rangle|\text{blank}\rangle|\gamma\rangle&=U|M_0\rangle|\text{blank}\rangle(a|\alpha\rangle+b|\beta\rangle) \\ &=a|M_\alpha\rangle|\alpha\rangle|\alpha\rangle+b|M_\beta\rangle|\beta\rangle|\beta\rangle\neq|M_\gamma\rangle|\gamma\rangle|\gamma\rangle \end{aligned} \tag{2-196}$$

图 2-13　量子不可克隆定理证明示意图

2.5.2　冯·诺依曼熵及其相关性质

从经典信息论香农熵的概念出发，可以引出冯·诺依曼熵的概念。在量子信息中，信息源可以假设为一个量子态系综，即信息源的每个信号，都可以看作按一定概率从若干量子态中随机抽取得到。

2.5.2.1　冯·诺依曼熵

密度矩阵为块对角的量子态用概率分布 p_i 和正交子空间上的态 ρ_i 表示为

$$\boldsymbol{\rho} = \sum_i p_i \boldsymbol{\rho}_i \tag{2-197}$$

与经典信息论相似的是，量子信息中的信息源仍然具有随机事件的特性，即以一定的概率随机选择某一量子态，当概率以及具体信号不同时，表明信息源具有不同的信息量。据此可以引出量子信息中的信息熵 —— 冯·诺依曼(Von Neumann)熵。香农熵实际上是事件信息量的期望值，即 $H(X)=\sum_i E[I(x_i)]$。

对于冯·诺依曼熵，由于量子信息中，信息源仍然保留了经典概率的部分，因此应该保留期望值这部分。而考虑每个事件的信息量时，经典情况是 $I(x_i)=-\log p_i$，对应到量子信息中，应该转化为相应的"信息量算符"。一个自然的想法是，将这个算符规定为$\hat{M}=-\log\hat{\boldsymbol{\rho}}$。相应地，计算它的期望值，在量子中对应为求迹$\langle\hat{M}\rangle=\mathrm{tr}(\hat{\boldsymbol{\rho}}\hat{M})$。根据这样的引申，可以定义冯·诺依曼熵为

$$S(\hat{\boldsymbol{\rho}})=\langle\hat{M}\rangle=-\mathrm{tr}(\hat{\boldsymbol{\rho}}\log\hat{\boldsymbol{\rho}}) \tag{2-198}$$

式中 $\log\hat{\boldsymbol{\rho}}$ 表示以算符 $\hat{\boldsymbol{\rho}}$ 为变量的对数函数。对量子比特而言，这里的取对数操作通常以 2 为底。

极值性：

当量子态为纯态 $\rho=|\psi\rangle\langle\psi|$时，冯·诺依曼熵最小($S(\boldsymbol{\rho})=0$)；当量子态最大程度混合 $\boldsymbol{\rho}=\boldsymbol{I}/d$ 时(d 是 $\boldsymbol{\rho}$ 所处的希尔伯特空间 H_d 的维度)，冯诺依曼熵最大($S(\boldsymbol{\rho})=\log d$)。

容易证明，ρ 的冯·诺依曼熵为

$$S(\boldsymbol{\rho}) = H(p) + \sum_i p_i S(\boldsymbol{\rho}_i) \tag{2-199}$$

证明：令 λ_i^j 和 $|e_i^j\rangle$ 表示 $\boldsymbol{\rho}_i$ 的本征值和相应的本征态。观察发现 $p_i\lambda_i^j$ 和 $|e_i^j\rangle$ 为 $\sum_i p_i\boldsymbol{\rho}_i$ 的本征值和本征态，因此有

$$\begin{aligned} S\Big(\sum_i p_i\boldsymbol{\rho}_i\Big) &= -\sum_{ij} p_i\lambda_i^j \log p_i\lambda_i^j \\ &\overset{(a)}{=} -\sum_i p_i \log p_i - \sum_i p_i \sum_j \lambda_i^j \log\lambda_i^j \\ &= H(p) + \sum_i p_i S(\rho_i) \end{aligned} \tag{2-200}$$

其中(a) 根据 $\mathrm{tr}[\boldsymbol{\rho}_i]=\sum_j\lambda_i^j=1$。

对角密度矩阵：

对于一个以一定概率 p_i 发送混合的正交态$|i\rangle$的量子态 $\boldsymbol{\rho}$，

$$\boldsymbol{\rho} = \sum_i p_i |i\rangle\langle i| \tag{2-201}$$

其冯·诺依曼熵就是对角项的香农熵 $S(\boldsymbol{\rho})=H(p)$。

2.5.2.2 量子联合熵

一个密度矩阵为 $\boldsymbol{\rho}_{AB}$ 的两体量子系统(A,B)的联合熵 $S(A,B)$定义为

$$S(A,B) = -\mathrm{tr}(\boldsymbol{\rho}_{AB}\log\boldsymbol{\rho}_{AB}) \tag{2-202}$$

联合熵 $S(A,B)$可解读为对系统 AB 进行联合压缩时可获得的最优压缩率。

2.5.2.3 量子条件熵

由于条件概率没有从经典理论推广到量子理论，用链式法则来定义一个密度矩阵为 $\boldsymbol{\rho}_{AB}$ 的两体量子系统(A,B)的条件熵 $S(A|B)$，

$$S(A,B)=S(B)+S(A|B) \tag{2-203}$$

其中

$$S(A|B)=S(A,B)-S(B) \tag{2-204}$$

与经典信息论中的条件熵不同，量子条件熵可以为负。

示例：对于一个 Bell 态 $|\Phi^+\rangle_{AB} = [|00\rangle + |11\rangle]/\sqrt{2}$，根据以下的结果可以证明 $S(A|B)=-1$。

(i) $S(A,B)=0$，因为联合态是纯态；

(ii) $S(B)=1$，因为 $\boldsymbol{\rho}_B=\mathrm{tr}_A[|\Phi^+\rangle_{AB}]=I/2$。

解读：条件熵可以为负的特性与纠缠态的存在密切相关，这对研究纠缠态的提取和分发具有重要意义。

2.5.2.4 经典-量子条件熵

如果一个两体态可以写成如下形式

$$\boldsymbol{\rho}_{aB} = \sum_a p(a)|a\rangle\langle a| \otimes \boldsymbol{\rho}_B^a \tag{2-205}$$

则它的条件熵为

$$S(B|a) = \sum_a p(a)S(\boldsymbol{\rho}_B^a) \tag{2-206}$$

在这种情况下，条件熵是冯·诺依曼熵的平均值，它显然是非负的。经典-量子(C-Q)条件熵对经典关联在量子信道上的提取和分发起着重要的作用。

2.5.2.5 量子相对熵

根据经典信息论，定义量子版本的相对熵是非常有用的。设 $\boldsymbol{\rho}$ 和 $\boldsymbol{\sigma}$ 为密度算符。相对熵定义为

$$D(\boldsymbol{\rho}\parallel\boldsymbol{\sigma})=\mathrm{tr}[\boldsymbol{\rho}\log\boldsymbol{\rho}]-\mathrm{tr}[\boldsymbol{\rho}\log\boldsymbol{\sigma}] \tag{2-207}$$

它一般是非负的(Klein's 不等式[119,136]),当且仅当 $\boldsymbol{\rho}=\boldsymbol{\sigma}$ 时为 0。

2.5.2.6 互信息

一个密度矩阵为 $\boldsymbol{\rho}_{AB}$ 的两体量子系统(A,B)的互信息 $S(A:B)$,可以通过下面这个方程来定义

$$S(A:B)=S(A)+S(B)-S(A,B) \tag{2-208}$$

或使用相对熵来定义

$$S(A:B)=D(\boldsymbol{\rho}_{AB}\parallel\boldsymbol{\rho}_A\otimes\boldsymbol{\rho}_B) \tag{2-209}$$

其中 $\boldsymbol{\rho}_A=\mathrm{tr}_B\boldsymbol{\rho}_{AB}$,$\boldsymbol{\rho}_B=\mathrm{tr}_A\boldsymbol{\rho}_{AB}$。

2.5.2.7 条件互信息

在已知量子系统 C 的条件下,两体量子系统 A 和 B 的量子条件互信息定义为

$$S(A:B|C)=S(A|C)-S(A|B,C) \tag{2-210}$$

根据熵的强次可加性,它是非负的。如果系统 C 与系统 A 和 B 完全无关,它就变为了互信息 $S(A:B)$。

2.5.2.8 冯·诺依曼熵的性质

冯·诺依曼熵的性质(部分):

1. $S(A)\geqslant 0$,当 A 为纯态时取等号。
2. $S(A)=\log d$,当 A 为最大混态时取等号。
3. $S(A|B)\geqslant -S(B)$。
4. 熵的次可加性:$S(A,B)\leqslant S(A)+S(B)$。
5. $S(\boldsymbol{\rho})$ 是凹函数:$S(\sum p_i\boldsymbol{\rho}_A^i)\geqslant\sum p_iS(\boldsymbol{\rho}_A^i)$。
6. 若 $S(A)=S(B)$,则 $S(A,B)=0$。
7. $S(A,B)\geqslant|S(B)-S(A)|$。
8. $S(A:B)\geqslant 0$。
9. $S(A:B)\leqslant S(A)+S(B)$。
10. $S(A|B,C)\leqslant S(A|B)$。
11. $S(A:B|C)\geqslant 0$。
12. 去除一个量子态不会增加互信息:$S(A:B)\leqslant S(A:B,C)$。
13. $S(A,B|C)\leqslant S(A|C)+S(B|C)$。
14. 条件熵的次可加性:$S(A_1,A_2|B_1,B_2)\leqslant S(A_1|B_1)+S(A_2|B_2)$。

证明：

1. 根据冯·诺依曼熵的定义 $S(\hat{\boldsymbol{\rho}})=\langle\hat{M}\rangle=-\mathrm{tr}(\hat{\boldsymbol{\rho}}\log\hat{\boldsymbol{\rho}})$，由于在算符 $\hat{\boldsymbol{\rho}}$ 中 $0\leqslant p_i\leqslant 1$，故得证，对于多体联合分布也同样即 $S(A,B)\geqslant 0$，当且仅当只有一个本征值大于 0 时 $H(\lambda)-0$，此时量子态必定是纯态。

2. 令 $\boldsymbol{\rho}_A$ 定义在 d 维希尔伯特空间 H_d 中，σ 为其中的最大混态，则有

$$D(\boldsymbol{\rho}\parallel\sigma)=D(\boldsymbol{\rho}_A\parallel\boldsymbol{I}/d)=\mathrm{tr}[\boldsymbol{\rho}\log\boldsymbol{\rho}]-\mathrm{tr}[\boldsymbol{\rho}\log\boldsymbol{I}/d]=\log d-S(A)$$

由于 $D(\boldsymbol{\rho}\parallel\sigma)\geqslant 0$，则可得证，当且仅当 $D(\boldsymbol{\rho}_A\parallel\boldsymbol{I}/d)=0$ 时取等号，这种情况仅发生在 $\boldsymbol{\rho}_A=\boldsymbol{I}/d$ 时。

3. 根据条件熵即链式法则 $S(A,B)=S(B)+S(A|B)$，性质 1，$S(A,B)\geqslant 0$ 可得证。

4. 根据链式法则 $S(A)+S(B)-S(A,B)=S(A:B)=D(\boldsymbol{\rho}_{AB}\parallel\boldsymbol{\rho}_A\otimes\boldsymbol{\rho}_B)\geqslant 0$ 可得证。

5. 根据定义 $S(\boldsymbol{\rho})=-\mathrm{tr}(\boldsymbol{\rho}\log\boldsymbol{\rho})$，有

$$\begin{aligned}S\left(\sum p_i\boldsymbol{\rho}_A^i\right)&=-\mathrm{tr}(p_i\boldsymbol{\rho}_A^i\log p_i\boldsymbol{\rho}_A^i)\\&=-\mathrm{tr}(p_i\boldsymbol{\rho}_A^i\log\boldsymbol{\rho}_A^i)-\mathrm{tr}(p_i\boldsymbol{\rho}_A^i\log p_i)\\&\geqslant-\sum p_i\mathrm{tr}(\boldsymbol{\rho}_A^i\log\boldsymbol{\rho}_A^i)\\&=\sum p_iS(\boldsymbol{\rho}_A^i)\end{aligned}\tag{2-211}$$

故得证。

6. 当 $S(A,B)=0$ 时两体量子态为纯态 $\boldsymbol{\rho}_{AB}=|\psi\rangle\langle\psi|_{AB}$。然后使用施密特分解 $|\psi\rangle_{AB}=\sum_i\sqrt{p(i)}\,|i\rangle_A|i\rangle_B$，可以看到偏迹 $\boldsymbol{\rho}_A$ 和 $\boldsymbol{\rho}_B$ 具有相同本征值$(p(i))$，即 $S(A)=S(B)$，得证。

7. 引入一个能够纯化 A,B 的系统 R，有 $S(A,B,R)=0$。则性质 6 表示 $S(R)=S(A,B)$，$S(R,A)=S(B)$，根据性质 4 有 $S(R)+S(A)\geqslant S(R,A)$，得到 $S(A,B)\geqslant S(B)-S(A)$。用 B 替换 A 得到相反的结果，便可得证。

8. 与性质 4 证明方法相同。

9. 根据链式法则 $S(A:B)=S(A)+S(B)-S(A,B)$ 和性质 1，$S(A,B)\geqslant 0$ 可得证。

10. 之后将得到证明。直观上它依赖于这样一个观察：如果 Bob 可以访问一个额外的寄存器 C，那么 Alice 当然不需要发送比 Bob 不能访问 C 时更多的信息。

11. 根据 $S(A:B|C)=S(A|C)-S(A|B,C)$ 和性质 10。

12. 根据 $S(A:B,C)=S(A:B)+S(A:C|B)$ 和性质 11。

13. 根据 $S(A,B|C)=S(A|C)+S(B|C)-(A:B|C)$ 和性质 11。

14. 先根据性质 13，再根据性质 10。

2.5.3 连续变量的冯·诺依曼熵

连续变量系统的任意 N 模量子态可以用密度算符来描述，

$$\boldsymbol{\rho} = \sum_{n,m=0}^{\infty} \boldsymbol{\rho}_{n,m} |n_1, \cdots, n_N\rangle\langle m_1, \cdots, m_N| \tag{2-212}$$

之前说过，通过计算 $\boldsymbol{\rho}$ 的本征值的香农熵可以计算出 $\boldsymbol{\rho}$ 的冯·诺伊曼熵。与连续分布的香农熵相反，由于 Fock 基是无限的但又是离散的，所以离散变量的冯·诺伊曼熵的定义是明确的。和离散变量一样，可以定义连续变量系统的量子条件熵、互信息和相对熵。在接下来的章节中，我们将主要对高斯态进行讨论，因为在接下来的章节中将会使用到高斯态。

2.5.3.1 高斯态

由于位移操作是幺正变换，且熵在幺正变换下不变，可以得到

$$\boldsymbol{S}(\boldsymbol{\rho}) = S(\boldsymbol{D}^{\dagger}(\alpha)\boldsymbol{\rho}\boldsymbol{D}(\alpha)) \tag{2-213}$$

由此可见，均值对熵的计算没有任何影响。因此可以将讨论限定在均值为 0 的量子态的情况。均值为 0 且协方差矩阵为 $\boldsymbol{\gamma}$ 的高斯态 $\boldsymbol{\rho}_G$，通过合适的辛变换操作 $\boldsymbol{S}$，可以被分解为热场态 $\lambda_k \boldsymbol{I}$ 的直积

$$S\boldsymbol{\gamma}S^T = \bigotimes_{k=1}^{N} \begin{bmatrix} \lambda_k & 0 \\ 0 & \lambda_k \end{bmatrix} \tag{2-214}$$

其中辛特征值是系数为辛不变量的多项式的解。

由于辛变换是幺正操作的一种，所以 $\boldsymbol{\rho}_G$ 和 $\bigotimes_k \lambda_k \boldsymbol{I}$ 的冯·诺伊曼熵必定相等。因此，计算 N 阶高斯态的冯·诺依曼熵的问题，可以简化为计算 N 阶热场态直积的冯·诺依曼熵的问题

$$S(\boldsymbol{\rho}_G) = \sum_{k=1}^{N} S(\lambda_k \boldsymbol{I}) \tag{2-215}$$

2.5.3.2 热场态

热场态的密度算符为

$$\boldsymbol{\rho} = \sum_{n=0}^{\infty} \frac{\langle n\rangle^n}{(\langle n\rangle + 1)^{n+1}} |n\rangle\langle n| \tag{2-216}$$

其中，$\langle n\rangle$ 是热场态的平均光子数。密度矩阵在 Fock 基上是对角化的，其冯诺依曼熵为

$$\begin{aligned} S(\boldsymbol{\rho}) &= -\frac{1}{\langle n\rangle + 1} \sum_{n=0}^{\infty} \left(\frac{\langle n\rangle}{\langle n\rangle + 1}\right)^i \log\left[\left(\frac{\langle n\rangle}{\langle n\rangle + 1}\right)^i \frac{1}{\langle n\rangle + 1}\right] \\ &= -\frac{1}{\langle n\rangle + 1} \sum_{n=0}^{\infty} \left(\frac{\langle n\rangle}{\langle n\rangle + 1}\right)^i [i\log\langle n\rangle - i\log(\langle n\rangle + 1) - \log(\langle n\rangle + 1)] \end{aligned}$$

$$\overset{(a)}{=}-\frac{1}{\langle n\rangle+1}[\langle n\rangle(\langle n\rangle+1)(\log\langle n\rangle-\log(\langle n\rangle+1))-(\langle n\rangle+1)\log(\langle n\rangle+1)]$$
$$=(\langle n\rangle+1)\log(\langle n\rangle+1)-\langle n\rangle\log\langle n\rangle \tag{2-217}$$

其中(a)使用了$\sum_{i=0}^{\infty}x^i=1/(1-x)$和$\sum_{i=0}^{\infty}ix^i=x/(1-x)^2$。

由于平均光子数和热场态的辛特征值的关系是$\lambda=2n+1$，可以得到

$$S(\lambda_k\boldsymbol{I})=G[(\lambda_k-1)/2] \tag{2-218}$$

其中

$$G(x)=(x+1)\log(x+1)-x\log x \tag{2-219}$$

2.5.4 量子与经典关联

在这一节中，将展示冯·诺依曼熵的另一种解释，它是可以从两体纯态$|\psi\rangle_{AB}$中提取的量子关联$[qq]$（纠缠比特）和经典比特$[cc]$的度量。

2.5.4.1 纯态的纠缠提取

给出一个两体纯态$|\psi\rangle_{AB}$，

$$|\psi\rangle_{AB}=\sum_x\sqrt{p(x)}\,|x\rangle_A\,|x\rangle_B \tag{2-220}$$

其偏迹为$\mathrm{tr}_{A(B)}[|\psi\rangle\langle\psi|_{AB}]=\boldsymbol{\rho}$。纠缠提取通过局域操作$(\varepsilon_A\otimes\varepsilon_A)$，将$|\psi\rangle_{AB}$的$n$个副本变换为$nR$个纠缠光子对$|\Phi^+\rangle$（$|\Phi^+\rangle=[|00\rangle+|11\rangle]/\sqrt{2}$），其中$R$是提取率。$nR$个纠缠光子对是最大纠缠态，可写作

$$|\Phi^+\rangle_{AB}^{\otimes nR}=\sum_{i=1}^{2^{nR}}\sqrt{\frac{1}{2^{nR}}}\,|i\rangle_A\,|i\rangle_B \tag{2-221}$$

n维张量积量子态$|\psi\rangle_{AB}^{\otimes n}$为

$$|\psi\rangle_{AB}^{\otimes n}=\sum_{x_1,x_2,\cdots,x_n}\sqrt{p(x_1)p(x_2)\cdots p(x_n)}\,|x\rangle_A\,|x\rangle_B \tag{2-222}$$

其中$x=x_1x_2...x_n$。纯态的纠缠提取，与从无噪概率分布中提取经典关联惊人地相似。这里需要构造一个能保留量子相干性的双映射，它能保留量子相干性，通过局域操作和通信实现。很容易看出，最好的方法是为每个i分配一个典型序列x，它给出了界$R<S(\boldsymbol{\rho})$。如果$2^{nR}>2^{nS(\boldsymbol{\rho})}$，就需要分配一些$i$给非典型序列$x$，或者实现比如$|x\rangle|x\rangle\rightarrow[|ii\rangle+|i'i'\rangle]/\sqrt{2}$的映射，但因为产生了纠缠，所以局域操作不可能做到。

2.5.4.2 经典关联

通过与用于纠缠提纯类似的推理，可以证明，通过对A,B两边的施密特正交基实施投影测量，能够从n维量子态$|\psi\rangle^{\otimes n}$中提取的最大经典关联量为$nS(\boldsymbol{\rho})$个比特。

2.5.5 Holevo 定理与 Holevo 界

在这一节中，将推导出如何通过量子信道分配经典关联。为了简化讨论，这里使用基于纠缠的描述，如图 2-14 所示。用纠缠源 $|\psi\rangle_{AB_0}$ 和 POVM 测量 M_A 的结合来模拟 Alice 的源。B_0 通过量子信道发送 Alice 的信息，用幺正变换 U_{BE} 模拟量子信道。最后 Bob 对进行 POVM 测量 M_B。

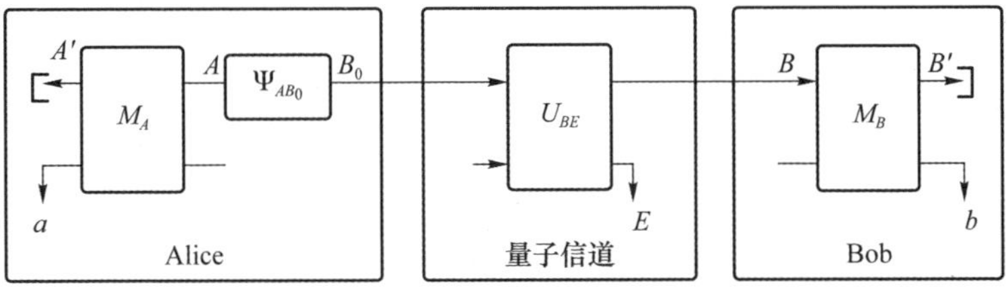

图 2-14 经典关联分发的纠缠等价模型

Alice 和 Bob 进行测量后，根据对角密度矩阵可以知道，联合态 (a,b) 是完全经典的，用互信息 $S(a:b)$ 量化 Alice 和 Bob 之间的关联。有时需要用到下面这个表达式

$$I(\boldsymbol{\rho}_{AB};M_A,M_B)=S(a:b) \tag{2-223}$$

这说明了通过对两体态 $\boldsymbol{\rho}_{AB}=\boldsymbol{I}\otimes N(|\psi\rangle_{AB_0})$ 实施 POVM 测量 M_A 和 M_B，得到了联合概率分布 (a,b)。

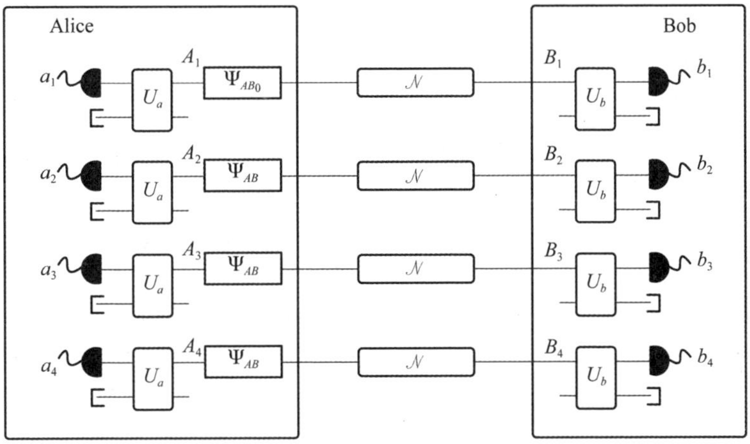

图 2-15 个体测量下经典关联分发的纠缠等价模型

2.5.5.1 信息量

如图 2-15 所示，Alice 通过对一个纠缠态的 n 份副本进行 POVM 测量，生成一

个独立同分布源。对于 Alice 通过量子信道发送的独立同分布源的每一个信息，若限定 Bob 的测量方式为个体(直积)测量($M_B = M_B^{\otimes n}$)，双方都可获得的最优互信息为

$$I_{\text{acc}}(\boldsymbol{\rho}_{AB};M_A)=\max_{M_B} I(\boldsymbol{\rho}_{AB};M_A,M_B) \tag{2-224}$$

这称为可获得信息量。所有可能的 C-Q 源 S 中，最优的方案是 $S=\{|\psi\rangle_{AB_0},M_A\}$，其直积态和直积测量容量如下

$$C_{11}(N)=\max_{S} I_{\text{acc}}(I\otimes \mathrm{N}(|\psi\rangle_{AB_0});M_A) \tag{2-225}$$

因为需要在所有可能的测量下进行计算，所以这种可获得信息的计算十分复杂。或者，可以用 Holevo 界给出可获得经典信息量的上界。

2.5.5.2 Holevo 界

对于给定的源$\{p(a),|\varphi\rangle_{B_0}\}$，在 Bob 端的测量结果 M_B 一定的情况下，Alice 和 Bob 的互信息的上界由所谓的 Holevo 界确定，

$$S(a:b)\leqslant S(a:B)=S(\boldsymbol{\rho}_B)-\sum_a p(a)S(\boldsymbol{\rho}_B^a) \tag{2-226}$$

其中 $S(a:B)$是测量前的量子态 B 的函数，与 Bob 的测量结果 M_B 无关。可获得信息的上界也是 $S(a:B)$。$S(a:B)$的计算十分简单，因为它只与 Bob 的量子态 $\boldsymbol{\rho}_B$ 的冯·诺伊曼熵，以及基于 Alice 数据 a 的 Bob 的量子态 $\boldsymbol{\rho}_B^a$ 的条件熵有关。

通过测量的物理模型，基于纠缠的源描述，以及冯·诺依曼熵的强次可加性，可以得到 Holevo 界的证明。下面给出具体过程：

证明：如图 2-16 所示，考虑一个 Alice 和 Bob 间的两体量子态 $\boldsymbol{\rho}_{AB}$。假定接收到模式 B 以后，Bob 进行量子操作 T，这个量子操作可以用对 B 和附属系统 C 进行幺正操作 U_{BC} 来建模。

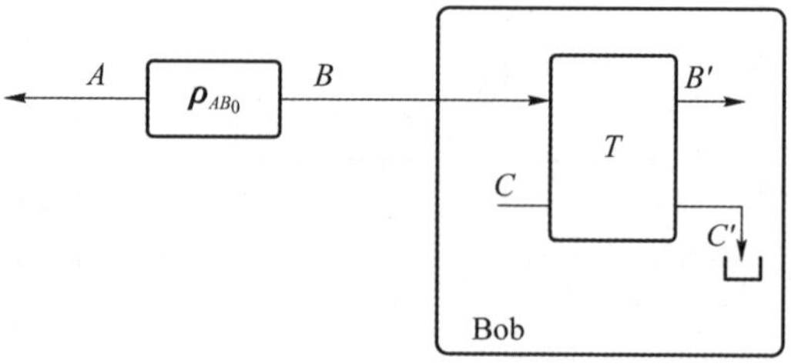

图 2-16 Holevo 界证明示意图

根据量子操作的物理描述，可以用对 B 和附属系统 C 进行的幺正操作 U_{BC} 来模拟这个量子操作。由于附属系统一开始与两体量子态无关，即 $\boldsymbol{\rho}_{ABC}=\boldsymbol{\rho}_{AB}\otimes\boldsymbol{\rho}_C$。可以得到

$$S(A:B)=S(A:B,C) \tag{2-227}$$

这是因为，根据 C 与 A、B 无关，则有 $S(A,C)=S(A)+S(C)$，$S(A,B,C)=S(A,B)+S(C)$。

因为幺正变换不增加系统的熵(本征值不变),则

$$S(A:B,C)=S(A:B',C')=S(A:B')+\underbrace{S(A:C'|B')}_{\geqslant 0} \tag{2-228}$$

之后丢弃附属系统 C',并根据熵的强次可加性,最终得到

$$S(A:B')\leqslant S(A:B) \tag{2-229}$$

对于 Alice 端的任何量子系统,上式都成立,并且当 Alice 端的态是一个经过 POVM 测量后的量子态($\boldsymbol{\rho}_{aB}$)时也是如此,

$$S(a:B')\leqslant S(a:B) \tag{2-230}$$

当 Bob 端使用测量 M_B 时,上式依然成立,其中 M_B 是 Bob 可以实施的现有量子操作 T 的子集,然后就可以得到 Holevo 界。

按照前面的分析,整个信息传输的系统可以分为三个子系统,即经典信息对应的系统 X,量子编码对应的系统 Q 以及接收端用以存储信息的系统 Y。当信息的发送端完成经典信息的量子编码,并将其传送给接收端时,整个系统处在状态

$$\hat{\boldsymbol{\rho}}_{XQY}=\left(\sum_i p_i\,|x_j\rangle\langle x_j|\otimes\hat{\boldsymbol{\rho}}_i\right)\otimes|0\rangle\langle 0| \tag{2-231}$$

其中 $p_i\,|i\rangle\langle i|\otimes\hat{\boldsymbol{\rho}}_i$ 表示发送端以概率 p_i 选择事件 $X=\{x_i\}$,并将其编码为 $\hat{\boldsymbol{\rho}}_i$。在接收端看来,系统处于混态 $\sum\limits_i p_i\,|i\rangle\langle i|\otimes\hat{\boldsymbol{\rho}}_i$。而 $|0\rangle\langle 0|$ 表示系统 Y 处于初始状态,未记录任何信息。

当接收方对量子态进行 POVM 测量 $\{\hat{F}_j\}$ 时,整个系统的量子态将发生改变。该测量可以看作是对量子系统和记录系统所做的联合酉变换:$\varepsilon_{QY}(\hat{\boldsymbol{\rho}}_i\otimes|0\rangle\langle 0|)=\sum\limits_j\sqrt{\hat{F}_j}\hat{\boldsymbol{\rho}}_i\sqrt{\hat{F}_j}\otimes|y_j\rangle\langle y_j|$ 其中,$|y_j\rangle\langle y_j|$ 为接收方测量到 $\hat{F}_j$ 时对应的结果。则当实施该测量后,整个系统的状态变为

$$\hat{\boldsymbol{\rho}}'_{XQY}=\sum_{i,j}p_i\,|x_j\rangle\langle x_j|\otimes\sqrt{\hat{F}_j}\hat{\boldsymbol{\rho}}_i\sqrt{\hat{F}_j}\otimes|y_j\rangle\langle y_j| \tag{2-232}$$

对于这个经过测量后的系统状态 $\hat{\boldsymbol{\rho}}'_{XQY}$ 进行分析,就可以证明结论。首先,为计算 X,Y 之间的互信息,考虑约化密度矩阵 $\hat{\boldsymbol{\rho}}'_{XY}$,可计算出

$$\hat{\boldsymbol{\rho}}'_{XY}=\mathrm{tr}_Q(\hat{\boldsymbol{\rho}}'_{XQY})=\sum_{i,j}p_i\,\mathrm{tr}\left(\sqrt{\hat{F}_j}\hat{\boldsymbol{\rho}}_i\sqrt{\hat{F}_j}\right)|x_j\rangle\langle x_j|\otimes|y_j\rangle\langle y_j| \tag{2-233}$$

再利用 $\mathrm{tr}(AB)=\mathrm{tr}(BA)$ 可得到 $\mathrm{tr}(\sqrt{F_j}\hat{\boldsymbol{\rho}}_i\sqrt{F_j})=\mathrm{tr}(F_j\hat{\boldsymbol{\rho}}_i)$。因此,上式可化简为

$$\hat{\boldsymbol{\rho}}'_{XY}=\sum_{i,j}p_i\,\mathrm{tr}(\hat{F}_j\hat{\boldsymbol{\rho}}_i)\,|i\rangle\langle i|\otimes|m_j\rangle\langle m_j| \tag{2-234}$$

由于在 $\hat{\boldsymbol{\rho}}_i$ 给定的情况下,实行测量 $\{\hat{F}_j\}$ 时,得到结果为 $|m_j\rangle\langle m_j|$ 的概率恰好是 $\mathrm{tr}(F_j\hat{\boldsymbol{\rho}}_i)$,

因此,

$$\hat{\boldsymbol{\rho}}'_{XY} = \sum_{i,j} p(x,y)\,|i\rangle\langle i| \otimes |m_j\rangle\langle m_j| \tag{2-235}$$

由此得到 $S(\hat{\boldsymbol{\rho}}'_{XY})=H(X,Y)$。继续求约化密度矩阵 $\hat{\boldsymbol{\rho}}'_Y=\mathrm{tr}_X(\hat{\boldsymbol{\rho}}'_{XY})$，可以得到

$$S(\hat{\boldsymbol{\rho}}'_Y)=H(Y) \tag{2-236}$$

此外，由于对于 QY 系统的测量为一个酉变换，故

$$S\Big(\sum_j \sqrt{\hat{F}_j}\hat{\boldsymbol{\rho}}_i\sqrt{\hat{F}_j} \otimes |y_j\rangle\langle y_j|\Big) = S(\hat{\boldsymbol{\rho}}_i \otimes |0\rangle\langle 0|) = S(\hat{\boldsymbol{\rho}}_i) \tag{2-237}$$

且 $S(\hat{\boldsymbol{\rho}}'_{QY})=S(\hat{\boldsymbol{\rho}})$。因此，对 XQY 系统应用上述公式可得

$$S(\hat{\boldsymbol{\rho}}'_{XQY}) = H(X) + \sum_i p_i S\Big(\sum_j \sqrt{\hat{F}_j}\hat{\boldsymbol{\rho}}_i\sqrt{\hat{F}_j} \otimes |y_j\rangle\langle y_j|\Big) = H(X) + \sum_i p_i S(\hat{\boldsymbol{\rho}}_i) \tag{2-238}$$

再利用冯诺依曼熵的强次可加性，可得

$$S(\hat{\boldsymbol{\rho}}'_{XQY}) + S(\hat{\boldsymbol{\rho}}'_Y) \geqslant S(\hat{\boldsymbol{\rho}}'_{XY}) + S(\hat{\boldsymbol{\rho}}'_{QY}) \tag{2-239}$$

将以上结果代入，就有

$$H(X) + \sum_i p_i S(\hat{\boldsymbol{\rho}}_i) + H(Y) \geqslant H(X,Y) + S(\hat{\boldsymbol{\rho}}) \tag{2-240}$$

略作移项即可得

$$I(X:Y) = H(X) + H(Y) - H(X,Y) \leqslant S(\hat{\boldsymbol{\rho}}) - \sum_i p_i S(\hat{\boldsymbol{\rho}}_i) = \chi_{\hat{\boldsymbol{\rho}}} \tag{2-241}$$

这样就证明了 Holevo 定理。通常，可获得信息是小于 Holevo 界的。要使用个体测量达到 Holevo 界，量子态 $\boldsymbol{\rho}_B^a$ 必须具有正交基，这一般是不能满足的。如果允许 Bob 应用比个体测量更一般的联合测量，就可以达到 Holevo 界。

参考文献

[1] 郭弘，李政宇，彭翔. 量子密码[M]. 北京：国防工业出版社，2016.

[2] 丘维声. 简明线性代数[M]. 北京：北京大学出版社，2002.

[3] 何书元. 概率论[M]. 北京：北京大学出版社，2006.

[4] Dirac P. The Principles of quantum mechanics: International series of monographs on physics[M]. London:Clarendon Press, 1981.

[5] Scully M, Zubairy M. Quantum optics [M]. Canabridge: Cambridge University Press, 1997.

[6] Wigner E. Group theory: and its application to the quantum mechanics of atomic spectra[J]. American Journal of Physics, 1960, 28(4): 408.

[7] Cover T M, Thomas J A. Elements of information theory [J]. John Wiley & Sons, 1999.

[8] Nielsen M, Chuang I. Quantum computation and quantum information[M]. Cambridge:Cambridge University Press, 2000.

[9] Wilde M. Quantum information theory [M]. Cambridge: Cambridge University Press, 2013.

[10] Desurvire E. Classical and quantum information Theory: An Introduction for the Telecom Scientist [M]. Cambridge: Cambridge University Press, 2009.

[11] Watrous J. the Theory of the quantum information[M]. Cambridge:Cambridge University Press, 2018.

[12] Garcia-Patron R. Continuous-variable quantum key distribution [D]. Brussels:Universite Libre de Bruxelles, 2007.

[13] Holevo A S. Bounds for the quantity of information transmittable by a quantum communications channel [J]. Problemy Peredachi Informatsi, 1973,9(3):3-11.

第 3 章 连续变量量子密钥分发协议

量子密钥分发协议(QKD,Quantum Key Distribution)的核心思想是利用非正交单量子态的不可克隆性来完成密钥的安全分发。自 1984 年第一个量子密钥分发协议[1]提出至今,已经提出了许多具体可执行的量子密钥分发协议,且针对同种协议也有许多不同的改进版。在常见的量子密钥分发协议中,按照信源端编码空间的维度可以分为离散变量类协议(DV,Discrete-Variable)和连续变量类协议(CV,Continuous-Variable);按照光源是否存在纠缠,还可以分为制备测量类协议(PM,Preparation & Measurement)和基于纠缠的协议(EB,Entanglement-Based)。本书主要介绍 CV-QKD 协议,它是指这样一类协议:在整个密钥分发过程中,用于编码的量子态所在的 Hilbert 空间是无限维且连续的。信息的载体是光场态的正则分量(相空间中的“位置”和“动量”)。本章将介绍最为常见的若干 CV-QKD 协议包括高斯调制类和离散调制类单路协议、双路协议、和测量设备无关协议。目前,在实验中大部分 CV-QKD 系统采用 PM 协议,在安全性分析上采用等价的 EB 协议。本章将针对每个协议分别介绍这两种模型,有关这两种模型的等价性见下一章。

3.1 常见协议简介

一个完整的 CV-QKD 协议主要分为物理部分和后处理部分,在本小节中将分别给出 CV-QKD 协议物理部分和后处理部分的简介,具体内容在本章后续篇幅内给出。

3.1.1 协议物理部分简介

第一个 CV-QKD 协议于 2001 年提出,其使用压缩态来实现密钥分发[2]。但由于压缩态的制备较为困难,因此研究者们后续又提出了基于相干态和零差探测的协议(GG02 协议[3]),这种协议使用制备简单的相干态,编码是对相干态的平移,该平移矢量是一个连续的二维高斯分布。2004 年,基于 GG02 协议,利用外差探测替代零差探测,C. Weedbrook 等人提出了无开关协议(No-switching 协议[4]),这种协议可以同时测量量子态的两个正则分量。2008 年,S. Pirandola 等人提出了原始双路协议[5],协议中使用光开关,Alice 利用它随机切换两种工作模式,这种协议在 ON 模式下对于噪声的可容忍度比单路协议更高。然而,使用光开关无法满足高速 CV-QKD 的需求。2009 年,R. Garcia-Patron 等人提出了使用压缩态和外差探测的改进压缩态协议[6],对比原始压缩态协议,在某些情况下它可以拥有更高的安全码率、容忍更多的信道噪声。同年,四态调制协议[7]被 A. Leverrier 等人提出,这种协议使用类似经典通信中 QPSK 的方法,在实验中比理想高斯调制更容易实现。随后,由于考虑到实际设备安全性的问题,C. Weedbrook 提出了源中间的 CV-QKD 协议[8],该协议可以弱化对源的假设。2011 年,A. Leverrier 指出连续变量在多维离散调制下也可以进行安全密钥分发[9]。2012 年,北京大学郭弘教授团队提出了一种改进双路协议[10],在新双路协议中,Alice 利用一个高斯调制的相干态和一个分束片来代替原始双路协议中的 ON-OFF 开关和平移操作。2014 年,北大-北邮联合团队提出相干态[11]和压缩态[11,12]连续变量测量设备无关协议,该协议可以抵御针对探测器的量子黑客攻击。2015 年,V. Usenko 等人提出了一维调制协议[13],该协议简化了 Alice 端的调制过程,且在过噪声较小的时候与 GG02 协议相当。2018 年,北大-北邮联合团队提出了一种灵活的协议设计框架,能够构建使用任意非正交量子态的协议[14],并给出了严格的安全性分析,从而可以根据实际的系统设置调整协议设计以及安全性证明。2020 年,北大-北邮联合团队提出了源无关协议[15],该协议可以抵御针对光源的量子黑客攻击。表 3-1 展示出了 CV-QKD 主要协议的光源、探测手段和调制方法,具体协议流程将在本章中给出。

表 3-1 CV-QKD 主要协议

时间	名称	光源	调制方法	探测手段
2001	压缩态协议[2]	压缩态	高斯	零差
2002	GG02 协议[3]	相干态	高斯	零差
2004	无开关协议[4]	相干态	高斯	外差
2008	原始双路协议[5]	相干态	高斯	零差(外差)
2009	改进压缩态协议[6]	压缩态	高斯	外差
2009	四态调制协议[7]	相干态	离散	零差
2009	源中间协议[8]	EPR 态	高斯	零差(外差)
2012	改进双路协议[10]	相干态	高斯	零差(外差)
2014	测量设备无关协议[11]	相干态	高斯	外差
2014	测量设备无关协议[12]	压缩态	高斯	零差

续表

时间	名称	光源	调制方法	探测手段
2015	一维调制协议[13]	相干态	一维	零差
2018	高阶调制协议[14]	相干态	离散	零差(外差)
2020	源无关协议[15]	EPR态	高斯	零差

根据协议的结构特点可以将连续变量类协议分为单路协议、双路协议以及测量设备无关协议。3类连续变量协议量子态的制备以及测量结构各不相同,因此在安全性分析以及具体实现过程中也各具特色。

单路协议中,量子态由发送端制备,经过信道传输至接收端测量。单路协议可以分为:高斯调制协议、一维调制协议、离散调制协议(四态和高阶调制协议)。如图3-1所示,目前最主流的单路协议为高斯调制的协议和离散调制的协议。高斯调制协议根据发送量子态(压缩态/相干态)、测量方式(零差/外差探测)、数据协调方式(正向协调/反向协调)的不同,可以分成8类协议。一维调制协议是仅在一个正则分量上进行高斯调制的协议。离散调制协议包括四态调制协议和高阶调制协议。

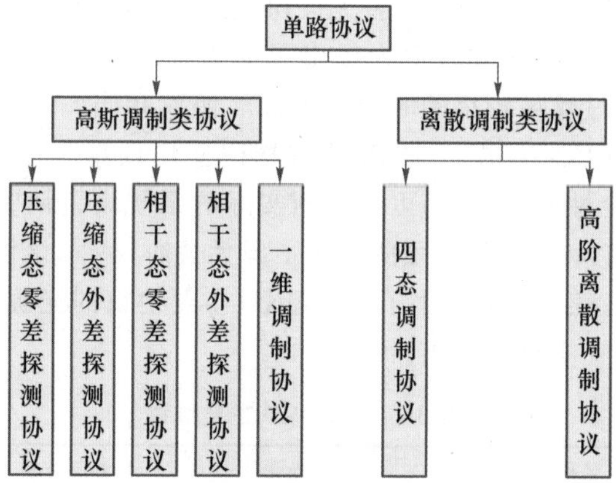

图 3-1 单路协议分类

双路协议中,通信双方均制备量子态,其中一方将自己的量子态发送至另外一方,双方的量子态进行相互作用后,再经过信道送回并且进行测量。如图3-2所示,在本节中我们将会介绍原始双路协议、改进双路协议以及一维调制双路协议。

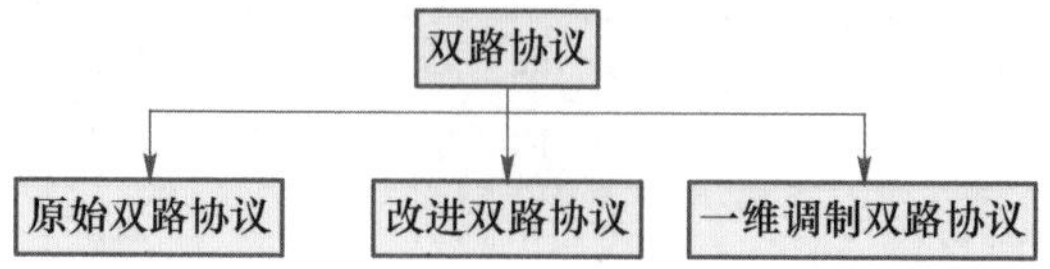

图 3-2 双路协议分类

测量设备无关协议中，通信双方均制备量子态，发送至不可信的第三方进行 Bell 态测量。在测量设备无关协议中，合法通信双方 Alice 和 Bob 都是协议的发送方，探测完全交由非可信的第三方 Charlie 来进行，因此该协议天然可以抵御所有针对探测器的黑客攻击方案。如图 3-3 所示，根据发送量子态的不同，可以分为高斯调制相干态测量设备无关协议、高斯调制压缩态测量设备无关协议以及一维调制测量设备无关协议。

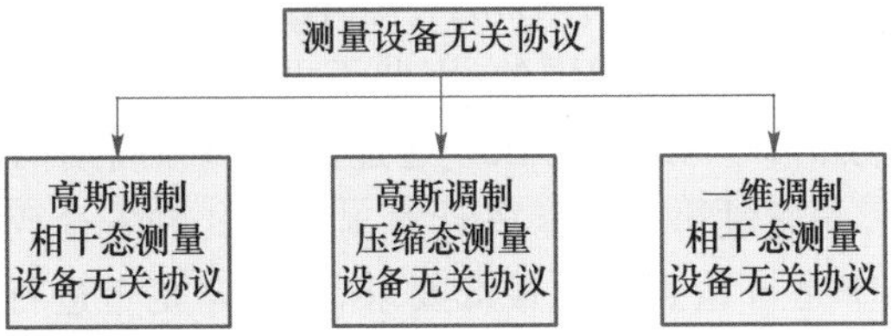

图 3-3 测量设备无关协议分类

3.1.2 协议后处理部分简介

在 CV-QKD 协议完成物理部分后，即使用零差探测器或者外差探测器对量子态进行探测之后，协议会进行后处理部分。后处理过程如图 3-4 所示，主要分为 4 个步骤：基选择、参数估计、数据协调和保密增强。

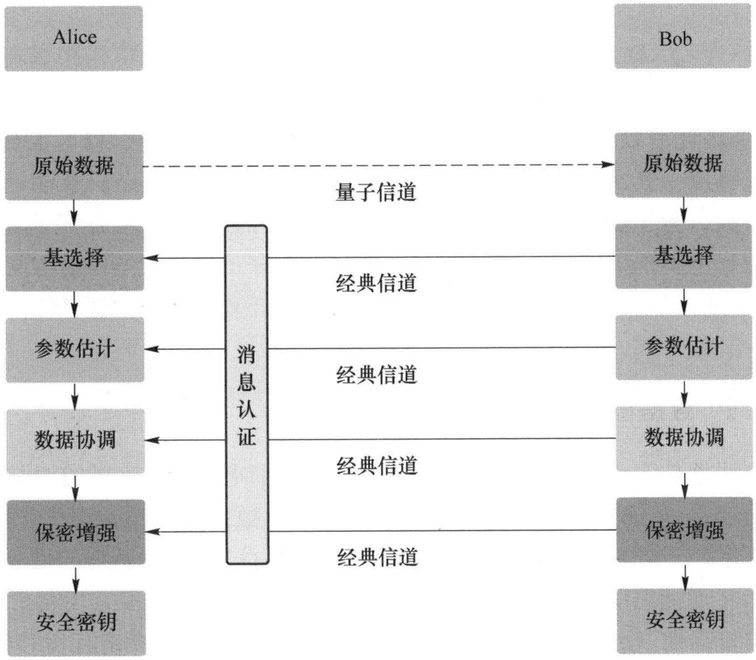

图 3-4 CV-QKD 后处理流程图

（1）首先，双方进行基选择。这里给出高斯调制相干态两种协议（GG02 协议和无开关协议）基选择的具体过程，其他协议本过程也采用类似的做法。在 GG02 协议中，Bob 使用零差探测，每次测量时随机选择一个分量进行探测，这样，Bob 对每个量子态仅有其随机一个正则分量的测量结果，而 Alice 在调制时是同时掌握两个分量的，因此需要 Bob 通过经典信道将所选用的测量基发送给 Alice，Alice 根据 Bob 的测量基保留与其相同的基的数据，舍弃不同的测量基的数据，得到与 Bob 相关的原始密钥。在无开关选择协议中，由于 Bob 采用外差探测，同时得到了量子态的两个正则分量的测量结果，和 Alice 是相同的，因此不再需要基选择步骤。

（2）第二步是参数估计，Alice 和 Bob 通过交换部分周期的密钥数据，计算出相互之间的协方差矩阵，并通过协方差矩阵计算出信噪比和安全码率，这个过程即为参数估计。根据安全码率是否达到系统最低要求，可判定是否进行下面的步骤，还是终止后处理流程并舍弃本轮次已获得的数据，重新开始新一轮物理部分的密钥分发步骤。

（3）如参数估计步骤通过，则 Alice 和 Bob 利用参数估计剩余的数据进行数据协调。数据协调包含两个步骤，数据协商和纠错。常用的数据协商包括 Slice 协商和多维协商；常用的纠错码有 LDPC，但也可以使用 Polar 码、Raptor 码实现纠错。数据协商完成之后，为了剔除窃听者 Eve 的存在以及信道泄露的信息，需要保密增强的过程。保密增强后即可得到最终的安全密钥。后处理中所有使用经典通信进行数据传输的过程都需要进行消息认证，包括基选择、参数估计、数据协调和保密增强环节。

（4）在 CV-QKD 系统中，后处理的性能对系统安全码率和传输距离有着重要的影响。然而，在实际系统中，由于 CV-QKD 系统信号极其微弱，经过长距离传输后，信噪比极低，因此后处理非常困难。首先要求纠错码码长足够长，同时需要与之匹配的保密增强算法。其次要求性能优异的译码算法，且对于迭代译码算法通常需要较高的迭代次数。为了提高实时 CV-QKD 系统可支持的重复频率，还要求在纠错复杂度较高的情况下实现高速纠错。此外，为了保证在量子信道参数波动的情况下，纠错性能仍旧能够逼近香农极限，纠错码应具有自适应能力。下面对数据协调、保密增强和消息认证做具体介绍。

3.1.2.1 数据协调

数据协调就是 Bob（或 Alice）在经典信道中利用纠错码对获得的原始密钥筛选后进行数据纠错，从而使通信双方获得一致的密钥。数据协调包括两个步骤：数据协商和误码纠错。一般数据协调要满足以下几点要求：(a)通过一系列的措施避免及减少窃听者 Eve 所能窃听到的信息以保证通信安全；(b)保留更多有用的原始数据以保证通信的可靠性；(c)提高计算和通信效率、加快协调速度以提高其实时性。

根据协调方式的不同，数据协调可以分为正向协调和反向协调。正向协调就是根据发送方 Alice 的信息来纠正接收方 Bob 的数据，即 Alice 根据校验矩阵计算出校验子并通过经典信道传给 Bob 端，Bob 端译码后得出 Alice 端的密钥信息。反向协调是 Alice 通过 Bob 端发回的校验子译码得出 Bob 接收到的密钥信息，校验子不仅能起到译码作用，同时也可对信息进行压缩和保护，突破 3 dB 损耗的限制。

由于在 CV-QKD 系统中，信息承载在连续变量上，合法的通信双方通过数据筛选后得到的也是连续变量，而不是二进制比特，因此通常先通过协商算法，将连续变量转化为离散形式，再通过交换离散形式的协商信息使通信双方的比特串达到一致。使用这样的策略，既降低了复杂度，又不至于过多地影响最终密钥率。目前 CV-QKD 的协商算法主要为多维协商算法、Slice 协商算法等。协商之后需要利用经典纠错算法对数据进行误码纠正，常采用的经典纠错算法有 LDPC 算法、Polar 算法、Raptor 算法等。

3.1.2.2 保密增强

保密增强（又称私钥放大）的作用是：假设在纠错完成后，窃听者对 K_A 的估计是 K_E，如果能知道 K_A 和 K_E 的互信息量 $I(K_A:K_E)$，则通过通信双方可以进行保密增强操作 G，经过该操作，通信双方手中的密钥转变为最终密钥 $K=GK_A$，窃听者对该密钥的估计则是 $K'_E=GK_E$，要求此时 $I(K:K'_E)=0$，窃听者不掌握任何关于最终密钥的信息。QKD 的保密增强操作对于 CV-QKD 和 DV-QKD 在原理上是没有区别的。但在实际系统中，CV-QKD 系统需要处理的数据量比 DV-QKD 系统要大很多，这就对保密增强操作的具体实现提出更高的要求。在 DV-QKD 系统中，探测器并非每个周期都有响应，实际上，对于 20 dB 信道衰减的情况，其响应率通常不超过 0.1%。而 CV-QKD 系统每个周期都有响应信号，因此 CV-QKD 系统中保密增强的处理速度要求更高一些。此外，考虑到密钥的有限码长效应，要求保密增强处理的输入数据块长也要足够大，因此能够高速处理大输入数据块的保密增强模块是非常必须的。

常用的保密增强方法是：通过通用散列函数（哈希函数）实现的，可通过软件或者硬件实现，而决定其处理速度的主要因素取决于哈希函数族的选择及处理算法。Toeplitz 矩阵乘法是常被用作保密增强的一种操作，其较容易实现，且可以利用加速算法如快速傅里叶变换（FFT）和快速数论变换（NTT）来简化计算复杂度。

3.1.2.3 消息认证

QKD 系统要求用于经典通信的信道必须是经过安全认证的，否则将有可能遭受中间人攻击，其上传输的消息会被窃听者随意篡改。消息认证是保证信息可靠性和信息本身完整性的过程，它可以保证发送方身份的合法性，也可以确保接收方接收到的信息的完整性，在中途被攻击者实施的任何篡改或者替换行为都能被检测出来。因此，后处理中所有使用经典通信进行数据传输的过程都需要进行消息认证，包括基选择、参数估计、数据协调和保密增强环节。

通常基于公钥方法的认证方案只具有计算安全性,只有基于强通用哈希函数族的认证方案可提供无条件安全的认证,与 QKD 系统的安全级别相符合。该方案简单实用,需要通信双方预先共享密钥,通信双方选择一哈希函数对信息进行哈希运算获得散列值,接收方对比是否和发送方相同来确定信息的合法性和完整性。基于 Toeplitz 矩阵的认证算法可以与 LFSRs(Linear Feedback Shift Registers)结合,计算效率更高,而且有利于硬件的实现。

3.2 单路协议

单路协议在 CV-QKD 协议中发展时间最久,也最成熟。从 2001 年最早被提出的基于离散调制压缩态的单路协议开始,已经经历了 22 年的发展,演变出了一系列的单路协议。目前,最主流的单路协议可以分为 8 类高斯调制的协议(压缩态/相干态、零差/外差探测、正向协调/反向协调)、一维调制协议、四态和高阶调制协议。其中,安全性发展最成熟的是高斯调制相干态外差探测协议和高斯调制压缩态零差探测协议。下面将会对这些重要的协议的 PM 模型和 EB 模型进行具体描述。各协议的安全性证明将会在下一章中给出。

3.2.1 高斯调制类协议

高斯调制类协议主要包括:高斯调制压缩态零差探测协议、高斯调制压缩态外差探测协议、高斯调制相干态零差探测协议(GG02 协议)、高斯调制相干态外差探测协议(无开关协议)、一维调制相干态协议等。下面对这些协议进行具体介绍。

3.2.1.1 压缩态零差探测协议

高斯调制压缩态协议于 2001 年提出[2]。它使用在相空间上沿 x 方向或者 p 方向压缩的相干态进行编码,使用零差探测器来完成测量。

该协议的 PM 模型和 EB 模型如图 3-5 所示,具体描述如下:

压缩态零差探测协议(PM 模型):

a) Alice 首先制备一个 x 方向或者 p 方向有限压缩的压缩真空态,再将其通过平移操作移至 x_s 或者 p_s。其中,x_s 或者 p_s 的选取通常满足均值为零的高斯分布,其方差与压缩态的压缩度是相关的。

b) Alice 将制备的量子态发送给 Bob。收到量子态后,Bob 对其进行零差探测。

c) Alice 和 Bob 进行后处理得到安全密钥。

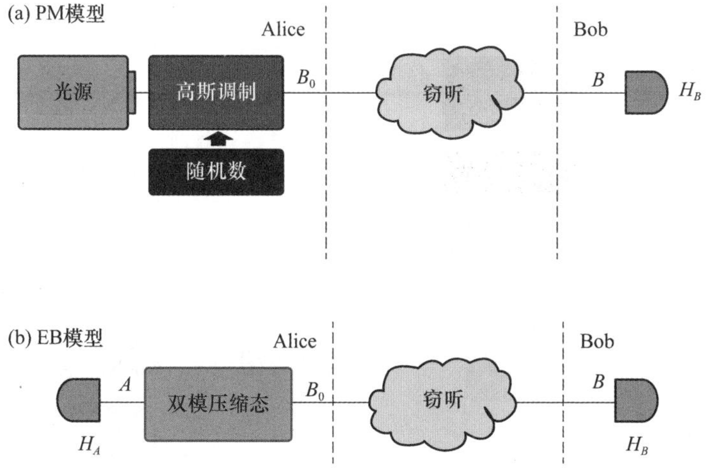

图 3-5 压缩态零差协议 PM 和 EB 模型示意图

以上是压缩态零差探测 CV-QKD 协议的 PM 模型的协议流程。PM 协议在操作上容易实现，但在安全性分析中使用 EB 模型协议。压缩态零差探测 CV-QKD 协议的 EB 模型大体描述如下：首先，Alice 制备 n 个方差分别为 V_A 的 EPR 态，将它们的一个模式 A 保留下来。其次，Alice 将另一个模式 B_0 发送给 Bob。Alice 对其保留的模式，Bob 对其收到的模式均进行零差探测。最后，Alice 和 Bob 利用修正后的数据进行参数估计，数据后处理，数据协调和私钥放大等步骤得到最终的安全密钥。下面给出 EB 协议的具体描述：

压缩态零差探测协议(EB 模型)：

a) Alice 端使用一个双模压缩真空态。其中，Alice 使用零差探测测量其中一个模式 A，并把另一个模式 B_0 由信道发送给 Bob。

b) Bob 使用零差探测器对收到的模式进行探测。

c) Alice 和 Bob 进行后处理得到安全密钥。

3.2.1.2 压缩态外差探测协议

另一种高斯调制压缩态协议于 2009 年提出[6]。此协议中，Alice 依然随机发送高斯调制的压缩态给 Bob，Bob 使用外差探测进行测量，如图 3-6 所示。虽然 Bob 使用外差探测可以得到量子态的 x 分量和 p 分量，但是 Bob 仍然会在基比对时舍弃其中一个测量结果。如果在数据协调阶段使用反向协调的话，该协议可以被看作是一个加入了可信噪声的高斯调制压缩态零差探测协议。由于这个可信噪声，使得协议在某些情况下可以拥有更高的安全码率，容忍更多的信道噪声。

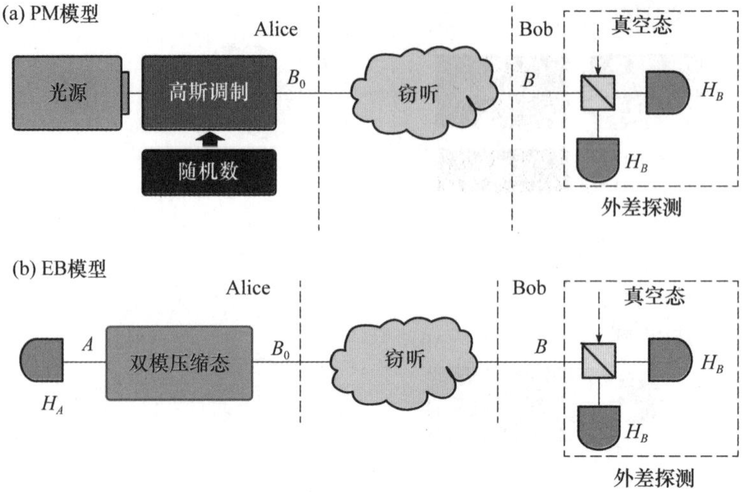

图 3-6　压缩态外差协议 PM 和 EB 模型示意图

该协议的 PM 模型和 EB 模型描述如下：

压缩态外差探测协议(PM 模型)：

a) Alice 首先制备一个 x 方向或者 p 方向有限压缩的压缩真空态，再将其通过平移操作移至 x_s 或者 p_s。其中，x_s 或者 p_s 的选取通常满足均值为零的高斯分布，其方差与压缩态的压缩度是相关的。

b) Alice 将制备的量子态发送给 Bob。收到量子态后，Bob 对其进行外差探测。

c) Alice 和 Bob 进行后处理得到安全密钥。

以上是压缩态外差探测 CV-QKD 协议的 PM 模型的协议流程。PM 协议在操作上容易实现，但在安全性分析中使用 EB 模型协议。压缩态外差探测 CV-QKD 协议的 EB 模型大体描述如下：首先，Alice 制备 n 个方差分别为 V_A 的 EPR 态，将它们的一个模式 A 保留下来。其次，Alice 将另一个模式 B_0 发送给 Bob。Alice 对其保留的模式进行零差探测，Bob 对其收到的模式进行外差探测。最后，Alice 和 Bob 利用修正后的数据进行参数估计，数据后处理，数据协调和私钥放大等步骤得到最终的安全密钥。下面给出 EB 协议的具体描述：

压缩态外差探测协议(EB 模型)：

a) Alice 端使用一个双模压缩真空态。其中，Alice 使用零差探测测量其中一个模式 A，并把另一个模式 B_0 由信道发送给 Bob。

b) Bob 使用外差探测器对收到的模式进行探测。

c) Alice 和 Bob 进行后处理得到安全密钥。

压缩态外差协议 EB 模型如图 3-6 所示。其中 Alice 端使用一个双模压缩真空态。其中，Alice 使用零差探测测量其中一个模式 A，并把另一个模式 B_0 由信道发送给 Bob。随后 Bob 使用外差探测器对信号态进行探测。

3.2.1.3 GG02 协议(相干态零差探测协议)

GG02 协议[3]相比于压缩态协议的最大不同在于态制备阶段。首先，高斯调制相干态协议中 Alice 初始制备的不再是压缩态，而是直接使用真空态，因此也就不需要进行压缩方向的选择。其次，Alice 的平移操作不再是针对某一个方向进行的，而是对 x 和 p 方向都进行平移，即平移参数为一个复数 $\alpha=k(x_A+ip_A)$，得到相干态 $|\alpha\rangle$。其中，x_A 和 p_A 是两个独立同分布的高斯变量，k 是比例系数。由于原始 GG02 协议初始时并没有对真空态进行压缩，因此不论 Bob 测量哪个分量，原则上噪声的大小都是相同的，所以 Bob 的每一个测量结果都要保留。而当 Bob 测量 $x(p)$ 分量时，它的测量结果中不包含 Alice 所调制的 $p(x)$ 分量的信息，因此 Alice 只需要保留 Bob 所测量分量的调制信息即可。这是 GG02 协议与压缩态协议的另一点不同，它在数据保留比例方面比压缩态协议要高一倍。

同样，GG02 协议的 PM 模型和 EB 模型如图 3-7 所示。下面对其 PM 模型进行介绍：

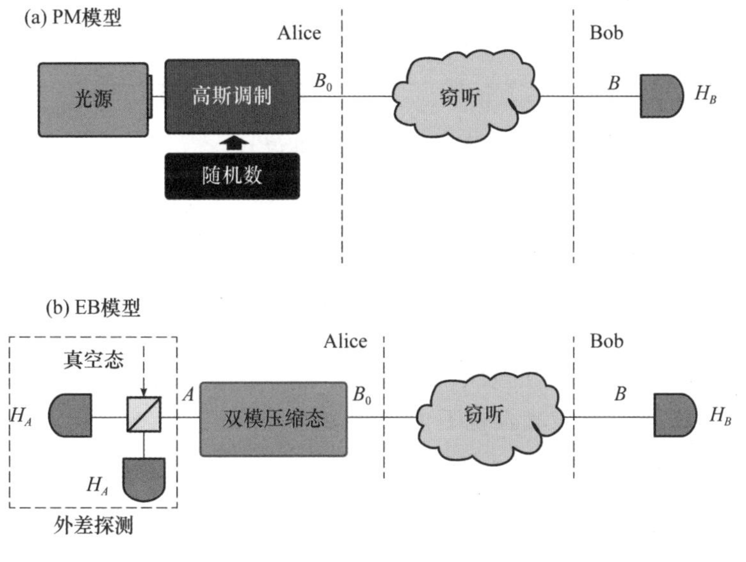

图 3-7 GG02 协议 PM 和 EB 模型示意图

GG02 协议(PM 模型)：

a) Alice 随机选取两个均值为 0 方差为V_A 的高斯随机变量 x_A 和 p_A，制备相干态 $|x_A+ip_A\rangle$，并通过量子信道将该量子态发送给 Bob。在未知 x_A 和 p_A 条件下，

Alice 发出的量子态是方差为 $V=V_A+1$ 的热场态。

b) 随后 Bob 采用零差探测测量随机测量 x 或 p 方向。

c) Alice 和 Bob 进行后处理得到安全密钥。

以上是相干态零差探测协议的 PM 模型的协议流程。PM 协议在操作上容易实现,但在安全性分析中使用 EB 模型协议。相干态零差探测协议的 EB 模型大体描述如下:首先,Alice 制备 n 个方差分别为 V_A 的 EPR 态,将它们的一个模式 A 保留下来。其次,Alice 将另一个模式 B_0 发送给 Bob。Alice 对其保留的模式进行外差探测,Bob 对其收到的模式进行零差探测。最后,Alice 和 Bob 利用修正后的数据进行参数估计、数据后处理、数据协调和私钥放大等步骤得到最终的安全密钥。下面给出 EB 协议的具体描述:

相干态零差探测协议(EB 模型):

a) Alice 制备 EPR 态 $|\Phi(\lambda)\rangle_{AB_0}=\sqrt{1-\lambda^2}\sum_{n=0}^{\infty}\lambda^n|n\rangle\langle n|$(其中 $\lambda<1$),并对模式 A 进行外差探测得到测量结果 x_A 和 p_A。经上述测量后,模式 B_0 被投影到一个相干态 $|\lambda(x_A+ip_A)\rangle=|x'_A+ip'_A\rangle$,其中 x'_A 和 p'_A 是均值为 0,方差为 V_A 的随机变量。

b) Bob 使用零差探测器对收到的模式进行探测。

c) Alice 和 Bob 进行后处理得到安全密钥。

3.2.1.4 无开关协议(相干态外差探测协议)

相干态外差探测协议(No-switching 协议[4])于 2004 年由 C. Weedbrook 等人提出,它与 GG02 协议一样都采用高斯调制的相干态作为信源,但在接收端不再随机地选择测量基,而是可同时测量相干态的 x 分量和 p 分量的外差测量(Heterodyne Detection)方法。这样就使得协议能同时使用相干态的 x 分量和 p 分量来进行密钥分发,相比于 GG02 协议,它的效率要再高出 1 倍。由于不再需要在接收端进行测量基选择,接收端的随机数发生器也不再需要,就使得协议的实现变得更加简单。无开关协议的 PM 和 EB 模型如图 3-8 所示。

该协议的 PM 模型和 EB 模型如下:

相干态外差探测协议(PM 模型):

a) Alice 随机选取两个均值为 0,方差为 V_A 的高斯随机变量 x_A 和 p_A,制备相干态 $|x_A+ip_A\rangle$,并通过量子信道将该量子态发送给 Bob。在未知 x_A 和 p_A 条件下,Alice 发出的量子态是方差为 $V=V_A+1$ 的热场态。

b) 随后 Bob 采用外差探测测量随机测量入射信号,得到测量结果 x_B 和 p_B。

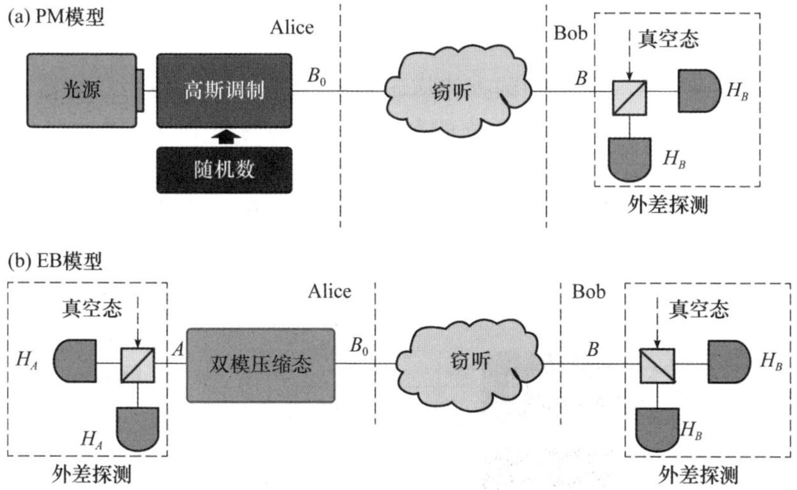

图 3-8 无开关协议 PM 和 EB 模型示意图

c) Alice 和 Bob 共享两组相关高斯随机变量(x_A, x_B)与(p_A, p_B)，再经过信道参数估计，误码纠错和保密增强等步骤后生成最终安全密钥。

以上是相干态外差探测协议的 PM 模型的协议流程。PM 协议在操作上容易实现，但在安全性分析中使用 EB 模型协议。相干态外差探测协议的 EB 模型大体描述如下：首先，Alice 制备 n 个方差分别为 V_A 的 EPR 态，将它们的一个模式 A 保留下来。其次，Alice 将另一个模式 B_0 发送给 Bob。Alice 和 Bob 分别对其保留的模式和其收到的模式进行外差探测。最后，Alice 和 Bob 利用修正后的数据进行参数估计、数据后处理、数据协调和私钥放大等步骤得到最终的安全密钥。下面给出 EB 协议的具体描述：

相干态外差探测协议(EB 模型)：

a) Alice 制备 EPR 态 $|\Phi(\lambda)\rangle_{AB_0} = \sqrt{1-\lambda^2}\sum_{n=0}^{\infty}\lambda^n|n\rangle\langle n|$（其中 $\lambda<1$），并对模式 A 进行外差探测得到测量结果 x_A 和 p_A。经上述测量后，模式 B_0 被投影到一个相干态 $|\lambda(x_A+ip_A)\rangle = |x'_A+ip'_A\rangle$，其中 x'_A和 p'_A是均值为 0，方差为V_A 的随机变量。

b) Bob 使用外差探测器对收到的模式进行探测。

c) Alice 和 Bob 进行后处理得到安全密钥。

显然，Alice 只需对其测量结果乘以常数 λ 即可使 EB 模型在理论上等价于 PM 模型。

3.2.1.5 一维调制协议

一维调制 CV-QKD 协议[13]的大体描述如下：首先，Alice 使用激光器产生光源，并通过相位调制器或幅度调制器独立的制备一维调制的相干态。然后，Alice 将制备的量子态发送给接收端 Bob 进行零差探测。以在 x 方向上进行调制为例，大部分时间 Bob 测量 x 方向，少部分时间测量 p 方向以用来参数估计。接下来，Alice 和 Bob 进行参数估计、数据后处理、数据协调和私钥放大等步骤得到最终的安全密钥。

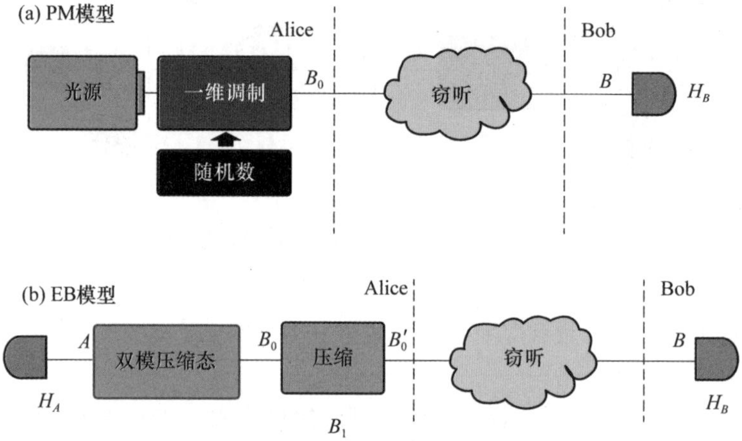

图 3-9 一维调制协议 PM 和 EB 模型示意图

下面以在 x 方向进行一维调制为例，介绍一维调制 CV-QKD 协议的 PM 模型和 EB 模型如图 3-9 所示，具体过程如下：

一维调制协议(PM 模型)：

a) Alice 选取一组长度为 n 的服从均值为零，方差为 V_A^2-1 的高斯分布的随机序列 $\{x_A\}$，并根据其制备 n 个一维调制相干态 $|\alpha_A\rangle$，其中 $\alpha_A=\sqrt{2}\lambda_A(x_A-ip_0)$，$\lambda_A=[(V_A^2-1)/(V_A^2+1)]^{1/2}$。注意此处的 p_0 指 Alice 只在 x 方向上对量子态进行调制。随后，Alice 将制备好的量子态通过量子信道分别发送 Bob。

b) 收到量子态后，Bob 对其进行零差探测。

c) Alice 和 Bob 进行后处理得到安全密钥。

以上是一维调制 CV-QKD 协议的 PM 模型的协议流程。PM 协议在操作上容易实现，但在安全性分析中使用 EB 模型协议。一维调制 CV-QKD 协议的 EB 模型大体描述如下：首先，Alice 制备 n 个方差分别为 V_A 的 EPR 态，将它们的一个模式 A 保留下来，将另一个模式 B_0 均进行参数为 $-\log_{10}\sqrt{V}$ 的压缩，得到模式 B_0'。其次，Alice 将模式 B_0' 发送给 Bob。Alice 对其保留的模式，Bob 对其收到的模式均进行零

差探测。最后，Alice 和 Bob 利用修正后的数据进行参数估计，数据后处理，数据协调和私钥放大等步骤得到最终的安全密钥。下面给出 EB 协议的具体描述：

一维调制协议(EB 模型)：

a) Alice 制备 n 个 EPR 态，并将它们的一个模式 A 保留下来，将另一个模式 B_0 均进行压缩参数为 $-\log_{10}\sqrt{V}$ 的压缩，随后发送给 Bob。

b) Alice 和 Bob 分别对保留的模式 A 和收到的模式 B 进行零差探测，记测量结果为 $\{X_A\}$ 和 $\{X_B\}$。

c) Alice 和 Bob 进行后处理得到安全密钥。

3.2.2 离散调制类协议

除了高斯调制方案之外，连续变量也能像单光子一样用类似于 BB84 协议来进行调制。2009 年，A. Leverrier 等人提出了 CV-QKD 的四态调制协议[7]，其基本思想是将离散调制方案后处理的优势与连续调制方案安全性证明的优势结合在一起，解决相干态 CV-QKD 协议实际安全距离较短的问题。但是，该协议在起初提出的时候，需在线性信道假设下才可以进行联合窃听下的安全性分析。随后，在 2018 年，北大-北邮联合团队提出了一种灵活的协议设计框架，能够构建使用任意非正交量子态的协议，并给出了严格的安全性分析，从而可以根据实际的系统设置调整协议设计以及安全性证明，并给出了高阶调制(256QAM)协议的联合窃听下完整的安全性分析结果[14]。

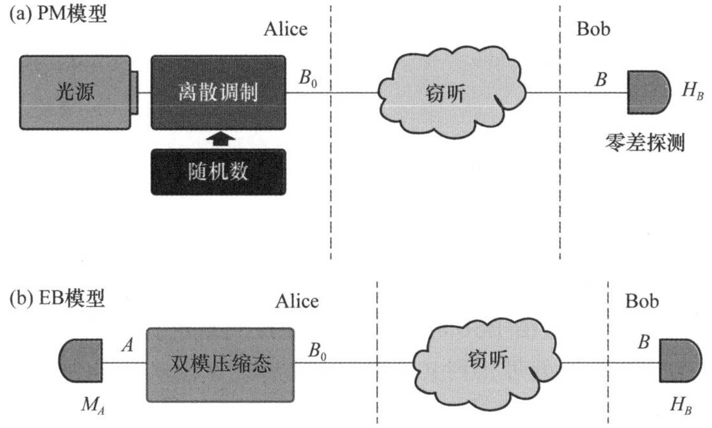

图 3-10 四态调制协议 PM 和 EB 模型示意图

3.2.2.1 四态调制协议

四态调制协议[7]是调制 4 个不同相位的相干态，调制方式类似于经典通信中的 QPSK 调制，其 PM 模型和 EB 模型如图 3-10 所示，具体过程如下：

四态调制协议(PM 模型)：

a) Alice 每次随机制备相干态 $|\alpha\, e^{\frac{i(2k+1)\pi}{4}}\rangle$，$i\in(0,1,2,3)$ 中的一个，并且发送给 Bob，其中 α 是相干态的幅度(不妨假定为实数)，其具体数值可针对特定协议进行优化以使安全距离取得最大值。

b) Bob 使用零差探测器对信号脉冲的动量或坐标进行测量，测量结果记为 y。其中 y 的符号作为信息载体，其绝对值 $|y|$ 用于参数估计。

c) 接下来 Alice 和 Bob 通过经典信道进行后处理。

以上是实际实现中使用的模型，在安全性分析中一般会使用等价的 EB 模型，其大体描述如下：Alice 发送给 Bob 的量子态为 $\boldsymbol{\rho}=\frac{1}{4}\sum_{k=0}^{3}|\alpha_k\rangle\langle\alpha_k|$，其中 $\alpha_k=\alpha\exp\left[\frac{i(2k+1)\pi}{r}\right]$。纠缠模型需要使用 $\boldsymbol{\rho}$ 的纯化态，使得 $\boldsymbol{\rho}=\mathrm{tr}_A(|\Phi\rangle\langle\Phi|)$，可以对量子态 $\boldsymbol{\rho}$ 进行对角化，写成 $\rho=\sum_{i=0}^{3}\lambda_i|\Phi_i\rangle\langle\Phi_i|$，其中 $\lambda_{0,2}=\frac{1}{2}e^{-\alpha^2}(\cos h(\alpha^2)\pm\cos(\alpha^2))$，$\lambda_{1,3}=\frac{1}{2}e^{-\alpha^2}(\sin h(\alpha^2)\pm\sin(\alpha^2))$，由 Schmidt 分解可以确定一种特定的纯化方案。

$$|\Phi\rangle=\sum_{i=0}^{3}\lambda_i|\varphi_i\rangle\langle\varphi_i| \tag{3-1}$$

经过调整得

$$|\Phi\rangle=\frac{1}{2}\sum_{k=0}^{3}|\phi_k\rangle\langle\phi_k| \tag{3-2}$$

其中，$|\phi_k\rangle=\frac{1}{2}\sum_{m=0}^{3}e^{-i(2k+1)m\left(\frac{\pi}{4}\right)}|\varphi_m\rangle$。

所以，每次 Alice 制备量子态 $|\Phi\rangle$，使用投影测量 $\{|\phi_k\rangle\langle\phi_k|\}_{k=0,1,2,3}$ 对模式 A_1 进行测量，将另一个模式发送给 Bob，Bob 使用零差探测器进行探测。接下来 Alice 和 Bob 通过经典信道进行后处理得到共享密钥。下面给出 EB 协议的具体描述：

四态调制协议(EB 模型)：

a) Alice 制备量子态 $|\Phi\rangle=\frac{1}{2}\sum_{k=0}^{3}|\phi_k\rangle\langle\phi_k|$，其中 $|\phi_k\rangle=\frac{1}{2}\sum_{m=0}^{3}e^{-i(2k+1)m\left(\frac{\pi}{4}\right)}|\varphi_m\rangle$。

随后，使用投影测量$\{|\phi_k\rangle\langle\phi_k|\}_{k=0,1,2,3}$对模式$A$进行测量，并将另一个模式$B_0$发送给 Bob。

b) Bob 使用零差探测器对信号脉冲的动量或坐标进行测量，测量结果记为y。其中y的符号作为信息载体，其绝对值$|y|$用于参数估计。

c) 接下来 Alice 和 Bob 通过经典信道进行后处理。

3.2.2.2 高阶离散调制协议

先前的连续调制协议中存在理论安全性证明与实际实现不匹配的问题，例如，由于数模转换器的有限精度，理想的高斯调制 CV-QKD 难以实现，离散调制的 CV-QKD 作为一种新型的 CV-QKD 协议类型，更适用于实际的 CV-QKD 系统。北京大学郭弘教授团队提出了一种灵活的协议设计框架[14]，能够构建使用任意非正交量子态的协议，并给出了严格的安全性分析，从而可以根据实际的系统设置调整协议设计以及安全性证明。

协议设计框架包括两个部分：PM 模型和 EB 模型，其中 EB 方案是协议设计框架的核心。其主要思想是，Alice 使用多模纠缠态作为纠缠源，对不同的模式实施正算符取值测量(Positive-Operator Valued Measures，POVM)以及相干测量。POVM 的结果对应于 Alice 端的密钥信息，并决定发送哪一个量子态给 Bob。相干测量的结果用来估计 Alice 和 Bob 之间的关联性，以计算安全码率的下界。

如图 3-11 所示，在 PM 模型中，Alice 以非零的概率$\{p_1,p_1\cdots p_n\}$将$n(\geqslant 2)$个非正交态$\{\boldsymbol{\rho}_{B_0}^1,\boldsymbol{\rho}_{B_0}^2,\cdots,\boldsymbol{\rho}_{B_0}^n\}$发送给 Bob，每一次由随机数发生器生成的第一随机数决定发送哪一个态。Bob 对接收到的量子态ρ_B进行相干测量并进行后处理。另外，Alice 还需要一组第二随机数序列进行安全性分析。

高阶调制协议(PM 模型)：

a) Alice 随机选取两个均值为 0 方差为V_A的高斯随机变量x_A和p_A，制备n个非正交的相干态$\{\boldsymbol{\rho}_{B_0}^1,\boldsymbol{\rho}_{B_0}^2,\cdots,\boldsymbol{\rho}_{B_0}^n\}$，并将它们以非零概率$\{p_1,p_1,\cdots,p_n\}$发送给 Bob。

b) Bob 使用零差探测器或外差探测器对信号脉冲的动量或坐标进行测量。

c) 接下来 Alice 和 Bob 通过经典信道进行后处理。

等效的 EB 模型的关键在于对 Alice 的纠缠源以及测量的设计。其具体描述如下：

高阶离散调制协议(EB 模型)：

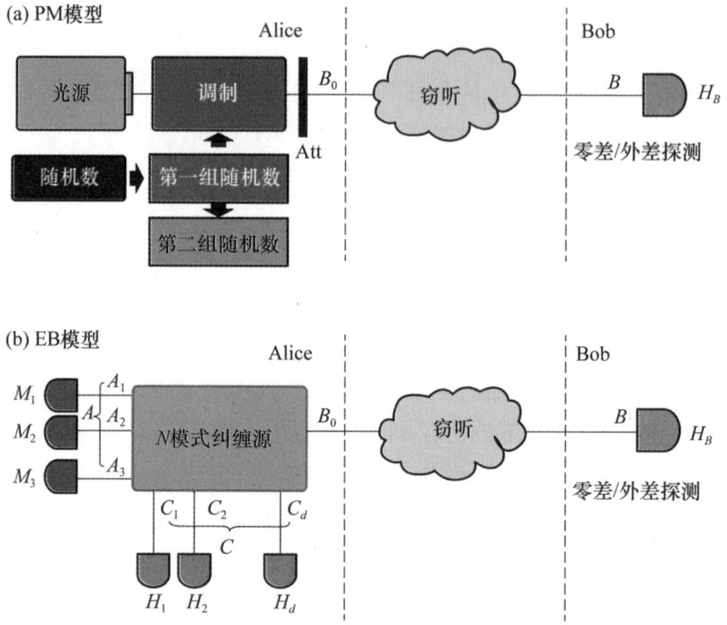

图 3-11　高阶离散调制协议 PM 和 EB 模型示意图

a) Alice 制备纠缠源 $|\psi_{ACB_0}\rangle$，其中，$|\psi_{ACB_0}\rangle$ 是混合态 $\boldsymbol{\rho}_{B_0}=\sum_{i=1}^{n}p_i\boldsymbol{\rho}_{B_0}^i$ 的 N 模纯化，其中下标 A 表示 s 个模式 $A_1A_2\cdots A_s$，C 表示 d 个模式 $C_1\,C_2\cdots\,C_d$，且 $s+d+1=N,s\geqslant1,d\geqslant1$。Alice 保留模式 A 和 C，并发送 B_0 给 Bob。

b) Alice 对模式 A 实施 POVM，测量结果记为 $M_A=\{m_1,m_2,\cdots,m_s\}$；对模式 C 实施外差测量，测量结果记为 $H_C=\{h_1,h_2,\cdots,h_d\}$。则这些测量将模式 B_0 投影为态 $\boldsymbol{\rho}_{B_0}^{M_A,H_C}\in\{\boldsymbol{\rho}_{B_0}^1,\boldsymbol{\rho}_{B_0}^2,\cdots,\boldsymbol{\rho}_{B_0}^n\}$。随后，Alice 将模式 B_0 发送给 Bob。

c) 接下来 Alice 和 Bob 通过经典信道进行后处理。

d) Bob 使用零差探测器或外差探测器对信号脉冲的动量或坐标进行测量。

找到这样一个 N 模纯化的充分条件是，发送哪个态给 Bob 仅由 POVM 结果 M_A 决定，这意味着模式 C 和 B_0 在结果 M_A 下的子态是一个直积态，$\boldsymbol{\rho}_{CB_0}^{M_A}=\boldsymbol{\rho}_C^{M_A}\otimes\boldsymbol{\rho}_{B_0}^{M_A}$。那么在混合态 $\boldsymbol{\rho}_{CB_0}=\sum_{i=1}^{n}p_i\boldsymbol{\rho}_C^i\otimes\boldsymbol{\rho}_{B_0}^i$ 的纯化中，总可以找到纠缠源 $|\psi_{ACB_0}\rangle$ 和模式 A 对应的 POVM。这个直积特性也是非正交态是相干态的必要条件。

一种有效的使用相干态的情况下构建 EB 方案的方法是：假定发送的是 n 个不同的相干态 $S_\rho=\{|\alpha_{B_0}^1\rangle,|\alpha_{B_0}^2\rangle,\cdots,|\alpha_{B_0}^n\rangle\}$，选用三模纠缠源 $|\psi_{ACB_0}\rangle$，协议设计的原则是使模式 C 和 B_0 之间的关联性最大，以达到限制窃听者的目的。这导致每个 $\boldsymbol{\rho}_C^i$ 都选为均值与 $|\alpha_{B_0}^i\rangle$ 线性相关的相干态 $|\alpha_C^i\rangle$。根据这种方法，仅需要找到一个双模纠缠

源$|\psi_{AD}\rangle$,然后令模式 D 通过一个光分束器,就可以得到$|\psi_{ACB_0}\rangle$,双模纠缠源模型如图 3-12 所示。

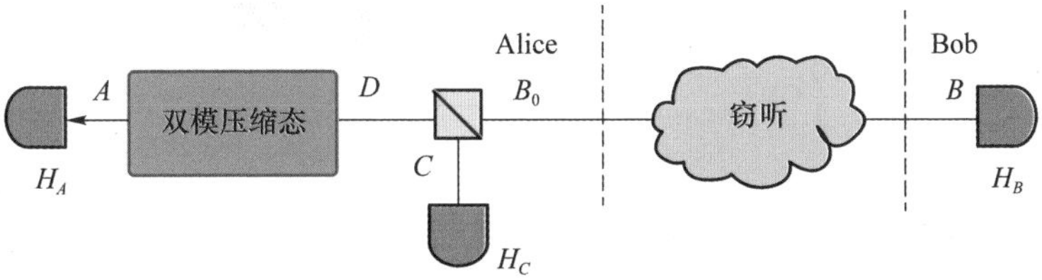

图 3-12 双模纠缠源模型

3.3 双路协议

双路协议中,通信双方均制备量子态,其中一方将自己的量子态发送至另外一方,双方的量子态进行相互作用后,再经过信道送回并且进行测量。相比于单路协议,其主要优势是协议的噪声抗性,即该协议能够容忍更高的信道过量噪声。双路协议主要包括原始双路协议、改进双路协议和一维调制双路协议等,下面对这三类协议进行具体介绍。

3.3.1 原始双路协议

双路 CV-QKD 协议最早由美国麻省理工学院的博士后 S. Pirandola 在 2008 年提出(简称原始双路协议[5])。在原始双路协议中,为了保障协议的安全性,需要使用光开关让协议在单路协议和双路协议间切换,以实现对信道的安全监控。相干态双路 CV-QKD 协议的大体描述如下:首先,Bob 使用激光器产生光源,并使用强度调制器和相位调制器进行高斯调制。接下来,Bob 将制备的量子态通过前向信道发送给 Alice。Alice 对收到的量子态作用一个随机的相空间平移算符 $D(\alpha)$来编码她的密钥信息,并将得到的量子态发送回 Bob。此后,Bob 从后向信道收到量子态并使用一个外差探测器对其进行测量。最后,Alice 和 Bob 根据测量的数据进行参数估计、数据后处理、数据协调和私钥放大等步骤得到最终的安全密钥。

相干态原始双路协议的 PM 模型和 EB 模型如图 3-13 所示,下面介绍具体过程:

相干态原始双路协议(PM 模型):

a) Bob 选取一组长度为 n 的服从均值为 0,方差为V_B-1 的高斯分布的随机序列$\{x_B\}\{p_B\}$,并根据其制备 n 个相干态$|\alpha_B\rangle$。

b) Bob 将制备好的量子态通过前向量子信道(Channel$_1$)发送给 Alice。Alice 使

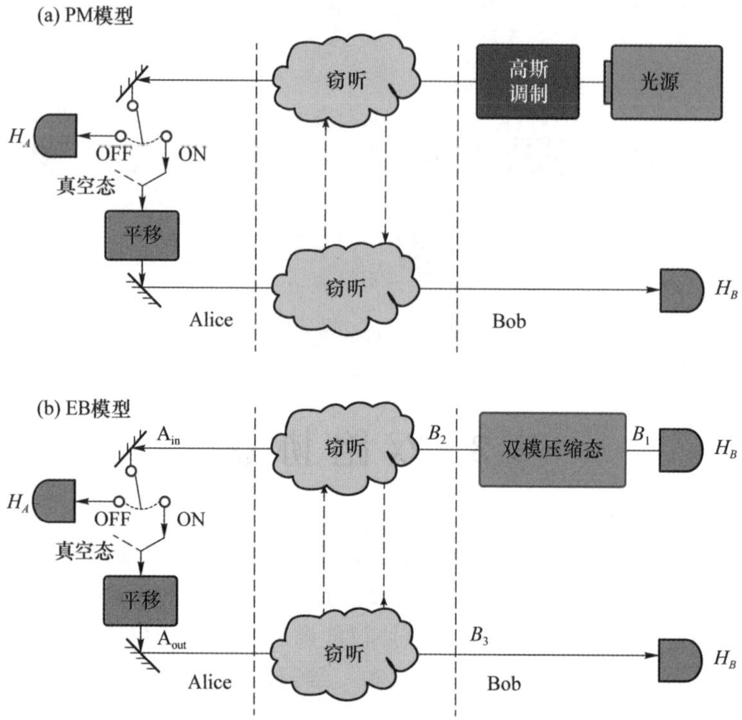

图 3-13　原始双路协议 PM 和 EB 模型示意图

用随机的相空间平移算符 $D(\alpha)$ 作用在接收到的量子态上以编码密钥信息，并将平移操作后得到的量子态通过后向量子信道（$Channel_2$）发送回 Bob。

c) Bob 使用一个外差探测器对从后向信道接收到的量子态进行测量。

d) Alice 和 Bob 进行后处理得到安全密钥。

以上是相干态双路 CV-QKD 协议的 PM 模型的协议流程。PM 协议在操作上容易实现，但在安全性分析中使用 EB 模型。相干态双路 CV-QKD 协议的 EB 模型大体描述如下：首先，Bob 以方差 V_B 制备一个 EPR 态，并外差探测模式 B_1，同时将模式 B_2 通过信道 1（$Channel_1$）发送给 Alice。Alice 接收到 A_{in} 后通过对其作用一个随机的相空间平移算符 $D(\alpha)$ 来编码她的密钥信息，并将得到的模式 A_{out} 通过信道 2（$Channel_2$）发送回 Bob。接下来，Bob 对接收到的模式 B_3 进行外差探测并构造出对 Alice 对应参数的估计。最后，双方执行后处理以得到最终的安全密钥。下面给出协议对应的 EB 模型的具体描述：

相干态原始双路协议（EB 模型）：

a) Bob 以方差 V_B 制备 EPR 态，他保留一个模式 B_1 并将另一个模式 B_2 通过信道 1（$Channel_1$）发送给 Alice。

b) Alice 接收到A_{in}后通过对其作用一个随机的相空间平移算符 $D(\alpha)$来编码她的密钥信息，并将得到的模式A_{out}通过信道 2($Channel_2$)发送回 Bob。算符中的 $\alpha=(Q_A+iP_A)/2$，Alice 对Q_A 和 P_A 进行随机高斯调制，调制方差均为 V_A-1。

c) Bob 通过外差探测模式 B_1 和模式 B_3 以得到 $x_{B_{1x}}$ 与 $p_{B_{1p}}$ 以及 $x_{B_{3x}}$ 与 $p_{B_{3p}}$。

d) Alice 和 Bob 进行参数估计、数据协调和私钥放大等后处理步骤。在该过程中，Bob 需要结合 B_1 和 B_3 的结果来构造对 Alice 的最优估计。通过以上步骤，Alice 和 Bob 得到最终的安全密钥。

原始双路协议的安全性分析思路为，ON 模式下 Alice 和 Bob 的数据可以反映出 Eve 对前向信道和后向信道联合攻击的情况，而 OFF 模式下可以分别得出 Eve 对前向信道或后向信道独立攻击的情况。通过对比三者可以判定 Eve 的两个攻击是否是相互关联的，在非关联的情况下就可以通过“噪声”来估计 ON 模式时 Eve 窃取的信息量。而当两个攻击关联时，就只使用 OFF 模式下两个 GG02 协议来分发密钥。原始双路协议最大的优势在于 ON 模式下对信道“噪声”的可容忍度更高。但在安全性分析时，原始协议并没有采用寻找等价纠缠协议的方法，而是选择了分为两个工作模式来对窃听者进行分析，这就带来了两个劣势：ON 模式仅占一部分工作周期，效率不高；只有分析出 Eve 对两个信道的攻击无关联时 ON 模式的数据才可使用，而在两个攻击有关联时，只选择单路协议进行通信，将无法发挥双路的优势。

3.3.2 改进双路协议

为了克服原始双路协议高速光开关实验实现困难的缺点，北京大学郭弘教授团队在 2012 年提出了新的双路协议（简称改进双路协议[10]）。在改进双路协议中，光开关被分束器所替代，这样使得改进双路协议可以始终对信道进行完整的监控，并简化了实验实现的难度。

改进双路协议的 PM 模型和 EB 模型如图 3-14 所示，下面介绍具体过程：

改进双路协议(PM 模型)：

a) Alice 和 Bob 分别选取两组长度为 n 的服从均值为 0，方差为 V_A-1 和 V_B-1 的高斯分布的随机序列 $\{x_A\}\{p_A\}$ 和 $\{x_B\}\{p_B\}$，并根据其制备 n 个相干态 $|\alpha_A\rangle$ 和 $|\alpha_B\rangle$，其中 $\alpha_A=\sqrt{2}\lambda_A(x_A-ip_A)$，$\lambda_A=[(V_A-1)/(V_A+1)]^{1/2}$，$\alpha_B=\sqrt{2}\lambda_B(x_B-ip_B)$，$\lambda_B=[(V_B-1)/(V_B+1)]^{1/2}$。Bob 将制备的相干态通过第一条信道发送给 Alice。

b) Alice 会在接收到 Bob 发送来的信号后，通过分束器将接收到的信号和自己的信号混合，混合后的信号通过第二条信道发送回 Bob。

c) Bob 使用零差探测器或外差探测器对混合后的信号脉冲进行测量。

d) 接下来 Alice 和 Bob 通过经典信道进行后处理。

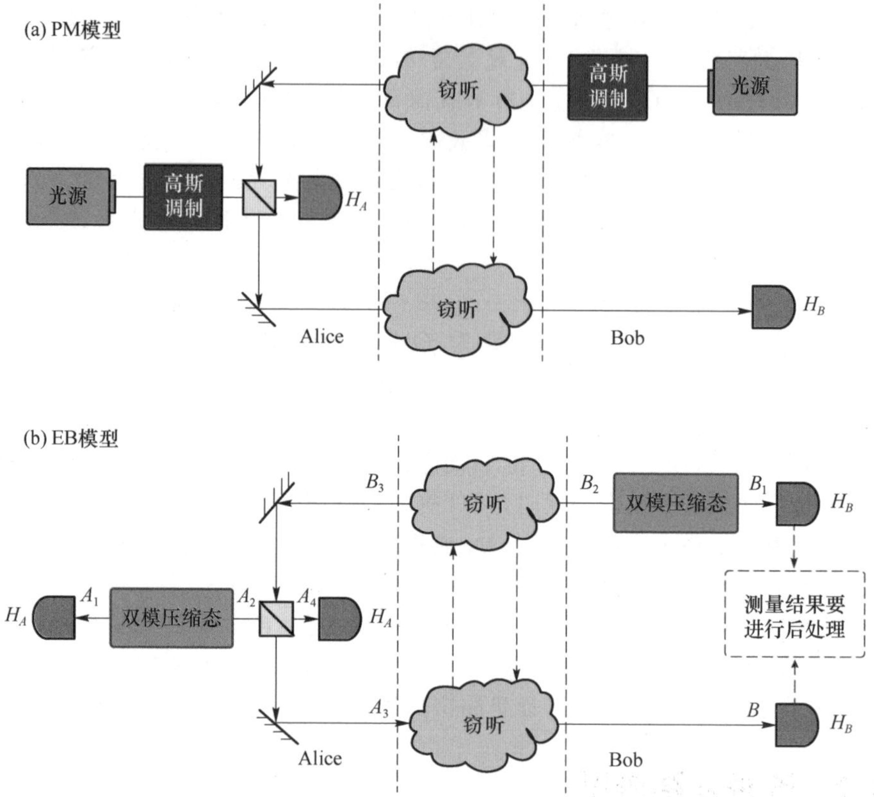

图 3-14　改进双路协议 PM 和 EB 模型示意图

在改进双路协议的 PM 模型中，Bob 进行高斯调制的随机序列是 $\{x_B\}$ 和 $\{p_B\}$，Alice 进行高斯调制的随机序列是 $\{x_A\}$ 和 $\{p_A\}$。在 Alice 端进行耦合后的通过信道发送的数据可以在看作 $k_Ax_A+k_Bx_B$ 和 $k_Ap_A+k_Bp_B$，这样 Bob 端测量结果是 $k_Ax_A+k_Bx_B$ 和 $k_Ap_A+k_Bp_B$。随后 Bob 通过测量结果和原始调制信息 $\{x_B\}$ 和 $\{p_B\}$ 得到 $\{x_A\}$ 和 $\{p_A\}$ 的估计。最后，通过后处理得到安全密钥。

实际实验系统是按照上述 PM 模型进行搭建的，但是安全性分析还是需要通过其等价的 EB 模型来进行，接下来将介绍改进双路协议的 EB 模型：

改进双路协议(EB 模型)：

a) Alice 和 Bob 分别制备 n 个 EPR 态，并将它们的一个模式 A_1 和 B_1 都保留下来进行外差测量。随后，Bob 将另一个模式 B_2 通过第一条信道发送给 Alice。

b) Alice 在接收到 Bob 发送来的信号后，通过分束器将接收到的信号和自己的信号混合，混合后的信号通过第二条信道发送回 Bob。

c) Bob 使用零差探测器或外差探测器对混合后的信号脉冲进行测量。

d) 接下来 Alice 和 Bob 通过经典信道进行后处理。

在改进双路协议中，在 Alice 端，利用一个高斯调制的相干态和一个分束器来代替原始双路协议中的 ON-OFF 开关和平移操作。Alice 制备的相干态和 Bob 发送来的量子态ρ_B 经过一个分束器后，就相当于对 ρ_B 进行了衰减和平移两个操作，衰减由分束器的透过率决定，而平移则和 Alice 制备相干态的均值有关。因此，Alice 制备相干态所用的数据与 Bob 最终数据的关联性建立方式与原始协议是相类似的。由于没有 ON-OFF 模式选择，协议始终工作在双路模式下。在安全性分析方面，虽然改进双路协议舍弃了 ON-OFF 模式的选择，但由于此时 Alice 的态制备过程可以轻易地找到等价纠缠模型，就使得整个协议可以找到一个等价纠缠协议，安全性分析可以套用目前发展较为成熟的分析方法。

3.3.3 一维调制双路协议

一维调制相干态双路 CV-QKD 协议[16]的大体描述如下：首先，Alice 和 Bob 分别使用激光器产生光源，然后 Alice 通过单个幅度调制器或单个相位调制器制备相干态，而 Bob 同时使用相位调制器和幅度调制器制备相干态。接下来，Bob 将制备的量子态通过前向信道发送给 Alice，Alice 将收到的量子态通过分束器与自己制备的量子态耦合，并将耦合后的量子态通过后向信道发回给 Bob。同时，从分束器输出的另一个量子态由 Alice 使用零差探测器测量，并用于后续的参数估计。此后，Bob 从后向信道收到量子态并使用一个零差探测器对其进行测量。最后，Alice 和 Bob 根据测量的数据进行参数估计，数据后处理，数据协调和私钥放大等步骤得到最终的安全密钥。

一维调制相干态双路 CV-QKD 协议的 PM 模型和 EB 模型如图 3-15 所示，下面介绍具体过程：

一维调制双路协议(PM 模型)：

a) Alice 和 Bob 各自选取一组和两组长度为 n 的服从均值为 0，方差为 V_A-1 和 V_B-1 的高斯分布的随机序列 $\{x_A\}$ 和 $\{x_B\}\{p_B\}$，并根据其制备 n 个相干态 $|\alpha_A\rangle$ 和 $|\alpha_B\rangle$。

b) Bob 将制备好的量子态通过前向量子信道发送给 Alice，Alice 使用一个分束器将她自己的量子态同收到的量子态耦合并将耦合后的量子态通过后向量子信道发送回 Bob。

c) Alice 使用一个零差探测器对另一个耦合输出的量子态进行测量以得到 x_A 或 p_A，Bob 使用一个零差探测器对从后向信道接收到的量子态进行测量以得到 x_{B_x} 或 x_{B_p}。注意，即使 Alice 始终在 x 分量上制备量子态，对于 Bob 来说，他仍然需要不时对所接收量子态的 p 分量进行测量以估计量子信道的参数。

d) Alice 和 Bob 进行后处理得到安全密钥。

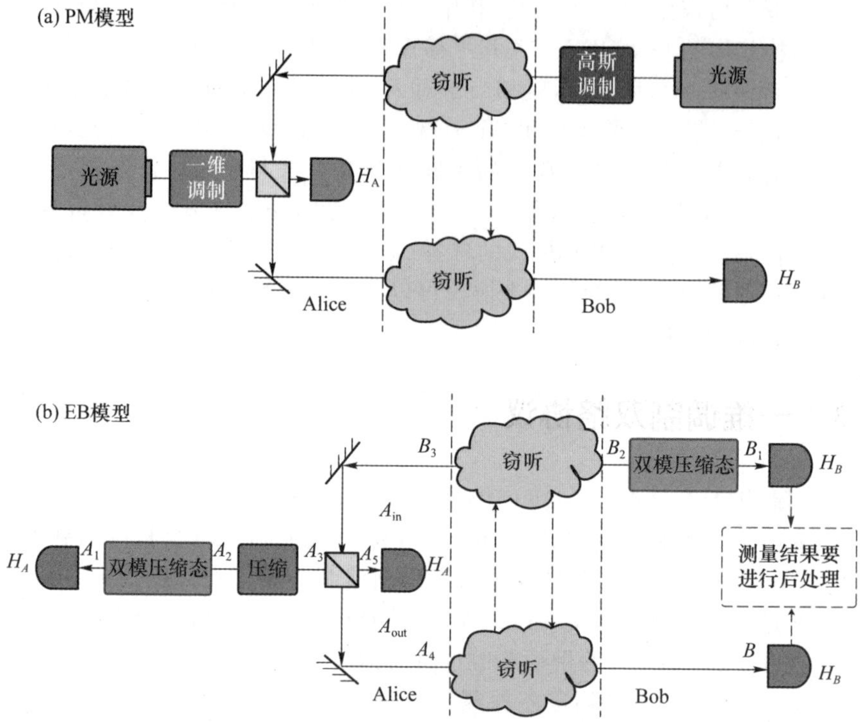

图 3-15　一维调制双路协议 PM 和 EB 模型示意图

以上是一维调制相干态双路 CV-QKD 协议的 PM 模型的协议流程。PM 协议在操作上容易实现，但在安全性分析中使用 EB 模型协议。一维调制相干态双路 CV-QKD 协议的 EB 模型大体描述如下：首先，Alice 以方差 V_A 制备一个 EPR 态并零差探测模式 A_1，同时她将 EPR 态的另一个模式 A_2 发送到一个压缩器（Squeezer），这等效于 PM 模型中一维调制的操作。Bob 以方差 V_B 制备一个 EPR 态，并外差探测模式 B_1，同时将模式 B_2 通过信道 1 发送给 Alice。然后，Alice 将压缩器输出的模式 A_3 与接收到的模式 A_{in} 通过一个透过率为 T_A 的分束器耦合，并将输出模式 A_{out} 通过信道 2 发送回 Bob。同时 Alice 对另一个输出模式 A_5 做零差探测以用作参数估计。接下来，Bob 对接收到的模式 B 进行零差探测并构造出对 Alice 对应的参数 x_A 的估计。最后，双方执行后处理以得到最终的安全密钥。下面给出协议对应的 EB 模型的具体描述：

一维调制双路协议(EB 模型)：

a) Alice 以方差 V_A 制备一个 EPR 态并零差探测模式 A_1 以得到 x_A 或 p_A，同时她将 EPR 态的另一个模式 A_2 发送到一个压缩器并得到模式 A_3。Bob 以方差 V_B 制备一个 EPR 态，它保留其中的一个模式 B_1，对其进行外差探测，并将另一个模式 B_2 通过信道 1 发送给 Alice。

b) Alice 通过一个透过率为 T_A 的分束器将模式 A_3 与从信道 1 接收到的模式 A_{in} 耦合，分束器输出的一个模式 A_{out} 被 Alice 通过信道 2 发送回 Bob，输出的另一个模式 A_5 被 Alice 零差探测以用于参数估计。

c) Bob 从信道 2 接收到模式 B 并进行零差探测以得到 $x_{B_{1x}}$ 或 $p_{B_{1p}}$，此后他通过 $x_{B_x}=x_{B_3}-kx_{B_{1x}}$ 构造出对 Alice 对应的参数 x_A 的估计，这里 k 的取值应使得 Bob 对 Alice 对应参数的估计达到最优。

d) Alice 和 Bob 进行后处理得到安全密钥。

3.4 测量设备无关协议

测量设备无关 CV-QKD 协议（CV-MDI QKD）中，通信双方均制备量子态，发送至不可信的第三方进行 Bell 态测量。在测量设备无关协议中，合法通信双方 Alice 和 Bob 都是协议的发送方，探测完全交由非可信的第三方 Charlie 来进行，因此该协议天然可以抵御所有针对探测器的黑客攻击方案。测量设备无关协议主要包括高斯调制相干态测量设备无关协议、高斯调制压缩态测量设备无关协议和一维调制测量设备无关协议。下面对这三种协议进行具体介绍。

3.4.1 相干态测量设备无关协议

高斯调制相干态测量设备无关协议[11]的大体描述如下：首先，Alice 和 Bob 分别使用激光器产生光源，并分别通过相位调制器和幅度调制器独立的制备高斯调制的相干态。然后，Alice 和 Bob 将制备的量子态发送给非可信的第三方 Charlie 进行连续变量 Bell 测量。其具体操作是，Charlie 将收到的两个量子态通过一个 50∶50 分束器进行干涉，然后分别使用两个零差探测器对干涉结果进行测量。接下来，Charlie 公布其测量结果。Alice 和 Bob 收到公布的测量结果后，Bob 会对手中的数据进行修正，而 Alice 不改变其手中的数据。最后，Alice 和 Bob 利用修正后的数据进行参数估计、数据后处理、数据协调和私钥放大等步骤得到最终的安全密钥。

高斯调制相干态 CV-MDI QKD 协议的 PM 模型和 EB 模型如图 3-16 所示，下面介绍具体过程：

相干态测量设备无关协议（PM 模型）：

a) Alice 和 Bob 分别选取两组长度为 n 的服从均值为 0，方差为 V_A-1 和 V_B-1 的高斯分布的随机序列 $\{x_A\}\{p_A\}$ 和 $\{x_B\}\{p_B\}$，并根据其制备 n 个相干态 $|\alpha_A\rangle$ 和 $|\alpha_B\rangle$，其中 $\alpha_A=\sqrt{2}\lambda_A(x_A-ip_A)$，$\lambda_A=[(V_A-1)/(V_A+1)]^{1/2}$，$\alpha_B=\sqrt{2}\lambda_B(x_B-ip_B)$，$\lambda_B=[(V_B-1)/(V_B+1)]^{1/2}$。Alice 和 Bob 将制备好的量子态通过各自的量子信道

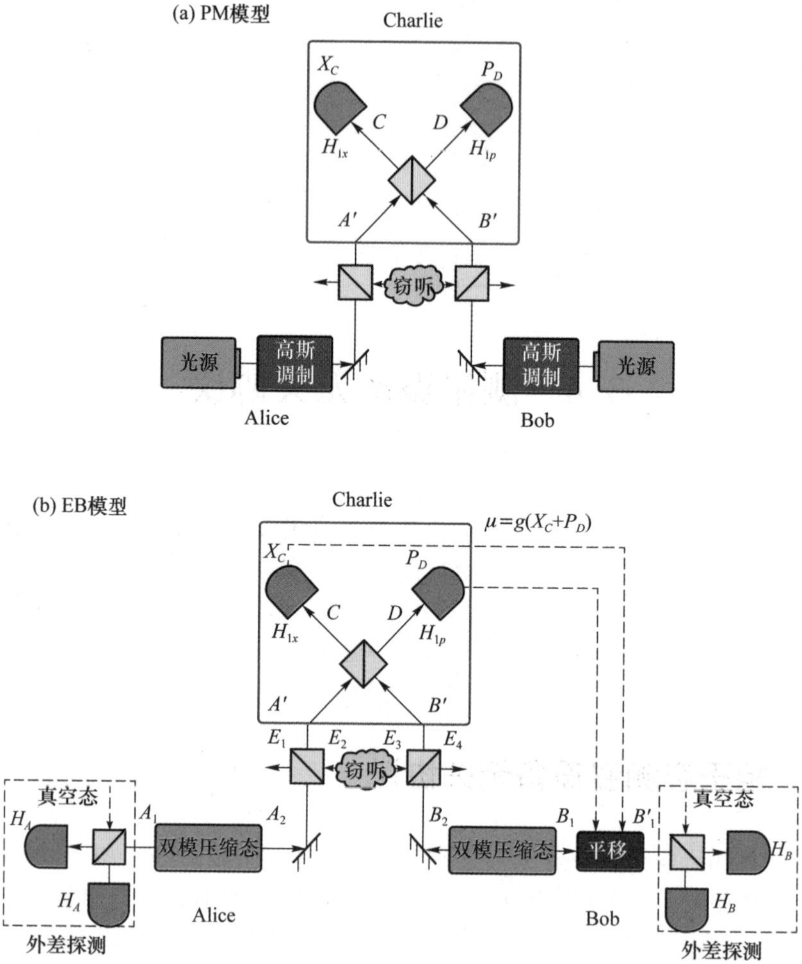

图 3-16 高斯调制相干态测量设备无关协议 PM 和 EB 模型示意图

分别发送给非可信第三方 Charlie。

b) Charlie 将收到的两个量子态 A'和 B'通过一个 50:50 的分束器进行干涉，记干涉输出模式为 C 和 D。然后分别使用零差探测器分别测量模式 C 的 x 分量和 D 模式的 p 分量，测量结果记为 X_C，P_D。Charlie 公布其测量结果 X_C，P_D。

c) Alice 和 Bob 收到 Charlie 公布的测量结果后，Bob 对它的数据进行如下修正：

$$X_B=x_B+gX_C,\quad P_B=p_B+gP_D,$$

Alice 保留手中的数据：

$$X_A=x_A,\quad P_A=p_A$$

d) Alice 和 Bob 进行后处理得到安全密钥。

以上是相干态测量设备无关协议的 PM 模型的协议流程。PM 协议在操作上容易实现，但在安全性分析中使用 EB 模型协议。高斯调制相干态 CV-MDI QKD 协议的 EB 模型大体描述如下：首先，Alice 和 Bob 分别制备 n 个方差分别为 V_A 和 V_B 的 EPR 态，Alice 和 Bob 将它们的一个模式 A_1 和 B_1 都保留下来，将另一个模式 A_2 和 B_2 均发送给非可信第三方 Charlie。之后，Charlie 将收到的两个量子态 A'和 B'进行连续变量 Bell 测量。其具体操作是，Charlie 将收到的两个量子态通过一个 50:50 分束器进行干涉，然后分别使用两个零差探测器对干涉结果进行测量。接下来，Charlie 公布其测量结果。Alice 和 Bob 收到 Charlie 公布的测量结果后，Bob 对它所保留的模式 B_1 进行平移操作得到模式 B_1'。Alice 对保留的模式 A_1 进行外差探测，Bob 对模式 B_1'进行外差探测。最后，Alice 和 Bob 利用修正后的数据进行参数估计、数据后处理、数据协调和私钥放大等步骤得到最终的安全密钥。下面给出 EB 协议的具体描述：

相干态测量设备无关协议(EB 模型)：

a) Alice 和 Bob 分别制备 n 个 EPR 态，并将它们的一个模式 A_1 和 B_1 都保留下来，将另一个模式 A_2 和 B_2 均发送给非可信第三方 Charlie。

b) Charlie 将收到的两个量子态 A'和 B'通过一个 50:50 分束器进行干涉，记干涉输出模式为 C 和 D，然后分别使用两个零差探测器对干涉结果 C 模式的 x 分量和 D 模式的 p 分量进行测量，记测量结果为 X_C，P_D。Charlie 公布其测量结果 X_C，P_D。

c) Alice 和 Bob 收到 Charlie 公布的测量结果后，Bob 对他所保留的 B_1 模式进行平移操作 $\hat{D}(\beta)$得到模式 B_1'，其中 $\beta=g(X_C+iP_D)$，g 为平移操作的增益系数，与信道衰减有关。

d) Alice 和 Bob 分别对保留的模式 A_1 和 B_1'进行外差探测，记测量结果为$\{X_A, P_A\}$和$\{X_B, P_B\}$。

e) Alice 和 Bob 进行后处理得到安全密钥。

从 EB 协议的角度来看 Alice 和 Bob 最终数据之间的关联性比较容易，因为如图 3-16 所示的协议与连续变量纠缠交换协议相一致，即经过该协议，原本没有关联的模式 A_1 和 B_1'会变得纠缠起来，在产生纠缠后对两者的测量结果就会具有较强的关联性。

3.4.2 压缩态测量设备无关协议

高斯调制压缩态测量设备无关协议[12]的大体描述如下：首先，Alice 和 Bob 分别使用激光器产生光源，并分别通过相位调制器和幅度调制器独立的制备高斯调制的压缩态。然后，Alice 和 Bob 将制备的量子态发送给非可信的第三方 Charlie 进行连续变量 Bell 测量。其具体操作是，Charlie 将收到的两个量子态通过一个 50:50 分束器进行干涉，然后分别使用两个零差探测器对干涉结果进行测量。接下来，Charlie 公布其测量结果。Alice 和 Bob 收到公布的测量结果后，Bob 会对手中的数据进行修正，而 Alice 不改变其手中的数据。最后，Alice 和 Bob 利用修正后的数据进行参数估计、数据后处理、数据协调和私钥放大等步骤得到最终的安全密钥。

高斯调制压缩态 CV-MDI QKD 协议的 PM 模型和 EB 模型如图 3-17 所示，下面介绍具体过程：

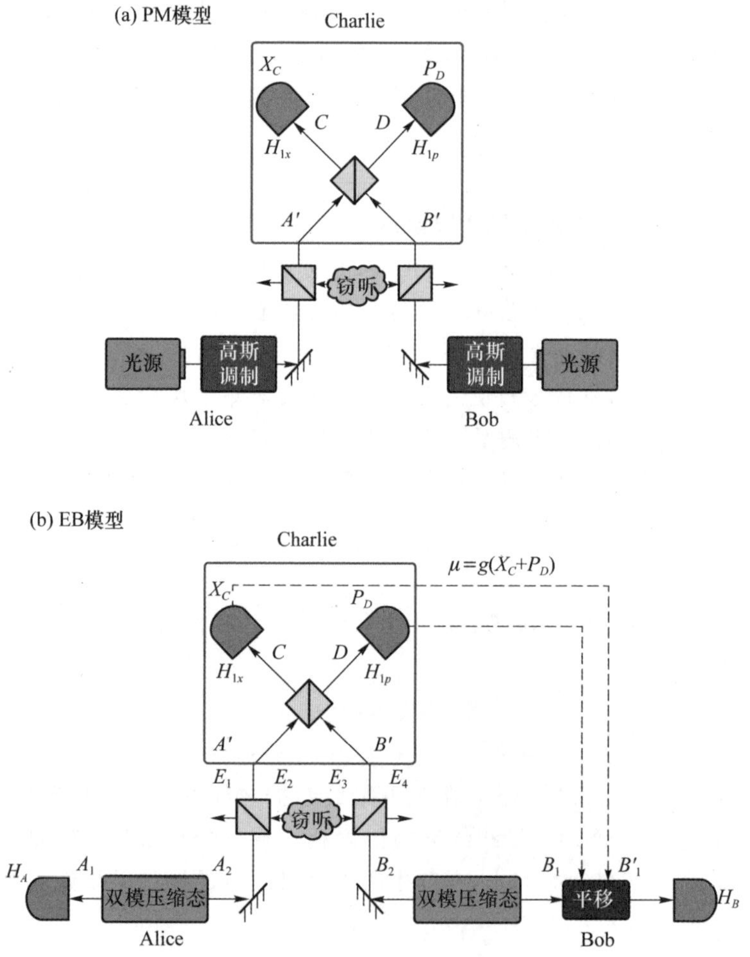

图 3-17　高斯调制压缩态测量设备无关协议 PM 和 EB 模型示意图

压缩态测量设备无关协议(PM 模型)：

a) Alice 和 Bob 分别选取两组长度为 n 的服从均值为 0，方差为 V_A-1/V_A 和

V_B-1/V_B 的高斯分布的随机序列 $\{x_A\}\{p_A\}$ 和 $\{x_B\}\{p_B\}$，并根据其制备 n 个压缩态 $|\alpha_A\rangle$ 和 $|\alpha_B\rangle$。Alice 和 Bob 将制备好的量子态通过各自的量子信道分别发送给非可信第三方 Charlie。

b) Charlie 将收到的两个量子态 A' 和 B' 通过一个 50:50 的分束器进行干涉，记干涉输出模式为 C 和 D。然后分别使用零差探测器分别测量模式 C 的 x 分量和 D 模式的 p 分量，测量结果记为 X_C，P_D。Charlie 公布其测量结果 X_C，P_D。

c) Alice 和 Bob 收到 Charlie 公布的测量结果后，Bob 对他的数据进行如下修正：

$$X_B=x_B+gX_C,\quad P_B=p_B-gP_D,$$

Alice 保留手中的数据：

$$X_A=x_A,\quad P_A=p_A$$

d) Alice 和 Bob 进行后处理得到安全密钥。

以上是高斯调制压缩态测量设备无关协议的 PM 模型的协议流程。PM 协议在操作上容易实现，但在安全性分析中使用 EB 模型协议。高斯调制压缩态 CV-MDI QKD 协议的 EB 模型大体描述如下：首先，Alice 和 Bob 分别制备 n 个方差分别为 V_A 和 V_B 的 EPR 态，Alice 和 Bob 将它们的一个模式 A_1 和 B_1 都保留下来，将另一个模式 A_2 和 B_2 均发送给非可信第三方 Charlie。之后，Charlie 将收到的两个量子态 A' 和 B' 进行连续变量 Bell 测量。其具体操作是，Charlie 将收到的两个量子态通过一个 50:50 分束器进行干涉，然后分别使用两个零差探测器对干涉结果进行测量。接下来，Charlie 公布其测量结果，Alice 和 Bob 收到 Charlie 公布的测量结果后，Bob 对他所保留的模式 B_1 的进行平移操作得到模式 B_1'，Alice 对保留的模式 A_1 进行零差探测，Bob 对模式 B_1' 进行零差探测。最后，Alice 和 Bob 利用修正后的数据进行参数估计、数据后处理、数据协调和私钥放大等步骤得到最终的安全密钥。

下面给出 EB 协议的具体描述：

压缩态测量设备无关协议(EB 模型)：

a) Alice 和 Bob 分别制备 n 个 EPR 态，并将它们的一个模式 A_1 和 B_1 都保留下来，将另一个模式 A_2 和 B_2 均发送给非可信第三方 Charlie。

b) Charlie 将收到的两个量子态 A' 和 B' 通过一个 50:50 分束器进行干涉，记干涉输出模式为 C 和 D，然后分别使用两个零差探测器对干涉结果 C 模式的 x 分量和 D 模式的 p 分量进行测量，记测量结果为 X_C，P_D。Charlie 公布其测量结果 X_C，P_D。

c) Alice 和 Bob 收到 Charlie 公布的测量结果后，Bob 对它所保留的 B_1 模式进行平移操作 $\hat{D}(\beta)$ 得到模式 B_1'，其中 $\beta=g(X_C+iP_D)$，g 为平移操作的增益系数，与信道衰减有关。

d) Alice 和 Bob 分别对保留的模式 A_1 和 B'_1 进行零差探测，记测量结果为 $\{X_A\}$，$\{P_A\}$ 和 $\{X_B\}$，$\{P_B\}$。

e) Alice 和 Bob 进行后处理得到安全密钥。

3.4.3 一维调制测量设备无关协议

一维调制测量设备无关协议[17,18]的大体描述如下：首先，Alice 和 Bob 分别使用激光器产生光源，并分别通过相位调制器或幅度调制器独立的制备一维调制的相干态。然后，Alice 和 Bob 将制备的量子态发送给非可信的第三方 Charlie 进行连续变量 Bell 测量。其具体操作是，Charlie 将收到的两个量子态通过一个 50:50 分束器进行干涉，然后分别使用两个零差探测器对干涉结果进行测量。接下来，Charlie 公布其测量结果，Alice 和 Bob 收到公布的测量结果后，Bob 会对手中的数据进行修正，而 Alice 不改变其手中的数据。最后，Alice 和 Bob 利用修正后的数据进行参数估计，数据后处理，数据协调和私钥放大等步骤得到最终的安全密钥。

如图 3-18 所示，下面以在 x 方向进行一维调制为例，介绍一维调制 CV-MDI QKD 协议的 PM 模型和 EB 模型：

一维调制测量设备无关协议(PM 模型)：

a) Alice 和 Bob 分别选取两组长度为 n 的服从均值为 0，方差为 V_A^2-1 和 V_B^2-1 的高斯分布的随机序列 $\{x_A\}$ 和 $\{x_B\}$，并根据其制备 n 个一维调制相干态 $|\alpha_A\rangle$ 和 $|\alpha_B\rangle$，其中 $\alpha_A=\sqrt{2}\lambda_A(x_A-ip_0)$，$\lambda_A=[(V_A^2-1)/(V_A^2+1)]^{1/2}$，$\alpha_B=\sqrt{2}\lambda_B(x_B-ip_0)$，$\lambda_B=[(V_B^2-1)/(V_B^2+1)]^{1/2}$。注意此处的 p_0 指 Alice 和 Bob 只在 x 方向上对量子态进行调制。随后，Alice 和 Bob 将制备好的量子态通过各自的量子信道分别发送给非可信第三方 Charlie。

b) Charlie 将收到的两个量子态 A' 和 B' 通过一个 50：50 的分束器进行干涉，记干涉输出模式为 C 和 D。然后分别使用零差探测器分别测量模式 C 的 x 分量和 D 模式的 p 分量，测量结果记为 X_C，P_D。Charlie 公布其测量结果 X_C，P_D。

c) Alice 和 Bob 收到 Charlie 公布的测量结果后，Bob 对他 x 方向上的数据进行如下修正：

$$X_B=x_B+kX_C$$

Alice 保留手中的数据：

$$X_A=x_A$$

d) Alice 和 Bob 进行后处理得到安全密钥。

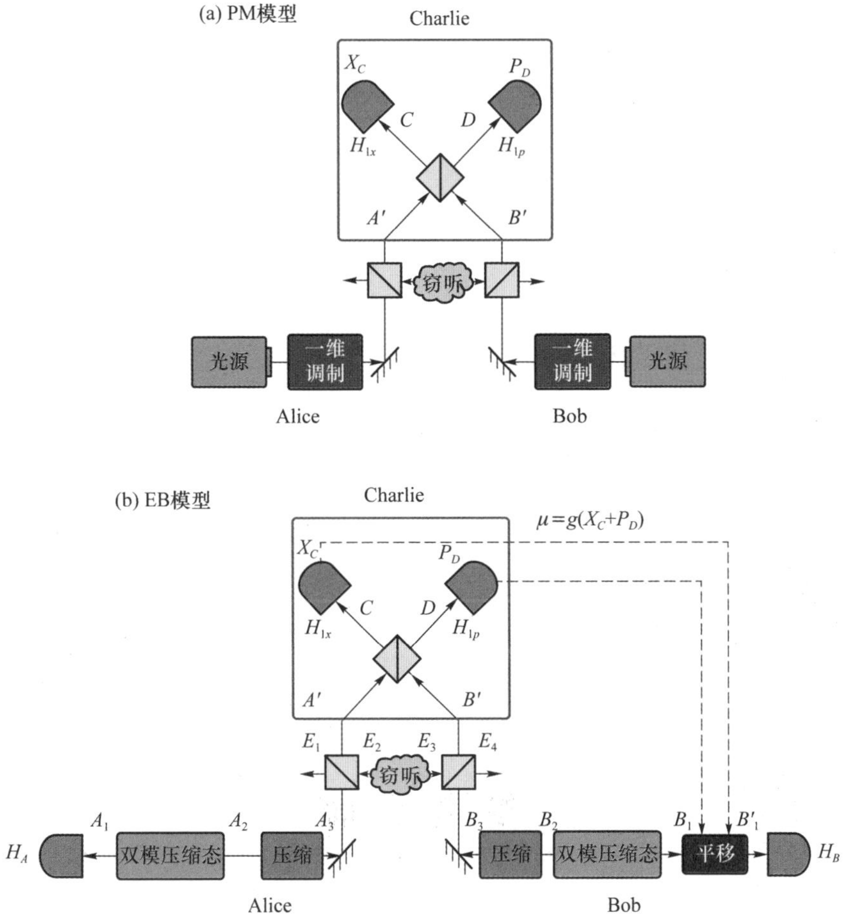

图 3-18 一维调制测量设备无关协议 PM 和 EB 模型示意图

以上是一维调制测量设备无关协议的 PM 模型的协议流程。PM 协议在操作上容易实现,但在安全性分析中使用 EB 模型协议。一维调制测量设备无关协议的 EB 模型大体描述如下:首先,Alice 和 Bob 分别制备 n 个方差分别为 V_A 和 V_B 的 EPR 态,Alice 和 Bob 将它们的一个模式 A_1 和 B_1 都保留下来,将另一个模式 A_2 和 B_2 均进行参数为 $-\log\sqrt{V}$ 的压缩,得到模式 A_3 和 B_3。随后,模式 A_3 和 B_3 被 Alice 和 Bob 分别发送给非可信第三方 Charlie。之后,Charlie 将收到的两个量子态 A' 和 B' 进行连续变量 Bell 测量。其具体操作是,Charlie 将收到的两个量子态通过一个 50:50 分束器进行干涉,然后分别使用两个零差探测器对干涉结果进行测量。接下来,Charlie 公布其测量结果。Alice 和 Bob 收到 Charlie 公布的测量结果后,Bob 对他所保留的模式 B_1 的进行平移操作得到模式 B'_1。Alice 对保留的模式 A_1 进行零差探测,Bob 对模式 B'_1 进行零差探测。最后,Alice 和 Bob 利用修正后的数据进行参数估计、数据后处理、数据协调和私钥放大等步骤得到最终的安全密钥。

下面给出 EB 协议的具体描述：

一维调制测量设备无关协议(EB 模型)：

a) Alice 和 Bob 分别制备 n 个 EPR 态，并将它们的一个模式 A_1 和 B_1 都保留下来，将另一个模式 A_2 和 B_2 均进行压缩参数为 $-\log\sqrt{V}$ 的压缩，随后发送给非可信第三方 Charlie 。

b) Charlie 将收到的两个量子态 A' 和 B' 通过一个 50:50 分束器进行干涉，记干涉输出模式为 C 和 D，然后分别使用两个零差探测器对干涉结果 C 模式的 x 分量和 D 模式的 p 分量进行测量，记测量结果为 X_C，P_D。Charlie 公布其测量结果 X_C，P_D。

c) Alice 和 Bob 收到 Charlie 公布的测量结果后，Bob 对他所保留的 B_1 模式进行平移操作 $\hat{D}(\beta)$ 得到模式 B'_1，其中 $\beta=g(X_C+iP_D)$，g 为平移操作的增益系数，与信道衰减有关。

d) Alice 和 Bob 分别对保留的模式 A_1 和 B'_1 进行零差探测，记测量结果为 $\{X_A\}$ 和 $\{X_B\}$。

e) Alice 和 Bob 进行后处理得到安全密钥。

参考文献

[1] Bennett C, Brassard G. Quantunn ayptography: Public key distribution and coin tossing [C]. Proceedings of IEEE International Conference on Computers, Systems and Signal Processing, December 9-12, 1984. New York: IEEE, 1984.

[2] Cerf N J, Levy M, Van Assche G. Quantum distribution of Gaussian keys using squeezed states[J]. Physical Review A, 2001, 63(5): 052311.

[3] Grosshans F, Grangier P. Continuous variable quantum cryptography using coherent states[J]. Physical Review Letters, 2002, 88(5): 057902.

[4] Weedbrook C, Lance A M, and Bowen W P, et al. Quantum cryptography without switching[J]. Physical Review Letters, 2004, 93: 170504.

[5] Pirandola S, Mancini S, Lloyd S, et al. Continuous-variable quantum cryptography using two-way quantum communication[J]. Nature Physics, 2008, 4(9): 726-730.

[6] García-Patrón R, Cerf N J. Continuous-variable quantum key distribution protocols over noisy channels[J]. Physical Review Letters, 2009, 102(13): 130501.

[7] Leverrier A, Grangier P. Unconditional security proof of long-distance continuous-variable quantum key distribution with discrete modulation[J]. Physical Review Letters, 2009, 102(18): 180504.

[8] Weedbrook C. Continuous-variable quantum key distribution with entanglement in the middle[J]. Physical Review A, 2013, 87(2): 022308.

[9] Leverrier A, Grangier P. Continuous-variable quantum-key-distribution protocols with a non-Gaussian modulation[J]. Physical Review A, 2011, 83(4): 042312.

[10] Sun M, Peng X, Shen Y, et al. Security of a new two-way continuous-variable quantum key distribution protocol[J]. International Journal of Quantum Information, 2012, 10(05): 1250059.

[11] Li Z, Zhang Y, Xu F, et al. Continuous-variable measurement-device-independent quantum key distribution[J]. Physical Review A, 2014, 89(5): 052301.

[12] Zhang Y, Li Z, Yu S, et al. Continuous-variable measurement-device-independent quantum key distribution using squeezed states[J]. Physical Review A, 2014, 90(5): 052325.

[13] Usenko V C, Grosshans F. Unidimensional continuous-variable quantum key distribution[J]. Physical Review A, 2015, 92(6): 062337.

[14] Li Z, Zhang, Guo H. User-defined quantum key distribution[J]. arXiv preprint arXiv:1805.04249, 2018.

[15] Zhang Y, Chen Z, Weedbrook C, et al. Continuous-variable source-device-independent quantum key distribution against general attacks[J]. Scientific Reports, 2020, 10(1): 1-10.

[16] Bian Y, Huang L, Zhang Y. Unidimensional two-way continuous-variable quantum key distribution using coherent states[J]. Entropy, 2021, 23(3): 294.

[17] Huang L, Zhang Y, Chen Z, et al. Unidimensional continuous-variable quantum key distribution with untrusted detection under realistic conditions[J]. Entropy, 2019, 21(11): 1100.

[18] Bai D, Huang P, Zhu Y, et al. Unidimensional continuous-variable measurement-device-independent quantum key distribution[J]. Quantum Information Processing, 2020, 19(2): 1-21.

第4章

连续变量量子密钥分发理论安全性

连续变量量子密钥分发(CV-QKD)协议的理论安全性证明一般分为两个步骤。首先,是证明协议在联合窃听下是安全的,通常使用的高斯窃听最优性定理来获得联合窃听下的安全码率。高斯窃听最优性定理的证明方法有三种:第一种方法是通过结合测量的物理模型、连续变量协议的纠缠等效模型以及高斯态极值定理来证明的;第二种方法是通过信息熵的性质来进行证明的,但是该证明中需要假设发送端使用的是高斯调制,因此其结果的应用没有第一种方法广泛;第三种方法是使用的协议本身的对称性进行的,本书中主要使用第一种方法。然后,通过几种已知的手段可以将联合窃听下的安全性证明推广至相干窃听下的安全性证明:已知的手段有指数形式的 de Finetti 定理,高斯 de Finetti 定理,后选择方法,熵不确定性原理等。其中前三种方法适用于高斯调制相干态类协议,而熵不确定性原理适用于高斯调制压缩态零差探测类协议。安全性分析框架分为两个,非组合安全性框架和组合安全性框架。在本章中,我们将详细给出 GG02 协议、无开关协议、四态调制协议、高阶离散调制协议、改进双路协议、相干态和压缩态 MDI 协议等主要协议的在不同框架下的理论安全性证明方法以及在不同条件下的安全码率的仿真建模方法。

4.1 安全性分析基础

CV-QKD 协议的理论基础是量子光学和信息论,基础知识可以参考第二章,也可以参考《量子密码》中的第一部分[1]。本节就安全性分析中所需要的进一步知识进行介绍[2-10]。

4.1.1 基本假设

CV-QKD 协议的理论安全性分析都是基于基本假设进行的,这组基本假设共分为四条，如图 4-1 所示。

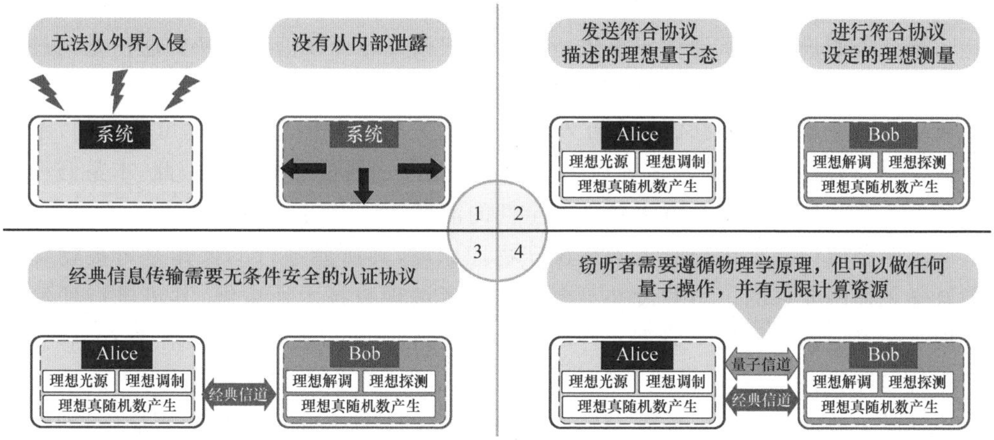

图 4-1　QKD 协议的四条基本假设

(1) 窃听者无法侵入通信双方的设备中，且通信双方的设备不会主动泄露与经典随机数据相关的各种信息。即窃听者不能从通信双方的设备中直接或间接地获得经典密钥信息或是协议运行所需要的随机选择信息。

(2) 通信双方所拥有的仪器设备均严格按照协议要求方式工作。即光源、调制、解调、探测等仪器均是按照协议描述符合理想模型的，且使用真随机数发生器来产生随机数。

(3) 用于经典通信的信道是经过无条件安全认证的。

(4) 窃听者需遵守基本科学原理，包括数学、物理学等；在此前提下，对窃听者的物理操作能力与计算能力不做限制。

在上述四条前提假设中：

第一条假设是要求窃听者不可以侵入到通信双方的设备中以获取系统的经典随机数据，包括随机密钥与随机的基选择信息。比如暴力进入 Alice 或 Bob 的实验室对系统进行直接的测量或更改，或者通过电脑病毒控制 Alice 或 Bob 的控制系统输出或更改经典随机数据。同时，也假定通信双方的系统不会主动泄露系统的经典随机数据。

第二条假设首先要求系统使用的是真随机数，同时，要求系统中每一个器件均按照协议要求的理论理想状态进行工作，以保证所产生的量子态和所进行的测量是符合协议假设的。比如在最初的 BB84 协议中，协议要求使用单光子源、理想单光子探测器等。其中特别强调需要使用真随机数发生器，是由于随机数不仅用于产生随机密钥，还将用于系统中可能进行的随机基选择等操作。因此，具有分布均匀、不可预测等理想特性的真随机数假设确保所使用的随机数不会提供给窃听者以先验信息或是进行算法窃听的可能。比如，如果随机数并非均匀分布，这本身就带给了窃听者一定的信息，而如果使用算法产生的伪随机数，那么窃听者就有通过部分数据攻破该算法的可能，从而影响到后续发送量子信号的安全性。

第三条假设是要求通信双方进行与后处理相关的经典信息交换的通信是经过无条件安全认证的，即窃听者无法冒名顶替通信双方中的任何一方，以杜绝传递虚假的经典信息所造成的安全漏洞。由于与后处理相关的经典信息本身是可公开的，不需要保密，故只需要确认是否确实是通信双方所要发送的信息即可。因此，本条假设中无条件安全认证就是指具有无条件安全性的消息认证方法。

第四条假设是要求窃听者必须遵守物理原理，其所能进行的操作是可被物理学等科学规律所允许的。本假设并不要求窃听者被现有技术所束缚，其可进行任何超越现有技术但仍是物理学原理允许的操作。比如，其可以使用具有无限长存储时间、100%保真度的量子存储技术，可以拥有任意长度均完全无损耗的光纤，可以进行非破坏性光子数测量等等。此外，对窃听者可拥有的计算资源也是没有限制的，即认为其可在任意短的时间内解决任意复杂度的数学问题。

在上述四个前提假设中，虽然对窃听者可实施的窃听行为做出了限定，比如第一条和第二条假设限定窃听者不能从通信双方的系统上直接或间接地获取任何和随机密钥以及随机基选择相关的信息，将窃听者所有可能获取信息的途径限制在了对信道中量子态的操作与测量上，而第四条假设限定了窃听者在信道中对量子态的操作必须是可由科学原理所允许的，但对于窃听者的计算能力并没有任何限制。因此，在上述假设框架下具有安全性的 QKD 协议，是具有经典密码学中所定义的无条件安全性的。

4.1.2 PM 模型与 EB 模型等价性

人们通常将 QKD 协议划分为两类协议，一类被称为制备测量(Prepare & Measure,PM)的协议模型，另一类被称为基于纠缠(Entanglement-based,EB)的协议模型。在第三章中，已经详细地给出了 CV-QKD 的主要协议的 PM 模型以及 EB 模型。此处再明确一下这两类协议的区别。PM 协议：Alice 首先产生两组随机数，并根据这些随机数制备对应的量子态。Alice 将制备的随机量子态发送给 Bob，Bob 根据协议进行对应测量。EB 协议：Alice 首先产生双模纠缠态，并将其中的一个模式发送给 Bob。Alice 和 Bob 根据协议分别进行测量。

对于基于基础假设的协议，部分 PM 协议可以找到与其等价的 EB 协议，反之亦然。CV-QKD 系统虽然在大部分实验中都采用 PM 模型，但在安全性分析上仍采用等价的 EB 模型。前边提到过 PM 模型与 EB 模型是可以完全等价的，其原因是在量子信道的输入端处两者产生的量子态是相同的。从观测者的角度来看，这两种方法产生的量子态是无法区分的，所以可以认为这两种模型是完全等价的[11]。由于 EB 模型便于利用冯诺依曼熵进行定量分析，因此 CV-QKD 的安全性分析通常基于 EB

模型展开。

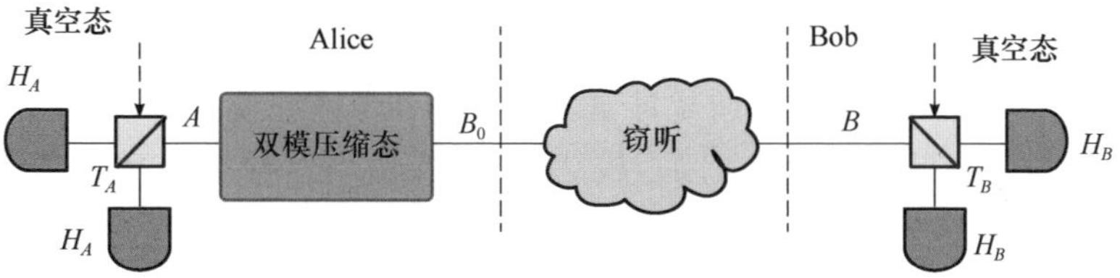

图 4-2 八种高斯调制 CV-QKD 协议的 EB 模型

PM 模型与 EB 模型的主要区别在于作为信息载体的量子态的制备方式。在 CV-QKD 系统中,PM 模型是通过对激光器输出的量子态进行调制来加载信息;而在 EB 模型中,对量子通信阶段的每一次态传输,Alice 都制备一个双模压缩态,并对其中的一个模式进行零差或者外差测量。可以证明 Alice 对一个模式实行的不同测量方式,会将双模压缩态的另外一个模式投影到对应的压缩态或相干态上,这就与制备与测量模型相等价。以上模型可以进一步使用数学公式进行描述,假设 Alice 的初始双模压缩态包括 A 和 B_0 两个模式,其均值为 0,协方差矩阵为

$$\boldsymbol{\gamma}_{AB_0}=\begin{bmatrix}\boldsymbol{\gamma}_A & \boldsymbol{\sigma}_{AB_0}\\ \boldsymbol{\sigma}_{AB_0}^T & \boldsymbol{\gamma}_{B_0}\end{bmatrix}=\begin{bmatrix}V\boldsymbol{I}_2 & \sqrt{V^2-1}\boldsymbol{\sigma}_z\\ \sqrt{V^2-1}\boldsymbol{\sigma}_z & V\boldsymbol{I}_2\end{bmatrix} \tag{4-1}$$

如图 4-2 所示,对 A 模式进行零差探测($T_A=1$),假设 Alice 测量 x(或 p)分量,测量结果为 x_A(或 p_A),测量之后,EPR 态的模式 B_0 被投影到平移真空压缩态。此时,Alice 制备的量子态完全等价于压缩态。同时 Bob 也进行零差探测($T_B=1$),测量 x(或 p)分量,测量结果为 x_B(或 p_B),则 EB 模型协议等价于压缩态零差探测协议。若 Bob 进行外差探测($T_B=\frac{1}{2}$),同时测量 x 分量和 p 分量,则 EB 模型协议等价于压缩态外差探测协议。

Alice 对 A 模式进行外差探测($T_A=\frac{1}{2}$),得到测量结果 x_A 和 p_A,经过上述测量后,EPR 的模式 B_0 被投影到相干态。此时,Alice 制备的量子态完全等价于相干态。同时 Bob 进行零差探测($T_B=1$),则 EB 模型协议等价于相干态零差探测协议。若 Bob 进行外差探测($T_B=\frac{1}{2}$),则 EB 模型协议等价于相干态外差探测协议。再根据后处理中的正相协调和反向协调方式,构成单路八种高斯调制 CV-QKD 协议的 EB 模型。总的来说:

如果 $T_A=1,T_B=1$,其 EB 模型等价于压缩态零差探测协议;

如果 $T_A=1,T_B=\frac{1}{2}$,其 EB 模型等价于压缩态外差探测协议;

如果 $T_A=\frac{1}{2},T_B=1$,其 EB 模型等价于相干态零差探测协议(GG02 协议);

如果 $T_A=\frac{1}{2}, T_B=\frac{1}{2}$，其 EB 模型等价于相干态外差探测协议（无开关协议）。

具体来说，在高斯调制压缩态协议的纠缠等效模型中，Alice 对模式 A 进行零差测量，利用零差操作对高斯态一阶统计量和二阶统计量的变换关系，可以计算出经过 Alice 的零差测量并得到结果 $\{x_A\}$ 后，模式 B_0 被投影到这样一个高斯态上，其位移矢量和协方差矩阵分别为

$$\begin{aligned} \boldsymbol{d}_{B_0}^{x_A} &= \boldsymbol{\sigma}_{AB_0}^{T}(\boldsymbol{X}\gamma_A\boldsymbol{X})^{MP}d_A+d_{B_0}=\sqrt{1-1/V^2}(x_A,0)^T, \\ \boldsymbol{\gamma}_{B_0}^{x_A} &= \boldsymbol{\gamma}_{B_0}-\boldsymbol{\sigma}_{AB_0}^{T}(\boldsymbol{X}\gamma_A\boldsymbol{X})^{MP}\boldsymbol{\sigma}_{AB_0}=\begin{pmatrix}1/V & 0\\ 0 & V\end{pmatrix} \end{aligned} \tag{4-2}$$

其中，d_A 为 Alice 的测量结果。这里生成的是一个 x 分量压缩位移的压缩态，如果要制备 p 分量压缩位移的压缩态只需要对模式 A 的 p 分量进行测量即可。由于 Alice 的测量结果 $\{x_A\}$ 和模式 B_0 的位移 d_{B_0} 是一一对应的，则 d_{B_0} 的方差为

$$\langle\Delta^2 d_{B_0}\rangle=\sqrt{1-1/V^2}\langle x_A^2\rangle=V-1/V \tag{4-3}$$

此时 d_{B_0} 的方差和测量制备模型中 Alice 的调制方差V_A 相同。这个由零差探测制备得到的压缩态和调制得到的压缩态是完全等价的，所以制备与测量压缩态协议和纠缠等效的压缩态协议也是完全等价的。

在高斯调制相干态协议的纠缠等效模型中，Alice 所发送相干态的位移矢量均满足高斯调制分布，设 x 和 p 两个分量的调制方差分别为V_{A_x} 和V_{A_p}。同样，为了使 x 方向和 p 方向保持对称性，就有$V_{A_x}=V_{A_p}=V_A$，同样可称V_A 为 Alice 的调制方差。此时所发送的量子态在外界看来就是一个方差为 $V=V_A+1$ 的热场态。

在相干态协议的 EB 模型中，Alice 对模式 A 进行外差探测。设外差测量的结果分别为(x_A, p_A)，利用外差操作对高斯态一阶统计量和二阶统计量的变换关系，可以计算出模式 B_0 被投影到这样一个高斯态上，其位移矢量和协方差矩阵分别为

$$\boldsymbol{d}_{B_0}=\sqrt{2\frac{V-1}{V+1}}(x_A, p_A)^T, \quad \boldsymbol{\gamma}_{AB_0}=\begin{bmatrix}1 & 0\\ 0 & 1\end{bmatrix} \tag{4-4}$$

这是一个 x 和 p 方向都平移了的相干态，且利用$\langle x_A^2\rangle\equiv\langle p_A^2\rangle=(V+1)/2$ 可进一步计算出

$$\langle\Delta^2 d_{B_{0x}}\rangle=\langle\Delta^2 d_{B_{0p}}\rangle=V-1=V_A \tag{4-5}$$

即模式 B_0 投影至的相干态的位移矢量的方差等于 PM 模型中的调制方差。因此，只需要对 Alice 的测量结果进行一步经典的乘法操作，就可以建立起 PM 模型与 EB 模型之间的一一对应关系。

4.1.3 安全性分析框架与信道窃听方式

4.1.3.1 安全性分析框架

安全性分析框架分为两个，非组合安全性框架和组合安全性框架。所谓非组合

安全性框架，即只需要考虑 QKD 协议本身的安全性，不需要考虑由 QKD 协议产生的密钥如何应用或者是和别的协议结合使用。组合安全性框架可以很好地解决 QKD 协议与其他协议一起使用时，整个协议的安全性。例如，与将 QKD 协议与量子签名协议结合使用时，需要在组合安全性框架下，分别给出 QKD 协议和量子签名协议的安全性参数 ε^{QKD} 和 ε^{QS}，那么整个协议的安全参数即为 $\varepsilon=\varepsilon^{QKD}+\varepsilon^{QS}$。如果只证明了 QKD 协议在非组合安全性框架下的安全性。那么，将它与其他协议结合时的安全性就需要重新证明。后文中未提组合安全性框架的安全性分析章节均是在非组合安全性框架下进行的。

4.1.3.2 信道窃听方式

根据前述的基本假设，将 QKD 系统中窃听者的行为分为“窃听”和“攻击”两类，具体如下：

- **窃听**：仅指窃听者在信道中对携带信息的量子态进行的量子操作。
- **攻击**：泛指窃听者所做的侵入通信双方系统、利用系统的信息泄露、利用仪器设备的非理想性等使得协议的前提假设被破坏的行为，包括经典的与量子的操作。更具体的，可以将系统本身的非理想性导致协议前提假设被破坏时，窃听者的获取额外信息的行为称为被动攻击。而将系统本身满足协议前提假设时，窃听者主动破坏这些假设以获取额外信息的行为称为主动攻击。

在早期的安全性分析中，人们主要着重于考虑理想协议的理论安全性分析，因此按窃听者的能力对窃听进行了更为详细的划分：个体窃听，联合窃听，相干窃听。三者对应的英文术语为：Individual Attack，Collective Attack，Coherent Attack。虽然英文用词为“Attack”，但由于此三者实际上是理想协议前提假设所允许的行为，因此我们将其称为窃听。详细的定义和示意如图 4-3 所示。

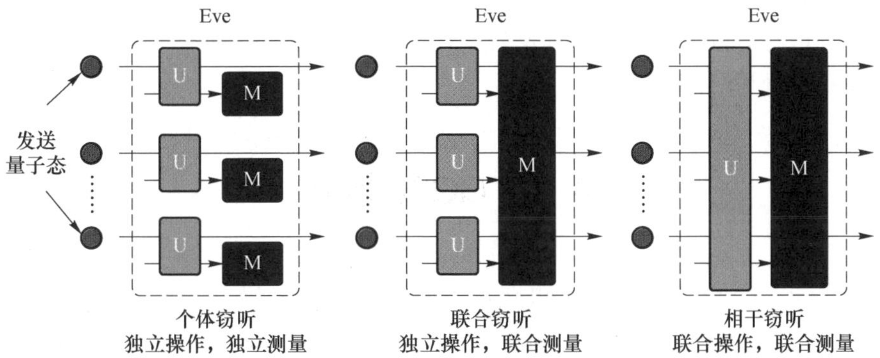

图 4-3 信道三种窃听方式

- 个体窃听：窃听者分别对 Alice 所依次发送的各个量子态单独进行相同的量子操作，并只能单独进行相同的测量。
- 联合窃听：窃听者分别对 Alice 所依次发送的各个量子态单独进行相同的量子操作，但可以对多个量子态进行联合测量。
- 相干窃听：窃听者可以对 Alice 所依次发送的多个量子态进行联合量子操作，并可以对多个量子态进行联合测量。

具体来说，在个体窃听下，Alice、Bob 与 Eve 三者之间的量子态可以表示为

$$\boldsymbol{\rho}_{abe}=\Big[\sum_{x,y,z}P(x,y,z)\,|x,y,z\rangle\langle x,y,z|\Big]^{\otimes n} \tag{4-6}$$

其中，x,y,z 分别为 Alice 发送的数据、Bob 接收到的数据和 Eve 测量得到的数据。

在联合窃听下，Eve 在获得 Alice 与 Bob 之间的经典后处理信息后，对它存储的附属系统采取最优的联合测量，此时 Alice、Bob 与 Eve 三者之间的量子态为

$$\boldsymbol{\rho}_{aBE}=\Big[\sum_{a}P(a)\,|a\rangle\langle a|_{a}\otimes\psi_{BE}^{a}\Big]^{\otimes n} \tag{4-7}$$

在相干窃听下，Eve 对制备的附属系统进行联合同一操作 U_P，将联合同一的附属系统与 Alice 发送的所有信号进行联合的相互作用，并将联合作用后的附属系统存储在量子存储中，在后处理步骤完成之后，Eve 对附属系统的集合进行联合测量 U_M。发送 n 个信号态后 Alice、Bob 与 Eve 三者之间的量子态为

$$\boldsymbol{\rho}_{aBE}=\sum_{a^n}P(a^n)\;|a^n\rangle\langle a^n|_{a}\otimes\boldsymbol{\rho}_{BE}^{a^n} \tag{4-8}$$

Eve 在获得 Alice 与 Bob 之间的经典后处理信息后，对它存储的附属系统系统采取最优的联合测量。

从上述定义中可以看出，个体窃听包含于联合窃听，联合窃听包含于相干窃听，而相干窃听代表着最为广义的量子操作与量子测量，是窃听者能力最强的窃听方式。因此，当对协议进行理论安全性分析时，最希望证明的就是在相干窃听下的无条件安全性。所以，在后续介绍各协议理论安全性证明中，将会重点介绍已证明的最强窃听下协议的安全码率计算方法。

4.2 GG02 协议

目前，GG02 协议[12]已被证明在渐近极限时（无限码长）联合窃听下是安全的[13-14]。下面将分别介绍 GG02 协议在个体窃听和联合窃听下的安全码率的仿真建模方法。首先对 GG02 协议的 EB 模型进行简要的描述，详细内容见第 3 章。

如图 4-4 所示，在 GG02 协议中，Alice 首先制备 n 个方差分别为 V_A 的 EPR 态，

将它们的一个模式 A 保留下来。随后，Alice 将另一个模式 B_0 发送给 Bob。Alice 对其保留的模式进行外差探测，Bob 对其收到的模式进行零差探测。最后，Alice 和 Bob 利用修正后的数据进行参数估计，数据后处理，数据协调和私钥放大等步骤得到最终的安全密钥。

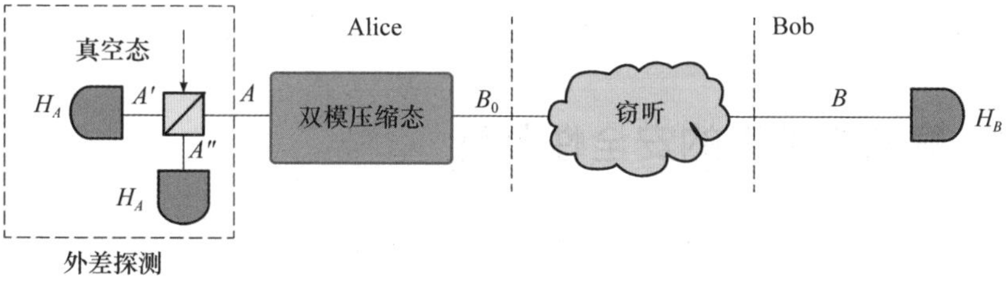

图 4-4　GG02 协议 EB 模型示意图

4.2.1　个体窃听下的安全性分析

在个体窃听中，Eve 使用任意的幺正变换将自己制备的每个附属系统与 Alice 发送的每个信号态进行独立的相互作用，并在作用后立即对每个附属系统进行独立测量。由于反向协调的对信道衰减的抗性优于正向协调，所以在下文中主要考虑反向协调下的安全性。

在个体窃听下，Alice 与 Bob 之间的互信息量 I_{AB} 和 Eve 与 Bob 之间的互信息量 I_{BE} 都可以用香农熵表示，故安全码率可以写成

$$\begin{aligned}K_{\mathrm{GG02}}^{\mathrm{ind}}&=\beta I_{AB}-I_{BE}\\&=\beta[H(B)-H(B|A')]-[H(B)-H(B|E)]\\&=H(B|E)-H(B|A')-(1-\beta)H(B)\end{aligned} \tag{4-9}$$

式中 β 为协调效率，$H(X)$ 代表香农熵，其数值等于 $\langle x^2\rangle$；$H(X|Y)$ 代表条件熵，可通过条件方差计算

$$H(X|Y)=\frac{1}{2}\log V_{X|Y}$$
$$V_{X|Y}=\langle x^2\rangle-\frac{\langle xy\rangle^2}{\langle y^2\rangle} \tag{4-10}$$

根据不确定性关系可以得到，Alice 和 Eve 对 Bob 的条件方差满足如下不等式

$$V_{B|E}V_{B|A=0}\geqslant 1 \tag{4-11}$$

利用上式即可计算个体窃听下的安全码率为

$$K_{\mathrm{GG02}}^{\mathrm{ind}}\geqslant\frac{1}{2}\log\left(\frac{1}{V_{B|A}V_{B|A'=0}}\right)-\frac{1}{2}(1-\beta)\log(V_B) \tag{4-12}$$

其中

$$V_{B|A}=T(\chi+1/V)$$
$$V_{B|A'=0}=T(\chi+1) \tag{4-13}$$
$$V_B=T(V+\chi)$$

式中 $\chi=(1-T)/T+\varepsilon$ 为等效到输入端的量子信道过量噪声。将式(4-13)代入式(4-12),即可得到个体窃听下 GG02 协议的安全码率。

4.2.2 联合窃听下的安全性分析

在联合窃听中,Eve 将自己制备的附属系统与 Alice 的信号态进行独立的相互作用,并将作用后的模式存储在量子内存中。待基比对结束后,Eve 再采取联合测量来提取信息。由于联合窃听时,高斯窃听最优性定理使得可以将终态视作高斯态来计算安全码率。

一般情况下,当 Alice 初始制备并分发方差为 V 的双模压缩态时,在 Bob 接收到量子态之后但测量之前,系统的态 $\boldsymbol{\rho}_{AB}$ 是一个均值为 0、协方差矩阵为 $\boldsymbol{\gamma}_{AB}$ 的双模高斯态:

$$\boldsymbol{\gamma}_{AB}=\begin{pmatrix} a\boldsymbol{I}_2 & c\boldsymbol{\sigma}_z \\ c\boldsymbol{\sigma}_z & b\boldsymbol{I}_2 \end{pmatrix}=\begin{pmatrix} V\boldsymbol{I}_2 & \sqrt{T(V^2-1)}\boldsymbol{\sigma}_z \\ \sqrt{T(V^2-1)}\boldsymbol{\sigma}_z & T(V+\chi)\boldsymbol{I}_2 \end{pmatrix} \tag{4-14}$$

通常,将 T 称为信道的透射率,而 $\chi=(1-T)/T+\varepsilon$ 代表由高斯信道引入的过量噪声。这是假定窃听者在信道中使用的是纠缠克隆窃听操作。在这类窃听操作中,窃听者首先制备一个 EPR(通常就是 TMSS,其方差 V_E 与信道过量噪声 ε 和透过率 T 都有关系)并保留其中一个模式,而将另一个模式与 Alice 的出射信号通过透过率为 T 的分束器进行耦合。其输出模式中的一个经过无衰减信道发往 Bob,另一个模式则被窃听者保留下来,最终与原本保留的模式一同进行最优测量。

当窃听者采用联合窃听时,在确定了协方差矩阵 $\boldsymbol{\gamma}_{AB}$ 的形式后,就可根据式求出安全码率。计算分为两部分,一是 Alice 和 Bob 之间的互信息 I_{AB},其一般用香农熵表示;二是 Eve 与协调方(正向协议时为 Alice 端,反向协调时为 Bob 端)之间的互信息 S_E,一般由冯诺依曼熵表示。

在具体介绍计算法之前,明确一下协议安全码率仿真建模的意义。一般来讲,分析证明一个协议的安全性,主要是要能给出安全码率公式,且该公式的计算应当只依赖于实际系统中的测量量,而不应当对信道中 Eve 的窃听形式做任何限制。

但在协议设计时,人们也常需要事先评估该协议的性能优劣,以便判断其是否实用。这里的性能通常是指在有噪环境、但无窃听者的情况下(也常被称为被动窃听者),协议可得到的安全码率、通信距离、可容忍过量噪声等特点。但此时由于还未构建实际系统,无法从实验数据统计出协方差矩阵。因此,多使用的是建模仿真的方法来得到协方差矩阵,进而评估协议的性能。该建模方法可以是假设某种较为能描述信道中环境噪声特性的窃听方式，或是根据经验假设出最终协方差矩阵的形式。在高斯调制单路协议中，由于上述介绍的协方差矩阵的特点，常使用式(4-14)形式的协方差矩阵来进行仿真，此时称参数 T 为信道透过率，其与通信距离相关联，一般满足 $T=10^{-\alpha L/10}$，其中 $\alpha=0.2\ \mathrm{dB/km}$，而 L 代表传输距离；而称参数 ε 为过量噪声，与环境噪声(或等效的看做 Eve 的窃听所引入的噪声)有关。

4.2.2.1 无限码长(渐近极限)条件下

当窃听者采用联合窃听时，Alice 和 Bob 之间的互信息 I_{AB} 依然可以用香农熵表示，Eve 与 Bob 之间的互信息 S_{BE} 则由冯诺依曼熵表示，其上限可以由 Holevo 界确定

$$K_{\mathrm{GG02}}^{\mathrm{coll}}=\beta I_{AB}-S_{BE} \tag{4-15}$$

由于个体窃听和联合窃听的区别在于 Eve 测量方式的差异，这并不会对 Alice 的调制数据和 Bob 的测量结果产生影响，因而 I_{AB} 的计算方式与个体窃听的计算方式一致。要计算 Eve 窃取到的信息，首先需要将其表示为条件熵的函数

$$S_{BE}=S(E)-S(E|b) \tag{4-16}$$

式中 $S(E)$ 为 Eve 掌握的量子态的冯诺依曼熵，$S(E|b)$ 为已知 Bob 的测量结果后 Eve 掌握的量子态的条件熵。容易证明当 Alice、Bob 和 Eve 三者的量子态为纯态时，窃听者能够获取的信息量最大，因而上式可以改写成

$$S_{BE}=S(AB)-S(A|b) \tag{4-17}$$

式中 $S(AB)$ 为 Alice 和 Bob 两体系统的冯诺依曼熵，$S(A|b)$ 为已知 Bob 的测量结果后 Alice 掌握的量子态的条件熵，这两者可以利用前文给出的 Alice 和 Bob 之间的两体系统的协方差矩阵计算得到。根据 Williamson 定理，冯诺依曼熵可以由辛特征值求得，经过一系列计算，协方差矩阵 $\boldsymbol{\gamma}_{AB}$ 的辛特征值为

$$\lambda_{1,2}=\sqrt{\frac{1}{2}\left[\Delta\pm\sqrt{\Delta^2-4D^2}\right]} \tag{4-18}$$

式中 $\Delta=V^2(1-2T)+2T+T^2(V+\chi)^2$，$D=T(V\chi+1)$。同理可以求出 $S(A|b)$ 的值。利用上一节中的公式，Bob 实施零差测量后 Alice 掌握的量子态的协方差矩阵可以写成 $\boldsymbol{\gamma}_A^{x_b}=\begin{pmatrix}\dfrac{V\chi+1}{V+\chi} & 0\\ 0 & V\end{pmatrix}$。

其辛特征值为

$$\lambda_3=\sqrt{\frac{V(V\chi+1)}{V+\chi}} \tag{4-19}$$

根据以上的辛特征值就可以写出 S_{BE} 的表达式，利用此式可以计算出联合窃听下的安全码率

$$S_{BE}=g\left(\frac{\lambda_1-1}{2}\right)+g\left(\frac{\lambda_2-1}{2}\right)-g\left(\frac{\lambda_3-1}{2}\right) \tag{4-20}$$

图 4-5 给出了个体窃听和联合窃听下(无限码长)安全码率的数值仿真结果示意图,其中理想条件的仿真参数为 $V=1000$, $\varepsilon=0.01$, $\beta=1$;实际条件的仿真参数为 $V=4$, $\varepsilon=0.05$, $\beta=0.98$。如图 4-5 所示,联合窃听下的安全码率小于个体窃听下的安全码率,这也验证了联合窃听强于个体窃听的论断。

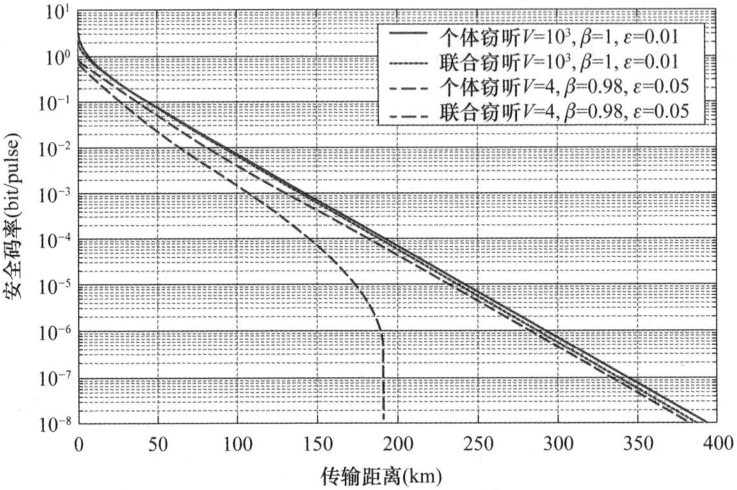

图 4-5　GG02 协议在个体窃听和联合窃听下的安全码率

4.2.2.2　有限码长统计波动条件下

有限码长统计波动对 GG02 协议的安全性有很大的影响,与无限码长方案相比,其安全码率相对受限,传输距离较短。直观来讲,当数据长度有限时,抽样估计的波动会变差,这会导致对信道中 Eve 窃听行为的评估准确度下降。为了获得高安全性,不得不放宽估计的波动空间以包含更多可能的情况,且对窃听行为要做最坏估计。否则,就会面临高估安全码率的风险。这种放宽的估计就导致了协议性能的下降[15-16]。

记 N 为 Alice 和 Bob 之间交换数据的总长度,x 和 y 分别为 Alice 和 Bob 经过量子态测量以后的经典数据,E 为窃听者的量子态。对于联合窃听 CV-QKD 协议的安全码率可以表示为

$$k=\frac{n}{N}[\beta I(x:y)-S_{\varepsilon_{PE}}(y:E)-\Delta(n)] \tag{4-21}$$

在无限码长方案中,安全码率表示为

$$K_{\mathrm{GG02}}^{\mathrm{inf}}=\beta I_{AB}-S_{BE}=\beta I(x:y)-S(y:E) \tag{4-22}$$

可以看出有限码长情况下的安全码率与无限码长的安全码率有几点不同。首先,在交换的 N 个数据中只有 n 个用来生成密钥,这是因为其他的 $m=N-n$ 个数据用来进行参数估计,因此在公式的前面会有一个 n/N 的系数。这个系数对最终的安

全码率不会产生很大的影响,因为它只是降低了安全码率,目前真正的困难是在给定的条件下如何提取出有用的密钥。

其次,考虑到有限码长对参数估计精确度的影响,条件熵 $S(y:E)$应表示为 $S_{\varepsilon_{PE}}(y:E)$。在无限码长方案中,用于估计信道特性而抽样的量子态数量是无穷多的,因此在联合窃听时可认为 Alice 和 Bob 对量子信道特性是完全掌握的。然而在有限码长方案中,无法提前掌握量子信道的特性,即使经过数据交换以后,也只能部分掌握量子信道的特性。更准确地说,只能给出这样的表述:"真实的信道参数处于所估计的信道参数附近某一置信区间内",该表述出错的概率为 ε_{PE}。

对于 CV-QKD 协议,安全码率主要和三个物理参数有关:Alice 的调制方差 V_A,透射率 T 以及信道过噪声 ε(对应于 Bob 端相比散粒噪声多出来的噪声)。想要得到期望的最大的安全码率,主要思想是最优化 V_A。为了做到这一点,Alice 和 Bob 需要估计 T 和 ε。透射率可以用 $\eta T=10^{-\alpha L/10}$ 精确计算,其中 η 是已知的 Bob 端探测器的量子效率,L 是 Alice 和 Bob 之间以 km 为单位表示的距离。在这里,假设光纤损耗为 0.2 dB/km。实际上,在量子密钥分发开始之前,可以对透射率 T 进行精确的估计,但是信道过噪声 ε 对设备的质量有依赖,通常在先进的设备上,其值约为散粒噪声的 1%。这只是理想情况下过量噪声的值,实际的测量值由于高统计噪声会和理论值有很大的差异。

再次,对应于数据协调阶段的协调效率 β,它受到 Alice 和 Bob 之间为了实际完成数据协调而暴露信息量(leak_{EC})多少的影响,其定义为(反向协调时)

$$\beta=\frac{H(y)-\text{leak}_{\text{EC}}}{I(x:y)} \tag{4-23}$$

暴露的信息不再安全,需要在后续保密增强步骤中去除。所以暴露的信息越多,协议的最终可生成安全密钥就越少。因此,可将 β 视为实际可提取的互信息与理想可提取互信息之间的比例。也就是说,在经过数据协调以后 Alice 和 Bob 之间共享的密钥长度为 $n\beta I(x:y)$(n 为数据协调所用的数据长度,其余的数据用来做参数估计)。除了确定距离下的安全码率,非理想的协调效率也会降低 CV-QKD 协议的安全传输距离。

最后,参数 $\Delta(n)$和私钥放大的安全性有关,其值表示为

$$\Delta(n)\equiv(2\dim H_X+3)\sqrt{\frac{\log_x(2/\bar{\varepsilon})}{n}}+\frac{2}{n}\log(1/\varepsilon_{PA}) \tag{4-24}$$

其中,H_X 为对应于未经处理密钥中用到的变量 x 的 Hilbert 空间,$\bar{\varepsilon}$ 为一个平滑参数,ε_{PA} 为私钥放大程序失败的概率。平滑参数 $\bar{\varepsilon}$ 和 ε_{PA} 都是中间变量,可以任意指定,其取值越小越好。但可看出,其数值越小,最终的安全码率就越小。$\Delta(n)$的第一项,即平方根项,实际上对应于独立同分布(i. i. d)态的平滑最小熵向其冯诺依曼熵的收敛速度。实际上只有无限码长时,i. i. d 态的平滑最小熵才等于其冯诺依曼熵。第二项直接和私钥放大过程的失败概率有关。

在 QKD 安全性协议里，需要找一个对应于全局安全性的参数 ε。相比于无限码长时的无条件安全性，在有限码长情况下，CV-QKD 协议被限制为 ε 安全的。参数 ε 对应于整个协议的失败概率，意味着协议最多除了概率 ε 外都可以确保被执行。失败概率 ε 可以通过前面描述的几种参数来表示

$$\varepsilon=\varepsilon_{PE}+\varepsilon_{EC}+\bar{\varepsilon}+\varepsilon_{PA} \tag{4-25}$$

所有的参数 ε_{PE}，ε_{EC} 分别代表参数估计出错的概率和数据协调后仍有残余误码的概率。这些参数都可以独立地选定为任意的数值，只是需要调整相应协议步骤的其他参数。

◇ ε_{PE} 可以通过增加用来参数估计的样本的大小来使得其尽量小。

◇ ε_{EC} 对应于数据协调失败的概率，可以通过下面的步骤降低：Alice 和 Bob 只需要分别计算他们经过数据协调以后得到的比特串的 hash 值并公开比较。这个过程相当于把错误放大，即使原始数据只有很小的一部分不同，他们的 hash 值也会有很大差异。因此 Alice 和 Bob 仅通过少量的数据就可以检查它们共享的数据是否相同。

◇ $\bar{\varepsilon}$ 和 ε_{PA} 都是中间参数可以通过计算达到最优化。

因此，全局安全参数 ε 可以做到任意小，但是其代价是降低了最终的安全码率。这一负面影响可以通过增加 Alice 和 Bob 分发的量子态总数量 N 来降低。

对于 CV-QKD 协议，有限码长的主要影响是参数估计过程，更准确地说，是分析有限的数据长度 N 对过量噪声及透射率估计的影响，还需要考虑 Alice 调制方差的统计波动，以及真空态散粒噪声方差标定时的统计波动问题。目标是计算 $S_{\varepsilon_{PE}}(y:E)$，即 Eve 和 Bob 之间的 Holevo 信息在参数估计存在统计波动情况下的最大值。这里讨论没有后选择时 CV-QKD 协议的参数估计过程。在没有后选择的情况下，仅利用 Alice 和 Bob 之间共享的基于纠缠态的协方差矩阵就可以计算出其上界。协方差矩阵 $\boldsymbol{\gamma}_{AB}$ 可以表示为

$$\boldsymbol{\gamma}_{AB}=\begin{pmatrix}(V_A+1)\boldsymbol{I}_2 & \sqrt{T}Z\,\boldsymbol{\sigma}_z \\ \sqrt{T}Z\,\boldsymbol{\sigma}_Z & (TV_A+1+T\xi)\boldsymbol{I}_2\end{pmatrix} \tag{4-26}$$

其中，V_A 是 Alice 的调制方差，T 和 ξ 是需要估计的透射率和信道过噪声。Z 是 V_A 的函数，与调制方式有关。对于高斯调制，其值为

$$Z_{\text{Gauss}}=\sqrt{V_A^2+2V_A} \tag{4-27}$$

为了计算 $S_{\varepsilon_{PE}}(y:E)$，只需要估计 $\Gamma_{\varepsilon_{PE}}$，它的估计是通过一组 $m\equiv N-n$ 个相关变量 $(x_i,y_i)_{1\cdots m}$ 的样本得到的。对于一般的线性信道，Alice 和 Bob 之间数据的关系为

$$y=tx+z \tag{4-28}$$

其中，$t=\sqrt{T}$，z 服从一个方差未知但形如 $\sigma^2=1+T\xi$ 的中心正态分布。对于高斯调制，x 是一个服从方差为 V_A 的正态分布的随机变量。因此需要研究 $S(y:E)$ 和变量

t 以及 σ^2 的关系。对于任意的 V_A，考虑

$$\left.\frac{\partial S(y:E)}{\partial t}\right|_{\sigma^2}<0,\left.\frac{\partial S(y:E)}{\partial \sigma^2}\right|_{t}>0 \tag{4-29}$$

这意味着可以至少以概率 $1-\varepsilon_{PE}$ 找到最小化安全码率的协方差矩阵 $\boldsymbol{\gamma}_{\varepsilon_{PE}}$

$$\boldsymbol{\gamma}_{\varepsilon_{PE}}=\begin{pmatrix}(V_A+1)\boldsymbol{I}_2 & t_{\min}Z\boldsymbol{\sigma}_z\\ t_{\min}Z\boldsymbol{\sigma}_z & (t_{\min}V_A+\sigma_{\max}^2)\boldsymbol{I}_2\end{pmatrix} \tag{4-30}$$

其中 $t_{\min}$ 和 $\sigma_{\max}^2$ 分别为通过样本数据计算出的，错误概率 $\varepsilon_{PE}/2$ 时，t 的最小值和 σ^2 的最大值。对两者的估计采用最大似然估计 $\hat{t}$ 和 $\hat{\sigma}^2$

$$\hat{t}=\frac{\sum_{i=1}^{m}x_iy_i}{\sum_{i=1}^{m}{x_i}^2},\hat{\sigma}^2=\frac{1}{m}\sum_{i=1}^{m}(y_i-\hat{t}x_i)^2 \tag{4-31}$$

运用大数定理和中心极限定理，可以知道 $\hat{t}$ 和 $\hat{\sigma}^2$ 近似满足如下分布

$$\hat{t}\sim N\left(t,\frac{\sigma^2}{\sum_{i=1}^{m}{x_i}^2}\right),\frac{m\hat{\sigma}^2}{\sigma^2}\sim\chi^2(m-1) \tag{4-32}$$

其中，N 为正态分布，χ^2 为卡方分布。t 和 σ^2 是参数的真实值，这样就可以计算当置信概率为 $\varepsilon_{PE}/2$ 时，t 的置信区间下界 $t_{\min}$，以及 σ^2 的置信区间上界 $\sigma_{\max}^2$。

$$\begin{gathered}t_{\min}\approx\hat{t}-z_{\varepsilon_{PE}/2}\sqrt{\frac{\hat{\sigma}^2}{mV_A}}\\ \sigma_{\max}^2\approx\hat{\sigma}^2+z_{\varepsilon_{PE}/2}\frac{\hat{\sigma}^2\sqrt{2}}{\sqrt{m}}\end{gathered} \tag{4-33}$$

其中，$z_{\varepsilon_{PE}/2}$ 满足 $1-\mathrm{erf}(z_{\varepsilon_{PE}/2}/\sqrt{2})=\varepsilon_{PE}/2$，erf 是误差函数，定义为

$$\mathrm{erf}(x)=\frac{2}{\sqrt{\pi}}\int_0^x \mathrm{e}^{-t^2}\,\mathrm{d}t \tag{4-34}$$

可以通过计算 $\hat{t}$ 和 $\hat{\sigma}^2$ 从而得到 $t_{\min}$ 和 $\sigma_{\max}^2$，最后计算出 $S_{\varepsilon_{PE}}(y:E)$。为了从理论上继续分析协议的安全性，取 $\hat{t}$ 和 $\hat{\sigma}^2$ 的期望值

$$\begin{gathered}E[\hat{t}]=\sqrt{T}\\ E[\hat{\sigma}^2]=1+T\varepsilon\end{gathered} \tag{4-35}$$

以期望值替代最大似然估计，可以计算出 $t_{\min}$ 和 $\sigma_{\max}^2$

$$\begin{gathered}t_{\min}\approx\sqrt{T}-z_{\varepsilon_{PE}/2}\sqrt{\frac{1+T\varepsilon}{mV_A}}\\ \sigma_{\max}^2\approx 1+T\varepsilon+z_{\varepsilon_{PE}/2}\frac{(1+T\varepsilon)\sqrt{2}}{\sqrt{m}}\end{gathered} \tag{4-36}$$

最终得到协方差矩阵 $\boldsymbol{\gamma}_{\varepsilon_{PE}}$，它可以用来计算有限码长下安全码率的期望值

$$\boldsymbol{\gamma}_{\varepsilon_{PE}}=\gamma_{AB}+\begin{pmatrix}0\boldsymbol{I}_2 & \Delta_Z\boldsymbol{\sigma}_Z\\ \Delta_Z\boldsymbol{\sigma}_Z & \Delta_B\boldsymbol{I}_2\end{pmatrix} \tag{4-37}$$

其中

$$\Delta_z = -z_{\varepsilon_{PE}/2}\sqrt{\frac{1+T\varepsilon}{mV_A}} \tag{4-38}$$

$$\Delta_B = \frac{z_{\varepsilon_{PE}/2}}{\sqrt{m}}((1+T\varepsilon)\sqrt{2}-2\sqrt{TV_A})+z^2_{\varepsilon_{PE}/2}\frac{1+T\varepsilon}{m}$$

它可以用来计算有限码长下,考虑了参数估计的统计波动影响的安全码率。对于远距离 CV-QKD 而言,主要的影响是过量噪声的不确定度 $\Delta_m\varepsilon$,其可近似表示为

$$\Delta_m\varepsilon \approx \frac{z_{\varepsilon PE/2}\sqrt{2}}{T\sqrt{m}} \tag{4-39}$$

根据上式可以得到

$$m \approx \frac{2z^2_{\varepsilon PE/2}}{T^2\Delta m\varepsilon^2} \tag{4-40}$$

对于 $\varepsilon_{PE}=10^{-10}$,那么 $z_{\varepsilon_{PE}/2}\approx 6.5$,如果要求 $\Delta_m\varepsilon \approx 1/100$,那么参数估计所需的样本大小与信道透过率之间的关系就近似为

$$m \propto \frac{10^6}{T^2} \tag{4-41}$$

如果 Alice 和 Bob 之间的距离为 50 km,那么 $T=10^{-1}$,这意味着传输数据长度要达到10^7 量级。如果距离为 100 km,那么数据长度要达到10^9 量级。

图 4-6 为反向协调相干态零差探测协议在有限码长条件下安全码率与传输距离的关系曲线。可以看到随着码长的减小,安全码率和最远传输距离都在减少。在无限码长时,协议可以安全传输 270 km 以上,而当码长缩短到 $N=10^7$ 时,则只能安全传输56 km。这就意味着如果希望传输更远的距离,那么就需要更大的码长,这就对系统提出了更高的要求。

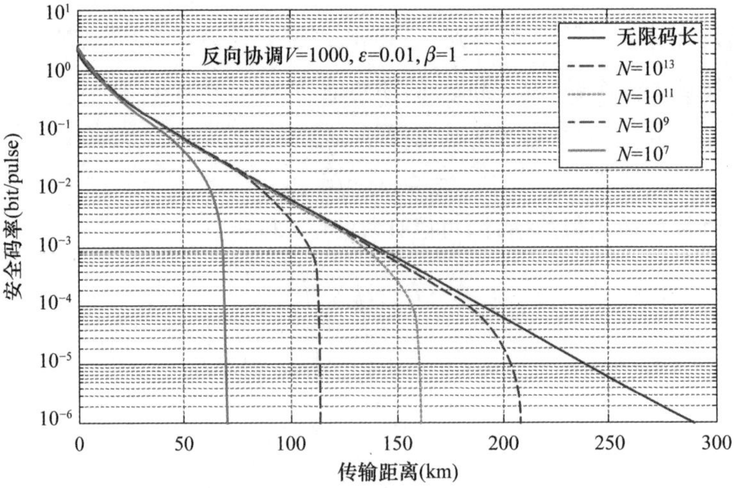

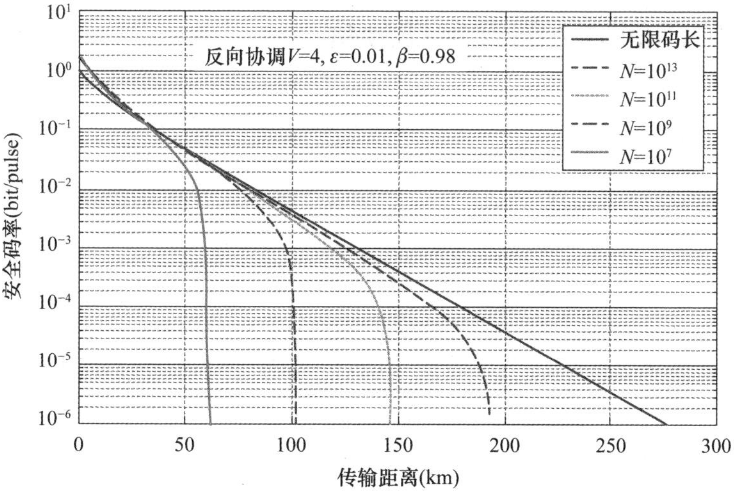

图 4-6 GG02 协议在有限码长条件下安全码率与传输距离的关系曲线

4.3 无开关协议

目前，无开关协议[17]已被证明在组合安全性框架下相干窃听下是安全的[18-21]。下面将分别介绍无开关协议在联合窃听和相干窃听下的安全性分析方法以及安全码率的仿真建模。

如图 4-7 所示，在无开关协议中，Alice 首先制备 n 个方差分别为 V_A 的 EPR 态，将它们的一个模式 A 保留下来。随后，Alice 将另一个模式 B_0 发送给 Bob。Alice 和 Bob 分别对其保留的模式和其收到的模式进行外差探测。最后，Alice 和 Bob 利用修正后的数据进行参数估计、数据后处理、数据协调和私钥放大等步骤得到最终的安全密钥。

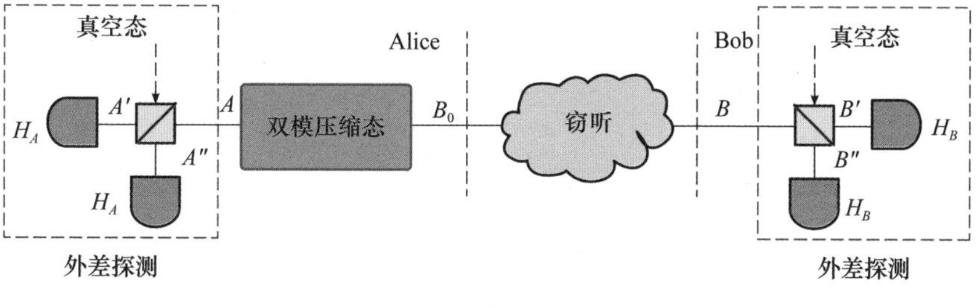

图 4-7 无开关协议 EB 模型示意图

4.3.1 个体窃听下的安全性分析

个体窃听下的无开关协议的安全性分析方法与 GG02 协议类似，在个体窃听下，Alice 与 Bob 之间的互信息量 I_{AB} 和 Eve 与 Bob 之间的互信息量 I_{BE} 都可以用香农熵表示，故安全码率可以写成

$$\begin{aligned} K_{\text{N-S}}^{\text{ind}} &= 2\cdot(\beta I_{AB}-I_{BE}) \\ &= 2\cdot[\beta[H(B')-H(B'|A')]-[H(B')-H(B'|E)]] \\ &= 2\cdot[H(B'|E)-H(B'|A')-(1-\beta)H(B')] \end{aligned} \tag{4-42}$$

式中 β 为协调效率，$H(X)$ 代表香农熵，其数值等于 $\langle x^2\rangle$；$H(X|Y)$ 代表条件熵，可通过条件方差计算

$$\begin{aligned} H(X|Y) &= \frac{1}{2}\log V_{X|Y} \\ V_{X|Y} &= \langle x^2\rangle-\frac{\langle xy\rangle^2}{\langle y^2\rangle} \end{aligned} \tag{4-43}$$

由上式可得

$$V_{B'|A'}=\frac{1}{2}(V_{B|A'}+1) \tag{4-44}$$

根据不确定性关系可以得到，Alice 和 Eve 对 Bob 的条件方差满足如下不等式

$$V_{B|E}V_{B|A}\geqslant 1 \tag{4-45}$$

由上式可推出

$$V_{B'|E}=\frac{1}{2}(V_{B|E}+1)\geqslant\frac{1}{2}\left(\frac{1}{V_{B|A}}+1\right) \tag{4-46}$$

利用上述公式即可计算个体窃听下的安全码率为

$$K_{N-S}^{\text{ind}}\geqslant\log\left(\frac{\frac{1}{2}\left(\frac{1}{V_{B|A}}+1\right)}{\frac{1}{2}(V_{B|A'}+1)}\right)-(1-\beta)\log(V_B) \tag{4-47}$$

其中

$$\begin{aligned} V_{B|A} &= T(\chi+1/V) \\ V_{B|A'} &= T(\chi+1) \\ V_B &= T(V+\chi) \end{aligned} \tag{4-48}$$

式中 $\chi=(1-T)/T+\varepsilon$ 为等效到输入端的量子信道过量噪声。将式(4-47)代入式(4-46)，即可得到个体窃听下无开关协议的安全码率。

图 4-8 给出了个体窃听下无开关协议和 GG02 协议的安全码率的数值仿真结果示意图，其中理想条件的仿真参数为 $V=1000$，$\varepsilon=0.01$，$\beta=1$；实际条件的仿真参数为 $V=4$，$\varepsilon=0.3$，$\beta=0.95$。反向协调下，无开关协议的性能要稍弱于 GG02 协议一

些。理想条件下,无开关协议的安全传输距离可达到 290 km 以上,实际条件下,安全传输距离可达到 70 km 以上。

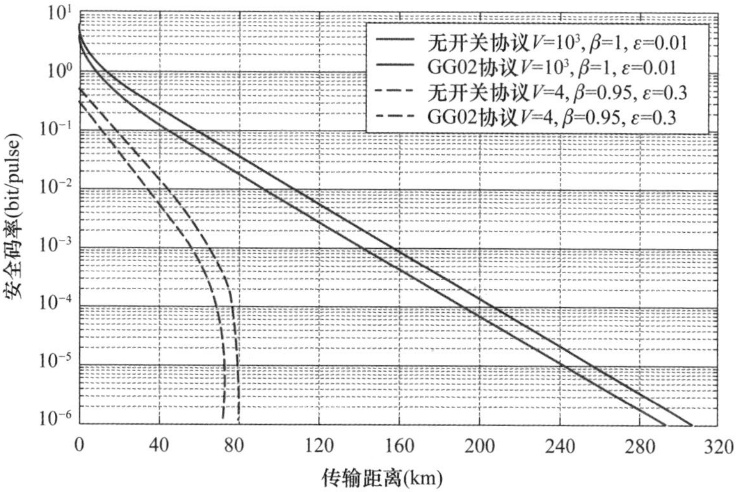

图 4-8　无开关协议个体窃听下安全码率仿真

4.3.2　联合窃听下的安全性分析

4.3.2.1　无限码长条件下

接下来将先介绍协议联合窃听下安全码率的仿真建模,它是连续变量类协议安全码率计算的基础,组合安全性框架下联合窃听下安全码率的计算也是根据它作为基础来进行修正的。

根据前边的分析,Alice 与 Bob 之间互信息 $I_{AB}=H(B)-H(B|A)$ 的计算可以将两者数据的概率分布当做高斯分布来计算。而高斯变量的熵计算较为容易,$H(B)=\frac{1}{2}\log V_B$,其中 V_B 是 Bob 数据的方差,$H(B|A)=\frac{1}{2}\log V_{B|A}$,其中

$$V_{B|A}=\langle b^2\rangle-\frac{\langle ba\rangle^2}{\langle a^2\rangle} \tag{4-49}$$

在无开关协议中,Alice 和 Bob 均采用外差探测进行测量,可以计算出各互信息如下

$$I_{AB}=2I(x_A^M:x_B^M)=\log\left[\frac{V_B+1}{V_{B|A^M}+1}\right]=\log\left[\frac{T(V+\chi)+1}{T(\chi+1)+1}\right] \tag{4-50}$$

正向协调时,Eve 需要利用自己窃听得的密钥信息去猜测 Alice 的密钥,这里 S_E^D 表示相干态外差探测协议时 Eve 窃取密钥信息,上标 D 表示正向协调,具体形式如下

$$S_E^D = S(E) - S(E \mid x_A^M, p_A^M) \tag{4-51}$$

在 Eve 可以纯化整个系统的条件下，上式可以改写成

$$S_E^D = S(\boldsymbol{\rho}_{AB}) - S(\boldsymbol{\rho}_{AB} \mid x_A^M, p_A^M) \tag{4-52}$$

式中 $S(\boldsymbol{\rho}_{AB})$ 为 Alice 和 Bob 两体系统的冯诺依曼熵，$S(\boldsymbol{\rho}_{AB} \mid x_A^M, p_A^M)$ 为已知 Alice 的测量结果后 Alice 和 Bob 两体系统的条件熵，可以由 Alice 和 Bob 之间两体系统的协方差矩阵计算得出，具体形式为：

$$\boldsymbol{\gamma}_{AB} = \begin{pmatrix} a\boldsymbol{I} & c\boldsymbol{\sigma}_Z \\ c\boldsymbol{\sigma}_z & b\boldsymbol{I}_2 \end{pmatrix} = \begin{pmatrix} V\boldsymbol{I}_2 & \sqrt{T(V^2-1)}\boldsymbol{\sigma}_z \\ \sqrt{T(V^2-1)}\boldsymbol{\sigma}_z & T(V+\chi)\boldsymbol{I}_2 \end{pmatrix}$$

其中参数 T、χ 的定义与前面 GG02 协议相同。

由于 $S(\boldsymbol{\rho}_{AB})$ 是 Alice 和 Bob 两体系统的冯诺依曼熵，它跟测量方式的选择无关，所以无开关协议的 $S(\boldsymbol{\rho}_{AB})$ 与前面 GG02 协议是一样的。根据 Williamson 定理，冯诺依曼熵可以由辛特征值求得，利用前文介绍的计算方法，可得出协方差矩阵 $\boldsymbol{\gamma}_{AB}$ 的辛特征值为

$$\lambda_{1,2} = \sqrt{\frac{1}{2}\left[\Delta \pm \sqrt{\Delta^2 - 4D^2}\right]} \tag{4-53}$$

式中，$D = ab - c^2 = T(V\chi + 1)$，$\Delta = a^2 + b^2 - 2c^2 = V^2(1-2T) + 2T + T^2(V+\chi)^2$。因此，将辛特征值带入冯诺依曼熵的计算公式可以得到

$$S(\boldsymbol{\rho}_{AB}) = S(\lambda_1 \boldsymbol{I}_2) + S(\lambda_2 \boldsymbol{I}_2) \tag{4-54}$$

对于 $S(\boldsymbol{\rho}_{AB} \mid x_A^M, p_A^M)$ 的计算，此时 Bob 是用外差测量，因此 Alice 的两个数据都会使用。所以，$S(\boldsymbol{\rho}_{AB} \mid x_A^M, p_A^M)$ 可通过求解协方差矩阵 $\boldsymbol{\gamma}_B^{x_A^M, p_A^M}$ 的辛特征值得到，其中

$$\boldsymbol{\gamma}_B^{x_A^M, p_A^M} = \begin{pmatrix} b - c^2/(a+1) & 0 \\ 0 & b - c^2/(a+1) \end{pmatrix} \tag{4-55}$$

可计算出辛特征值为

$$\lambda_3 = b - c^2/(a+1) = T(\chi + 1) \tag{4-56}$$

将辛特征值带入，有

$$S(\boldsymbol{\rho}_{AB} \mid x_A^M, p_A^M) = S(\lambda_3 \boldsymbol{I}_2) \tag{4-57}$$

反向协调时，Eve 需要利用自己窃听得到的密钥信息去猜测 Bob 的密钥。此时的计算方法与正向协调时类似，只需对调 A 与 B 的角色即可。记 S_E^R 表示相干态外差探测协议的 Alice 与 Bob 之间的互信息，上标 R 代表反向协调。具体形式表示如下：

$$S_E^R = S(E) - S(E \mid x_B^M, p_B^M) \tag{4-58}$$

同样在纯化条件下，上式可以改写成

$$S_E^R = S(\boldsymbol{\rho}_{AB}) - S(\boldsymbol{\rho}_{AB} \mid x_B^M, p_B^M) \tag{4-59}$$

式中，$S(\boldsymbol{\rho}_{AB} \mid x_B^M, p_B^M)$ 同样都可以由 Alice 和 Bob 之间的两体系统的协方差矩阵计算得到。

计算 $S(\boldsymbol{\rho}_{AB} \mid x_B^M, p_B^M)$ 时，将协方差矩阵 $\boldsymbol{\gamma}_B^{x_A^M, p_A^M}$ 中的 a 和 b 交换位置就可以得到 $\boldsymbol{\gamma}_A^{x_B^M, p_B^M}$。易得其辛特征值为

$$\lambda_4 = a - c^2/(b+1) = \frac{T(V\chi+1)+1}{T(V+\chi)+1} \tag{4-60}$$

将辛特征值带入,就可以求得条件熵

$$S(\boldsymbol{\rho}_{AB} \mid x_B^M, p_B^M) = S(\lambda_4 \boldsymbol{I}_2) \tag{4-61}$$

综上所述,可以给出无开关协议安全码率 $K_{N-S}^{D(R)}$ 的计算公式,具体形式如下

$$K_{N-S}^{D(R)} = I_{AB} - S_E^{D(R)} \tag{4-62}$$

通过本节与上一节对于无开关协议和 GG02 协议在无限码长联合窃听下的安全码率计算方法的介绍,可以通过相同的方法得到压缩态零差探测协议和压缩态外差探测协议在无限码长联合窃听下的安全码率,具体步骤在这里就不再赘述了。据此可以比较各协议在不同参数下的性能。协议的性能指标主要包括:安全码率,安全传输距离和可容忍过量噪声三方面。

在衰减信道中,过量噪声较小的情况下,反向协调的安全传输距离远远大于正向协调。这是由于在正向协调时,当信道衰减超过 3 dB 时,Eve 获取信号的信噪比要优于 Bob 所能得到的,此时可认为 Eve 获得了比 Bob 更多的关于 Alice 密钥的信息,因此正向协调的传输距离无法突破 3 dB(约 15 km)限制。而在反向协调时,Eve 需要对 Bob 的测量结果进行猜测,这使得她与合法通信方 Alice 相比就处于劣势,因此在安全传输距离上反向协调具有明显的优势。

图 4-9 和图 4-10 分别仿真了 8 种高斯协议理想条件下和实际条件下的性能,这两幅图表示使用正向协调和反向协调时,压缩态零差探测、GG02、压缩态外差探测、无开关协议在不同距离下的安全密钥率。图 4-9 中曲线使用的参数为理想条件,调制方差 $V=1\ 000$,过量噪声 $\varepsilon=0.01$,协调效率 $\beta=1$;图 4-10 中曲线使用的参数为实际条件,调制方差 $V=4$,过量噪声 $\varepsilon=0.01$,协调效率 $\beta=0.98$。可以看出,压缩态零差探测协议在正向协调和反向协调的情况下都获得了最高的安全密钥率。GG02 和压缩态零差探测在传输距离较远时的安全密钥率大小相当,在使用正向协调和反向协调时都是如此。

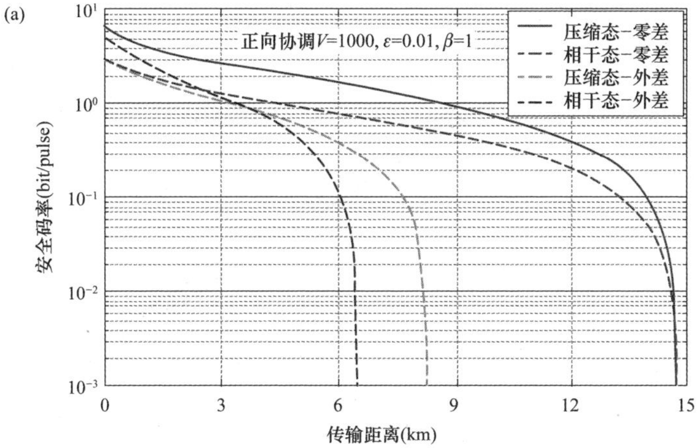

(b)

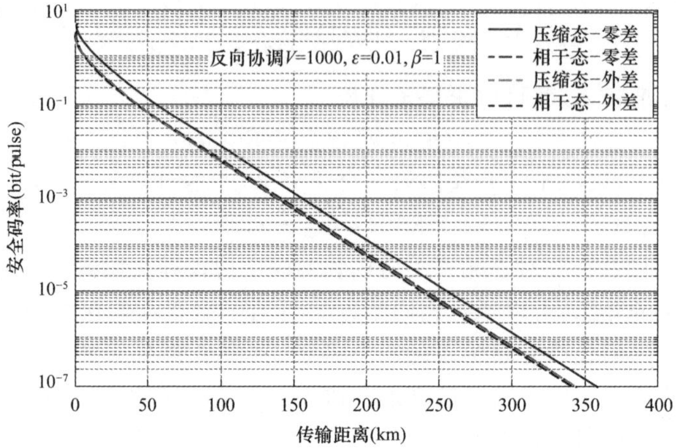

图 4-9　理想条件下 8 种高斯调制单路协议的安全码率仿真

(a)

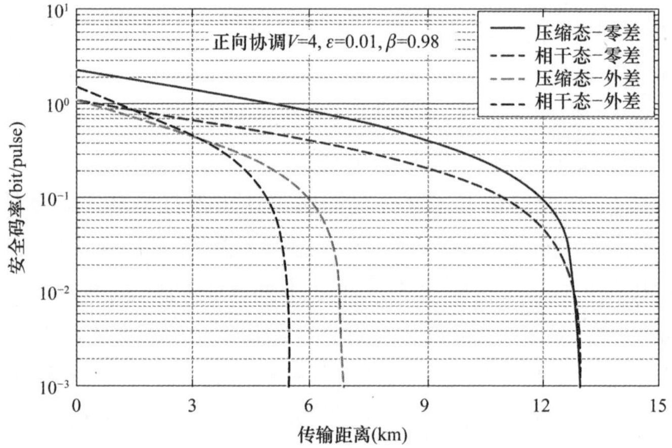

(b)

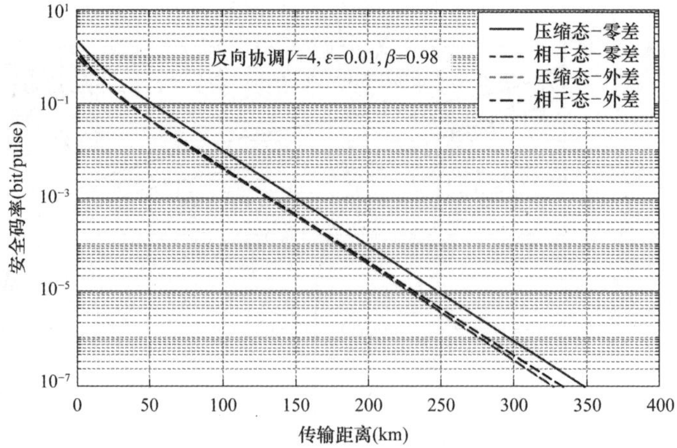

图 4-10　实际条件下 8 种高斯调制单路协议的安全码率仿真

可容忍噪声是连续变量协议的又一重要参数，说明了协议对于过量噪声的可忍耐程度，可容忍噪声较高的系统对于信道中环境扰动的抵抗能力就越强。由图 4-11 和图 4-12 的比较可以看出。使用正向协调时，零差探测的可容忍噪声要大于外差探测，使用反向协调时，压缩态的可容忍噪声要大于相干态。

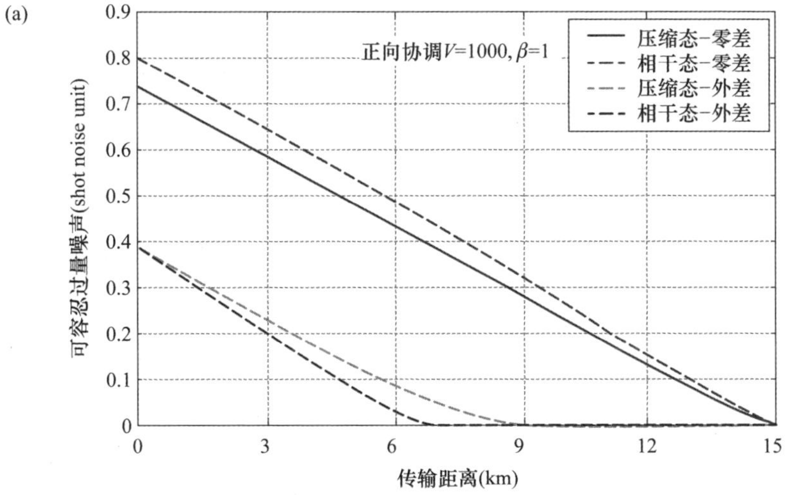

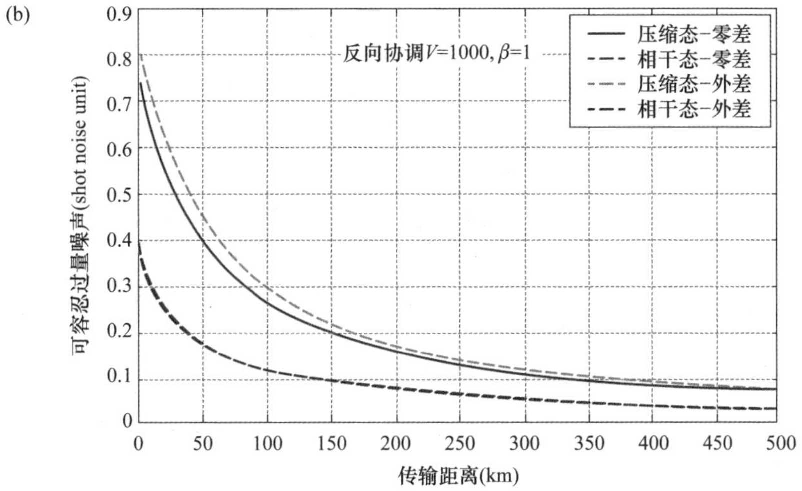

图 4-11 理想条件下 8 种高斯调制单路协议的可容忍噪声仿真

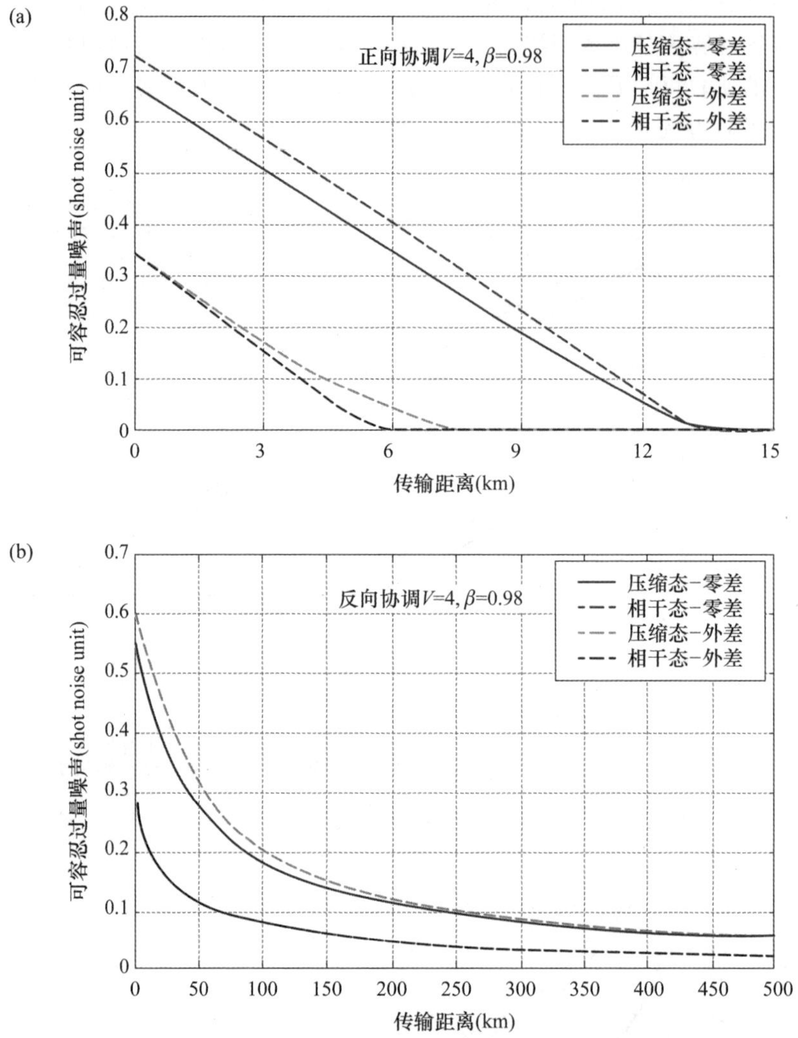

图 4-12　实际条件下八种高斯调制单路协议的可容忍噪声仿真

4.3.2.2　有限码长统计波动条件下

有限码长统计波动对无开关协议的安全性的影响与其对 GG02 协议的影响类似，当数据长度有限时，抽样估计的波动会变差，这会导致对信道中 Eve 窃听行为的评估准确度下降。同样为了获得高安全性，不得不放宽估计的波动空间以包含更多可能的情况，且对窃听行为要做最坏估计。具体的安全码率仿真建模方法参见第 4.2.2.2 节，这里就不再重复推导了。

4.3.2.3 组合安全性框架下

接下来将分析无开关协议 ε_0 在联合窃听下是通用组合安全的。这里 ε_0 指的是反向协调无开关协议的纠缠等效协议。正向协调下协议的安全性可以通过交换 Alice 和 Bob 在经典后处理中的位置获得。

通用组合安全性：

一个 QKD 协议是安全的意味着它具有稳健性，正确性和保密性的性质。一个纠缠等价的 QKD 协议 ε 是一个正定保迹映射（Completely-Positive Trace-Preserving，CPTP）：

$$\varepsilon: H_A \otimes H_B \rightarrow S_A \otimes S_B \otimes C$$

$$\boldsymbol{\rho}_{AB} \rightarrow \boldsymbol{\rho}_{S_A, S_B, C}$$

其中 H_A 和 H_B 是 Alice 和 Bob 端的态空间。通常这些态空间表示着一个 Hilbert 空间的许多副本。对于 CV-QKD 协议，空间 H_A 代表的是 n 模的 Fock 空间：$H \approx F^{\oplus n}$，$F = Span(|0\rangle, \cdots, |k\rangle \cdots)$，$|k\rangle$ 是 k 个光子的 Fock 态。S_A、S_B、C 空间表示经典的寄存器。实际上一个量子密钥分发协议是把一个量子态作为它的输入，然后输出经典数据(设备无关的量子密钥分发协议除外)。空间 S 表示的是最终的密钥。空间 C 是公共副本，表示通过认证的经典信道进行交换的经典信息，所以 Eve 也能掌握它的全部信息。寄存器 E 表示的是 Eve 里的 Hilbert 空间 H_E。为了统一表示，可以将协议真正的输入态空间想象成 $H_A \otimes H_B \otimes H_E$，并且它是一个纯态。随后协议退化为 $\varepsilon_{AB} \otimes id_E$，因为它不能对 Eve 手中的态空间做任何操作。这时输出的态空间变为 $S_A \otimes S_B \otimes \Gamma_A \otimes \Gamma_B \otimes C \otimes H_E$。Eve 可获得的态空间是 $H_{E'} = C \otimes H_E$。

协议 $\boldsymbol{\varepsilon_0}$ 的主要参量定义：

a）协议中被传输光脉冲(相干态)的总数为 $2n$ 个。

b）如果协议没有终止，那么最终安全密钥长度为 l。

c）每一个测量结果被量化为 d 位。在数值仿真中使用 $d=5$。d 的取值在特定的协调步骤中可以被优化。

d）在纠错步骤中 Bob 传输给 Alice 总计 leak_{EC} 位数据：其中包括 Bob 数据的校验信息以及之后用于验证纠错成功的小部分 hash 值，失败的概率为 ε_{cor}。这里的失败是指在协议未终止，但 Alice 端与 Bob 端的密钥是不一致的。

e）在参数估计步骤中 Bob 发送给 Alice 的数据 n_{PE}。

f）参数估计测试失败的最大概率 ε_{PE}。

协议 ε_0 的具体步骤：

a）量子态制备：Alice 和 Bob 各自获得 $2n$ 个模式的态。整个量子态可以表示为 $\rho^{2n}{}_{AB}$。

b）量子态探测：Alice 和 Bob 使用外差探测器测量它们各自的态，并获得两串结果 $X,Y\in R^{4n}$。Bob 量化它的结果 Y 获得 m 比特的数据 U，其中 $m=4dn$，每个结果离散位数为 d。

c）纠错：Bob 发送一些长度为leak_{EC}的边信息给 Alice（U 的校验信息 C，通过提前定的线性校验码获得），然后 Alice 通过校验信息得到对 Bob 数据的一个估计 $\hat{U}$。Bob 计算一个长度为$\lceil \log_2 1/\varepsilon_{cor} \rceil$的 U 的 hash 值发给 Alice，然后 Alice 将它与用 $\hat{U}$ 计算得到的 hash 值进行比较。如果两 hash 值不同，那么协议终止，本轮已产生的密钥将会被舍弃。$leak_{EC}$ 的值等于 Bob 在纠错步骤中发送的全部数据。

d）参数估计：Bob 发送长度为$n_{PE}=O(\log_2(1/\varepsilon_{PE}))$的比特信息给 Alice，让它计算 $\|X\|^2$，$\|Y\|^2$ 和 $\langle X,Y\rangle$，以及 γ_A,γ_B 和 γ_C。然后如果 $\left[\gamma_a\leqslant\sum_a^{\max}\right]\wedge\left[\gamma_b\leqslant\sum_b^{\max}\right]\wedge\left[\gamma_c\geqslant\sum_c^{\min}\right]$，那么参数估计测试通过，协议继续运行；反之则参数估计测试未过，协议终止，本轮已产生的密钥将会被舍弃。

e）保密增强：Alice 和 Bob 采用一个随机的通用散列函数作用于他们各自的比特串，产生长度为 l 的两个密钥串 S_A 和 S_B。

接下来，对上述具体步骤展开做详细地介绍。

a）量子态制备：Alice 制备 $2n$ 个副本的方差为 V 的双模压缩态，V 可以根据预期量子信道的特性进行优化。Alice 只保留每个量子态的其中一个模式，并通过非可信信道传输另一个模式给 Bob。在证明安全的时候，将不会对量子信道做任何的假设，它可以是任意的。但是在考虑协议的稳健性的时候，需要对实验中的典型信道进行建模。对于 CV-QKD 协议，典型的传输信道是一条透射率为 T，额外噪声为 ε 的被动高斯信道。经过这种典型信道后，Alice 和 Bob 共享的量子态仍然是高斯的，它的协方差矩阵可以写成：

$$\gamma_{\text{Gauss}}=\begin{bmatrix} V\boldsymbol{I}_2 & \sqrt{T(V^2-1)}\boldsymbol{\sigma}_z \\ \sqrt{T(V^2-1)}\boldsymbol{\sigma}_z & [T(V-1+\varepsilon)+1]\boldsymbol{I}_2 \end{bmatrix} \tag{4-63}$$

b）量子态探测：在协议的纠缠等价模型中，Alice 和 Bob 都用外差探测器去探测 $2n$ 个模式。定义 x 和 p 是每个模式的两个光场正则分量。测量完成后，Alice 和 Bob 各自形成两个长度为 $4n$ 的矢量，其中奇数项表示 x 分量的测量结果，偶数项表示 p 分量的测量结果。定义这两个测量结果矢量为 $x^{\exp}=(x_1^{\exp},\cdots,x_{4n}^{\exp})$ 和 $y^{\exp}=(y_1^{\exp},\cdots,y_{4n}^{\exp})$，上标 exp 表示实验数据。

在协议的制备与测量模型中，Alice 根据它的测量结果准备 $2n$ 个相干态 $\{|x_{2k+1}^{PM}+ix_{2k+2}^{PM}\rangle\}_{k=1,2\cdots,2n}$发给 Bob，$x^{PM}$和 $x^{\exp}$相关：

$$x_k^{PM}:=\begin{cases}\sqrt{\dfrac{1}{2}\dfrac{V-1}{V+1}}x_k^{\exp} & \text{如果 } k \text{ 为奇数}\\ -\sqrt{\dfrac{1}{2}\dfrac{V-1}{V+1}}x_k^{\exp} & \text{如果 } k \text{ 为偶数}\end{cases} \tag{4-64}$$

由于在安全性分析中，最终提取出来的密钥长度只与协方差矩阵相关，而与它的一阶统计量无关。所以，Alice 和 Bob 可以在测量前对它们的态做一个平移操作使得量子态的位移矢量为 0，或者等价的，也可以对于经典数据进行操作以模拟平移操作。为了完成中心化过程，Alice 和 Bob 需要计算两个位移量的值：

$$D_x^A:=\frac{1}{2n}\sum_{k=0}^{2n-1}x_{2k+1}^{\exp},D_p^A:=\frac{1}{2n}\sum_{k=1}^{2n}x_{2k}^{\exp} \tag{4-65}$$

$$D_x^B:=\frac{1}{2n}\sum_{k=0}^{2n-1}y_{2k+1}^{\exp},D_p^B:=\frac{1}{2n}\sum_{k=1}^{2n}y_{2k}^{\exp} \tag{4-66}$$

而后定义新的变量：

$$x_k:=\begin{cases}x_k^{\exp}-D_x^A, & \text{如果 } k \text{ 是奇数}\\ x_k^{\exp}-D_p^A, & \text{如果 } k \text{ 是偶数}\end{cases} \tag{4-67}$$

$$y_k:=\begin{cases}y_k^{\exp}-D_x^B, & \text{如果 } k \text{ 是奇数}\\ y_k^{\exp}-D_p^B, & \text{如果 } k \text{ 是偶数}\end{cases} \tag{4-68}$$

在后续的协议中都使用中心化之后的新变量 x_k 和 y_k。中心化测量结果的一个好处在于可以用简单的形式表示出$\|\boldsymbol{x}\|^2$，$\|\boldsymbol{y}\|^2$ 和$\langle\boldsymbol{x},\boldsymbol{y}\rangle$。

只考虑 $\boldsymbol{x}$ 和 $\boldsymbol{y}$ 中一个被量化的情况，考虑反向协调，因此将要离散化 Bob 的数据 $\boldsymbol{y}$。离散化是将数轴划分成 2^d 块，具体的划分方法应当满足：当量子信道是如所预期的高斯信道时，该划分方法能够使码率最优。Bob 的输出是中心化后的随机数，可以计算出测量结果的方差为$\frac{1}{4n}\|\boldsymbol{y}\|^2$。假定其满足正态分布 $\mathcal{N}\left(0,\frac{1}{4n}\|\boldsymbol{y}\|^2\right)$，一种可行的量化方法是：在数轴上划分出 2^d 个区间 $L_1,L_2,\cdots L_{2^d}$，该正态分布落在每个区间内的概率是一样的。则可使用映射 $D:\boldsymbol{y}\rightarrow\boldsymbol{u}$ 来决定量化后的数值 U，即对于每个数轴上的分块都有一个对应数值：$D(y_k)=j$。注意到如果信道确实是高斯的，那么随机变量 $u=D(y)$应该十分接近均匀分布。

如何选取量化方法以最优化安全码率仍是一个待讨论的问题，因为和具体系统参数关系密切。上述示例量化方法并非是最优的，但是其安全性分析会相对简单一些。其它的量化方法也有被研究，比如多维纠错中的量化方法。在这一过程之后，Alice 有一个矢量 $\boldsymbol{x}\in R^{4n}$，Bob 有两个矢量 $\boldsymbol{y}\in R^{4n}$和 $\boldsymbol{u}\in\{1,2,\cdots,2^d\}^{4n}$。

c) 纠错：这一步骤的目的是让 Alice 掌握字符串 U。Bob 首先发送给 Alice 他用于离散化函数 D 的$\|\boldsymbol{y}\|^2$ 的值，这可以通过使用少数几个比特发送$\|\boldsymbol{y}\|^2/4n$ 来完成。

为了让 Alice 可以恢复出字符串 $\boldsymbol{u}$，可以考虑切片协调方式，即 Alice 和 Bob 事先约定好使用一个线性纠错编码 C（或者说是一系列这样的编码）将 k 比特的二进制字符串编码成 $4n$ 比特的字符。Bob 计算它的矢量 $\boldsymbol{u}$ 的校验信息 $H\boldsymbol{u}$，然后将它发给 Alice。这个校验信息占据了在纠错步骤中泄露信息的大部分。在 CV-QKD 协议评价纠错步骤质量的一个典型参数是协调效率 β，其定义如下：

$$\beta=\frac{4dn-\text{leak}_{EC}}{2n\log_2(1+\text{SNR})} \tag{4-69}$$

其中，SNR 为 $\boldsymbol{x}$ 和 $\boldsymbol{y}$ 间的信噪比，$\frac{1}{2}\log_2(1+\text{SNR})$ 是指信道 $\boldsymbol{x}\to\boldsymbol{y}$ 的经典信息容量。协调效率表示着相比于由透射率 T 和额外噪声 ξ 所刻画的高斯信道的经典信息容量，有多少比例的信息可以从错纠步骤中被提取出来。信噪比 SNR 是根据预期的高斯信道映射（$\boldsymbol{x}$ 到 $\boldsymbol{y}$）计算出来的。实际实验中，SNR 的预期值为：

$$\text{SNR}=\frac{T(V-1)}{2+T\xi} \tag{4-70}$$

所以在纠错步骤中，协调效率在理想情况下是 $\beta=1$。而在实际实验中，对于高斯信道协调效率能够得到 $\beta=0.95$。

一旦 Alice 收到了校验信息 $H\boldsymbol{u}$，它可以结合自己手中的矢量以及 $\|\boldsymbol{y}\|$ 的值来恢复出 U 的一个估计 $\boldsymbol{u}'$。在这一步骤的最后，为了保证协议的正确性，需要验证 $\boldsymbol{u}'$ 是否等于 $\boldsymbol{u}$。为了达到这个目的，通常采用的方法是让 Alice 和 Bob 来随机选择一个 hash 函数来 $4dn$ 比特的字符串映射到长度为 $\lceil\log(1/\varepsilon_{cor})\rceil$ 的字符串。然后 Bob 公布它的 hash 值给 Alice。如果双方计算的 hash 值一致，那么协议继续，否则就终止协议。

d) 参数估计：参数估计是量子密钥分发协议中最重要的步骤：它是一个粗糙的量子层析过程，是一个只通过测量结果来推测量子态的过程。之所以说它是一个粗糙的量子层析过程是因为它只根据小部分参数来确保密钥的安全性。

在 CV-QKD 协议中，需要进行估计的是一个双态 $\tilde{\boldsymbol{\rho}}_{AB}^{n}$ 的平均协方差矩阵，它可以通过以下三个参量描述：

$$\sum_{a}:=\frac{1}{2n}\sum_{i=1}^{n}\left[\langle x_{A_i}^2\rangle+\langle p_{A_i}^2\rangle\right] \tag{4-71}$$

$$\sum_{b}:=\frac{1}{2n}\sum_{i=1}^{n}\left[\langle x_{B_i}^2\rangle+\langle p_{B_i}^2\rangle\right] \tag{4-72}$$

$$\sum_{c}:=\frac{1}{2n}\sum_{i=1}^{n}\left[\langle x_{A_i},x_{B_i}\rangle-\langle p_{A_i},p_{B_i}\rangle\right] \tag{4-73}$$

其中，$x_{A_i(B_i)}(p_{A_i(B_i)})$ 作用在 Alice 的第 i 个模式上。对于一个连续变量量子密钥分发协议，区间 R 是三个参数 $\sum_a$、$\sum_b$ 和 $\sum_c$ 的置信区间。这种选择有两个原因，第一，高斯态 Holevo 信息的基本性质：这个信息量是通过态的协方差矩阵而计算出来的信息量的上界。第二，通过下面的对称的协方差矩阵就足以计算出这个信息量。

$$\gamma^{sym} := \bigoplus_{i+1}^{n} \begin{bmatrix} \sum_a & 0 & \sum_c & * \\ 0 & \sum_a & * & -\sum_c \\ \sum_c & * & \sum_b & 0 \\ * & -\sum_c & 0 & \sum_b \end{bmatrix} \tag{4-74}$$

上述协方差矩阵中的不定量 $*$ 是不影响信息量的计算结果的，因此可以假设 $*$ 是 0 来进行计算。此外，根据 Holevo 信息的变化趋势与协方差矩阵的关系，以形如 $\left[0,\sum_a^{\max}\right]\times\left[0,\sum_c^{\max}\right]\times\left[\sum_c^{\min},\infty\right]$ 的区间作为置信区间是充分的。

利用上述思路，Alice 也可以得到 $\|x\|^2$，$\|y\|^2$ 和 $\langle x,y\rangle$ 的值，就可以计算出以下参数

$$\gamma_a := \frac{1}{2n}\left[1+2\sqrt{\frac{\log(36/\varepsilon_{PE})}{n}}\right]\|x\|^2-1 \tag{4-75}$$

$$\gamma_b := \frac{1}{2n}\left[1+2\sqrt{\frac{\log(36/\varepsilon_{PE})}{n}}\right]\|y\|^2-1 \tag{4-76}$$

$$\gamma_c := \frac{1}{2n}\langle x,y\rangle-5\sqrt{\frac{\log(8/\varepsilon_{PE})}{n}}(\|x\|^2+\|y\|^2) \tag{4-77}$$

如果条件 $\left[\gamma_A \leqslant \sum_a^{\max}\right] \wedge \left[\gamma_B \leqslant \sum_b^{\max}\right] \wedge \left[\gamma_C \geqslant \sum_c^{\min}\right]$ 可被满足，那么协议继续。

e) 保密增强：协议的这一步骤是标准化的：Alice 随机的选择一个通用散列函数，然后从 u' 中计算出 l 比特的密钥 S_A。然后她告诉 Bob 她所选择的函数，Bob 同样使用该函数计算出 S_B。

根据上面描述的协议的主要过程，由下面的定理可以得到协议在联合窃听下是 ε-安全的。

定理 4.1 如果 $\varepsilon=\varepsilon_{cor}+\varepsilon_s+\varepsilon_h+p_{EC}\varepsilon_{PE}$，则最终安全密钥长度 l 满足

$$l = p_{EC}\left\{\begin{array}{l}\beta\log_2\left(1+\dfrac{T(V-1)}{2+T\varepsilon}\right)-f\left(\sum_a^{\max},\sum_b^{\max},\sum_c^{\min}\right) \\ -\dfrac{\Delta_{AEP}-\Delta_{EC}-2\log_2(1/(\sqrt{2}\varepsilon_h))}{2n}\end{array}\right\}$$

那么 CV-QKD 协议 ε_0 在联合窃听下是 ε 安全的。

其中 $\Delta_{AEP}=4\sqrt{2n}\log_2(2\sqrt{d}+1)\sqrt{\log_2(4/(\varepsilon_s^2 p_{EC}))}$,

$$\Delta_{EC}=\log_2[1/(p_{EC}(1-\varepsilon_s^2/2))]$$

$f(\sum_a^{\max}, \sum_b^{\max}, \sum_c^{\min})$ 为 Bob 和 Eve 之间的 Holevo 信息，具体形式：

$$f\left(\sum_a^{\max}, \sum_b^{\max}, \sum_c^{\min}\right) = g\left(\frac{v_1+1}{2}\right) + g\left(\frac{v_2+1}{2}\right) - g\left(\frac{v_3+1}{2}\right)$$

v_1 和 v_2 为 Γ^{sym} 的辛特征值，

v_3 为矩阵 $\begin{bmatrix} \sum_a^{\max} - \frac{(\sum_c^{\min})^2}{1+\sum_b^{\max}} & 0 \\ 0 & \sum_a^{\max} - \frac{(\sum_c^{\min})^2}{1+\sum_b^{\max}} \end{bmatrix}$ 的辛特征值，

为了获得安全码率的下界，使用以下估计值 $\gamma_A = \sum_a^{\max}$，$\gamma_B = \sum_b^{\max}$ 和 $\gamma_C = \sum_c^{\min}$。

上面的安全性分析定理涉及多个数学问题，下面就其主要思路简要做一个分析。首先应用的是残留 hash 引理（Leftover Hash Lemma），它所表述的是在窃听者攻击下，最终可提取安全密钥长度 l 与协议密钥 U 的平滑最小熵之间的关系：

$$l \leqslant H_{\min}^{\varepsilon_s}(U^m|E^m)_{\tilde{\boldsymbol{\rho}}^n} - 2\log_2 \frac{1}{\sqrt{2}\varepsilon_h} - \mathrm{leak}_{EC} \tag{4-78}$$

之后将在 EC 前 $\tilde{\boldsymbol{\rho}}^n$ 的平滑最小熵和 EC 后 $\boldsymbol{\rho}^{\otimes n}$ 的平滑最小熵关联起来：

$$H_{\min}^{\varepsilon_s}(U^m|E^m)_{\tilde{\boldsymbol{\rho}}^n} \geqslant H_{\min}^{\frac{p_{EC}\varepsilon_s^2}{3}}(U^m|E^m)_{\boldsymbol{\rho}^{\otimes n}} + \log_2[p_{EC}(1-\varepsilon_s^2/3)] \tag{4-79}$$

最后将 $\boldsymbol{\rho}^{\otimes n}$ 获得的熵和 Eve 存在条件下从态 $\boldsymbol{\rho}$ 中算得的条件冯诺依曼熵 $H(U|E)$ 联系起来：

$$H_{\min}^{\frac{p_{EC}\varepsilon_s^2}{3}}(U^m|E^m)_{\boldsymbol{\rho}^{\otimes n}} \geqslant nH(U|E)_{\rho} - 4\sqrt{n}\log_2(2\sqrt{d}+1)\sqrt{\log_2(4/(\varepsilon_s^2 p_{EC}))} \tag{4-80}$$

综合以上算式可得

$$l = p_{EC}\left\{H(U|E)_{\boldsymbol{\rho}} - \frac{\mathrm{leak}_{EC}}{2n} - \frac{\Delta_{AEP} - \Delta_{EC} - 2\log_2(1/(\sqrt{2}\varepsilon_h))}{2n}\right\} \tag{4-81}$$

对于 Bob 离散化后的数据 U，其是经典数据，均匀概率下可用香农熵 $H(U)$ 直接表示为 $2nd$，因此有

$$H(U|E)_{\boldsymbol{\rho}} = H(U) - \chi(U:E)_{\boldsymbol{\rho}} \tag{4-82}$$

其中 $\chi(U:E)_{\boldsymbol{\rho}}$ 就是 Bob 和 Eve 间的 Holevo 信息，写成函数形式 $f(\sum_a^{\max}, \sum_b^{\max}, \sum_c^{\min})$

同时也有以下简化

$$H(U) - \frac{\mathrm{leak}_{EC}}{2n} = \beta I(k:U) \tag{4-83}$$

综合leak_{EC}相关定义式，可以得到组合安全式

$$l=p_{EC}\left\{\begin{array}{l}\beta\log_2\left(1+\dfrac{T(V-1)}{2+T\xi}\right)\\-f(\sum_a^{\max},\sum_b^{\max},\sum_c^{\min})\ \dfrac{\Delta_{AEP}-\Delta_{EC}-2\log_2(1/(\sqrt{2}\varepsilon_h))}{2n}\end{array}\right\}\tag{4-84}$$

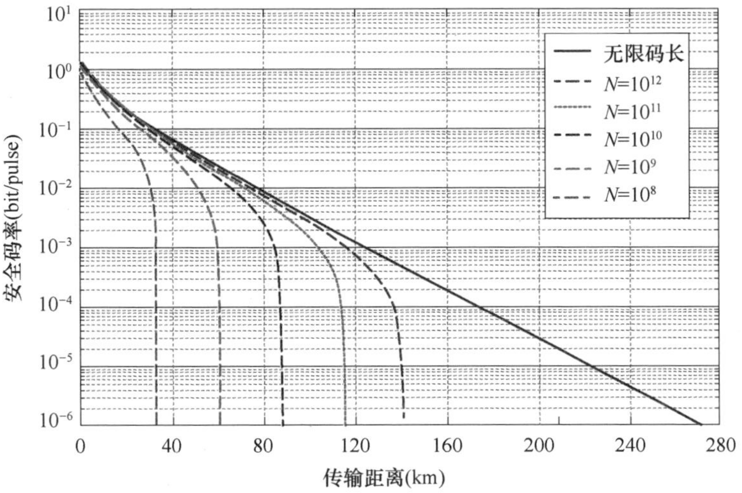

图 4-13　组合安全性框架下无开关协议联合窃听下性能

图 4-13 展示了组合安全性框架下联合窃听下无开关协议传输距离和安全码率的关系，其中仿真参数设定为 Bob 的量化精度 $d=5$，Alice 的调制方差 $V_A=5$，协调效率 $\beta=0.95$，过量噪声 $\varepsilon=0.01$，安全性参数 $\varepsilon_{cor}+\varepsilon_s=\varepsilon_h=\varepsilon_{PE}=10^{-21}$，$p_{EC}=1$。

4.3.3　相干窃听下的安全性分析

相干窃听是窃听者能够采用的最强攻击方式，相应的安全码率也是最低的，但安全性分析也是最困难的[18-25]。本节将会分别介绍无限码长条件下，有限码长条件下和组合安全性框架下无开关协议的安全性证明方法。但由于篇幅所限，它们具体的证明过程在这里就不再详述。

4.3.3.1　无限码长条件下

无限码长条件下，无开关协议在相干窃听下的安全性证明需要使用指数形式的量子 de Finetti 定理[25]。该定理可以证明：在无限码长的情况下，只要这组无限长的置换不变的量子态中的一小部分子系统的测量结果小于一个特定的值，那么这组置换不变的量子态可以被看做是一组未知的 $i.i.d.$ 量子态。这里置换不变的量子态是指：如果 $\boldsymbol{\rho}^N$ 是 $H^{\otimes N}$的一个置换不变的量子态，对于任意置换 π，都有 $\pi\boldsymbol{\rho}^N\pi^{-1}=\boldsymbol{\rho}^N$。这样便可以

将窃听者的相干窃听化简为联合窃听来分析,只需要明晰两者之间的近似程度即可。这里的联合窃听下所能获得的安全码率的计算需要在组合安全性框架下来获得,详见前面 4.3.1.3 小节。

4.3.3.2 有限码长条件下

有限码长条件下,无开关协议在相干窃听下的安全性证明利用了无开关协议在相空间的特殊的对称性,并且使用了一个能量测试来确保 Alice 和 Bob 共享的量子态的每个模式属于低维的 Hilbert 空间。这里需要使用叫"后选择"的技术手段[18],这里的"后选择"的技术与本书后续将介绍的数据后选择技术不同,所以这里增加双引号用以区分。此时,安全性参数 ε 为

$$\varepsilon=2^{-c\delta^{2}n+O[\log_4(n/\varepsilon_{\text{test}})]}+2\varepsilon_{\text{test}} \tag{4-85}$$

其中 $\varepsilon_{\text{test}}$ 为通过能力测试的概率,n 为用于提取密钥的数据长度。

4.3.3.3 组合安全性框架下

组合安全性框架下,无开关协议在相干窃听下的安全码率计算方法,可以首先计算组合安全性框架下无开关协议在联合窃听下的安全码率[19],然后利用前两节的方法,即指数形式的量子 de Finetti 定理[25],或者"后选择"的技术[18]来获得。这里,量子 de Finetti 定理可以直接使用,可用于将协议升级到一个更加复杂的包含能量测试和随机置换的协议,最终的密钥生成长度会适当的缩短。虽然,在这里使用指数形式的量子 de Finetti 定理可以证明无开关协议在相干窃听下的安全性。但是,这种方法无法在有限码长情况下使用。"后选择"的技术在这种情况下会更好,但是依然无法提供有用的有限码长下最终密钥长度的估计。随后高斯 de Finetti 定理[20]的提出,很好的解决了这个问题。此时,安全性参数修正为

$$\varepsilon'=\frac{K^4}{50} \tag{4-86}$$

其中

$$K=\max\{1,n(d_A+d_B)\left(1+2\sqrt{\left[\frac{\left(\text{In}\left(\frac{8}{\varepsilon}\right)\right)}{2n}\right]}\right)+$$
$$((\text{In}(8/\varepsilon))/n)/(1-2\sqrt{[(\text{In}(8/\varepsilon))/2k]})\} \tag{4-87}$$

4.4 四态调制协议

四态调制协议在 2009 年被提出,并被证明使用线性信道假设协议在联合窃听下是安全的[36]。2018 年,北大-北邮联合团队提出了一种灵活的协议设计框架[37],能

够构建使用任意非正交量子态的协议,并给出了严格的安全性分析,从而可以根据实际的系统设置调整协议设计以及安全性证明,并给出了四态调制协议的联合窃听下完整的安全性分析结果。2019 年,四态调制协议又被证明可以使用半正定规划方法(SDP)来给出协议安全码率的下界[38-40],随后该方法的解析解被计算得到[41]。下面分别介绍四态调制协议在个体窃听和联合窃听下的安全码率的仿真建模方法,其中在联合窃听下,将分别介绍三种建模方法,包括:线性信道假设模型,用户自定义框架和半正定规划方法。

首先对四态调制协议的 EB 模型再进行简单的描述,详细内容见第三章。

如图 4-14 所示,在四态调制协议中,Alice 首先制备 n 个方差为 $\mathbf{V}$ 的双模纠缠态,将他们的一个模式 A 保留下来。随后,Alice 将另一个模式 B_0 发送给 Bob。Alice 对保留的模式进行投影测量,Bob 对其收到的模式进行零差探测或外差探测。最后,Alice 和 Bob 利用修正后的数据进行参数估计,数据后处理,数据协调和私钥放大等步骤得到最终的安全密钥。

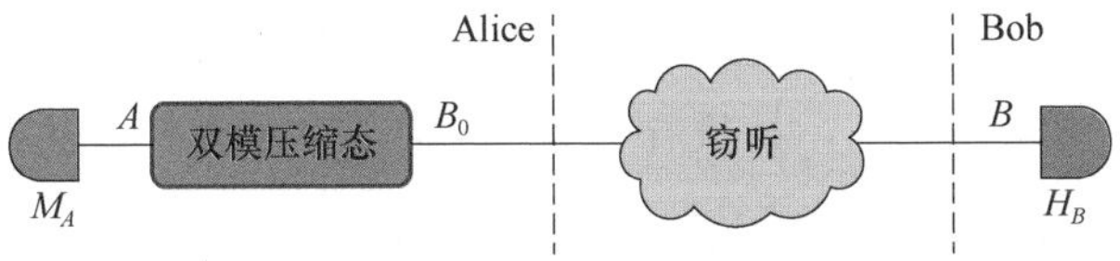

图 4-14 四态调制协议 EB 模型示意图

4.4.1 个体窃听下的安全性分析

个体窃听下的改进双路协议的安全性分析方法与 4.2.1 小节 GG02 协议和 4.3.1 小节无开关协议的证明方法类似,由于篇幅有限,详细的安全码率公式推导和仿真结果在这里就不再给出。

4.4.2 联合窃听下的安全性分析

当窃听者采用联合窃听时,安全码率计算公式可以写为

$$K_{F-S}^{\text{coll}} = \beta I_{AB} - S_{BE} \tag{4-88}$$

其中,β 为协调效率,I_{AB} 表示 Alice 和 Bob 之间的互信息量,S_{BE} 表示 Bob 和 Eve 之间的 Helevo 信息。

在四态调制协议中,Bob 采用零差探测,由于四态调制协议和 GG02 协议的区别仅在于 Alice 对保留模式的测量方式,对 Alice 的调制数据、Eve 窃取数据和 Bob 的测量结果都没有影响,因此四态调制协议的 I_{AB} 和 S_{BE} 的计算方式与 GG02 协议均相同。其中

$$I_{AB}=0.5\log_2(\frac{V+\chi}{\chi+1}) \tag{4-89}$$

式中，$\chi=\frac{1-T}{T}+\varepsilon$ 为等效到输入端的量子信道过量噪声。

$$S_{BE}=S(AB)-S(A|b) \tag{4-90}$$

式中，$S(AB)$为 Alice 和 Bob 两体系统的冯诺依曼熵，$S(A|b)$为已知 Bob 测量结果后Alice掌握的量子态的条件熵，可以利用 Alice 和 Bob 两体系统的协方差矩阵得到。

四态调制协议中双模纠缠态的初始协方差矩阵为

$$\boldsymbol{\gamma}_{AB_0}=\begin{pmatrix} V\boldsymbol{I}_2 & Z\boldsymbol{\sigma}_z \\ Z\boldsymbol{\sigma}_z & V\boldsymbol{I}_2 \end{pmatrix} \tag{4-91}$$

经过透射率为 T，过量噪声为 ξ 的高斯信道后的态 $\boldsymbol{\rho}_{AB}$ 的协方差矩阵的一般形式可以写为

$$\boldsymbol{\gamma}_{AB}=\begin{pmatrix} V\boldsymbol{I}_2 & Z\boldsymbol{\sigma}_z \\ Z\boldsymbol{\sigma}_z & (1+2T\alpha^2+T\xi)\boldsymbol{I}_2 \end{pmatrix} \tag{4-92}$$

其中，$\boldsymbol{I}_2=\begin{pmatrix} 1 & 0 \\ 0 & 1 \end{pmatrix}$，$\boldsymbol{\sigma}_z=\begin{pmatrix} 1 & 0 \\ 0 & -1 \end{pmatrix}$，只有 Z 未知，随计算方法不同而不同。

与前面 GG02 协议类似，量子态的 Holevo 信息值为

$$S_{BE}=g\left(\frac{\nu_1-1}{2}\right)+g\left(\frac{\nu_2-1}{2}\right)-g\left(\frac{\nu_3-1}{2}\right) \tag{4-93}$$

式中，$g(x)=(x+1)\log_2(x+1)-x\log_2(x)$，$\nu_1$ 和ν_2 是协方差矩阵 $\boldsymbol{\gamma}_{AB}$ 的辛特征值，$\nu_3=1+2\alpha^2-\frac{Z^2}{1+\nu}$，从而就可以计算出协议的安全码率。

4.4.2.1 线性信道假设下的安全性分析

线性信道假设下四态调制协议的安全性分析中，Alice 制备态为

$$|\psi_k\rangle=\frac{1}{2}\sum_{m=0}^{3}\mathrm{e}^{-i(1+2k)m(\pi/4)}|\phi_m\rangle \tag{4-94}$$

$$|\phi_k\rangle=\frac{e^{-\alpha^2/2}}{\sqrt{\lambda_k}}\sum_{n=0}^{\infty}\frac{\alpha^{4n+k}}{\sqrt{(4n+k)!}}(-1)^n|4n+k\rangle \tag{4-95}$$

其中，$\lambda_{0,2}=\frac{1}{2}\exp(-\alpha^2)(\cos h(\alpha^2)\pm\cos(\alpha^2))\lambda_{1,3}=\frac{1}{2}\exp(-\alpha^2)(\sin h(\alpha^2)\pm\sin(\alpha^2))$，$k\in\{0,1,2,3\}$。

经过透射率为 T，过量噪声为 ξ 的高斯信道后的态 $\boldsymbol{\rho}_{AB}$ 的协方差矩阵可以写为

$$\boldsymbol{\gamma}_{AB}=\begin{pmatrix} (V_A+1)\boldsymbol{I}_2 & \sqrt{T}Z\boldsymbol{\sigma}_z \\ \sqrt{T}Z\boldsymbol{\sigma}_z & (1+TV_A+T\xi)\boldsymbol{I}_2 \end{pmatrix} \tag{4-96}$$

其中 $Z=2\alpha^2(\lambda_0\lambda_1+\lambda_1\lambda_2+\lambda_2\lambda_3+\lambda_3\lambda_0)$，$V_A=2\alpha^2$ 为 Alice 的调制方差。

Z 反映了初始态 $|\phi_{AB_0}\rangle$ 的纠缠度，对于处在最大纠缠度的 EPR 态，当协方差矩阵中为时对角元，非对角元中 Z 应替换为 Z_{Guass}，$Z_{\text{Guass}}=\sqrt{V_A^2+2V_A}$，此时为 GG02 协议。由于 $|\phi_A B_0\rangle$ 并不是最大纠缠的，所以 $Z<Z_{\text{Guass}}$。

计算出 Z 后即可按照上述步骤计算出安全码率。图 4-15 给出了联合窃听下(无限码长)安全码率的数值仿真结果示意图，其参数为 $\alpha=0.3$，$\beta=0.95$。可以看出，使用线性信道假设的安全性分析下四态调制协议的安全码率接近于 GG02 协议，在联合窃听下能够获得较高的安全码率。

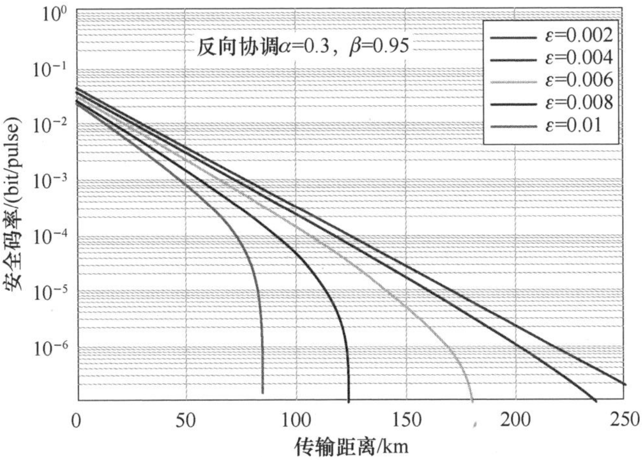

图 4-15 线性信道假设下四态调制协议联合窃听下的安全码率仿真

4.4.2.2 用户自定义框架下的安全性分析

四态调制协议安全性分析的难点在于：Alice 端没有使用零差或外差测量，因此当 Bob 测量完数据后，Alice 和 Bob 无法通过测量数据来比对出协方差矩阵。而在现有的 CV-QKD 安全性分析中，是需要依据协方差矩阵来计算安全码率的。所以，协议刚提出时的安全性分析需要基于线性信道假设来获得协方差矩阵。随后，北大-北邮团队提出了基于信源监控的分析思路：对 Alice 端增加监控(分束器＋零差探测器)，这样就可以计算出监控端和 Bob 之间的关联，如果两者较高，再考虑到监控端和 Alice 具有很好的关联，则通常来讲 Alice 和 Bob 之间的关联也不会很小。这一种信源监控的方法后面拓展为了用户自定义框架，并可对任意调制格式的 QKD 协议进行安全性分析。为了表述统一，这里还是使用用户自定义框架下的安全性分析作为该小节的标题。

在四态调制协议的 PM 模型中，Alice 通过相位调制器和幅度调制器制备一个四进制调制的量子态 $\rho=\dfrac{1}{4}\sum_{k=0}^{3}|\alpha_k\rangle\langle\alpha_k|$，其中 $\alpha_k=\beta\exp[i(2k+1)\pi/r]$。Alice 将制备

的量子态发送给 Bob，Bob 使用零差探测器进行探测。接下来 Alice 和 Bob 通过经典信道进行后处理。

与上述四态调制协议 PM 模型等价的 EB 模型如图 4-16 所示。在小方差情况下，Alice 产生双模纠缠态，并对自己所保留的模式进行投影测量，注意这里的投影测量不是零差或者外差探测。

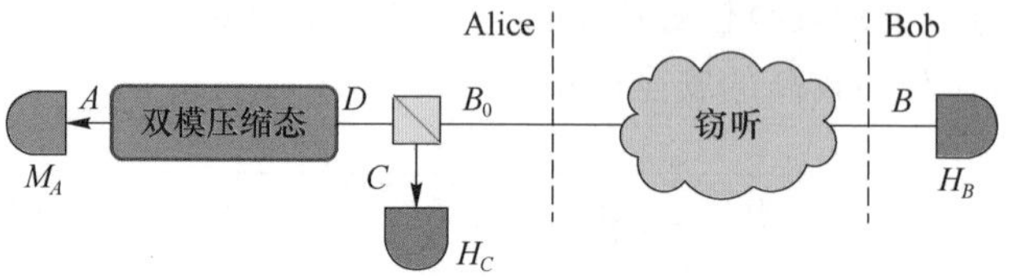

图 4-16　使用信源监控的四态调制协议的 EB 模型

此时，首先需要对量子态 ρ 的纯化态 $\rho=\sum_{i=0}^{3}\lambda_i|\Phi_i\rangle\langle\Phi_i|$，其中 $\lambda_{0,2}=\frac{1}{2}e^{-\alpha^2}(\cos h(\alpha^2)\pm\cos(\alpha^2))$，$\lambda_{1,3}=\frac{1}{2}e^{-\alpha^2}(\sin h(\alpha^2)\pm\sin(\alpha^2))$。由 Schmidt 分解可以一种特定的纯化方案

$$\Phi=\sum_{i=0}^{3}\lambda_i|\phi_i\rangle\langle\phi_i| \tag{4-97}$$

经过调整后，得到

$$\Phi=\frac{1}{2}\sum_{k=0}^{3}|\phi_k\rangle\langle\phi_k| \tag{4-98}$$

其中，$|\varphi_k\rangle=\frac{1}{2}\sum_{m=0}^{3}e^{-i(2k+1)m(\pi/4)}|\phi_m\rangle$

所以，每次 Alice 制备量子态 $|\Phi\rangle$，使用投影测量 $\{|\varphi_k\rangle\langle\varphi_k|\}_{k=0,1,2,3}$ 对模式 A 进行测量，将另一个模式发送给 Bob，Bob 使用零差探测器进行探测。接下来 Alice 和 Bob 通过经典信道进行后处理。

四态调制协议中双模纠缠态的初始协方差矩阵为

$$\boldsymbol{\gamma}_{AB_0}=\begin{pmatrix} V\boldsymbol{I}_2 & Z\boldsymbol{\sigma}_z \\ Z\boldsymbol{\sigma}_z & V\boldsymbol{I}_2 \end{pmatrix} \tag{4-99}$$

其中 $V=1+2\alpha^2$，$Z=2\alpha^2(\lambda_0\lambda_1+\lambda_1\lambda_2+\lambda_2\lambda_3+\lambda_3\lambda_0)$，$\lambda_{0,2}=\frac{1}{2}\exp(-\alpha^2)(\cos h(\alpha^2)\pm\cos(\alpha^2))$，$\lambda_{1,3}=\frac{1}{2}\exp(-\alpha^2)(\sin h(\alpha^2)\pm\sin(\alpha^2))$。

如图 4-16 所示，经过分束器后，ACB 三个模式组成的协方差矩阵为

$$\boldsymbol{\gamma}_{ACB}=\begin{pmatrix} V_A\boldsymbol{I}_2 & \sqrt{1-\eta_A}Z_1\boldsymbol{\sigma}_z & \boldsymbol{C} \\ \sqrt{1-\eta_A}Z\boldsymbol{\sigma}_z & [(1-\eta_A)V_A+\eta_A]\boldsymbol{I}_2 & \varphi_{CB}\cdot\boldsymbol{I}_2 \\ \boldsymbol{C}^\dagger & \varphi_{CB}\cdot\boldsymbol{I}_2 & V_B\boldsymbol{I}_2 \end{pmatrix} \tag{4-100}$$

其中 φ_{CB}，V_B 都可以通过测量数据对比得到。

对于由 (T,ξ) 描述的信道，协方差矩阵变为

$$\boldsymbol{\gamma}_{ACB}=\begin{pmatrix} V_A\boldsymbol{I} & -\sqrt{1-\eta_A}Z_1\boldsymbol{\sigma}_Z & \boldsymbol{C} \\ -\sqrt{1-\eta_A}Z_1\boldsymbol{\sigma}_Z & [(1-\eta_A)V_A+\eta_A]\boldsymbol{I} & \sqrt{T\eta_A(1-\eta_A)}(1-V_A)\boldsymbol{I}_2 \\ \boldsymbol{C}^{\dagger} & \sqrt{T\eta_A(1-\eta_A)}(1-V_A)\boldsymbol{I} & [T(\eta_A(V_A-1)+\varepsilon)+1]\boldsymbol{I}_2 \end{pmatrix} \tag{4-101}$$

其中，$\boldsymbol{C}=\begin{pmatrix} c_{11} & c_{12} \\ c_{21} & c_{22} \end{pmatrix}$，为方便分析，先假设 $c_{12}=c_{21}=0$，

对于协方差矩阵 $\boldsymbol{\gamma}_{ACB}$ 的限制条件是

$$\boldsymbol{\gamma}_{ACB}+i\Omega\geqslant 0 \tag{4-102}$$

即相当于判断矩阵 $\boldsymbol{\gamma}_{ACB}+i\Omega$ 的本征值是否都大于等于零。

在实际实验中，可以通过参数估计步骤得到协方差矩阵 $\boldsymbol{\gamma}_{ABC}$ 中主要参数，然后再通过对比所有满足物理条件的关联参数得到协议的安全码率。在本次数值仿真中，将会首先选取平均光子数为 0.1，协调效率为 0.95，信道的过量噪声在仿真中选择 $\varepsilon=0.001$，信道损耗为 0.2 dB/km，这些都是单路 CV-QKD 系统中的实测参数。

首先，考虑了在固定距离下，协议在不同关联参数下的安全码率。如图 4-17 所示，颜色越接近蓝色表示安全码率越低，颜色越接近黄色表示安全码率越高。图中选

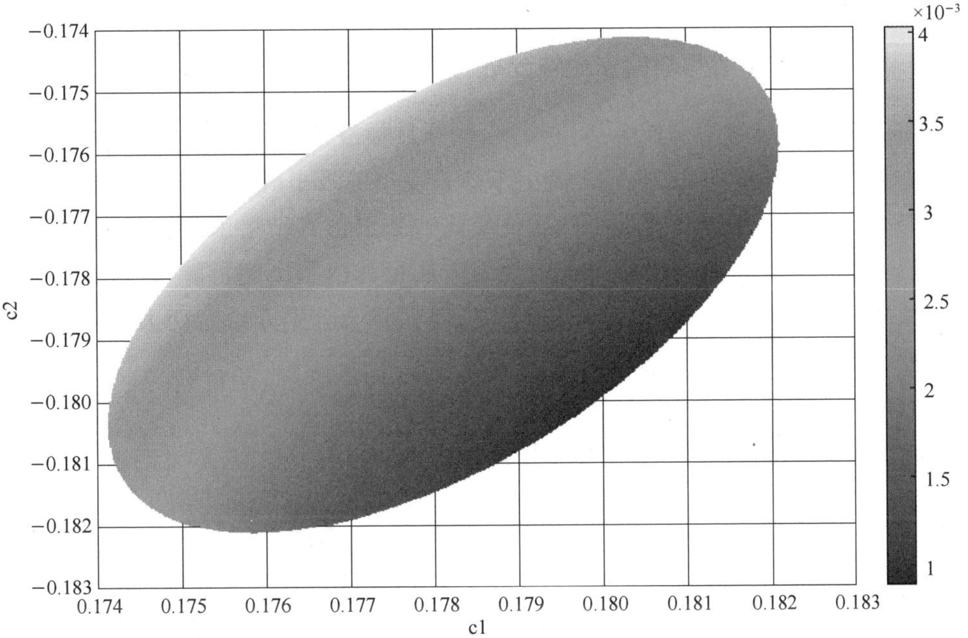

图 4-17 传输距离 50 km 下四态调制协议在不同关联参数下的的安全码率

择的固定距离为 50 km。安全码率在右下方去到最低值，将该最低值的安全码率取为协议在该传输距离的安全码率。通过该方法可以得到协议在不同距离下的安全码率。如图 4-18 所示，协议在不同传输距离下的安全码率性能。图中红线、粉线、蓝线、绿线、黑线分别表示信道过量噪声为 0.001，0.002，0.005，0.008，0.01 的情况。在信道过量噪声为 0.005 时，传输距离可以达到 60 km 以上。

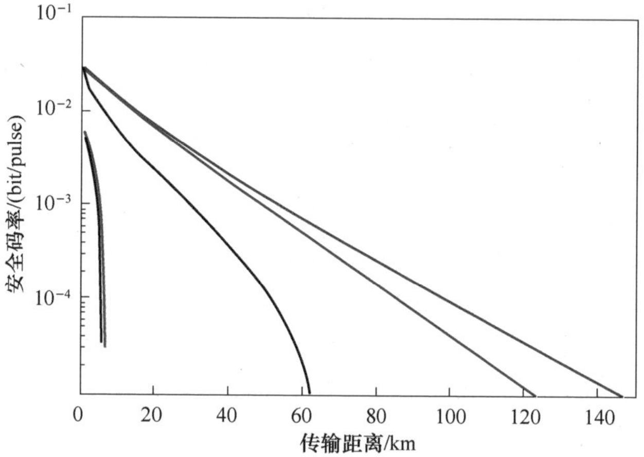

图 4-18　用户自定义框架下四态调制协议在联合窃听下的安全码率仿真

4.4.2.3　半正定规划的安全性分析

在半正定规划的安全性分析方法中，根据目标参数的不同，可以分为两大类。第一大类的目标函数是得到 Alice 和 Bob 协方差项的最小值，另一类的目标函数则是四态调制协议安全码率的最小值。从最终的数值仿真结果来看，第二类方法的安全码率更加紧致。第一类的半正定规划方法目前已求出解析解，这对于该方法的后续拓展应用有非常大的帮助。在这里，我们将会分别介绍这两大类半正定规划的安全性分析方法。

方法一：

在四态调制协议的第一大类半正定规划安全性分析方法中，假设四态调制的四个相干态由 $\{|\alpha_k\rangle\}_{k=0\cdots3}$ 组成，$|\alpha_k\rangle = e^{\frac{-\alpha^2}{2}}\sum_{n\geqslant 0} e^{ikn(\frac{\pi}{2})}\left(\frac{\alpha^2}{\sqrt{n!}}\right)|n\rangle, \alpha>0$。

Alice 发送一个长度为 $2L$ 的随机比特串 $x=(x_0,\cdots,x_{2L-1})$，连续对的比特被编码为相干态 $|\alpha_{k_l}\rangle$，$k_l=2x_{2l}+x_{2l+1}$，如图 4-19 所示，然后通过量子信道将这些相干态发送给 Bob。Bob 使用外差探测测量每个输出的模式，得到长度为 $2L$ 的比特串 $z=(z_0,\cdots,z_{2L-1})$，然后由

$$(y_{2l},y_{2l+1})=\begin{cases}(0,0) & z_{2l+1}<z_{2l},z_{2l+1}\geqslant z_{2l}\\(0,1) & z_{2l+1}\geqslant z_{2l},z_{2l+1}>z_{2l}\\(1,0) & z_{2l+1}>z_{2l},z_{2l+1}\leqslant z_{2l}\\(1,1) & z_{2l+1}\leqslant z_{2l},z_{2l+1}<z_{2l}\end{cases} \tag{4-103}$$

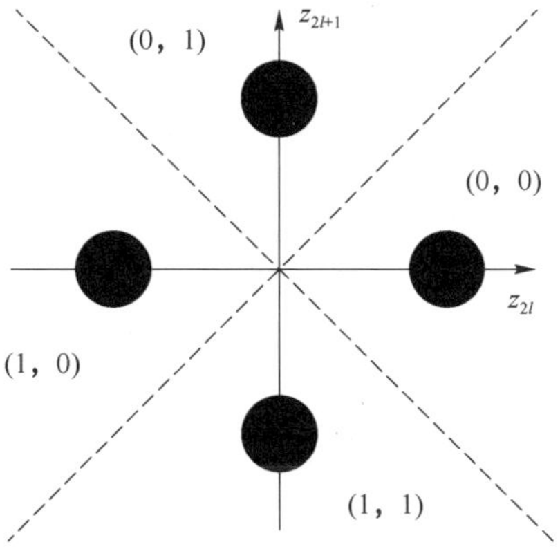

图 4-19　四态调制协议星座图和相空间划分

将 z 转换为长度为 $2L$ 的原始密钥 $y=(y_0,\cdots,y_{2L-1})$。最后进行标准的参数估计、数据协调和私钥放大。

Alice 和 Bob 间的量子信道通过 Kraus 算符 $\{E_i\}$ 描述，满足 $\sum_i E_i^{\dagger}E_i=I_{A'}$。量子态

$$\boldsymbol{\rho}_{AB}=\frac{1}{4}\sum_{k,l}^{3}|\psi_k\rangle\langle\psi_l|\otimes\boldsymbol{\sigma}_{k,l} \tag{4-104}$$

其中，$\boldsymbol{\sigma}_{k,l}=\sum_i E_i|\alpha_k\rangle\langle\alpha_l|E_i^{\dagger}$。

若量子信道是透射率为 T，过量噪声为 ξ 的高斯信道，可假设协方差矩阵采用一般形式

$$\boldsymbol{\gamma}_{AB}=\begin{pmatrix}V_A\boldsymbol{I}_2 & Z\boldsymbol{\sigma}_z\\ Z\boldsymbol{\sigma}_z & (1+2T\alpha^2+T\xi)\boldsymbol{I}_2\end{pmatrix} \tag{4-105}$$

其中，$\boldsymbol{\sigma}_z=\begin{pmatrix}1 & 0\\0 & -1\end{pmatrix}$，$V_A=1+2\alpha^2$，只有一个未知数 Z，我们需要给它定界。当其他参数固定时，S_{BE} 是一个关于 Z 的递减函数。参数 Z 定义为 $\frac{1}{2}(\hat{q}_A\hat{q}_B-\hat{p}_A\hat{p}_B)$ 对量子态 $\boldsymbol{\rho}_{AB}$ 的期望，对应于

$$Z=\mathrm{tr}[(\hat{a}\hat{b}+\hat{a}^{\dagger}\hat{b}^{\dagger})\boldsymbol{\rho}_{AB}] \tag{4-106}$$

其中 $\hat{a}$ 和 $\hat{a}^{\dagger}$ 是寄存器 A 在 Fock 空间上的湮灭和产生算符。

定义 $\Pi = \sum_{k=0}^{3} |\psi_k\rangle\langle\psi_k|$ 为四个相干态所跨越空间上的正交投影测量，$C=\Pi\hat{a}\Pi\otimes\hat{b}+\Pi\hat{a}^{\dagger}\Pi\otimes\hat{b}^{\dagger}$，可得到 $Z=\mathrm{tr}(C\boldsymbol{X})$，$\boldsymbol{X}$ 是量子态 $\boldsymbol{\rho}_{AB}$（未知）。矩阵 $\boldsymbol{X}$ 是迹为 1 的半正定矩阵，必须满足线性条件，

$$\mathrm{tr}(B_0\boldsymbol{X})=1+2T\alpha^2+T\xi \tag{4-107}$$

$$\mathrm{tr}(B_1\boldsymbol{X})=2\sqrt{T}\alpha \tag{4-108}$$

$$\mathrm{tr}_B\boldsymbol{X}=\mathrm{tr}_B|\Phi\rangle\langle\Phi| \tag{4-109}$$

其中 $B_0=\Pi\otimes(1+2b^{\dagger}b)$，$B_1=((|\psi_0\rangle\langle\psi_0|-|\psi_2\rangle\langle\psi_2|)\otimes\hat{q}+(|\psi_1\rangle\langle\psi_1|-|\psi_3\rangle\langle\psi_3|)\otimes\hat{p})$。

由此，可列出半正定规划：

$$\min\ \mathrm{tr}(C\boldsymbol{X})$$

$$\text{such that}\begin{cases}\mathrm{tr}(B_0X)=1+2T\alpha^2+T\xi\\ \mathrm{tr}(B_1\boldsymbol{X})=2\sqrt{T}\alpha\\ \mathrm{tr}(B_{k,l}\boldsymbol{X})=\dfrac{1}{4}\langle\alpha_l|\alpha_k\rangle\\ \boldsymbol{X}\geqslant 0\end{cases} \tag{4-110}$$

式中，$B_{k,l}=|\psi_l\rangle\langle\psi_k|$。半正定规划的最优解由 Z^* 表示。

进一步也可以推出 Z^* 的一般解析式为

$$Z^*(T,\xi)=2\sqrt{T}\mathrm{tr}(\boldsymbol{\tau}^{1/2}a\,\boldsymbol{\tau}^{1/2}a^{\dagger})-\sqrt{2T\xi w}$$

MPSK 调制的密度矩阵 $\boldsymbol{\tau}$ 包含量子态 $|\alpha\,\mathrm{e}^{ik\theta}\rangle$，$\theta=2\pi/M$，$\alpha>0$ 采用以下形式

$$\boldsymbol{\tau}=\frac{1}{M}\sum_{k=0}^{M-1}|\alpha\mathrm{e}^{ik\theta}\rangle\langle\alpha\mathrm{e}^{ik\theta}|=\mathrm{e}^{-\alpha^2}\sum_{k=0}^{M-1}\nu_k|\varphi_k\rangle\langle\varphi_k| \tag{4-111}$$

其中，$|\phi_k\rangle=\dfrac{1}{\sqrt{\nu_k}}\sum_{n=0}^{\infty}\dfrac{\alpha^{nM+k}}{\sqrt{(nM+k)!}}|nM+k\rangle$，$\nu_k=\sum_{n=0}^{\infty}\dfrac{\alpha^{2(nM+k)}}{(nM+k)!}$。

ν_k 的这个表达式包含一个不必要的无穷和，可以简化。使用离散傅里叶变换可以得到

$$\mu_j:=\sum_{k=0}^{M-1}\mathrm{e}^{ijk\theta}\nu_k=\sum_{k=0}^{M-1}\sum_{n=0}^{\infty}\mathrm{e}^{ijk\theta}\frac{\alpha^{2(nM+k)}}{(nM+k)!}=\sum_{m=0}^{\infty}\mathrm{e}^{ijm\theta}\frac{\alpha^{2m}}{m!}=\exp(\alpha^2\mathrm{e}^{ij\theta}) \tag{4-112}$$

应用傅里叶逆变换给出：

$$\nu_k=\frac{1}{M}\sum_{j=0}^{M-1}\mathrm{e}^{-ijk\theta}\exp(\alpha^2\mathrm{e}^{ij\theta}) \tag{4-113}$$

现在计算 $\mathrm{tr}(\tau^{1/2}a\,\tau^{1/2}a^{\dagger})$。易知

$$\langle\phi_j|\alpha_k\rangle=\mathrm{e}^{-\alpha^2/2}\sqrt{\nu_j}\,\mathrm{e}^{ijk\theta} \tag{4-114}$$

$$a|\phi_k\rangle=\alpha\frac{\nu_{k-1}^{1/2}}{\nu_k^{1/2}}|\phi_{k-1}\rangle \tag{4-115}$$

由此可知

$$\mathrm{tr}(\boldsymbol{\tau}^{1/2}a\,\boldsymbol{\tau}^{1/2}a^{\dagger})=\alpha^2\,\mathrm{e}^{-\alpha^2}\sum_{k=0}^{M-1}\frac{\nu_k^{3/2}}{\nu_{k+1}^{1/2}} \tag{4-116}$$

最后一个等式来自$\{|\phi_k\rangle\}$的正交性。算子 $a_\tau=\boldsymbol{\tau}^{1/2}a\boldsymbol{\tau}^{-1/2}$可以采用简单形式

$$a_\tau=\sum_{k,l=0}^{M-1}\frac{\nu_k^{\frac{1}{2}}}{\nu_l^{\frac{1}{2}}}|\varphi_k\rangle\langle\varphi_k|a|\varphi_l\rangle\langle\varphi_{k+1}|=\alpha\sum_{k=0}^{M-1}\frac{\nu_k}{\nu_{k+1}}|\varphi_k\rangle\langle\varphi_{k+1}| \tag{4-117}$$

最后,计算 w

$$\omega=\alpha^2\,\mathrm{e}^{-\alpha^2}\sum_{j=0}^{M-1}\frac{\nu_j^2}{\nu_{j+1}}-\alpha^2\,\mathrm{e}^{-2\alpha^2}\left(\sum_{j=0}^{M-1}\frac{\nu_j^{3/2}}{\nu_{j+1}^{1/2}}\right)^2 \tag{4-118}$$

可以得到

$$Z^*(T,\xi)=\sqrt{T}\left(2\alpha^2\,\mathrm{e}^{-\alpha^2}\sum_{k=0}^{M-1}\frac{\nu_k^{3/2}}{\nu_{k+1}^{1/2}}-\sqrt{2\xi\alpha^2}\sqrt{\mathrm{e}^{-\alpha^2}\sum_{j=0}^{M-1}\frac{\nu_j^2}{\nu_{j+1}}-\mathrm{e}^{-2\alpha^2}\left(\sum_{j=0}^{M-1}\frac{\nu_j^{3/2}}{\nu_{j+1}^{1/2}}\right)^2}\right) \tag{4-119}$$

其中 $\nu_k=\dfrac{1}{M}\sum_{j=0}^{M-1}\mathrm{e}^{-ijk\theta}\exp(\alpha^2\,\mathrm{e}^{ij\theta}),\theta=\dfrac{2\pi}{M},\alpha>0$。计算出$Z^*$后即可按照上述步骤计算出安全码率。

图 4-20 给出了联合窃听下(无限码长)安全码率的数值仿真结果示意图,其参数为$\alpha=0.35$,$\beta=0.95$。可以看出,相较于线性信道假设下的安全性分析,使用半正定规划的安全性分析得出的安全码率有所降低,但在过量噪声较低的情况下仍能实现 100 km 以上的量子密钥分发。

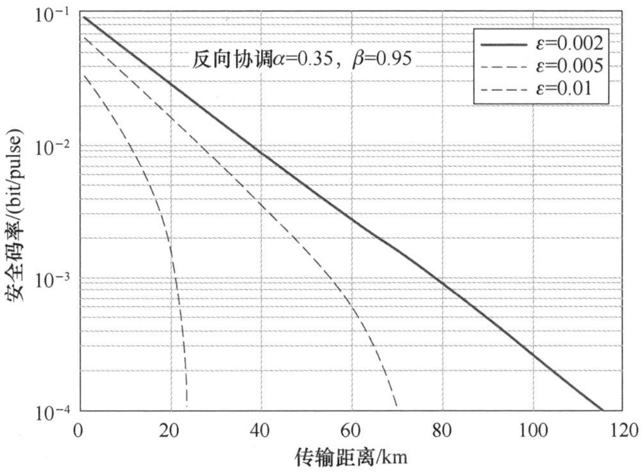

图 4-20 四态调制协议在联合窃听下使用半正定规划方法的安全码率仿真

方法二：

在该方法中，每轮 Alice 等概率随机制备四个相干态$\{|\alpha e^{i(\pi/4)}\rangle, |\alpha e^{i(3\pi/4)}\rangle, |\alpha e^{i(5\pi/4)}\rangle, |\alpha e^{i(7\pi/4)}\rangle\}$中的一个，对应标签{00,10,11,01}，然后发送给 Bob 接收。Bob 接收后，从$\{\hat{q},\hat{p}\}$中等概率随机选择一个的正交，并执行相应的零差检测以获得测量结果。它将大于 0 的结果映射到 0，小于−1 的结果映射到 1，带有其他值的结果映射到$z_k=\perp$。在公布后，如果以$\hat{q}$测量，Alice 将标签的第一位记录为它的密钥位，如果以$\hat{p}$测量，则将标签的第二位记录为它的密钥位。协议的 QPSK 星座图和密钥映射如图 4-21 所示。

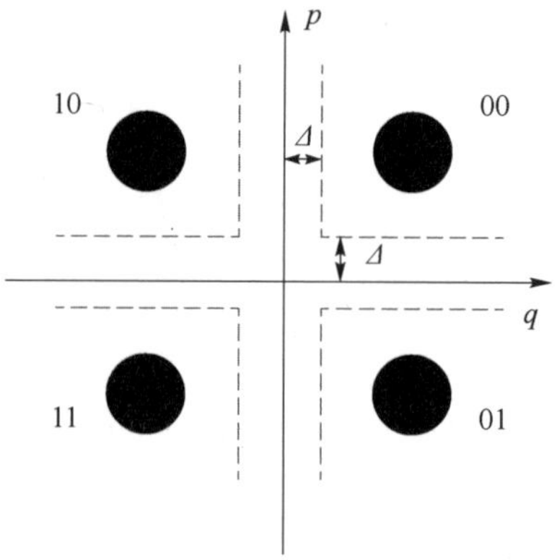

图 4-21　四态调制协议星座图和相空间划分

EB 模型中，Alice 制备纠缠态

$$|\Phi\rangle_{AA'} = \sum_x \sqrt{p_x}\,|x\rangle_A\,|\phi_x\rangle_{A'} \tag{4-120}$$

其中下标 A 和 A' 代表两个纠缠系统。这里 x 代表{00,10,11,01}中四个标签中的一个，$p_x=0.25$ 表示纠缠态坍缩为 x 的概率。用$\{|x\rangle\}$表示系统 A 中的一组正交基，可以通过一组正算符取值测量$\{M^x=|x\rangle\langle x|\}$来测量。$\{|\phi_x\rangle\}$中的四个态为$\{|\alpha e^{i(\pi/4)}\rangle, |\alpha e^{i(3\pi/4)}\rangle, |\alpha e^{i(5\pi/4)}\rangle, |\alpha e^{i(7\pi/4)}\rangle\}$，系统 A 由 Alice 保存，A'通过量子通道发送给 Bob。因此，最终状态为

$$\boldsymbol{\rho}_{AB} = (\boldsymbol{I}_A \otimes E_{A'\to B})(|\Phi\rangle\langle\Phi|)_{AA'} \tag{4-121}$$

其中 $E_{A'\to B}$是一个完全正且保迹的映射。该映射包括环境的影响和 Eve 的攻击。Alice 通过$\{M^x\}$将系统 A 随机投影到本征态。然后，它可以在不进行任何额外操作的情况下写下相应的标签 x。Bob 从$\{\hat{q},\hat{p}\}$中等概率随机选择一个的正交，并执行相应的零差检测以获得测量结果。

应用反向协调意味着 Alice 根据 Bob 的数据 z 更正了它的字符串 x，这意味着对手 Eve 应该派生 Bob 的字符串，在渐近极限下进行联合窃听时，密钥率公式由下式给

$$R^{\infty} = p_{\text{pass}} \min_{\rho_{AB}\in S} H(z|E) - p_{\text{pass}}\delta_{EC} \tag{4-122}$$

其中，p_{pass}是在后选择步骤中保留一轮以生成原始密钥的筛选概率。条件冯诺依曼熵$H(z|E)$从 Eve 的角度描述了数据 z 的不确定性。Eve 对 Bob 数据 z 的最大获取量导致了在一定密度矩阵 $\boldsymbol{\rho}_{AB}$ 下 z 的最小不确定性。当 Alice 和 Bob 的 $\boldsymbol{\rho}_{AB}$ 不确定时，为了评估 Eve 获取的最大信息量，我们必须找到符合的约束 S。B 的最小条件熵$H(z|E)$。这里δ_{EC}是纠错步骤中每轮的信息泄漏量，考虑到协调效率，

$$\delta_{EC}=H(z)-\beta I(x;z)=(1-\beta)H(z)+\beta H(z|x) \tag{4-123}$$

其中 $H(z)$是 z 与 Bob 测量结果的概率分布相关的总信息，$I(x:z)$是两组数据之间的经典互信息，$H(z|x)$是描述不确定性的条件熵，z 的条件是已知数据 x。参数 β 表示纠错效率。

因为 Bob 公布了每一轮的测量正交，我们可以分别分析每个正交的安全性。为此，我们将安全码率公式改写为

$$R^{\infty}=\frac{1}{2}\sum_{y\in\{q,p\}}p_{pass}^{y}\{\min_{\rho_{AB}\in S}H(z_y|E)-\delta_{EC}^{y}\} \tag{4-124}$$

系数$\frac{1}{2}$表示有一半的状态是以 $\hat{q}$ 和 $\hat{p}$ 度量的。密钥率包括以$\hat{q}$测量的密钥率和以$\hat{p}$测量的密钥率。请注意，Eve 在 Bob 度量密度矩阵 $\boldsymbol{\rho}_{AB}$之前操纵了它，因此它不知道 Bob 当时选择的正交。我们可以将求和符号移动到最小化问题中，因为不同的正交的 $\boldsymbol{\rho}_{AB}$是共享的。

公式(4-125)中的条件熵项及其系数可以重新表述为

$$\frac{1}{2}\min_{\boldsymbol{\rho}_{AB}\in S}\sum_{y\in\{q,p\}}D(\mathscr{G}_y(\boldsymbol{\rho}_{AB})\parallel Z[\mathscr{G}_y(\boldsymbol{\rho}_{AB})]) \tag{4-125}$$

其中 $D(\boldsymbol{\rho}\parallel\boldsymbol{\sigma})=\mathrm{tr}(\boldsymbol{\rho}\log_2\boldsymbol{\rho})-\mathrm{tr}(\boldsymbol{\rho}\log_2\boldsymbol{\sigma})$是量子相对熵，$\mathscr{G}_y$数据后处理的不同正交，$Z$ 是一个可以读出密钥信息的收缩量子通道，后处理映射 $\mathscr{G}_y(\boldsymbol{\rho})=K_y\boldsymbol{\rho}K_y^{\dagger}$对应于测量值 $y\in\{\hat{q},\hat{p}\}$，并由下式给出

$$K_y=\sum_{b=0}^{1}|b\rangle_R\otimes\boldsymbol{I}_A\otimes(\sqrt{\boldsymbol{I}_y^b})_B \tag{4-126}$$

这里$|b\rangle_R$是密钥寄存器R 的量子态，由区间算子$\{I_y^b\}$和 I_y^b不同的正交决定，将系统 B 投影到算子$\hat{y}$的特征态跨越的两个子空间之一，根据映射规则：

$$I_y^0=\int_{\Delta}^{\infty}\mathrm{d}y|y\rangle\langle y| \tag{4-127}$$

$$I_y^1=\int_{-\infty}^{-\Delta}\mathrm{d}y|y\rangle\langle y| \tag{4-128}$$

表达式 $Z(\boldsymbol{\rho})=\sum_{b=0}^{1}Z_b\boldsymbol{\rho}Z_b$ 从映射 $\mathscr{G}_y(\boldsymbol{\rho}_{AB})$ 中读出密钥，其中$Z_0=|0\rangle\langle 0|_R\otimes\boldsymbol{I}_{AB}$，$Z_1=|1\rangle\langle 1|_R\otimes\boldsymbol{I}_{AB}$。

最终，安全码率可以写为

$$R^{\infty}=\frac{1}{2}\left\{\min_{\boldsymbol{\rho}_{AB}\in S}\sum_{y\in\{q,p\}}D(\mathscr{G}_y(\boldsymbol{\rho}_{AB})\parallel Z[\mathscr{G}_y(\boldsymbol{\rho}_{AB})])-\sum_{y\in\{q,p\}}p_{\text{pass}}^{y}\delta_{\text{EC}}^{y}\right\} \tag{4-129}$$

基于截断光子数假设，我们可以在有限维的光子数表示中描述算符和密度矩阵。

因为 δ_{EC} 和 p_{pass} 只涉及 Alice 和 Bob 掌握的信息，所以 $\sum_{y\in\{q,p\}} p_{\text{pass}}^{y}\delta_{\text{EC}}^{y}$ 可以根据一般定义轻松计算。采用数值方法计算其余部分，可以描述为以下最小化问题

$$
\begin{aligned}
&\text{minimize} \sum_{y\in\{q,p\}} D(\mathcal{G}_y(\boldsymbol{\rho}_{AB}) \parallel Z[\mathcal{G}_y(\boldsymbol{\rho}_{AB})])\\
&\text{subject to}\\
&\text{tr}[\boldsymbol{\rho}_{AB}(|x\rangle\langle x|_A \otimes \hat{q})] = p_x\langle\hat{q}\rangle_x\\
&\text{tr}[\boldsymbol{\rho}_{AB}(|x\rangle\langle x|_A \otimes \hat{p})] = p_x\langle\hat{p}\rangle_x\\
&\text{tr}[\boldsymbol{\rho}_{AB}(|x\rangle\langle x|_A \otimes \hat{n})] = p_x\langle\hat{n}\rangle_x\\
&\text{tr}[\boldsymbol{\rho}_{AB}(|x\rangle\langle x|_A \otimes \hat{d})] = p_x\langle\hat{d}\rangle_x\\
&\text{tr}_B[\boldsymbol{\rho}_{AB}] = \sum_{i,j=0}^{3} \sqrt{p_i p_j}\langle\phi_j|\phi_i\rangle|i\rangle\langle j|_A\\
&\text{tr}[\boldsymbol{\rho}_{AB}] = 1\\
&\boldsymbol{\rho}_{AB} \geqslant 0
\end{aligned}
\tag{4-130}
$$

其中，自变量是受 S 约束的密度矩阵 $\boldsymbol{\rho}_{AB}$。前四个约束均来自于实验结果，其中 x 属于 $\{00,10,11,01\}$，$\langle\hat{q}\rangle_x$、$\langle\hat{p}\rangle_x$、$\langle\hat{n}\rangle_x$ 和 $\langle\hat{d}\rangle_x$ 是当 Bob 测量 x 标记的态时算子的期望值。零差探测直接输出算子 $\hat{q}$ 和 $\hat{p}$ 的结果，而 $\hat{n}=(1/2)(\hat{q}^2+\hat{p}^2-1)$，$\hat{d}=\hat{q}^2-\hat{p}^2$ 对应于 $\hat{q}$ 和 $\hat{p}$ 的二阶矩。关于系统 B 的偏迹的约束来自全正映射和保迹映射的要求，这意味着量子通道不能影响 Alice 的系统 A。最后两个约束对密度矩阵 $\boldsymbol{\rho}_{AB}$ 的自然约束。求解该最小化问题，即可得到协议的安全码率。

在 $\alpha=0.66$，截断光子数 $N=12$，$\beta=0.95$，过量噪声分别为 0.002，0.01，0.02，0.04 的条件下，仿真曲线如图 4-22 所示。在信道过量噪声为 0.04 时，传输距离仍可以达到 50 km 以上。

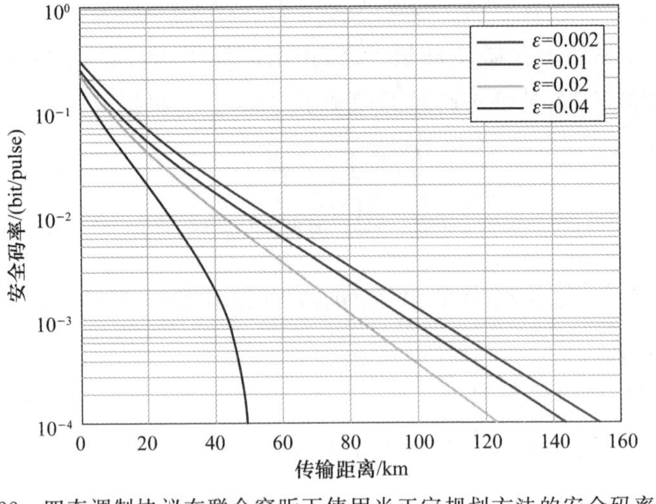

图 4-22　四态调制协议在联合窃听下使用半正定规划方法的安全码率仿真

4.5 高阶离散调制协议

目前,高阶离散调制协议已经被证明在渐近极限时联合窃听下是安全的[37,41]。下面将分别介绍高阶离散调制协议在个体窃听和联合窃听下的安全码率的建模方法。这里介绍的高阶离散调制是正交幅度调制(Quadrature Amplitude Modulation,QAM),包括 16-QAM、64-QMA、256-QAM 等。由于篇幅有限,其他的高阶离散调制协议的安全性分析在这里不做展开介绍。

4.5.1 个体窃听下的安全性分析

个体窃听下的高阶离散调制协议的安全性分析方法与 4.2.1 小节的 GG02 协议和 4.3.1 小节的无开关协议的证明方法类似,由于篇幅有限,详细的安全码率公式推导和仿真结果在这里就不再给出。

4.5.2 联合窃听下的安全性分析

与四态调制协议类似,联合窃听下,我们将分别介绍三种建模方法,包括:线性信道假设模型,用户自定义框架和半正定规划方法。

4.5.2.1 线性信道假设下的安全性分析

使用线性信道假设的高阶离散调制协议的安全性分析方法与 4.4.2.1 小节的四态调制协议的证明方法类似,由于篇幅有限,详细的安全码率公式推导和仿真结果在这里就不再给出。

4.5.2.2 用户自定义框架下的安全性分析

用户自定义框架 EB 模型的纠缠源是一个 N 模态,其中的 $s(s\geqslant1)$ 个模式 $A_1A_2\cdots A_s$ 采用 POVM 测量,另外 $d(d\geqslant1)$ 个模式 $C_1C_2\cdots C_d$ 采用零差或外差探测。模式 B_0 发送给 Bob,如图 4-23 所示。

首先,根据 de Finettit 定理可以将安全性分析问题简化为联合窃听的情况,并由于渐近均分性,渐近极限下的安全码率可以由 Devetak-Winter 速率给出

$$K_{\mathrm{QAM}}^{\mathrm{high}}=\beta I_{AB}-S_{BE} \tag{4-131}$$

式中,I_{AB} 是 Alice 和 Bob 的互信息量,β 是协调效率,S_{BE} 是 Bob 和 Eve 的 Holevo 信息。通常,S_{BE} 可以被它的上界 χ_{BE} 所取代,因为它的计算只依赖于协方差矩阵 $\boldsymbol{\gamma}_{ACB}$,可以通过实验数据进行估计。

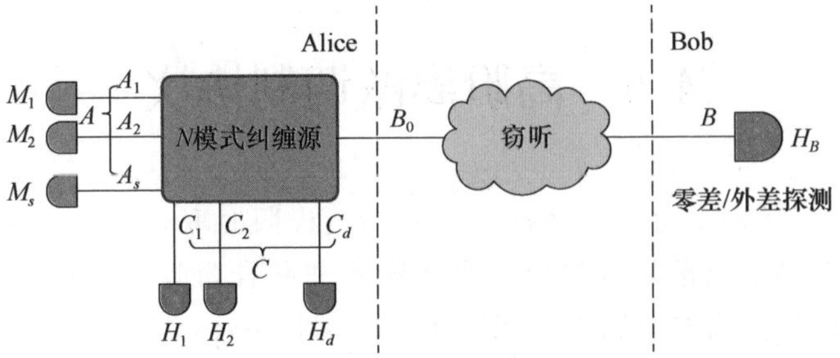

图 4-23 高阶离散调制协议 EB 模型示意图

N 模态 $\hat{\boldsymbol{\rho}}_N$ 的协方差矩阵 $\boldsymbol{\gamma}$ 定义为

$$\boldsymbol{\gamma}_{ij} := \frac{1}{2}\langle\{\Delta\hat{r}_i, \Delta\hat{r}_j\}\rangle \tag{4-132}$$

其中$\hat{r}=\{\hat{x}_1,\hat{p}_1,\cdots,\hat{x}_N,\hat{p}_N\}$，$\langle\hat{r}_i\rangle=\mathrm{tr}(\hat{r}_i\hat{\boldsymbol{\rho}}_N)$，$\Delta\hat{r}=\hat{r}_i-\langle\hat{r}_i\rangle$。假设 $\boldsymbol{\gamma}_{ACB}$ 是量子态 $\boldsymbol{\rho}_{ACB}$ 的协方差矩阵，它是纠缠源 $|\psi_{ACB_0}\rangle$ 的模式B_0 通过信道到达 Bob 一侧后的量子态。它可以用几个子矩阵来表示

$$\boldsymbol{\gamma}_{ACB}=\begin{pmatrix}\boldsymbol{\gamma}_A & \boldsymbol{\varphi}_{AC} & \boldsymbol{\kappa}_{AB}\\ \boldsymbol{\varphi}_{AC}^T & \boldsymbol{\gamma}_C & \boldsymbol{\varphi}_{CB}\\ \boldsymbol{\kappa}_{AB}^T & \boldsymbol{\varphi}_{CB}^T & \boldsymbol{\gamma}_B\end{pmatrix} \tag{4-133}$$

其中，$\boldsymbol{\gamma}_A$，$\boldsymbol{\gamma}_C$，$\boldsymbol{\gamma}_B$是模式A，C，B 的协方差矩阵。$\boldsymbol{\varphi}_{AC}$，$\boldsymbol{\varphi}_{CB}$，$\boldsymbol{\kappa}_{AB}$是不同模式的协方差项。在这些子矩阵中，因为模式 A 和 C 保持在 Alice 的一侧，所以可以从$|\psi_{ACB_0}\rangle$中直接计算出 $\boldsymbol{\gamma}_A$，$\boldsymbol{\gamma}_C$和 $\boldsymbol{\varphi}_{AC}$。在 Alice 和 Bob 随机共享部分相干测量结果后，可以估计 $\boldsymbol{\varphi}_{CB}$ 和 $\boldsymbol{\gamma}_B$。只有 $\boldsymbol{\kappa}_{AB}$未知的，因为模式 A 的测量不是相干测量。

然而，N 模态的协方差矩阵受到不确定性原理的约束，即

$$\boldsymbol{\gamma}_N + i\,\boldsymbol{\Omega}_N \geqslant 0 \tag{4-134}$$

其中，$\boldsymbol{\Omega}_N=\mathrm{diag}(\omega_1,\omega_2,\cdots,\omega_N)$，且

$$\boldsymbol{\omega}_1=\cdots=\boldsymbol{\omega}_N=\boldsymbol{\omega}=\begin{pmatrix}0 & 1\\ -1 & 0\end{pmatrix} \tag{4-135}$$

设 S_κ^ψ是满足 $\boldsymbol{\gamma}_{ACB}$ 约束的所有 $\boldsymbol{\kappa}_{AB}$ 的集合，

$$S_\kappa^\psi=\{\boldsymbol{\phi}_{AB}\,|\,\boldsymbol{\gamma}_{ACB}[\boldsymbol{\kappa}_{AB}=\boldsymbol{\phi}_{AB}]+i\,\Omega_N\geqslant 0\} \tag{4-136}$$

若 ϕ_{AB}^{Eve}是真正窃听引起的 $\boldsymbol{\kappa}_{AB}$，$\phi_{AB}^{\mathrm{Eve}}\in S_\kappa^\psi$，可以理解为 S_{BE}^G是 $\boldsymbol{\kappa}_{AB}$ 的函数。用所有可能的 $\boldsymbol{\kappa}_{AB}$遍历集合 S_κ^ψ，可以找到 $S_{BE}^{\mathcal{G}}$的最大值。然后，就安全码率就可以写为

$$K_{\mathrm{QAM}}^{\mathrm{high}}=\beta I_{AB}-\sup_{\kappa_{AB}\in S_\kappa^\psi} S(\boldsymbol{\kappa}_{AB}) \tag{4-137}$$

再计算互信息量 I_{AB}

$$I_{AB}=-\sum_{H_B}p(H_B)\log_2 p(H_B)+\sum_{i=1}^{n}p_i\sum_{H_B}p(H_B|i)\log_2 p(H_B|i) \tag{4-138}$$

即可得出安全码率。

图 4-24 给出了联合窃听下(无限码长)安全码率的数值仿真结果示意图,其参数为 $V_A=5,\beta=0.95$ 过量噪声分别为 0.01 和 0.05。可以发现,通过适当的设置,256-QAM 可以达到与理想高斯情况几乎相同的性能。在低噪声情况下,相干态的数目可以进一步减少到 64 个,在短程情况下甚至可以减少到 16 个。

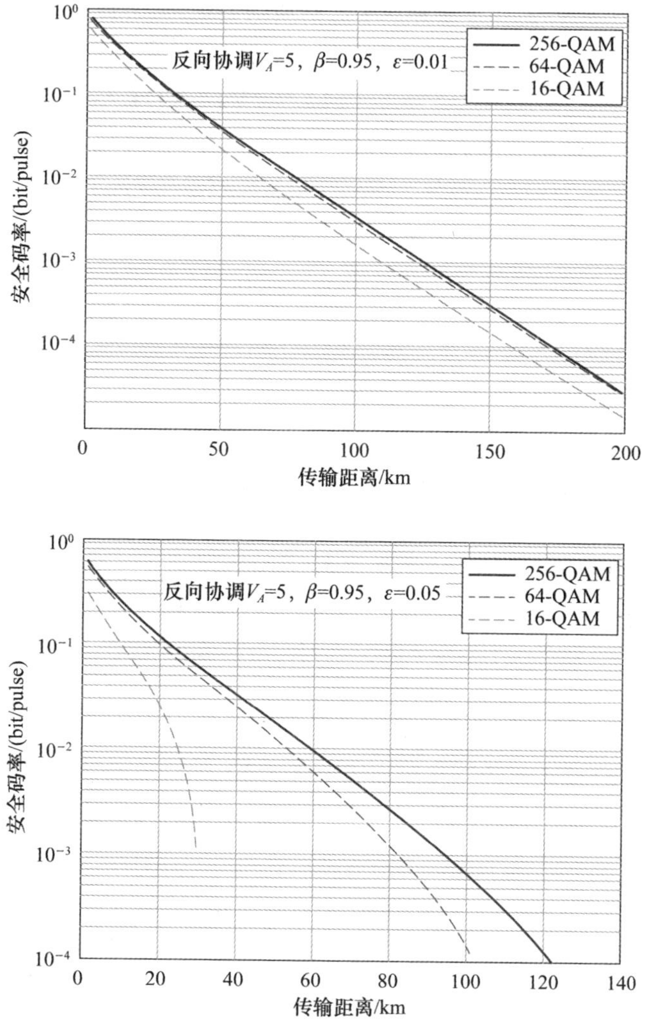

图 4-24 用户自定义框架下高阶离散调制协议联合窃听下的安全码率仿真

4.5.2.3 半正定规划的安全性分析

目前,已经推广到高阶离散调制协议的半正定规划安全性分析方法只有四态调制协议中第一大类半正定规划安全性分析方法,这里对其进行简单的介绍,后续有可能发展出更多的结果。

在渐近极限下，安全码率满足

$$K_{QAM}^{coll}=\beta I_{AB}-S_{BE} \tag{4-139}$$

式中，I_{AB}是 Alice 和 Bob 的互信息量，β是协调效率，S_{BE}是 Bob 和 Eve 的 Holevo 信息。S_{BE}只依赖于协方差矩阵γ。

在一个具有透射率 T 和过量噪声 ξ 的高斯信道中，协方差矩阵可以表示为

$$\gamma:=\begin{pmatrix}(V_A+1)\boldsymbol{I}_2 & Z^*\sigma_Z \\ Z^*\sigma_Z & (1+TV_A+T\xi)\boldsymbol{I}_2\end{pmatrix} \tag{4-140}$$

其中只有Z^*未知。Z^*的一般解析式可以写为

$$Z^*(T,\xi)=2\sqrt{T}\mathrm{tr}(\boldsymbol{\tau}^{1/2}a\boldsymbol{\tau}^{1/2}a^\dagger)-\sqrt{2T\xi w} \tag{4-141}$$

其中，a 和 $a^\dagger$分别为湮灭算符和产生算符，$\boldsymbol{\tau}$ 和 ω 取决于所考虑的特定调制方案

$$w=\sum_k p_k(\langle\alpha_k|a_\tau^\dagger a_\tau|\alpha_k\rangle-|\langle\alpha_k|a_\tau|\alpha_k\rangle|^2) \tag{4-142}$$

$$a_\tau:=\boldsymbol{\tau}^{1/2}a\boldsymbol{\tau}^{-1/2} \tag{4-143}$$

$$\boldsymbol{\tau}:=\sum_k p_k|\alpha_k\rangle\langle\alpha_k| \tag{4-144}$$

对于 $M=m^2$ 的 QAM 调制，相干态$|\alpha_{k,l}\rangle$调制的形式是

$$\alpha_{k,l}=\frac{\alpha\sqrt{2}}{\sqrt{m-1}}\left(k-\frac{m-1}{2}\right)+i\frac{\alpha\sqrt{2}}{\sqrt{m-1}}\left(l-\frac{m-1}{2}\right) \tag{4-145}$$

在二项分布的情况下，每个相干态的概率为

$$p_{k,l}=\frac{1}{2^{2(m-1)}}\binom{m-1}{k}\binom{m-1}{l} \tag{4-146}$$

其中，$\binom{n}{k}=\dfrac{n!}{k!\,(n-k)!}$ 是二项分布的系数。

16-QAM 和 64-QAM 的星座图如图 4-25 所示。

在离散高斯分布的情况下，相干态集中在 m^2可能的等距点上，$\alpha=x+ip$，每个相干态的概率为

$$p_{x,p}\sim\exp(-\nu(x^2+p^2)) \tag{4-147}$$

根据一般解析式即可计算Z^*，得到对应协方差矩阵。得到协方差矩阵后，即可采用上述方法得出安全码率。

图 4-26 给出了联合窃听下（无限码长）安全码率的数值仿真结果示意图，在 16-QAM和 64-QAM 的情况下比较了二项分布和离散高斯分布，其参数为 $V_A=5$，$\beta=0.95$，$\xi=0.02$（64-QAM 离散高斯分布 $\nu=0.07$，16-QAM 离散高斯分布 $\nu=0.085$）。对于64-QAM，两种分布产生基本相同的性能，这接近于具有相同方差的高斯调制。然而，对于 16-QAM，当优化方程中的参数 ν 的值后，离散高斯分布优于二项分布。

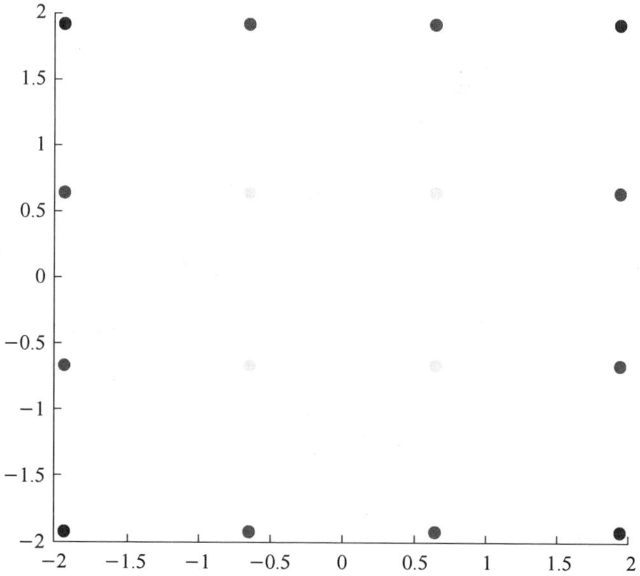

(a) 16-QAM星座图

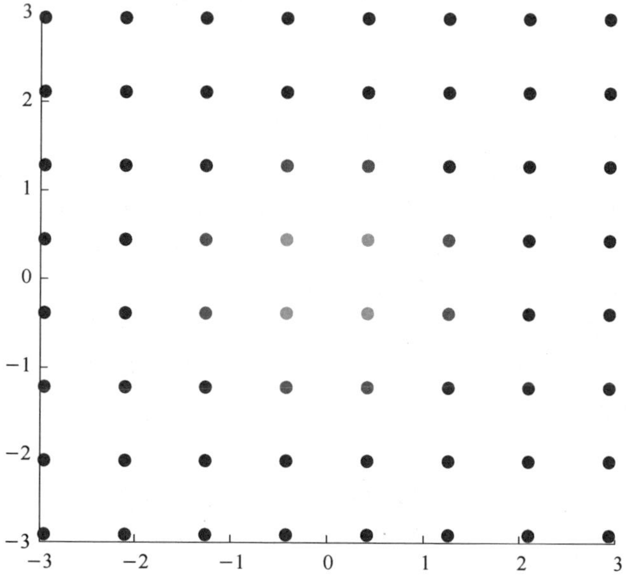

(b) 64-QAM星座图

图 4-25 (a)16-QAM 星座图(b)64-QAM 星座图

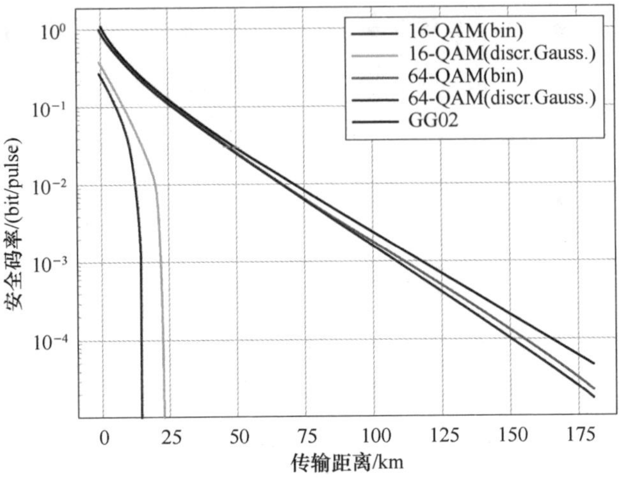

图 4-26　高阶离散调制协议联合窃听使用半正定规划方法的安全码率仿真

4.6　改进双路协议

相比与前三节的单路协议，双路 CV-QKD 协议需要将密钥在信道中传递两次，其主要优势是协议的噪声抗性，即该协议能够容忍更高的信道过量噪声。双路 CV-QKD 协议最早由美国麻省理工学院的博士后 S. Pirandola（现任职于英国约克大学）在 2008 年提出（简称原始双路协议[26]）。在原始双路协议中，为了保障协议的安全性，需要使用光开关让协议在单路协议和双路协议间切换，以实现对信道的安全监控。但是，协议所要求的光开关目前无法在实验上高速实现，这使得原始双路协议无法实现。为了克服其实验实现困难的缺点，北京大学郭弘教授团队在 2012 年提出了新的双路协议（简称改进双路协议[27]）。在改进双路协议中，光开关被分束器所替代，这样使得改进双路协议可以始终对信道进行完整的监控，并简化了实验实现的难度。

在本节中将会主要介绍改进双路协议在联合窃听下的安全性分析，由于协议的特性，所以这里联合窃听将会分为单模攻击和双模攻击两类[28]，并给出改进双路协议在单模攻击下和所有双模攻击下的安全码率计算方法。随后，通过数值仿真来比较协议在不同攻击下的性能，并给出令协议性能最差时使用的攻击方式——最优双模攻击方式。

4.6.1　个体窃听下的安全性分析

个体窃听下的改进双路协议的安全性分析方法与 4.2.1 小节 GG02 协议和 4.

3.1 小节无开关协议的证明方法类似，由于篇幅有限，详细的安全码率公式推导和仿真结果在这里就不再给出。

4.6.2 联合窃听下的安全性分析

改进的双路协议的 EB 模型如图 4-27 所示。可以看出，在改进的双路协议中，Alice 和 Bob 各自拥有一个信号源，两者之间并无任何相关性。通过 Alice 端分束片的耦合，模式 B_1 与 A_2、B_1 与 B_2 以及 A_1 与 B_2 之间都建立起了相关性，安全码率就是从这些相关性中提取出来的。在安全性分析中，量子信道的影响被全部归因于 Eve 的攻击。如果 Eve 采取单模攻击，则其影响可以视为对前向信道的信号和后向信道的信号分别进行攻击，而且这两次攻击是相互独立的；而当 Eve 采取双模攻击时，前向信道与后向信道之间就会产生某种形式的关联。原始的双路协议对这种关联束手无策，改进的双路协议却可以利用高斯攻击的最优性解决这一问题，这也是改进协议的优势所在。

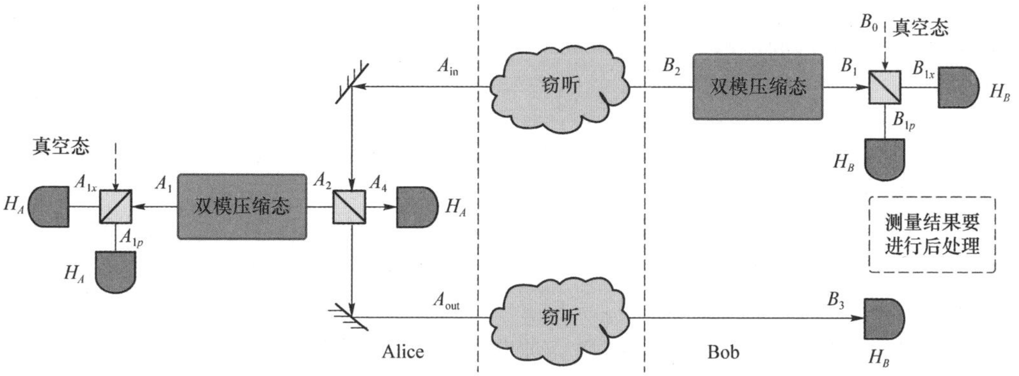

图 4-27 改进双路协议的 EB 模型(单模攻击)

4.6.2.1 单模攻击下的安全性分析

当 Alice 和 Bob 使用反向协调作为数据协调方式时，安全码率计算公式为

$$K_{T-W}^{OM}=\beta I_{AB}-S_{BE} \tag{4-148}$$

其中，β 为数据协调效率，I_{AB} 是 Alice 和 Bob 之间的经典互信息，S_{BE} 是 Bob 和 Eve 之间的量子互信息。

I_{AB} 的计算需要考虑 Bob 端使用的探测方式。当使用零差探测器进行探测时，可以使用下面的计算公式(以正则分量 x 为例，正则分量 p 的情况与 x 对称，所以结果相同)

$$I_{AB}=\frac{1}{2}\log V_{A_x}-\frac{1}{2}\log V_{A_x|B_x} \tag{4-149}$$

其中 V_{A_x} 是模式 A_x 方差，其表达式为

$$V_{A_x}=\frac{1}{2}[V_{A_0}+1]=\frac{1}{2}[V_A+1] \tag{4-150}$$

同样的，$V_{A_x|B_x}$ 是基于 Bob 端数据的模式 A_x 方差，其表达式为

$$V_{A_x|B_x}=\frac{1}{2}[V_{A_0|B_x}+1] \tag{4-151}$$

这里 Bob 使用 $x_{B_4}-kx_{B_{1x}}$ 作为它的最终数据，其中 k 可以任意选取。但是，对于系统来说存在一个最优的 k 值，来使得误差最小，这个最优的 k 值为

$$k_0=\sqrt{2\eta T_A T_1 T_2\frac{V_B-1}{V_B+1}} \tag{4-152}$$

其中 V_B 为 Bob 端 EPR 的方差，T_1 为第一次使用信道时信道的透射率，T_2 为第二次使用信道时信道的透射率，T_A 为 Alice 端分束器的透射率，η 为探测器的量子效率。

由此可以得到

$$V_{A_x|B_x}=\frac{1}{2}\left(V_A+1-\frac{\eta T_2(1-T)(V_A^2-1)}{\eta T T_1 T_2(1+\chi_1)+\eta T_2((1-T)V_A+\chi_2)+(1-\eta)V_{ele}}\right) \tag{4-153}$$

其中 V_{ele} 为探测器的电噪声。

$$\chi_1=(1-T_1)/T_1+\varepsilon_1 \tag{4-154}$$

$$\chi_2=(1-T_2)/T_2+\varepsilon_2 \tag{4-155}$$

其中 ε_1，ε_2 是信道过量噪声。

以上可以得到计算 I_{AB} 的所有参数。下面将介绍计算 Bob 和 Eve 之间的量子互信息 S_{BE} 的方法：

$$S_{BE}=S(E)-S(E|b) \tag{4-156}$$

与单路协议一样，这里 Eve 同样会纯化整个系统来最大化它所获取的信息，所以 $S(E)=S(A_0A_2B_3B_1)$。其次，在 Bob 端进行完投影测量操作后（测量结果为 b），系统依然是纯态，所以 $S(E|b)=S(A_0A_2B_1|b)$。因此，上式演变为

$$S_{BE}=S(A_0A_2B_3B_1)-S(A_0A_2B_1|b) \tag{4-157}$$

实际系统中，可以通过在原始数据中选择部分数据来得到系统协方差矩阵 $\boldsymbol{\gamma}_{A_0A_2B_3B_1}$。然后使用“高斯攻击最优性”定理，假设系统最终的量子态 $\boldsymbol{\rho}_{A_0A_2B_3B_1}$ 为高斯态来最小化最终的安全码率。但是，在数值仿真中，如何获得合理的系统协方差矩阵 $\boldsymbol{\gamma}_{A_0A_2B_3B_1}$ 成为了关键。

在通过信道前，系统的协方差矩阵为

$$\boldsymbol{\gamma}_{A_0A_1B_2B_1}=\begin{pmatrix} V_A\boldsymbol{I}_2 & \sqrt{V_A^2-1}\boldsymbol{\sigma}_z & \boldsymbol{0} & \boldsymbol{0} \\ \sqrt{V_A^2-1}\boldsymbol{\sigma}_z & V_A\boldsymbol{I}_2 & \boldsymbol{0} & \boldsymbol{0} \\ \boldsymbol{0} & \boldsymbol{0} & V_B\boldsymbol{I}_2 & \sqrt{V_B^2-1}\boldsymbol{\sigma}_z \\ \boldsymbol{0} & \boldsymbol{0} & \sqrt{V_B^2-1}\boldsymbol{\sigma}_z & V_B\boldsymbol{I}_2 \end{pmatrix} \tag{4-158}$$

其中 V_A 为 Alice 端 EPR 的方差，$\boldsymbol{I}=[1,0;0,1]$，$\boldsymbol{\sigma}_z=[1,0;0,-1]$。信道的传输关系可以表示为

$$\begin{aligned} r_{A_{\text{in}}} &= \sqrt{T_1}\,r_{B_2}+\sqrt{1-T_1}\,r_{N_1} \\ r_{A_2} &= \sqrt{T_A}\,r_{A_1}-\sqrt{1-T_A}\,r_{A_{\text{in}}} \\ r_{A_{\text{out}}} &= \sqrt{T_A}\,r_{A_{\text{in}}}+\sqrt{1-T_A}\,r_{A_1} \\ r_{B_3} &= \sqrt{T_2}\,r_{A_{\text{out}}}+\sqrt{1-T_2}\,r_{N_2} \end{aligned} \tag{4-159}$$

其中 T_1 为第一次使用信道时信道的透射率，T_2 为第二次使用信道时信道的透射率，T_A 为 Alice 端分束器的透射率。

所以，经过信道后，系统的协方差矩阵变为了

$$\begin{pmatrix} V_A\boldsymbol{I}_2 & \sqrt{T_A(V_A^2-1)}\boldsymbol{\sigma}_z & \sqrt{T_2(1-T_A)(V_A^2-1)}\boldsymbol{\sigma}_z & \boldsymbol{0} \\ \sqrt{T_A(V_A^2-1)}\boldsymbol{\sigma}_z & [T_AV_A+T_1(1-T_A)(V_B+\chi_1)]\boldsymbol{I}_2 & \sqrt{T_2T_A(1-T_A)}[V_A-T_1(V_B+\chi_1)]\boldsymbol{I}_2 & -\sqrt{T_1(1-T_A)(V_B^2-1)}\boldsymbol{\sigma}_z \\ \sqrt{T_2(1-T_A)(V_A^2-1)}\boldsymbol{\sigma}_z & \sqrt{T_2T_A(1-T_A)}[V_A-T_1(V_B+\chi_1)]\boldsymbol{I}_2 & T_2[(1-T_A)V_A+T_AT_1(V_B+\chi_1)+\chi_2]\boldsymbol{I}_2 & \sqrt{T_1T_2T_A(V_B^2-1)}\boldsymbol{\sigma}_z \\ \boldsymbol{0} & -\sqrt{T_1(1-T_A)(V_B^2-1)}\boldsymbol{\sigma}_z & \sqrt{T_1T_2T_A(V_B^2-1)}\boldsymbol{\sigma}_z & V_B\boldsymbol{I}_2 \end{pmatrix} \tag{4-160}$$

其中 $\chi_1=(1-T_1)/T_1+\varepsilon_1$，$\chi_2=(1-T_2)/T_2+\varepsilon_2$，$\varepsilon_1$ 和 ε_2 是信道过量噪声。这里两次使用的信道独立，没有任何关联。

此外，还需要计算协方差矩阵 $\boldsymbol{\gamma}_{A_0A_2GFB_6B_{1P}}^{B_X}$，它可以表示为

$$\boldsymbol{\gamma}_{A_0A_2GFB_6B_{1P}}^{B_X}=\boldsymbol{\gamma}_{A_0A_2GFB_6B_{1P}}-\boldsymbol{\sigma}_{A_0A_2GFB_6B_{1P}B_X}^{T}(X\boldsymbol{\gamma}_{B_X}X)^{MP}\boldsymbol{\sigma}_{A_0A_2GFB_6B_{1P}B_X} \tag{4-161}$$

上式中，$X=[1,0;0,0]$，MP 表示对矩阵进行 Moore-Penrose pseudo-inverse 操作。其中矩阵 $\boldsymbol{\gamma}_{A_0A_2GFB_6B_{1P}}$，$\boldsymbol{\sigma}_{A_0A_2GFB_6B_{1P}B_X}$，$\boldsymbol{\gamma}_{B_X}$ 都可以由下面矩阵分解得到

$$\boldsymbol{\gamma}_{A_0A_2GFB_6B_{1P}B_X}=\begin{bmatrix} \boldsymbol{\gamma}_{A_0A_2GFB_6B_{1P}} & \boldsymbol{\sigma}_{A_0A_2GFB_6B_{1P}B_X}^{T} \\ \boldsymbol{\sigma}_{A_0A_2GFB_6B_{1P}B_X} & \boldsymbol{\gamma}_{B_X} \end{bmatrix} \tag{4-162}$$

上面的矩阵可以通过适当的调制行和列的位置得到。

将通过数值仿真得到双路协议在单模模攻击下的性能并与单路协议进行比较。会影响系统性能的参数有：协调效率 β，Alice 和 Bob 的调制方差 (V_A-1) 和 (V_B-1)，Alice 端耦合器的透射率 T_A。在本次数值仿真中，这些参数都选择实际实验中的典型值并且为固定值。这里选择 $T_A=0.75$，理想条件 $V_A=V_B=1000$，$\beta=1$ 或者实际条件 $V_A=V_B=20$，$\beta=0.98$。

在理想条件下，可以得到双路协议的安全码率随传输距离的变化曲线（图 4-28），在实际条件下，同样可以得到协议安全码率随传输距离的变化曲线（图 4-29）。图中蓝色曲线表示双路协议，红色曲线表示单路协议；实线表示过量噪声为 $\varepsilon=0.1$ 下的情况，点画线表示过量噪声为 $\varepsilon=0.2$ 下的情况。图中结果显示，在单模攻击情况下，双路协议比单路协议有一定的优势，并且这个优势在实际条件下更加明显。

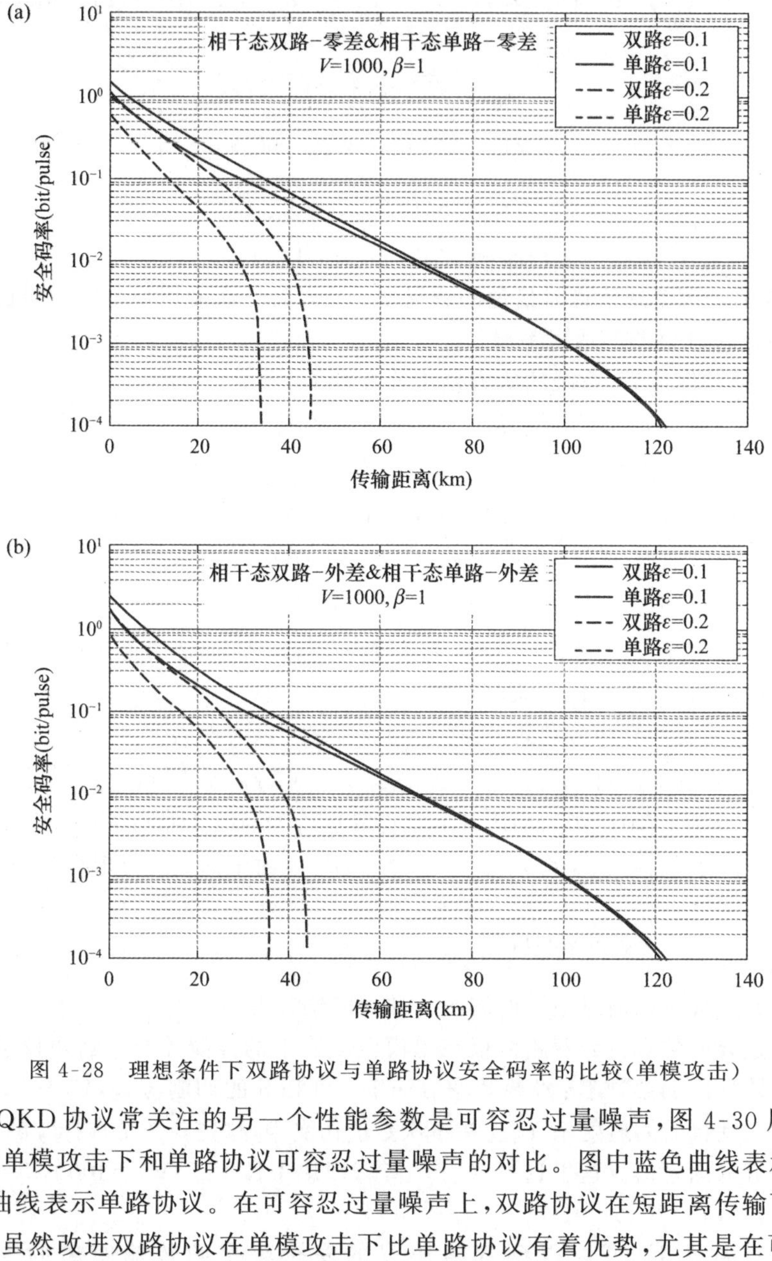

图 4-28 理想条件下双路协议与单路协议安全码率的比较(单模攻击)

CV-QKD 协议常关注的另一个性能参数是可容忍过量噪声,图 4-30 展示了双路协议在单模攻击下和单路协议可容忍过量噪声的对比。图中蓝色曲线表示双路协议,红色曲线表示单路协议。在可容忍过量噪声上,双路协议在短距离传输下有很大的优势。虽然改进双路协议在单模攻击下比单路协议有着优势,尤其是在可容忍噪声上。但是,单模攻击并不是最优的联合窃听方式,所以,接下来将会讨论针对双路协议的最强的联合窃听方式,并且给出改进双路协议在最强联合窃听方式下的性能,然后再将它与单路协议进行比较。

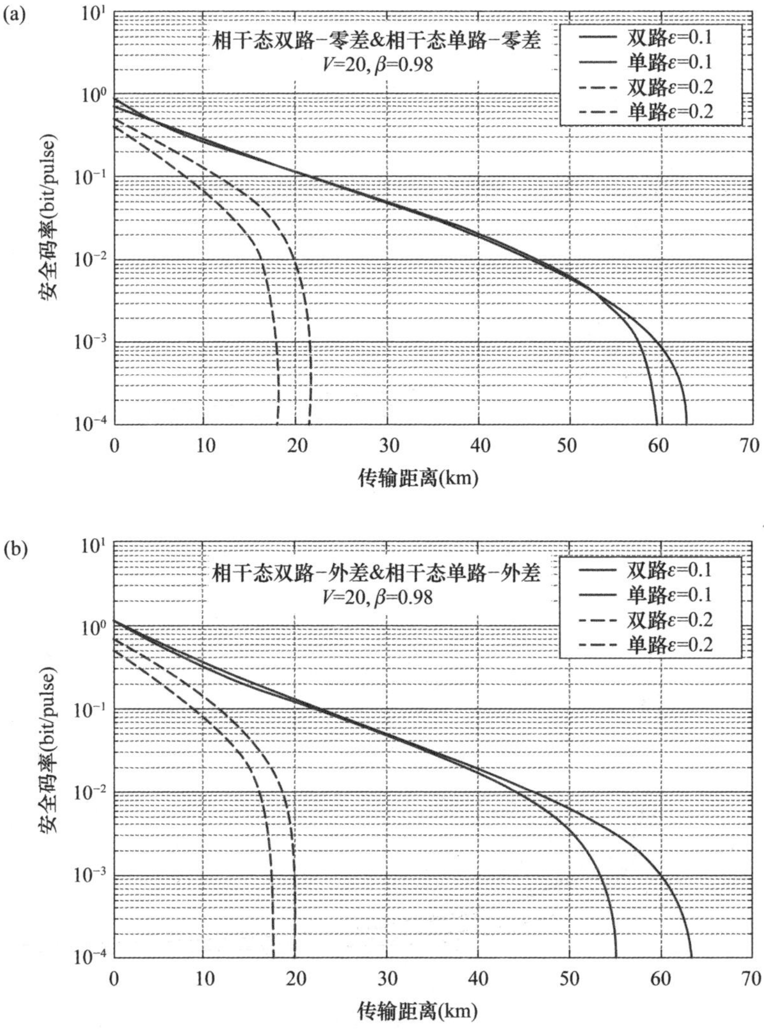

图 4-29　实际条件下双路协议与单路协议安全码率的比较(单模攻击)

4.6.2.2　双模攻击下的安全性分析

如图 4-31 所示,在双模攻击中 Alice 和 Bob 的两个输出模式 B_2 和 A_{out} 通过两个透射率为 T_1 和 T_2 的分束器和窃听者的两个模式 E_1 和 E_2 分别耦合。模式 E_1 和 E_2 和其余的模式 e 组成了一个整体。其中模式 E_1 和 E_2 的协方差矩阵可以表示为:

$$\boldsymbol{\gamma}_{E_1E_2}=\begin{pmatrix} V_{E_1}\boldsymbol{I}_2 & \boldsymbol{C}_{E_1E_2} \\ \boldsymbol{C}_{E_1E_2} & V_{E_2}\boldsymbol{I}_2 \end{pmatrix} \tag{4-163}$$

其中 V_{E_1} 和 V_{E_2} 是信道引入的热场态的噪声,$\boldsymbol{C}_{E_1E_2}=\text{diag}(C_x,C_p)$ 是两个模式的关联参数矩阵。这些参数 V_{E_1},V_{E_2},C_x 和 C_p 必须满足物理存在性条件:

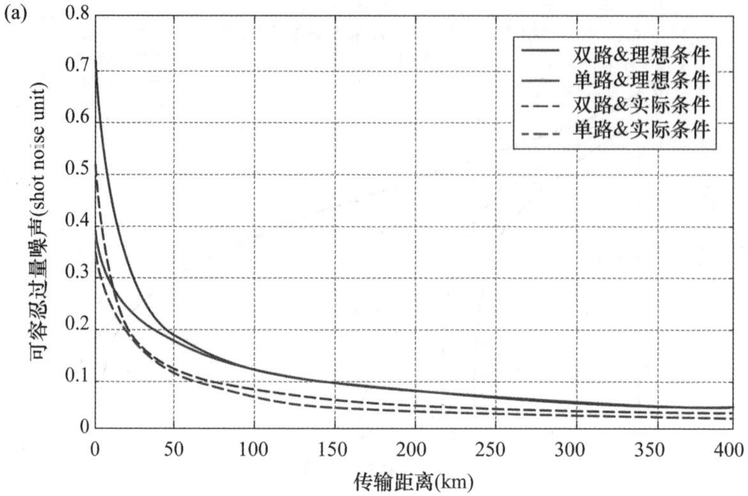

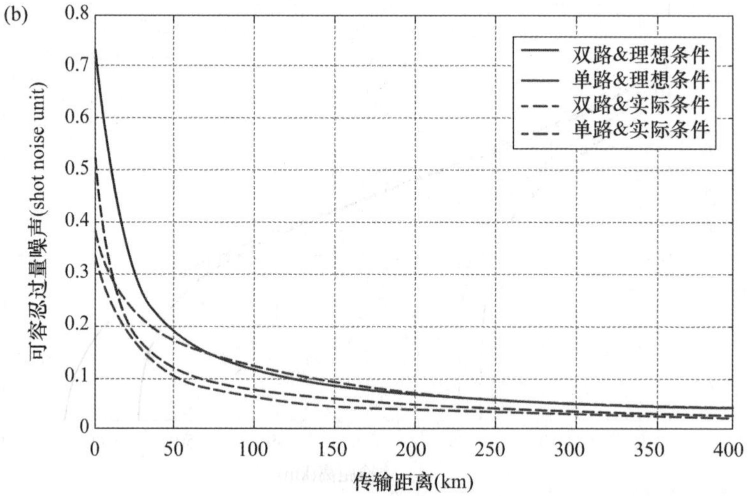

图 4-30　双路协议与单路协议可容忍噪声的比较(单模攻击)

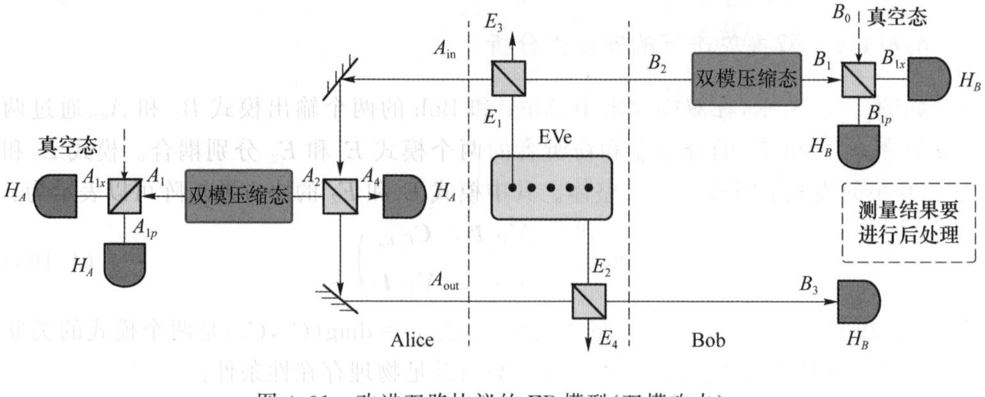

图 4-31　改进双路协议的 EB 模型(双模攻击)

$$\boldsymbol{\gamma}_{E_1E_2}>0,\quad \nu_-\geqslant 1 \tag{4-164}$$

其中 $\nu_-=\sqrt{0.5(\Delta(\boldsymbol{\gamma}_{E_1E_2})-\sqrt{\Delta(\boldsymbol{\gamma}_{E_1E_2})^2-4\det\boldsymbol{\gamma}_{E_1E_2}})}$，$\boldsymbol{\gamma}_{E_1E_2}>0$ 与原矩阵的行列式大于零等价，$\Delta(\boldsymbol{\gamma}_{E_1E_2}):=V_{E_1}^2+V_{E_2}^2+2C_xC_p$。

在改进双路协议中，通常两个信道的过量噪声是固定的，这就意味着对于不同的信道透射率 T_1 和 T_2，方差 V_{E_1} 和 V_{E_2} 是固定的。因此，剩下的自由度就是两个关联参数 C_x 和 C_p 了，它们的每一种组合都可以看作是二维关联参数平面上的一个点，该平面上的每一点都表示一种攻击方式。

所有的攻击中，满足 $\tilde{\nu}_-\geqslant 1$ 的攻击方式被称为分离攻击（$\boldsymbol{\gamma}_{E_1E_2}$ 是分离的），而满足 $\tilde{\nu}_-<1$ 的攻击方式被称为纠缠攻击（$\boldsymbol{\gamma}_{E_1E_2}$ 是纠缠的），其中 $\tilde{\nu}_-=\sqrt{0.5(\tilde{\Delta}(\boldsymbol{\gamma}_{E_1E_2})-\sqrt{\tilde{\Delta}(\boldsymbol{\gamma}_{E_1E_2})^2-4\det\boldsymbol{\gamma}_{E_1E_2}})}$，$\tilde{\Delta}(\boldsymbol{\gamma}_{E_1E_2}):=V_{E_1}^2+V_{E_2}^2-2C_xC_p$。图 4-32 为固定噪声下关联平面的数值模拟（$V_{E_1}=3$ 和 $V_{E_2}=3$）。下面将具体定义各种攻击方式。

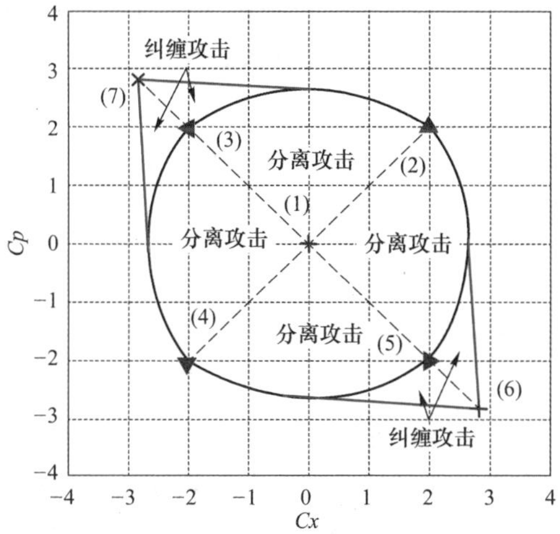

图 4-32 关联平面中的不同攻击方式

- **分离攻击（Separable Attack）**：两个模式 E_1 和 E_2 有关联，并且和的模式 e 可能存在着纠缠，所有的分离攻击都有关联噪声（除了一个特殊的点，把它定义为下面的独立攻击）。在所有的分离攻击中，指出了图中的点（2）、（3）、（4）、（5），它们有着最大的分离关联。具体来说，点（2）代表 $C_x=C_p=C_{\text{sep}}^{\max}$，点（3）代表 $C_x=-C_p=C_{\text{sep}}^{\max}$，点（4）代表 $C_x=C_p=-C_{\text{sep}}^{\max}$，点（5）代表 $C_x=-C_p=-C_{\text{sep}}^{\max}$，其中 $C_{\text{sep}}^{\max}=\sqrt{(V_{E_1}-1)(V_{E_2}-1)}$。
- **独立攻击（Independent Attack）**：这种攻击方式代表着使用两个独立的纠缠克隆攻击，即上一小节中的单模攻击。具体来说，图中点（1）代表 $C_x=C_p=0$。
- **纠缠攻击（Entangled Attack）**：对于纠缠攻击，两个模式 E_1 和 E_2 是纠缠的，这

就意味着这两个模式的之间的关联比分离攻击中的关联要更强。在所有的纠缠攻击中，指出了图中的点(6)、(7)，它们有着最大的纠缠，即可以把模式E_1和E_2看作是EPR态。具体来说，点(6)代表$C_x=C_p=C_{\text{ent}}^{\max}$，点(7)代表$C_x=-C_p=C_{\text{ent}}^{\max}$，$C_{\text{ent}}^{\max}=\min\{\sqrt{(V_{E_1}-1)(V_{E_2}+1)},\sqrt{(V_{E_1}+1)(V_{E_2}-1)}\}$。

双模攻击下，经过信道前的系统协防矩阵和信道投射关系与单模攻击下的系统协防矩阵和信道投射关系保持一致。但是，经过信道后的系统协方差矩阵与原先有着很大的区别，具体形式为：

$$\begin{bmatrix} V_B\boldsymbol{I} & \boldsymbol{0} & -\sqrt{T(1-\eta)(V_B^2-1)}\boldsymbol{\sigma}_z & T\sqrt{\eta(V_B^2-1)}\boldsymbol{\sigma}_z \\ \boldsymbol{0} & V_A\boldsymbol{I} & \sqrt{\eta(V_A^2-1)}\boldsymbol{\sigma}_z & \sqrt{T(1-\eta)(V_A^2-1)}\boldsymbol{\sigma}_z \\ -\sqrt{T(1-\eta)(V_B^2-1)}\boldsymbol{\sigma}_z & \sqrt{\eta(V_A^2-1)}\boldsymbol{\sigma}_z & [\eta V_A+(1-\eta)(TV_B+(1-T)V_E)]\boldsymbol{I} & \boldsymbol{C}_{A_3B_3} \\ T\sqrt{\eta(V_B^2-1)}\boldsymbol{\sigma}_z & \sqrt{T(1-\eta)(V_A^2-1)}\boldsymbol{\sigma}_z & \boldsymbol{C}_{A_3B_3} & \boldsymbol{V}_{B_3} \end{bmatrix} \tag{4-165}$$

其中两次信道有着相同的参数：相同的透射率$T_1=T_2=T$和相同的信道过量噪声$V_{E_1}=V_{E_2}=V_E$。矩阵$\boldsymbol{V}_{B_3}=\text{diag}(V_{B_3}^x,V_{B_3}^p)$和矩阵$\boldsymbol{C}_{A_3B_3}=\text{diag}(C_{A_3B_3}^x,C_{A_3B_3}^p)$的具体表达式为：

$$\begin{cases} V_{B_3}^x=T(1-\eta)V_A+T^2\eta V_B+\{1-T[1-\eta(1-T)]\}V_E+2C_x(1-T)\sqrt{T\eta} \\ V_{B_3}^p=T(1-\eta)V_A+T^2\eta V_B+\{1-T[1-\eta(1-T)]\}V_E+2C_p(1-T)\sqrt{T\eta} \\ C_{A_3B_3}^x=\sqrt{T\eta(1-\eta)}V_A-T\sqrt{T\eta(1-\eta)}V_B-(1-T)\sqrt{T\eta(1-\eta)}V_E-C_x(1-T)\sqrt{1-\eta} \\ C_{A_3B_3}^p=\sqrt{T\eta(1-\eta)}V_A-T\sqrt{T\eta(1-\eta)}V_B-(1-T)\sqrt{T\eta(1-\eta)}V_E-C_p(1-T)\sqrt{1-\eta} \end{cases} \tag{4-166}$$

接下来，将通过数值仿真得到改进双路协议在不同双模攻击下的性能。除了不同的攻击方式，会影响系统性能的参数有：协调效率β，Alice端和Bob的调制方差(V_A-1)和(V_B-1)，Alice端耦合器的透射率T_A。在本次数值仿真中，这些参数都选择实际实验中的典型值并且为固定值。这里选择$V_A=V_B=20$，$\beta=0.95$，$T_A=0.75$，信道过量噪声$\varepsilon=0.2$。

图4-33、图4-34、图4-35分别分析了协议的安全码率在不同攻击下的情况(传输距离分别为10 km、20 km、30 km)。图中不同的颜色代表了不同的安全码率的大小。红色表示着高码率，蓝色表示着低码率。颜色越接近红色表示码率越高，颜色越接近蓝色表示码率越低。

与之前的理论分析一致，协议的安全码率是关于$C_x=-C_p$轴对称的。图中码率最低处即为最强的双模攻击方式，因此，可以得出最强的双模攻击是双模对称分离攻击：在传输距离在10 km处，最强攻击在$C_x=C_p=0.0078$；在20 km处，最强攻击在$C_x=C_p=0.0073$；在30 km处，最强攻击在$C_x=C_p=0.0039$。

根据每个距离下的安全码率的仿真结果，可以得到每个距离下的最强攻击方式。

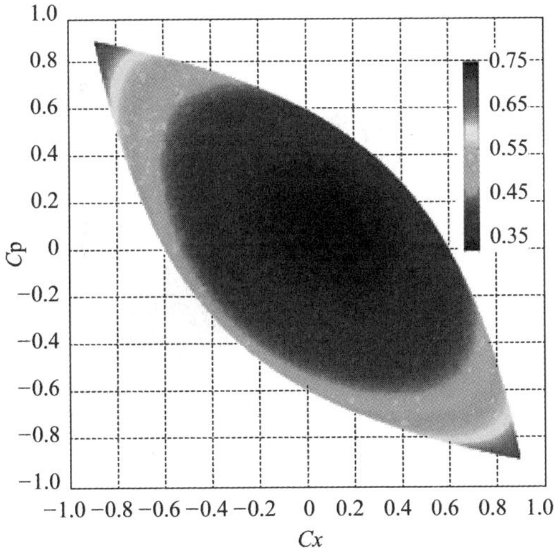

图 4-33 不同种类的攻击方式下改进双路协议的安全码率(10 km 传输距离)

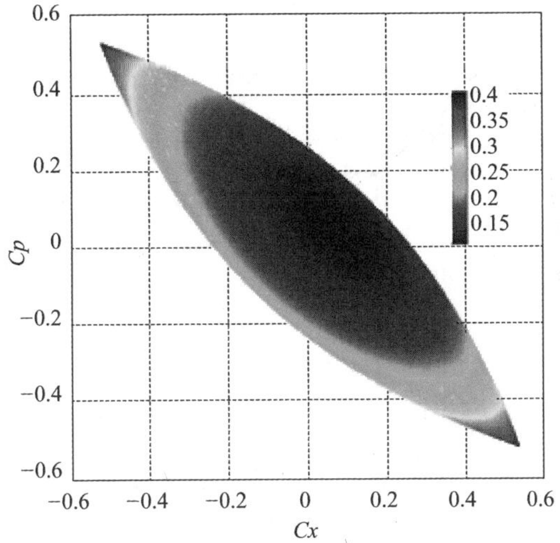

图 4-34 不同种类的攻击方式下改进双路协议的安全码率(20 km 传输距离)

由此,可以得到不同距离下,最优双模攻击的关联参数(图 4-36 所示)。最优双模攻击方式始终是双模对称分离攻击。图中红线、绿线、粉线、蓝线、黑线分别表示的是在信道过量噪声为 $\varepsilon=0.02$、$\varepsilon=0.05$、$\varepsilon=0.1$、$\varepsilon=0.15$、$\varepsilon=0.2$ 时最优双模攻击的归一化关联参数。其中,归一化关联参数 $C_x'=C_x/C_{\text{sep}}^{\max}$。那么,归一化关联参数 $C_x'=-1$,0,1 分别表示点(5)、点(1)、点(4)的攻击方式。

因此,可以得到最优双模攻击的协方差矩阵为:

$$\boldsymbol{\gamma}_{E_1E_2}=\begin{pmatrix} V_E\boldsymbol{I}_2 & C_{\text{opt}}\boldsymbol{I}_2 \\ C_{\text{opt}}\boldsymbol{I}_2 & V_E\boldsymbol{I}_2 \end{pmatrix} \tag{4-167}$$

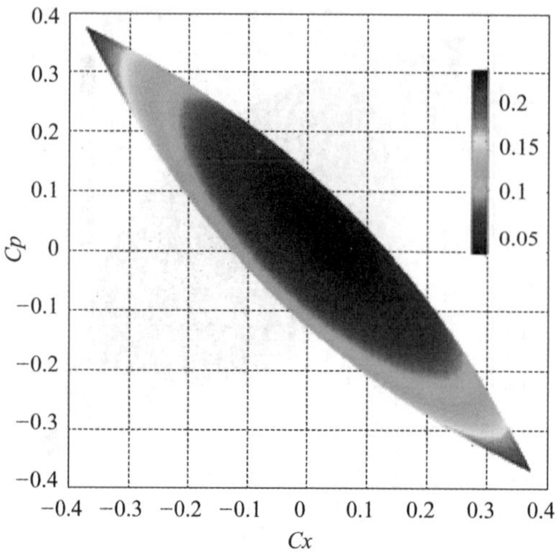

图 4-35 不同种类的攻击方式下改进双路协议的安全码率(30 km 传输距离)

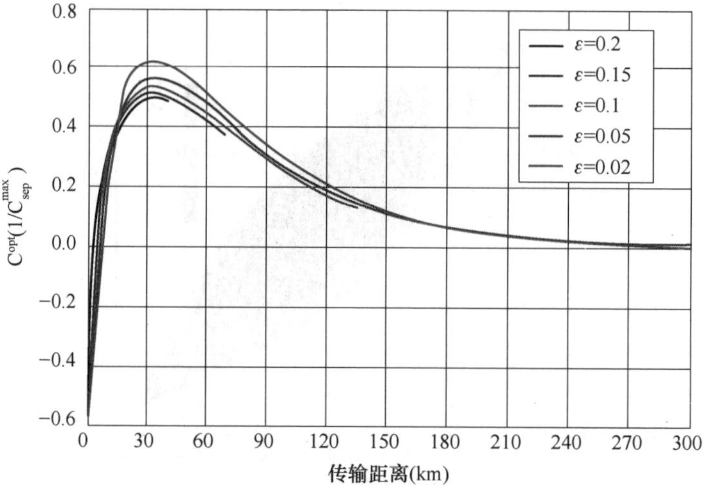

图 4-36 最优双模攻击的关联参数

其中 $V_E=1+\frac{T\varepsilon}{1-T}$。

这个协方差矩阵代表着由图 4-37 中所示的双模攻击方式。Eve 首先制备两个 EPR 态(方差为 $V_1=V_E+C_{\text{opt}}$ 的 EPR_1 和方差为 $V_1=V_E-C_{\text{opt}}$ 的 EPR_2),保留每个 EPR 态的其中一个模式,另一个模式通过一个 50:50 的分束器耦合。分束器的输出模式即为双模攻击的攻击模式 E_1 和 E_2。最终,它通过模式 E_1 和 E_2 与前向信道和后向信道的模式耦合,进行攻击。剩余的两个模式存储在量子存储器中,等到协议结束后再进行测量。

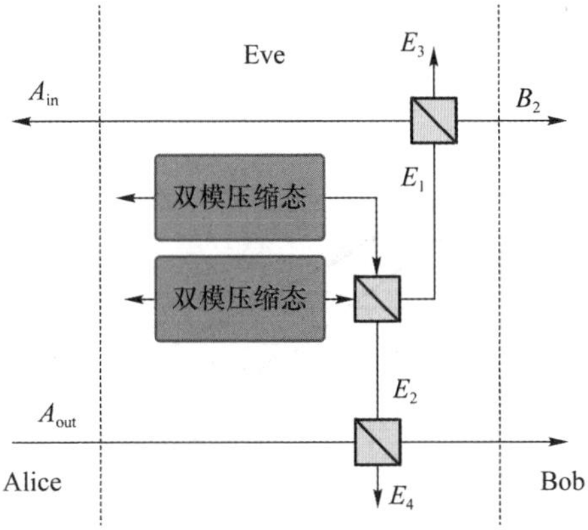

图 4-37 最优双模攻击的攻击方式

下面将比较双路协议与单路协议的性能，由此来检验在最优双模攻击的情况下双路协议是否依然能够比单路协议在可容忍噪声等方面有着一定的优势。

在理想条件下($\beta=1, V_A=V_B=1000$)和非理想条件下($\beta=0.98, V_A=V_B=20$)，画了最优攻击下双路协议的安全码率随传输距离的变化曲线(图 4-38 和图 4-39)。图中蓝色曲线表示双路协议，红色曲线表示单路协议。理想条件下两协议安全码率性能相近，非理想条件下，双路协议性能低于单路协议性能，这可能是非理想条件下两协议最优调制方差不同导致的。最优攻击下双路协议可容忍过量噪声随传输距离的变化曲线如图 4-40 所示，同样发现此时双路协议和单路协议的性能相当。在理想条件下，近距离时双路协议的可容忍过量噪声更高；实际条件下，远距离时双路协议的可容忍过量噪声更高。

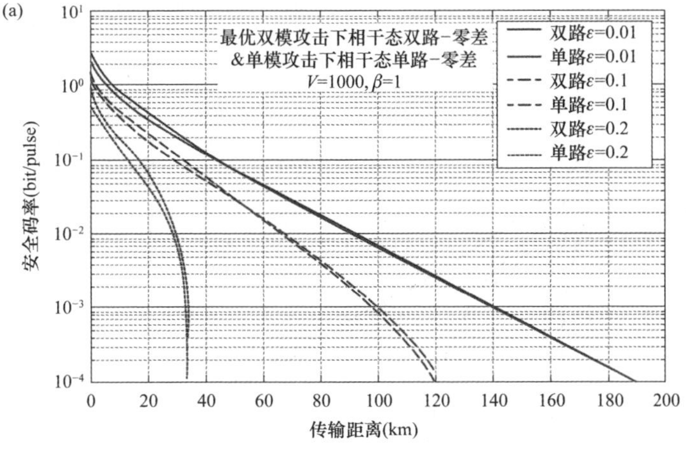

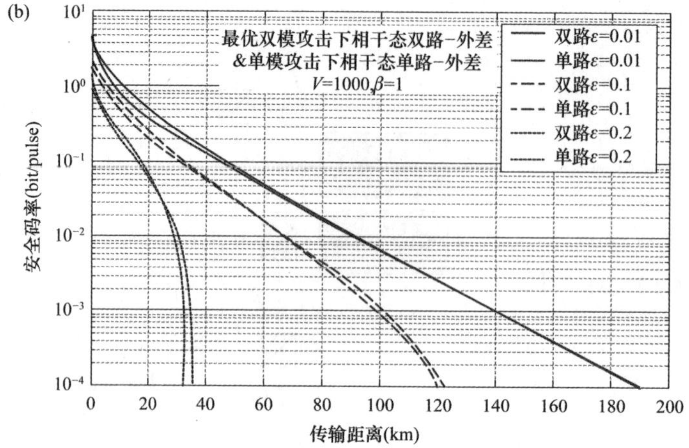

图 4-38　理想条件下双路协议与单路协议安全码率的比较(双模攻击)

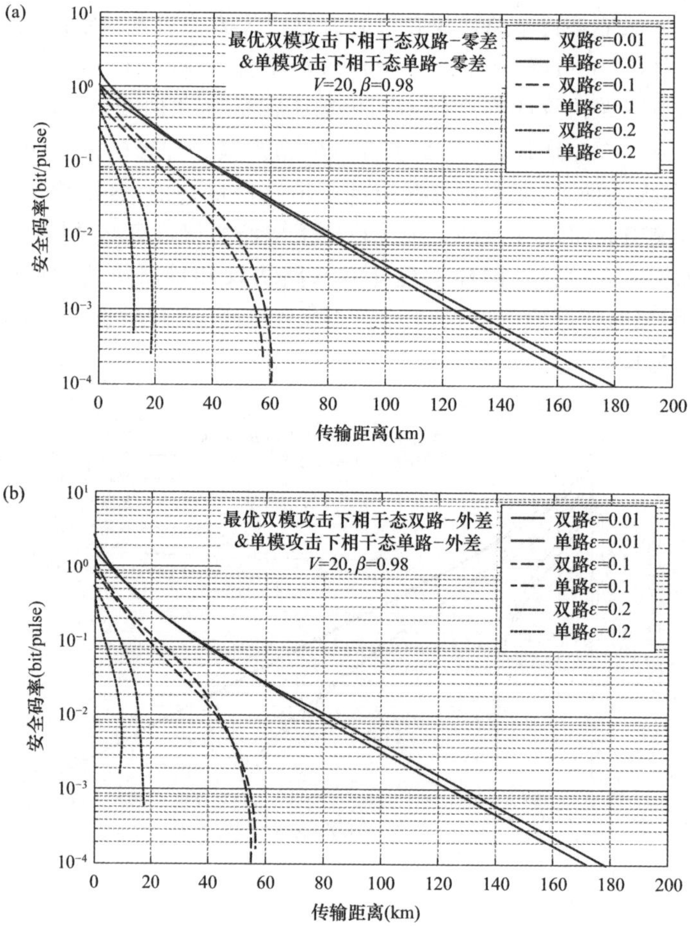

图 4-39　实际条件下双路协议与单路协议安全码率的比较(双模攻击)

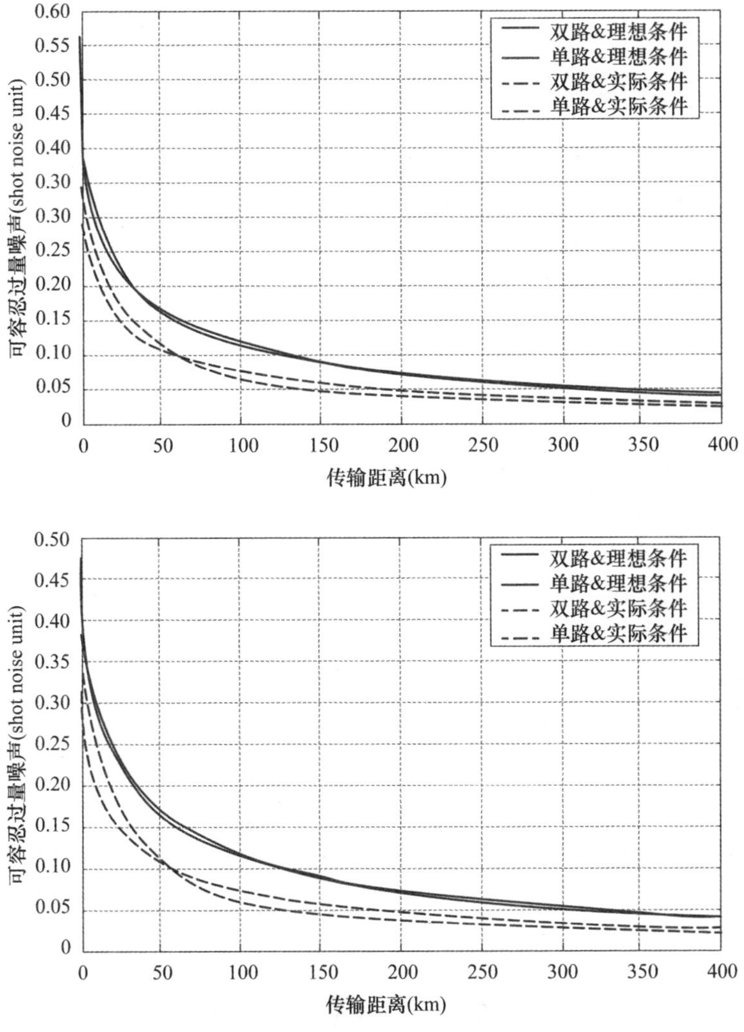

图 4-40　双路协议与单路协议可容忍噪声的比较(双模攻击)

4.7　相干态测量设备无关协议

针对单路 CV-QKD 系统中探测端物理器件的非理想性,研究人员提出了很多种黑客攻击方案[29-30],包括本振光波动攻击、波长攻击、探测器饱和攻击等攻击方案。本振光波动攻击方案是通过控制本振光的大小来影响系统中散粒噪声的标定,从而影响对系统过量噪声的评估;波长攻击方案是通过分束器波长特性非理性而控制探测器的输出结果;探测器饱和攻击方案是通过探测器放大电路的饱和特性来控制探测器的输出结果的方差。这些物理器件的非理想性所引起的漏洞都影响着 CV-QKD 系统的实际安全性。虽然针对各种已被提出的黑客攻击方案的抵御方案均已找到，但是，不可能获悉所有的漏洞和黑客攻击方案，这就会使人们对系统的实际安全性始终抱有一定的疑问。

为了提高协议的实际安全性，并彻底的解决探测端的实际安全性问题，连续变量测量设备无关协议（简称测量设备无关协议，MDI 协议）被提出了[31-32]。在 MDI 协议中，合法通信双方 Alice 和 Bob 都是协议的发送方，探测完全交由非可信的第三方 Charlie 来进行，因此该协议天然可以抵御所有针对探测器的黑客攻击方案。

在相干态 MDI 协议中，Alice 和 Bob 并分别通过相位调制器和幅度调制器独立的制备一个高斯调制的量子态（如果光源是相干态则为高斯调制的相干态，如果光源是压缩态则为高斯调制的压缩态 Alice 和 Bob 将制备的量子态发送给非可信的第三方 Charlie 进行连续变量 Bell 测量。其具体操作是，Charlie 将收到的两个量子态通过一个 50:50 分束器进行干涉，然后分别使用两个零差探测器对干涉结果进行测量。接下来，Charlie 公布其测量结果。Alice 和 Bob 收到公布的测量结果后，Bob 会将手中的数据进行修正，而 Alice 不改变其手中的数据。最后，Alice 和 Bob 利用修正后的数据进行参数估计，数据后处理，数据协调和私钥放大等步骤得到最终的安全密钥。其中数据修正的方法有多种：可以 Alice 和 Bob 同时都修正手中的数据，也可以只在一端进行数据修正。这里采用的是在 Bob 端进行数据修正，Alice 端保持数据不变。实际实验系统是按照上述 PM 模型进行搭建的，但是安全性分析还是需要通过其等价的 EB 模型，具体的 EB 模型如图 4-41 所示。在 MDI 协议中，Alice 和 Bob 各自拥有一个信号源，两者之间并无任何相关性。通过 Bell 态测量以及位移操作，模式 A_1 与 B_1' 之间都建立了相关性，安全码率就是从这些相关性中提取出来的。

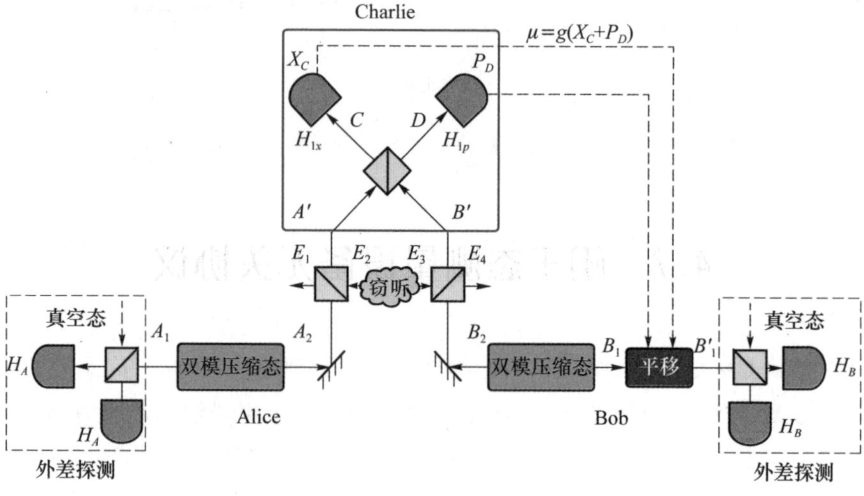

图 4-41　相干态 MDI 协议的 EB 模型

4.7.1 个体窃听下的安全性分析

个体窃听下的相干态 MDI 协议的安全性分析方法与 4.3.1 小节无开关协议的证明方法类似，由于篇幅有限，详细的安全码率公式推导和仿真结果在这里就不再给出。

4.7.2 联合窃听下的安全性分析

4.7.2.1 无限码长条件下

当 Alice 和 Bob 使用反向协调作为数据协调方式时，安全码率计算公式为

$$K_{\mathrm{MDI}}^{\mathrm{coll}}=\beta I_{AB}-S_{BE} \tag{4-168}$$

其中，β 为数据协调效率，I_{AB}是 Alice 和 Bob 之间的经典互信息，S_{BE}是 Bob 和 Eve 之间的量子互信息。

I_{AB}的计算需要考虑 Bob 端使用的探测方式。当使用外差探测器进行探测时，可以使用下面的计算公式(这里需要同时计算正则分量 x 和正则分量 p 的结果)

$$I_{AB}=\frac{1}{2}\log V_{A_x}-\frac{1}{2}\log V_{A_x|B_x}+\frac{1}{2}\log V_{A_p}-\frac{1}{2}\log V_{A_p|B_p} \tag{4-169}$$

其中 V_{A_x} 是模式 A_x 方差，$V_{A_x|B_x}$ 是基于 Bob 端数据的模式 A_x 方差；V_{A_p} 是模式 A_p 方差，$V_{A_p|B_p}$ 是基于 Bob 端数据的模式 A_p 方差。

以上得到了 I_{AB}的计算方法。下面将介绍计算 Bob 和 Eve 之间的量子互信息 S_{BE}的方法：

$$S_{BE}=S(E)-S(E|b) \tag{4-170}$$

与单路协议一样，这里 Eve 同样会纯化整个系统来最大化它所获取的信息，所以$S(E)=S(A_1B'_1)$。其次，在 Bob 端进行完投影测量操作后(测量结果为 b)，系统依然是纯态，所以 $S(E|b)=S(A_1|b)$。因此，上式演变为

$$S_{BE}=S(A_1B'_1)-S(A_1|b) \tag{4-171}$$

实际系统中，可以通过在原始数据中选择部分数据来得到系统协方差矩阵 $\boldsymbol{\gamma}_{A_1B'_1}$。然后使用“高斯攻击最优性”定理，假设系统最终的量子态 $\boldsymbol{\rho}_{A_1B'_1}$ 为高斯态来最小化最终的安全码率。但是，在数值仿真中，如何获得合理的系统协方差矩阵 $\boldsymbol{\gamma}_{A_1B'_1}$ 成为了关键。

在图 4-42 模型中，Charlie 端对 C,D 模式分别进行零差探测之前，对应的协方差矩阵为

$$\gamma_{A_1CDB_1}=$$

$$\begin{pmatrix} V_1\boldsymbol{I}_2 & \sqrt{\frac{1}{2}T_1(V_1^2-1)}\boldsymbol{\sigma}_z & \sqrt{\frac{1}{2}T_1(V_1^2-1)}\boldsymbol{\sigma}_z & 0\boldsymbol{I}_2 \\ \sqrt{\frac{1}{2}T_1(V_1^2-1)}\boldsymbol{\sigma}_z & \left(\frac{1}{2}T_1(V_1+\chi_1)+\frac{1}{2}T_2(V_1+\chi_2)\right)\boldsymbol{I}_2 & \left(\frac{1}{2}T_1(V_1+\chi_1)-\frac{1}{2}T_2(V_1+\chi_2)\right)\boldsymbol{I}_2 & \sqrt{\frac{1}{2}T_2(V_2^2-1)}\boldsymbol{\sigma}_z \\ \sqrt{\frac{1}{2}T_1(V_1^2-1)}\boldsymbol{\sigma}_z & \left(\frac{1}{2}T_1(V_1+\chi_1)-\frac{1}{2}T_2(V_1+\chi_2)\right)\boldsymbol{I}_2 & \left(\frac{1}{2}T_1(V_1+\chi_1)+\frac{1}{2}T_2(V_1+\chi_2)\right)\boldsymbol{I}_2 & -\sqrt{\frac{1}{2}T_2(V_2^2-1)}\boldsymbol{\sigma}_z \\ 0\boldsymbol{I}_2 & \sqrt{\frac{1}{2}T_2(V_2^2-1)}\boldsymbol{\sigma}_z & -\sqrt{\frac{1}{2}T_2(V_2^2-1)}\boldsymbol{\sigma}_z & V_2\boldsymbol{I}_2 \end{pmatrix} \tag{4-172}$$

其中 $V_1=V_A+1$，$V_2=V_B+1$ 分别为 Alice 和 Bob 在 PM 模型中的调制方差，T_1，T_2 为 Alice-Charlie 信道和 Bob-Charlie 信道的透射率，$\chi_1=\frac{1}{T_1}-1+\varepsilon_1$，$\chi_2=\frac{1}{T_2}-1+\varepsilon_2$ 中 ε_1，ε_2 为相应信道的过量噪声。为了估计协议最终的协方差矩阵 $\boldsymbol{\gamma}_{A_1B'_1}$，通过对 $m=N-n$ 个相关变量 $(x_i,y_i)_{i=1,\dots,m}$ 的抽样得到。需要估计的参数有 Alice 和 Bob 的调制方差，两个信道的透射率和过量噪声。根据协方差矩阵可以得到 PM 模型下的 Alice、Bob 和 Charlie 之间的参数关系。

根据协方差矩阵 $\boldsymbol{\gamma}_{A_1CDB_1}$ 可以得到 PM 模型下的 Alice、Bob 和 Charlie 之间的参数关系如下所示：

$$\begin{aligned} &\langle x_1^2\rangle=V_1-1=V_A,\langle x_2^2\rangle=V_2-1=V_B \\ &\langle y_1^2\rangle=\frac{1}{2}T_1(V_1+\chi_1)+\frac{1}{2}T_2(V_2+\chi_2)=\frac{1}{2}(T_1V_A+T_2V_B)+1+\frac{1}{2}(T_1\varepsilon_1+T_2\varepsilon_2) \\ &\langle y_2^2\rangle=\frac{1}{2}T_1(V_1+\chi_1)+\frac{1}{2}T_2(V_2+\chi_2)=\frac{1}{2}(T_1V_A+T_2V_B)+1+\frac{1}{2}(T_1\varepsilon_1+T_2\varepsilon_2) \\ &\langle x_1y_1\rangle=\sqrt{\frac{T_1}{2}}(V_1-1)=\sqrt{\frac{T_1}{2}}V_A,\langle x_2y_2\rangle=\sqrt{\frac{T_2}{2}}(V_2-1)=\sqrt{\frac{T_2}{2}}V_B \\ &\langle y_1y_2\rangle=\frac{1}{2}T_1(V_1+\chi_1)-\frac{1}{2}T_2(V_2+\chi_2)=\frac{1}{2}(T_1V_A-T_2V_B)+\frac{1}{2}(T_1\varepsilon_1-T_2\varepsilon_2) \end{aligned} \tag{4-173}$$

在相干态 MDI 协议中，考虑到协议的结构与单路协议不同，Eve 可以对两个信道分别进行独立的攻击。在上述模型下对协议进行分析，在经过了测量与平移操作后，最终的态 $\boldsymbol{\rho}_{A_1B'_1}$ 的协议方差矩阵 $\boldsymbol{\gamma}_{A_1B'_1}$ 为

$$\boldsymbol{\gamma}_{A_1B'_1}=\begin{pmatrix} V_1\boldsymbol{I}_2 & \sqrt{T(V_1^2-1)}\boldsymbol{\sigma}_z \\ \sqrt{T(V_1^2-1)}\boldsymbol{\sigma}_z & [T(V_1-1)+1+T\varepsilon']\boldsymbol{I}_2 \end{pmatrix} \tag{4-174}$$

其中 $T=\frac{T_1}{2}g^2$，$\varepsilon'=1+\frac{1}{T_1}[2+T_2(\varepsilon_2-2)+T_1(\varepsilon_2-1)]+\frac{1}{T_1}\left(\frac{\sqrt{2}}{g}\sqrt{V_B}-\sqrt{T_2}\sqrt{V_B+2}\right)^2$。

这里选择 $g=\sqrt{\frac{2}{T_2}}\sqrt{\frac{V_B}{V_B+2}}$ 使得等效过量噪声 ε' 最小，因此有

$$\varepsilon'=\varepsilon_1+\frac{1}{T_1}[T_2(\varepsilon_2-2)+2] \tag{4-175}$$

根据上述矩阵计算 Alice 与 Bob 的互信息

$$I_{AB}=\log\left[\frac{T(V+\chi)+1}{T(1+\chi)+1}\right] \tag{4-176}$$

其中 $\chi=\frac{1}{T}-1+\varepsilon'$。

下面将展示相干态 MDI 协议的性能。在实际实验中,可以通过参数估计步骤得到协方差矩阵 $\boldsymbol{\gamma}_{A_1B_1'}$。但是,在数值仿真中,需要模拟信道的情况和 Charlie 的操作。这里,使用两个独立的纠缠克隆攻击模拟信道情况,Charlie 使用标准的 Bell 态探测。会影响系统性能的参数有:协调效率 β,Alice 端和 Bob 的调制方差(V_A-1)和(V_B-1),信道透射率 T_1 和 T_2,信道过量噪声 ε_1 和 ε_2,探测器的量子效率 η 及其电噪声 V_{ele}。在本次数值仿真中,将会首先选取 $V_A=V_B=10^5$ 来展示协议在理想调制情况下的性能。随后,将使用实际的调制方差 $V_A=V_B=5$ 来观察协议在实际调制情况下的性能。信道的过量噪声在仿真中选择 $\varepsilon_1=\varepsilon_2=0.002$,信道损耗为 0.2 dB/km,这些都是单路 CV-QKD 系统中的实测参数。此外,使用 $\eta=1$,$V_{ele}=0$ 来代表理想探测器,$\eta=0.9$,$V_{ele}=0.015$ 来代表非理想探测器。

首先考虑了对称信道的情况,即 Alice 与 Charlie 之间的距离和 Bob 与 Charlie 之间的距离等长。图 4-42 数值仿真了相干态 MDI 协议的安全码率随传输距离的变化情况。图中实线表示使用了理想探测器,虚线表示使用了非理想探测器。相干态 MDI 协议在对称信道下,即使使用了理想探测器,传输距离依旧只有 7.7 km。协议的性能不是很理想,其主要原因在于:可以把 MDI 协议的 EB 模型看作是连续变量量子隐形传态过程:Alice 和 Bob 各自制备一个 EPR 态,然后他们想把模式 A 从 Alice 传递到 Bob。任何 Bob 信道中的损耗和噪声都会减少 EPR 源的质量,影响量子隐形传态的质量。因此,接下去将会考虑非对称信道的情况。

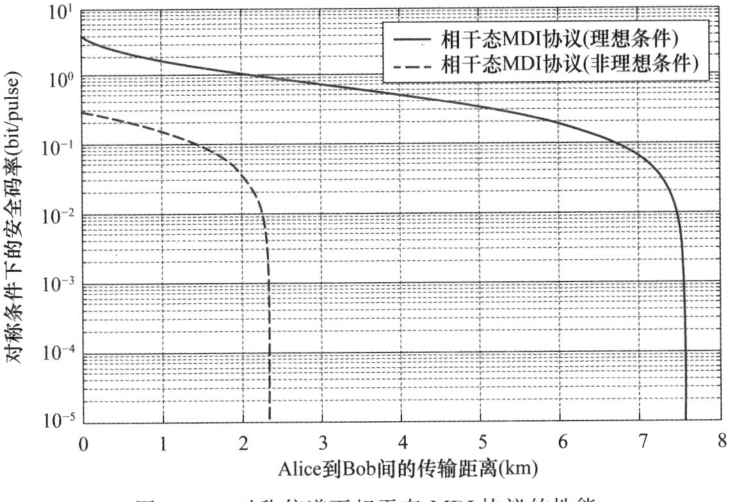

图 4-42　对称信道下相干态 MDI 协议的性能

当把 Charlie 的位置接近 Bob 端时，最远传输距离可以增加到一个相对更长的距离如图 4-43 所示，当 Bob 与 Charlie 之间的距离减少的时候，协议的最远传输距离会增加。图中蓝线代表使用理想调制方差的情况，红线代表使用实际调制方差的情况；实线表示使用了理想探测器，虚线表示使用了非理想探测器。在最非对称的情况下，使用理想调制方差和理想探测器的相干态 MDI 协议可以传输 89.9 km；而在使用实际调制方差和非理想探测器的相干态 MDI 协议无法进行安全的密钥分发，这也限制了相干态 MDI 协议的直接实际应用。可以考虑采用一定的改进手段对协议进行改进，提升协议的性能。

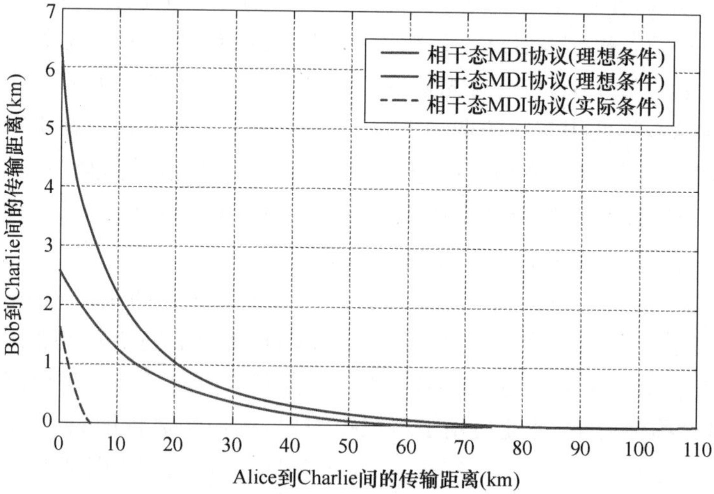

图 4-43　非对称信道下相干态 MDI 协议的性能

4.7.2.2　组合安全框架下

由前一小节介绍的分析可知，联合窃听下，相干态 MDI 协议可以等价为一个无开关协议。因此，相干态 MDI 协议在组合安全框架下的安全性分析方法与 4.3.2.3 小节中无开关协议类似，这里就不再详述了。

下面对相干态 MDI 协议在组合安全性框架下的安全码率进行数值仿真[33]。在本次数值仿真中，选取 $V_A=V_B=20$，信道的过量噪声 $\varepsilon_1=\varepsilon_2=0.01$，信道损耗为 0.2 dB/km，这些都是单路 CV-QKD 系统中的实测参数。此外，将鲁棒性参数设置为 $\varepsilon_{rob}<0.01$，安全性参数设置为 10^{-20}。

图 4-44 展示了，组合安全性框架下，相干态 MDI 协议的安全码率和传输距离的关系。图中红线代表了无限码长的情况，紫线、蓝线、绿线、粉蓝线、黄线、棕线分别代表码长为 10^{15}、10^{14}、10^{13}、10^{12}、10^{11}、10^{10} 时的情况。在理想离散化条件下，相干态 MDI 协议在无限码长时传输距离能够达到 89 km，码长为 10^{12} 时传输距离依然能够达到 50 km。

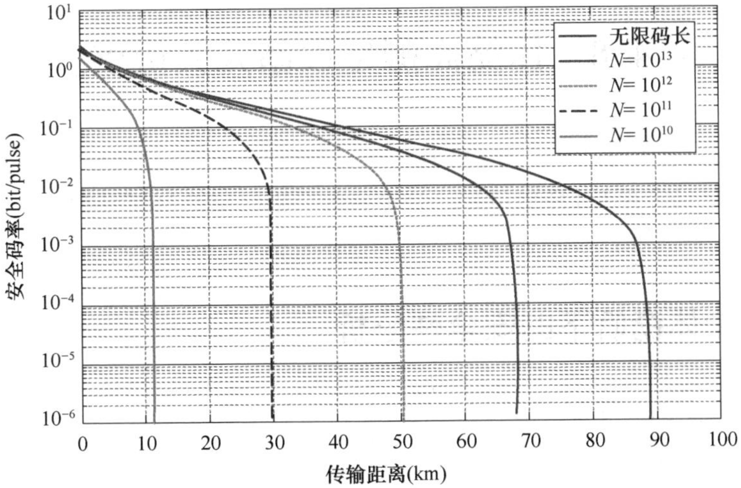

图 4-44 组合安全性框架下相干态 MDI 协议的性能(理想离散化)

图 4-45 展示了当离散化位数不是理想状况时，相干态 MDI 协议的安全码率和传输距离的关系。图中红线代表了无限码长的情况，紫线、蓝线、绿线、粉蓝线、黄线、棕线分别代表码长为 10^{13}、10^{12}、10^{11}、10^{10}、10^{9}、10^{8} 时的情况。在理想离散化条件下，相干态 MDI 协议在无限码长时传输距离能够达到 41.5 km，码长为 10^{10} 时传输距离依然能够达到 32 km。这就意味着对于一个 100 MHz 的系统，只需要等待 100 s 就可以获取足够的数据来进行一次后处理，并且在 100 MHz 采样速率下采样精度达到 14 bit 在现有实验条件下也是可实现的。

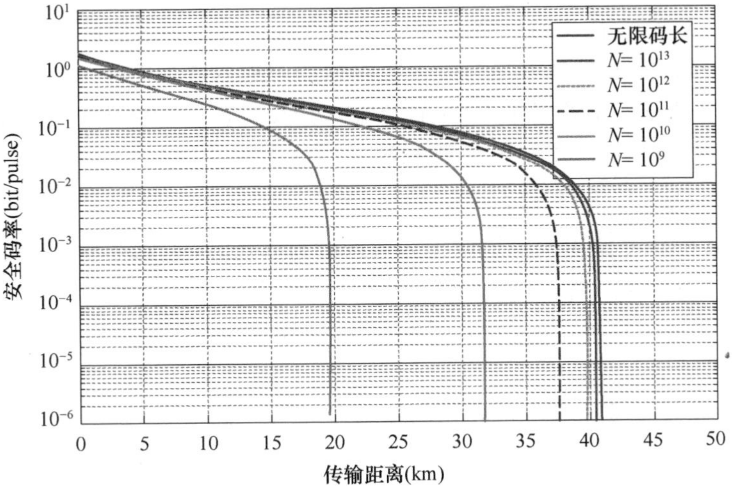

图 4-45 组合安全性框架下相干态 MDI 协议的性能(14 bit 离散化位数)

4.8 压缩态测量设备无关协议

在压缩态 MDI 协议[34-35]的 PM 模型中，Alice 和 Bob 分别选择产生压缩态，然后再进行高斯调制。在 EB 模型中，Alice 和 Bob 分别使用零差探测器对各自保留的模式进行测量。

4.8.1 个体窃听下的安全性分析

个体窃听下的压缩态 MDI 协议的安全性分析方法与 4.2.1 小节 GG02 协议和 4.3.1 小节无开关协议的证明方法类似，由于篇幅有限，详细的安全码率公式推导和仿真结果在这里就不再给出。

4.8.2 联合窃听下的安全性分析

优化的压缩态 MDI 协议是通过在数据协调端（正向协调时为 Alice 端，反向协调时为 Bob 端）加入适当的经典噪声。可以通过优化加入的噪声的大小来使优化协议的安全码率达到最优值。在协调端加入经典噪声可以提升性能的原因是：在此处加入经典噪声会同时减小 Alice 和 Bob 之间的经典互信息 I_{AB} 以及 Bob 和 Eve 之间的量子互信息 S_{BE}，如果在协调端加入经典噪声对 S_{BE} 影响更大，则最终的安全码率就可以提升。

如图 4-46 所示，优化的压缩态 MDI 协议的 EB 模型和之前的压缩态 MDI 协议的 EB 模型一致，然后在 Bob 进行外差零差探测前加入适当的噪声。在 EB 模型中，噪声的引入是通过一个透射率为 T_R 的分束器引入一个方差为 N_R 的热场态。在对应的 PM 模型中，Bob 可以在发出高斯调制的压缩态后，在数据上加入适当的方差为 $\chi_N=(1-T_R)N_R/T_R$ 的经典噪声。

当 Alice 和 Bob 使用反向协调作为数据协调方式时，安全码率计算公式为

$$K_{MDI}^{\text{coll}}=\beta I_{AB}-S_{BE} \tag{4-177}$$

其中，β 为数据协调效率，I_{AB} 是 Alice 和 Bob 之间的经典互信息，S_{BE} 是 Bob 和 Eve 之间的量子互信息。

I_{AB} 的计算需要考虑 Bob 端使用的探测方式。当使用零差探测器进行探测时，可以使用下面的计算公式（以正则分量 x 为例，正则分量 p 的情况与 x 对称，所以结果相同）

$$I_{AB}=\frac{1}{2}\log V_{A_x}-\frac{1}{2}\log V_{A_x|B_x} \tag{4-178}$$

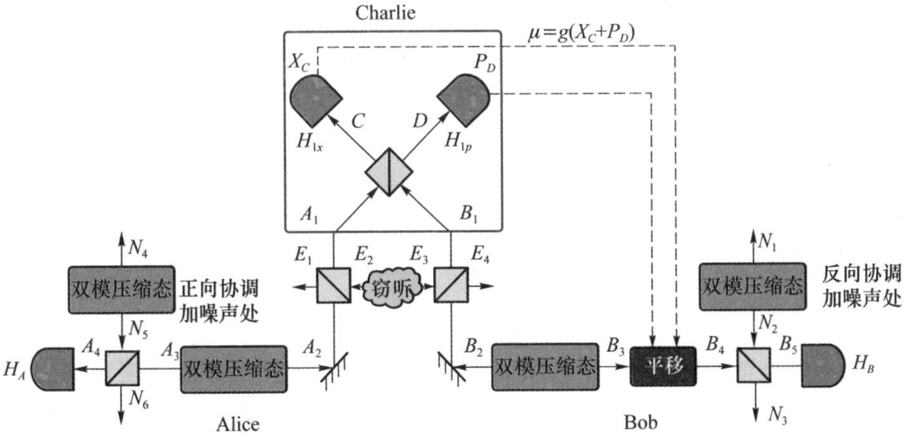

图 4-46 优化的压缩态 MDI 协议的 EB 模型

其中 V_{A_x} 是模式 A_x 方差，$V_{A_x|B_x}$ 是基于 Bob 端数据的模式 A_x 方差。

Bob 和 Eve 之间的量子互信息 S_{BE} 可以化简为

$$S_{BE}=S(E)-S(E|b) \tag{4-179}$$

与单路协议一样，这里 Eve 同样会纯化整个系统来最大化她所获取的信息，所以$S(E)=S(A_3B_4)$。其次，在 Bob 端进行完投影测量操作后(测量结果为 b)，系统依然是纯态，所以 $S(E|b)=S(A_3N_1N_3|b)$。因此，上式演变为

$$S(b:E)=S(A_3B_4)-S(A_3N_1N_3|b) \tag{4-180}$$

上式可以进一步化简为：

$$S_{BE}=\sum_{i=1}^{2}G\left(\frac{\lambda_i-1}{2}\right)-\sum_{i=3}^{5}G\left(\frac{\lambda_i-1}{2}\right) \tag{4-181}$$

其中 $\lambda_{1(2)}$ 为协方差矩阵 $\boldsymbol{\gamma}_{A_3B_4}$ 的辛特征值，$\lambda_{3(4,5)}$ 为协方差矩阵 $\boldsymbol{\gamma}_{A_3N_1N_3|b}$ 的辛特征值。

通过与上一小节相干态 MDI 协议相同的方法，可以得到 $\boldsymbol{\gamma}_{A_3B_4}$ 和 $\boldsymbol{\gamma}_{A_3N_1N_3|b}$，其具体形式为

$$\boldsymbol{\gamma}_{A_3B_4}=\begin{bmatrix}\boldsymbol{\gamma}_{A_3} & \boldsymbol{\sigma}_{A_3B_4}^T\\ \boldsymbol{\sigma}_{A_3B_4} & \boldsymbol{\gamma}_{B_4}\end{bmatrix}=\begin{bmatrix}a\boldsymbol{I}_2 & c\boldsymbol{\sigma}_z\\ c\boldsymbol{\sigma}_z & b\boldsymbol{I}_2\end{bmatrix} \tag{4-182}$$

根据新特征值计算公式，可以得到其辛特征值 $\lambda_{1(2)}$，具体形式为

$$\lambda_{1,2}^2=\frac{1}{2}\left[A\pm\sqrt{A^2-4B^2}\right] \tag{4-183}$$

其中

$$\begin{cases}A=a^2+b^2-2c^2\\ B=ab-c^2\end{cases} \tag{4-184}$$

协方差矩阵 $\boldsymbol{\gamma}_{A_3N_1N_3|b}$ 为

$$\boldsymbol{\gamma}_{A_3N_1N_3|b}=\boldsymbol{\gamma}_{A_3N_1N_3}-\boldsymbol{\sigma}_{A_3N_1N_3B_5}^T(X\boldsymbol{\gamma}_{B_5}X)^{-1}\boldsymbol{\sigma}_{A_3N_1N_3B_5} \tag{4-185}$$

其中矩阵 $\boldsymbol{\gamma}_{A_3N_1N_3}$、$\boldsymbol{\gamma}_{B_5}$ 和 $\boldsymbol{\sigma}_{A_3N_1N_3B_5}$ 可以有下面的矩阵分解获得

$$\boldsymbol{\gamma}_{A_3N_1N_3B_5}=\begin{bmatrix}\boldsymbol{\gamma}_{A_3N_1N_3} & \boldsymbol{\sigma}_{A_3N_1N_3B_5}^T\\ \boldsymbol{\sigma}_{A_3N_1N_3B_5} & \boldsymbol{\gamma}_{B_5}\end{bmatrix}\tag{4-186}$$

上面的矩阵可以下面矩阵关系推导出来

$$\boldsymbol{\gamma}_{A_3B_5N_3N_1}=\boldsymbol{Y}_{B_4N_2}(\boldsymbol{\gamma}_{A_3B_4}\oplus\boldsymbol{\gamma}_{N_2N_1})\boldsymbol{Y}_{B_4N_2}^T\tag{4-187}$$

其中 $\boldsymbol{Y}_{B_4N_2}=\boldsymbol{I}_2\oplus\boldsymbol{Y}^{BS}\oplus I_2$，$\boldsymbol{Y}^{BS}$ 为

$$\boldsymbol{Y}^{BS}=\begin{bmatrix}\sqrt{T_R}I_2 & \sqrt{1-T_R}I_2\\ -\sqrt{1-T_R}I_2 & \sqrt{T_R}I_2\end{bmatrix}\tag{4-188}$$

下面压缩态 MDI 协议和改进压缩态 MDI 协议的安全码率将被展示，并且与前一小节的相干态 MDI 协议进行比较。在实际实验中，可以通过参数估计步骤得到协方差矩阵 $\boldsymbol{\gamma}_{A_3B_4}$。但是，在数值仿真中，需要模拟信道的情况和 Charlie 的操作。这里，使用两个独立的纠缠克隆攻击，Charlie 使用标准的 Bell 态探测。

耦合的关系如下所示：

$$\begin{cases}\hat{A}_1=\sqrt{T_1}\hat{A}_2+\sqrt{1-T_1}\hat{E}_1\\ \hat{B}_1=\sqrt{T_2}\hat{B}_2+\sqrt{1-T_2}\hat{E}_2\\ \hat{C}_1=\hat{A}_1/\sqrt{2}-\hat{B}_1/\sqrt{2}\\ \hat{D}_1=\hat{A}_1/\sqrt{2}+\hat{B}_1/\sqrt{2}\\ \hat{C}_2=\sqrt{\eta}\hat{C}_1+\sqrt{1-\eta}\hat{F}_0\\ \hat{D}_2=\sqrt{\eta}\hat{D}_1+\sqrt{1-\eta}\hat{I}_0\\ \hat{B}_{4x}=\hat{B}_{3x}+g\hat{C}_{2x}\\ \hat{B}_{4p}=\hat{B}_{3p}-g\hat{D}_{2p}\end{cases}\tag{4-189}$$

会影响系统性能的参数有：协调效率 β，Alice 端和 Bob 的调制方差 (V_A-1) 和 (V_B-1)，信道透射率 T_1 和 T_2，信道过量噪声 ε_1 和 ε_2，探测器的量子效率 η 及其电噪声 V_{ele}。在本次数值仿真中将会首先选取 $V_A=V_B=10^5$ 来展示协议在理想调制情况下的性能。随后，将使用实际的调制方差 $V_A=V_B=5.04$ 来观察协议在实际调制情况下的性能。信道的过量噪声在仿真中选择 $\varepsilon_1=\varepsilon_2=0.002$，信道损耗为 0.2 dB/km，这些都是单路 CV-QKD 系统中的实测参数。此外，使用 $\eta=1$，$V_{ele}=0$ 来代表理想探测器，$\eta=0.9$，$V_{ele}=0.015$ 来代表非理想探测器。

首先，考虑对称信道的情况，即 Alice 与 Charlie 之间的距离和 Bob 与 Charlie 之间的距离等长。图 4-47(a)数值仿真了 MDI 协议的安全码率随传输距离的变化情况。图中黄线代表相干态 MDI 协议，红线代表压缩态 MDI 协议，蓝线代表优化的压缩态 MDI 协议；实线表示使用了理想探测器，点画线表示使用了非理想探测器。图 4-47(b)

为优化的压缩态 MDI 协议中引入的经典噪声的大小。压缩态 MDI 协议的安全码率始终大于相干态 MDI 协议的安全码率。准确来说，无论使用理想探测器还是使用非理想探测器，压缩态 MDI 协议的最远传输距离都比相干态 MDI 协议远 6.1 km。此外，在 Bob 端加入适当的经典噪声可以提升压缩态 MDI 协议的性能。最远传输距离在使用理想探测器和非理想探测器的情况下均提升了 1.3 km。探测器的非理想性减少了系统的安全码率和最远传输距离。例如，使用了 $\eta=0.9, V_{ele}=0.015$ 的非理想探测器，最远传输距离减少了7.2 km。这是因为探测器的非理想性会显著增加系统的等效过量噪声。

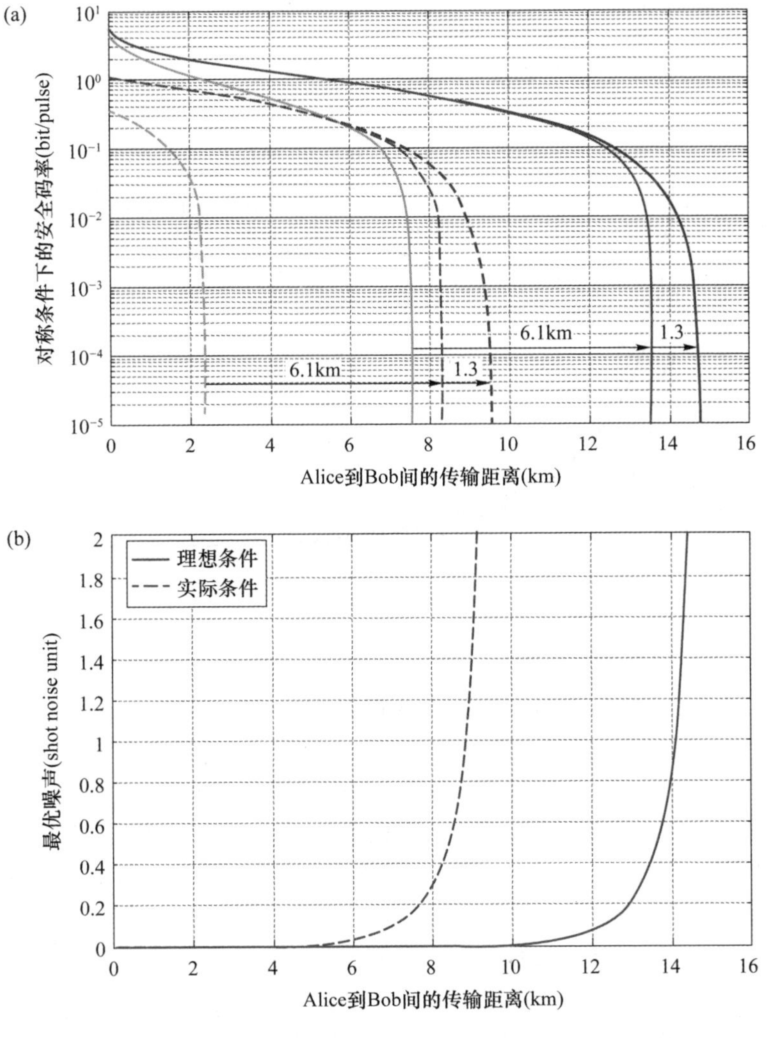

图 4-47 对称信道下 MDI 协议的性能

其次，当把 Charlie 的位置接近 Bob 端时，最远传输距离可以增加到一个相对更长的距离。为了理解这个现象，可以把 MDI 协议的 EB 模型看作是连续变量量子隐形传态过程：Alice 和 Bob 各自制备一个 EPR 态，然后它们想把模型 A 从 Alice 传递到 Bob。任何 Bob 信道中的损耗和噪声都会减少 EPR 源的质量，影响量子隐形传态的质量。因此，接下去将会考虑非对称信道的情况。如图 4-48 所示，当 Bob 与 Charlie 之间的距离减少的时候，协议的最远传输距离会增加。图中黄线代表相干态 MDI 协议，红线代表压缩态 MDI 协议，蓝线代表优化的压缩态 MDI 协议；实线表示使用了理想探测器，点画线表示使用了非理想探测器。在最非对称的情况下，相干态 MDI 协议可以传输 89.9 km，压缩态 MDI 协议可以传输 105.1 km。在非对称信道下，在 Bob 端加入适当的经典噪声依然可以提升协议的性能。使用理想探测器时，最优的噪声可以将最远传输距离增加到107.8 km。使用非理想探测器时，最优的噪声可以将最远传输距离增加到 20.0 km。

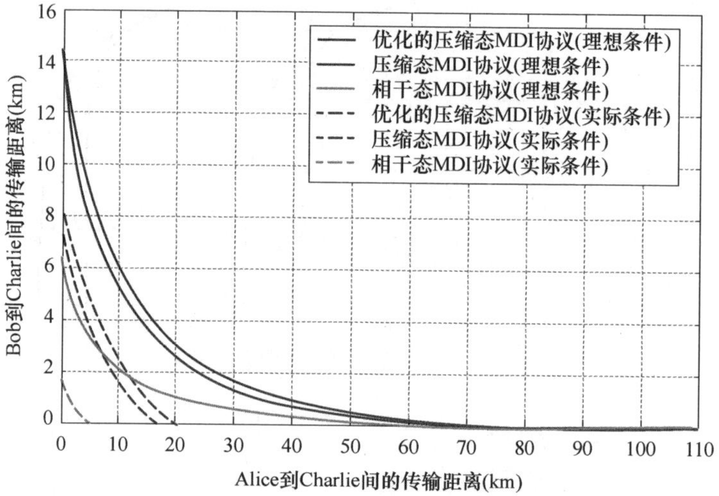

图 4-48　非对称信道下 MDI 协议的性能(理想调制方差)

随后，如图 4-49 所示，将调制方差从理想情况($V_A=V_B=10^5$)变为了实际情况($V_A=V_B=5.04$)。图中黄线代表相干态 MDI 协议，红线代表压缩态 MDI 协议，蓝线代表优化的压缩态 MDI 协议；实线表示使用了理想探测器，点画线表示使用了非理想探测器。在最非对称的情况下，相干态 MDI 协议可以传输 82.8 km，压缩态 MDI 协议可以传输 98.5 km。使用理想探测器时，最优的噪声可以将协议的最远传输距离增加到 100.8 km；使用非理想探测器时，最优的噪声可以将协议的最远传输距离增加到 13.8 km。值得注意的是，如果 Alice 和 Bob 使用 EPR 源，那么压缩态 MDI 协议的安全性会进一步提升。因为该协议可以完全把边信道攻击隔离在 Alice 和 Bob 之外。从使用理想和非理想探测器的协议性能的比较中可以看出探测器的有限量子效率和电噪声对协议的性能都有着很大的影响，所以后续可以考虑使用光相位敏感光放大器对探测器的非理想性进行补偿，进一步提升系统的性能。

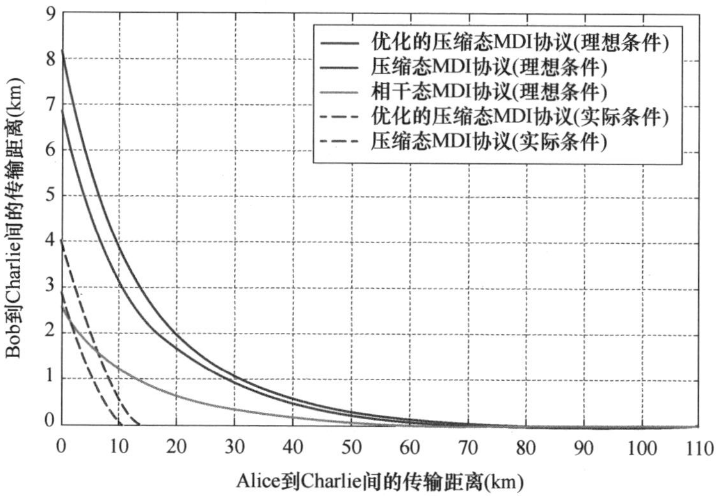

图 4-49 非对称信道下 MDI 协议的性能(实际调制方差)

最后,在图 4-50 中给出了最非对称信道下,三种 MDI 协议的性能。图中黄线代表相干态 MDI 协议,红线代表压缩态 MDI 协议,蓝线代表优化的压缩态 MDI 协议;实线表示使用了理想探测器,点画线表示使用了非理想探测器。图(b)为图(a)中优化的压缩态 MDI 协议安全码率曲线所对应的引入的经典噪声。使用理想探测器时,相干态 MDI 协议可以传输 82.8 km,压缩态 MDI 协议可以传输 98.5 km,引入最优的压缩态 MDI 协议可以传输 100.8 km;使用非理想探测器时,相干态 MDI 协议无法进行密钥分发,压缩态 MDI 协议可以传输 10.5 km,引入最优的压缩态 MDI 协议可以传输 14.1 km。

(a)

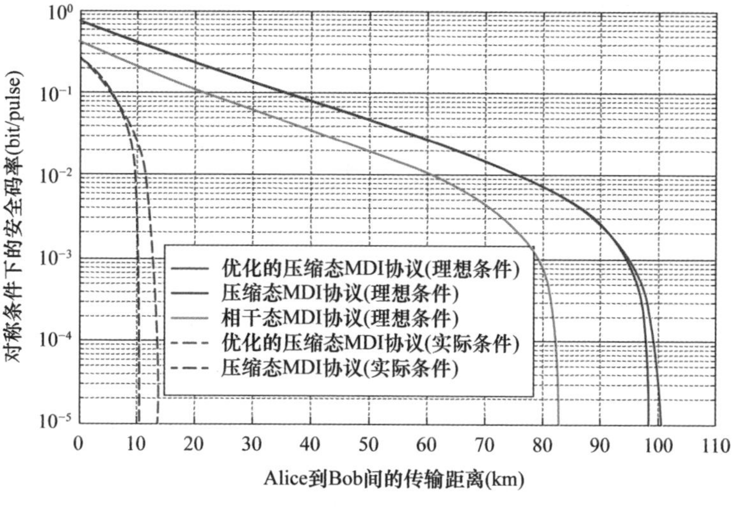

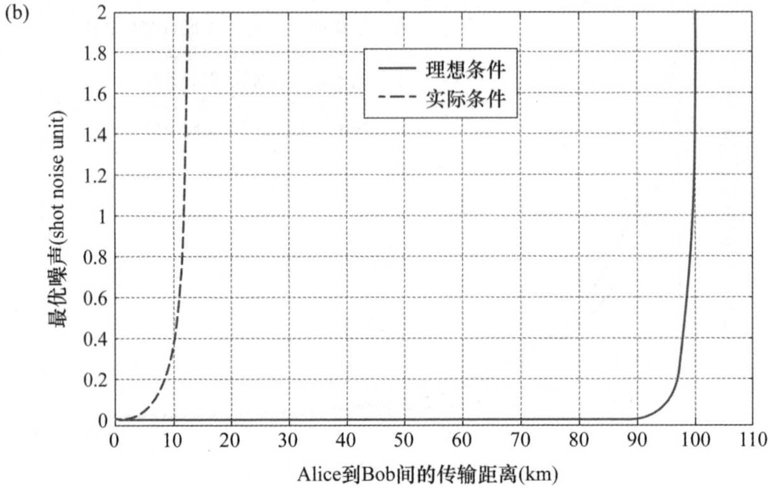

图 4-50 非对称信道下 MDI 协议的性能(实际调制方差、$L_{BC}=0$)

参考文献

[1] 郭弘，李政宇，彭翔. 量子密码[M]. 北京：国防工业出版社，2016.

[2] Gisin N, Ribordy G, Tittel W, et al. Quantum cryptography[J]. Reviews of Modern Physics, 2002, 74(1): 145.

[3] Braunstein S L, VanLoock P. Quantum information with continuous variables[J]. Reviews of Modern Physics, 2005, 77(2): 513.

[4] Wang X B, Hiroshima T, Tomita A, et al. Quantum information with Gaussian states[J]. Physics Reports, 2007, 448(1-4): 1-111.

[5] Scarani V, Bechmann-Pasquinucci H, Cerf N J, et al. The security of practical quantum key distribution[J]. Reviews of Modern Physics, 2009, 81(3): 1301.

[6] Weedbrook C, Pirandola S, García-Patrón R, et al. Gaussian quantum information[J]. Reviews of Modern Physics, 2012, 84(2): 621.

[7] Lam P K, Ralph T C. Continuous improvement[J]. Nature Photonics, 2013, 7(5): 350-352.

[8] Diamanti E, Leverrier A. Distributing secret keys with quantum continuous variables: principle, security and implementations[J]. Entropy, 2015, 17(9): 6072-6092.

[9] Pirandola S, Andersen U L, Banchi L, et al. Advances in quantum

cryptography[J]. Advances in Optics and Photonics, 2020, 12(4): 1012-1236.

[10] Xu F, Ma X, Zhang Q, et al. Secure quantum key distribution with realistic devices[J]. Reviews of Modern Physics, 2020, 92(2): 025002.

[11] Grosshans F, Cerf N J, Wenger J, et al. Virtual entanglement and reconciliation protocols for quantum cryptography with continuous variables [J]. Quantum Information & Computation, 2003, 3: 535-552.

[12] Grosshans F, Grangier P. Continuous variable quantum cryptography using coherent states[J]. Physical Review Letters, 2002, 88(5): 057902.

[13] Garcia-Patron R, Cerf N J. Unconditional optimality of gaussian attacks against continuous-variable quantum key distribution[J]. Physical Review Letters, 2006, 97(19): 190503.

[14] Navascués M, Grosshans F, Acin A. Optimality of gaussian attacks in continuous-variable quantum cryptography[J]. Physical Review Letters, 2006, 97(19): 190502.

[15] Leverrier A, Grosshans F, Grangier P. Finite-size analysis of a continuous-variable quantum key distribution[J]. Physical Review A, 2010, 81(6): 062343.

[16] 张雪莹. 连续变量测量设备无关协议的有限码长效应分析[D]. 北京: 北京邮电大学, 2018.

[17] Weedbrook C, Lance A M, Bowen W P, et al. Quantum cryptography without switching[J]. Physical Review Letters, 2004, 93(17): 170504.

[18] Leverrier A, García-Patrón R, Renner R, et al. Security of continuous-variable quantum key distribution against general attacks[J]. Physical Review Letters, 2013, 110(3): 030502.

[19] Leverrier A. Composable security proof for continuous-variable quantum key distribution with coherent states[J]. Physical Review Letters, 2015, 114(7): 070501.

[20] Leverrier A. Security of continuous-variable quantum key distribution via a Gaussian de Finetti reduction[J]. Physical Review Letters, 2017, 118(20): 200501.

[21] Leverrier A. Theoretical study of continuous-variable quantum key distribution[D]. Paris: Telecom ParisTech, 2009.

[22] Tomamichel M. A framework for non-asymptotic quantum information theory[D]. Switzerland: ETH ZURICH, 2013.

[23] Renner R. Security of quantum key distribution[D]. Switzerland: ETH

ZURICH，2005.

[24] Tomamichel M，Schaffner C，Smith A，et al. Leftover hashing against quantum side information[J]. IEEE Transactions on Information Theory，2011，57(8)：5524-5535.

[25] Renner R，Cirac J I. de Finetti representation theorem for infinite-dimensional quantum systems and applications to quantum cryptography[J]. Physical Review Letters，2009，102(11)：110504.

[26] Pirandola S，Mancini S，Lloyd S，et al. Continuous-variable quantum cryptography using two-way quantum communication[J]. Nature Physics，2008，4(9)：726-730.

[27] Sun M，Peng X，Shen Y，et al. Security of a new two-way continuous-variable quantum key distribution protocol[J]. International Journal of Quantum Information，2012，10(05)：1250059.

[28] Zhang Y，Li Z，Zhao Y，et al. Numerical simulation of the optimal two-mode attacks for two-way continuous-variable quantum cryptography in reverse reconciliation[J]. Journal of Physics B：Atomic，Molecular and Optical Physics，2017,50(3)：035501.

[29] Pirandola S，Andersen U L，Banchi L，et al. Advances in quantum cryptography[J]. Advances in Optics and Photonics，2020，12(4)：1012-1236.

[30] Xu F，Ma X，Zhang Q，et al. Secure quantum key distribution with realistic devices[J]. Reviews of Modern Physics，2020，92(2)：025002.

[31] Li Z，Zhang Y C，Xu F，et al. Continuous-variable measurement-device-independent quantum key distribution[J]. Physical Review A，2014，89(5)：052301.

[32] 李政宇. 连续变量量子密钥分发协议性能与安全性研究[D]. 北京：北京大学，2016.

[33] Zhang Y，Li Z，Yu S，et al. Composable security analysis for continuous variable measurement-device-independent quantum key distribution[C]//Laser Science. Optical Society of America，2017：JW4A. 33.

[34] Zhang Y C，Li Z，Yu S，et al. Continuous-variable measurement-device-independent quantum key distribution using squeezed states[J]. Physical Review A，2014，90(5)：052325.

[35] 张一辰. 连续变量量子密钥分发协议的安全性证明及协议改进[D]. 北京：北京邮电大学，2017.

[36] Leverrier A，Grangier P. Unconditional security proof of long-distance continuous-variable quantum key distribution with discrete modulation[J]. Physical Review Letter，2009，102(18)：180504.

[37] Li Z, Zhang Y C, Guo H. User-defined quantum key distribution[J]. 2018, Arxiv:1805.04249..

[38] Ghorai S, Grangier P, Diamanti E, et al. Asymptotic security of continuous-variable quantum key distribution with a discrete modulation[J]. Physical Review X, 2019, 9(2):021059.

[39] Lin J, Upadhyaya T, Lütkenhaus N. Asymptotic security analysis of discrete-Modulated continuous-variable quantum key distribution [J]. Physical Review X, 2019, 9(4):041064.

[40] Liu W B, Li C L, Xie Y M, et al. Homodyne detection quadrature phase shift keying continuous-variable quantum key distribution with high excess noise tolerance[J]. PRX Quantum, 2021, 2(4):040334.

[41] Denys A, Brown P, Leverrier A. Explicit asymptotic secret key rate of continuous-variable quantum key distribution with an arbitrary modulation of coherent states[J]. 2021,Quantum,5:540.

第5章

系统关键器件建模与安全性分析

在上一章所作的理论安全性分析都是基于理想的CV-QKD协议,其使用的理想光源、理想探测器等符合基本假设的理想仪器设备。然而在CV-QKD系统中,几乎没有什么设备是能完全符合协议的理想要求的,这就需要对安全性分析方法进行一定的修正。本章将首先介绍CV-QKD系统中系统架构与系统关键技术模块,随后分析系统关键器件的非理想性对系统性能的影响,主要介绍与非理想光源和非理想探测相关的问题。

5.1 连续变量量子密钥分发系统

随着技术的快速发展,CV-QKD系统从理论走向现实[1]。2003年,法国法布里实验室P. Grangier教授团队首次实现了基于高斯调制相干态CV-QKD系统[2]。实验系统在几乎无衰减的情况下可获得1.7 Mbit/s的安全码率,在3.1 dB衰减时生成安全码率为75 kbit/s。2005年,澳大利亚国立大学P. K. Lam教授团队在17 MHz宽带频谱中实验实现了无开关协议[3]。其中,在无损信道下安全码率达到25 Mbit/s,在90%信道损耗下安全码率达到1 kbit/s。同年,P. Grangier教授团队设计了一种CV-QKD系统,该系统可以传输高达1 Mbit/s的安全码率[4]。以上安全码率均为个体窃听下的估计结果。

2007年,P. Grangier教授团队搭建了较为完备的CV-QKD实验系统,其可以在光纤长度为25 km的条件下获得2 Kbit/s的安全码率,并且能够对抗个体窃听和联合窃听[5]。2013年,P. Grangier教授团队首次实现了传输距离长达80 km的CV-QKD系统,克服了先前实验无法达到长距离通信的困难[6]。2015年,上海交通大学曾贵华教授团队实现了在25 km光纤信道中1 Mbit/s速率传输安全密钥分发[7]。同年,还报导了传输距离50 km,时钟频率25 MHz的高速CV-QKD系统实验研究。实验系统经过了12小时测试,最终得到52 kbit/s的安全码率[8]。2020年,北大-北邮联合团队使用低损耗光纤实现了 202.81 km CV-QKD 实验[9]，此实验所实现的 202.81 km 光纤传输距离刷新了世界纪录，且在几乎所有距离上，安全密钥生成速率都高于之前的实验结果，两项核心指标均处于世界领先水平。以上实验系统均采用随路本振系统结构。2015 年，美国橡树岭国家实验室 B. Qi 等人和桑迪亚国家实验室 D. B. Soh 等人同时提出并实验实现本地本振 CV-QKD 系统[10-11]，在 25 km 光纤通道上的 100 MHz CV-QKD 实验。2020 年，中国电子科技集团公司第三十研究所徐兵杰团队采用导频辅助相位补偿技术，实现了一种基于本振光的高速高斯调制 CV-QKD，对于 25 km 的光纤信道，在无限码长时可实现7.04 Mbit/s的安全码率，在有限码长为 10^7 的情况下，安全码率可达到 1.85 Mbit/s[12]。部分代表性指标展示在图 5-1 中所示。

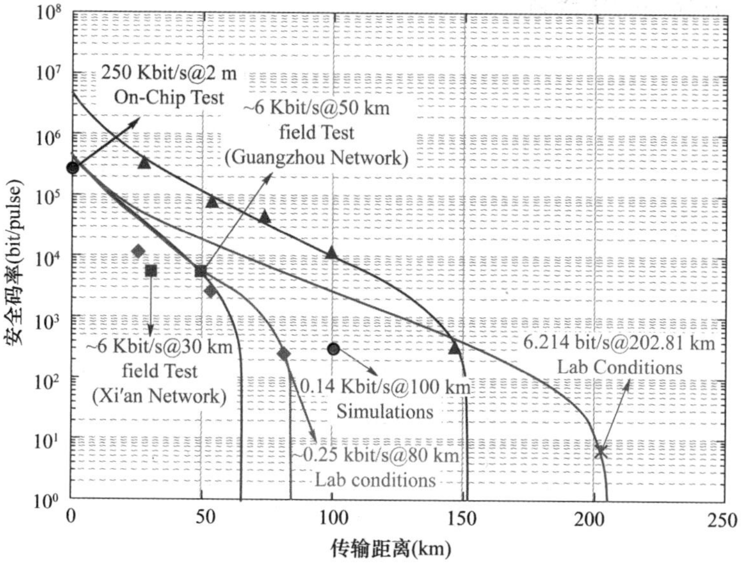

图 5-1 相干态 CV-QKD 系统实验进展

CV-QKD 十多年来在外场试验上也取得了很大进展。2008 年，在维也纳光纤网络中，P. Grangier 教授团队报导了一个基于相干态和反向协调的 CV-QKD 协议，经过了超 57 小时的测量，在 3 dB 损耗光纤(对应 15 km)上产生 8 kbit/s 的平均安全码率[13]。2012 年，将 CV-QKD 系统在 SEQURE 项目中实现了长达六个月的点对点稳定运行[14]，利用该系统产生的密钥实现了经典对称加密系统密钥的快速更新服务。2015 年，上海交通大学曾贵华教授团队基于上海交通大学四个校区实现了 CV-QKD 网络首次现场实现[15]。2017 年，北大-北邮联合团队在广州和西安两地的不同类型商用光纤网络中分别进行了 CV-QKD 系统的实际性能测试[16]，西安和广州两地的安全商用光纤传输距离分别达到了 30.02 km(12.48 dB 损耗)和 49.85 km (11.62 dB 损耗)，最终的安全密钥生成速率达到了 6 kbit/s[16]。2019 年，北大-北邮联合团队报导了 CV-QKD 与实际保密通信业务结合和示范应用，完成对青岛市政务大数据和云计算中心、中国移动青岛开发区分公司数据中心、青岛国际经济合作区管委会三地的视频、音频和文档的加密传输，实现全球首个通过商用光纤线路、针对明确应用场景的完整的 CV-QKD 应用示范[17]。

综上所述，CV-QKD 系统在早期实验中，系统传输距离受限于 25 km 以内，直到 2013 年，系统传输距离突破到了 80 km，现在，最远的 CV-QKD 系统安全传输距离达到了 200 km 以上。系统结构也发展出了随路本振系统和本地本振系统两个技术路线，这两个技术路线是根据通信双方是否需要传递本振光来区分的。本小节将会首先介绍 CV-QKD 系统中系统架构，随后，介绍光源模块、调制模块、探测器和偏振控制器等关键器件与模块。具体的实验方案与技术细节本书不做详细介绍。

5.1.1 系统结构概述

本节针对高斯调制相干态 CV-QKD 系统进行介绍，模块框图如图 5-2 所示。其中，Alice 端系统自动控制模块包含时钟同步、帧同步模块等，Bob 端自动控制模块包含时钟同步、偏振补偿、相位补偿模块等；Alice 端的随机数发生器主要用于生成调制时高斯分布的随机数，特别需要注意的是，Bob 端的随机数发生器主要用于生成探测时的二进制基选择序列，而 GG02 协议存在基选择步骤，无开关协议没有这个步骤；后处理主要包括基选择、参数估计、数据协调以及保密增强等 4 个步骤。量子信号通过量子信道传输，后处理的信息通过经典信道传输。图 5-2 中本振光模块分为随路本振系统的本振光模块和本地本振系统的本振光模块。其中，在随路本振系统中，本振光由 Alice 端制备，通过量子信道发送给 Bob；而在本地本振系统中，本振光由 Bob 端直接生成。下一小节我们将展开介绍以上的各个模块。

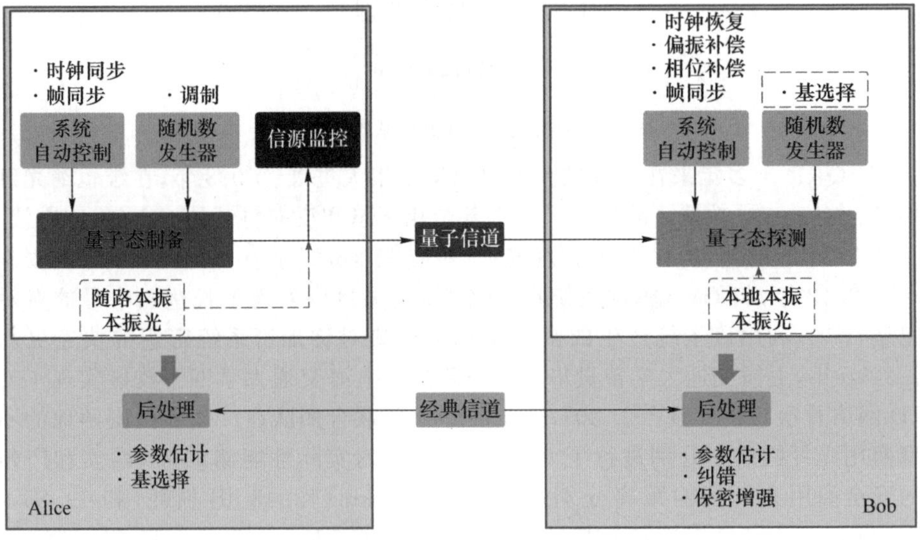

图 5-2　系统模块框图

5.1.2 系统关键器件与模块

高斯调制相干态系统的光路结构中包含光源、高斯(离散)调制、信道、偏振控制、基选择、探测等模块,其中光源和调制属于发送端 Alice,相位调制和探测属于接收端 Bob。以下将对这些模块中的重要部分的功能进行介绍。

5.1.2.1 光源模块

高斯调制相干态协议的系统中,光源模块包括相干态的产生和脉冲调制两个部分。其中,通常使用商用的相干光激光器产生连续型相干态光源。常用的商用激光器有半导体激光器、光纤激光器等,需满足以下要求:(a)线宽窄;(b)相位噪声小;(c)发射激光强度抖动小。

脉冲调制部分通常使用光学调制器对激光器产生的连续光进行强度调制(斩波),斩波脉宽与系统重复频率设定的占空比有关。其中比较重要的参数包括斩波脉冲消光比等。

5.1.2.2 调制模块

高斯调制相干态协议将高斯分布的随机数加载到光场的正则分量上,x 分量和 p 分量分别为光场的两个正则分量,它们互相独立并且都服从高斯分布,其概率密度分别为:

$$p(x)=\frac{1}{\sqrt{2\pi\sigma^2}}\exp\left(-\frac{x^2}{2\sigma^2}\right) \tag{5-1}$$

$$p(p)=\frac{1}{\sqrt{2\pi\sigma^2}}\exp\left(-\frac{p^2}{2\sigma^2}\right) \tag{5-2}$$

光场的正则分量调制通常是转化到对其幅度和相位的调制上。令 $x=A\cos\theta$,$p=A\sin\theta$,其中 A 为光场的振幅,θ 为光场的相位,则联合概率密度为

$$p(A,\theta)=\frac{A}{2\pi\sigma^2}\exp\left(-\frac{A^2}{2\sigma^2}\right) \tag{5-3}$$

可以看出,通过对光场的强度和相位分别进行调制,使得强度满足瑞利分布而相位满足均匀分布时,就可以实现对正则分量的高斯调制。常用的调制方式有:通过强度调制器和相位调制器分别调制强度和相位,或通过 IQ 调制器直接实现。

5.1.2.3 探测器

高斯调制相干态协议系统所使用的探测器主要有两类:零差探测器和外差探测器。其中,Bob 使用零差探测时,需要随机选取 x 基或 p 基进行测量。这个阶段叫作基选择,需要用到随机数发生器生成二进制随机比特序列,随后根据这个序列选择一

个基，使用零差探测器进行测量；外差探测同时测量两个基的信号，因此不涉及基选择的阶段，可以直接用外差探测器进行测量。外差探测器可由两个独立的零差探测器结合分束器来实现。虽然外差探测同时测量两个正则分量，但分束器实际上会引入新的真空噪声，所以在提取量子态的统计特性方面具有同时测量的优势，但在信号的信噪比方面会有所下降。零差探测器和外差探测器原理示意图参见图 5-3。

理想零差探测器的输出可以表示为

$$X_{\text{out}}=A\,X_{\text{LO}}\cdot(\hat{x}_{\text{signal}}\cos\theta+\hat{p}_{\text{signal}}\sin\theta) \tag{5-4}$$

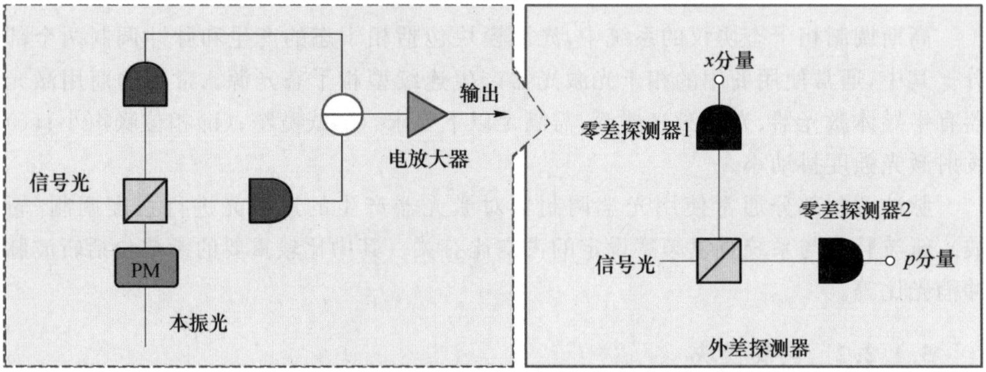

图 5-3　零差探测器和外差探测器原理示意图

其中，A 为放大系数；X_{LO}为本振光的 x 正则分量，由于本振光包含的光子数很多，其本身散粒噪声带来的影响可以忽略；$\hat{x}_{\text{signal}}$和$\hat{p}_{\text{signal}}$分别代表信号光的 x 正则分量和 p 正则分量，θ 为信号光和本振光之间的相位差，通过相位调制器来调节该相位差就可以实现单独测量信号态的 x 正则分量和 p 正则分量。

在 CV-QKD 中，零差探测器的性能有着较高的要求，尤其是对灵敏度和电噪声有着严苛的要求，以确保量子信号的正则分量不会淹没在电噪声之中。此外，零差探测器要能够在时域准确的探测出每个脉冲信号中的信息，这就对其带宽和增益有着较高的要求。

5.1.2.4　偏振控制器

高斯调制相干态协议系统中的偏振控制器主要是用来控制进入探测器前本振和信号保持相同偏振方向。对于本振光与信号光共同经过信道传输的随路本振系统，偏振控制器的作用是控制进入接收端的信号光与本振光的偏振态保持一致。对于本地产生本振光的本地本振系统，偏振控制器的作用是控制进入接收端的信号光与本地产生的本振光的偏振态保持一致。

5.2 光源非理想性建模与安全性分析

在目前应用最为广泛的高斯调制相干态 CV-QKD 系统中，Alice 使用相干态作为光源，并通过调制器对相干态的中心位置进行平移以实现高斯调制。但在量子态的制备过程中，激光器和调制器都会存在各种各样的非理想特性，因而制备出的量子态也会包含一定程度的噪声。比如在实际系统中，激光器发射的并非理想的相干态，而是包含了幅度噪声和相位噪声；调制器受自身性能和作为激励的电压信号所限，也不能实现具有完美高斯分布的调制结果，这些因素都会导致量子态的制备过程产生噪声，这些噪声被唯象地统称为光源噪声[18]-[22]。

5.2.1 光源非理想性对系统性能影响

在高斯调制相干态系统中，Alice 使用相干态作为光源，通过调制器对相干态的中心位置进行平移以实现高斯调制。但在量子态制备过程中，激光器和调制器都存在非理想性，因而制备出的量子态也包含一定程度的噪声。比如在实际系统中，激光器出射的并非理想相干态，而是包含了幅度噪声和相位噪声；调制器受自身性能和作为激励的电压信号所限，也不能实现具有完美高斯分布的调制结果。这些因素都会导致量子态制备过程中产生噪声。

光源噪声主要来源于相位噪声和强度噪声，光源的强度噪声分析框图如图 5-4 所示，其主要由激光器功率噪声、强度调制器调制电压离散化误差、强度调制器调制电压漂移与噪声、有限消光比、直流偏置点漂移引起的。光源的相位噪声分析框图如图 5-5 所示，其主要由激光器相位噪声、相位调制器调制电压离散化误差、相位调制器调制电压漂移与噪声引起的。

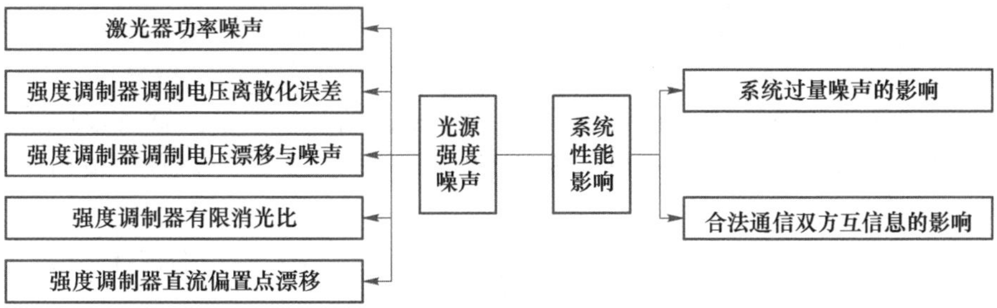

图 5-4 高斯调制相干态 CV-QKD 系统光源强度噪声分析框图

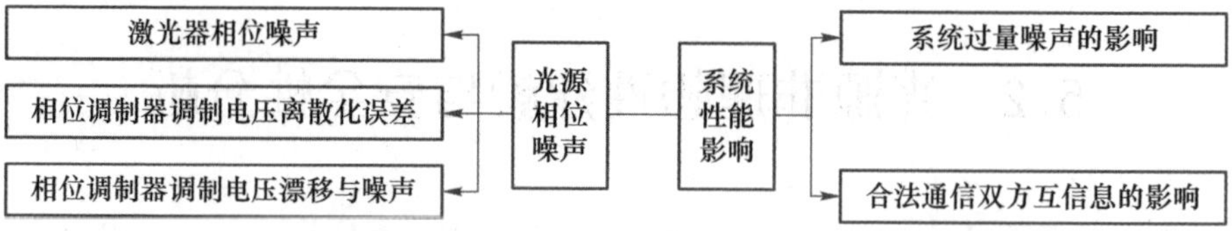

图 5-5　高斯调制相干态 CV-QKD 系统光源相位噪声分析框图

5.2.1.1　光源强度噪声对系统性能影响

光源的强度噪声是指由于信号光幅度变化引入的噪声，噪声的主要来源为激光器自身的强度噪声，以及不理想的强度调制过程。在高斯量子态制备过程中，光源的强度噪声会在制备出的量子态中引入噪声，如果没有相应的噪声监控过程，那么这部分噪声在安全性分析中就会被当作非可信噪声处理，其效果可以等效为接收端的系统过量噪声，对系统性能造成严重影响。

- 对系统过量噪声的影响

光源强度噪声对信号光的影响主要体现在改变了信号光光场的幅度。不同的噪声来源对信号光光场的幅度并不完全相同，因此为了更全面地对强度噪声的影响进行分析，将强度的噪声的影响总结为乘数因子 f 和加性因子 ΔA，最终通过调制获得的信号光光场幅度统一表示为：

$$A_N = fA + \Delta A \tag{5-5}$$

其中，A 为无强度噪声时的信号光调制幅度，A_N 表示存在强度噪声的信号光调制幅度，f 为光源强度噪声引入的乘数因子，ΔA 为光源强度噪声引入的加性因子。在 CV-QKD 的制备测量模型中，存在光源强度噪声的情况下，最终通过调制获得的信号光光场的正则分量可以表示为：

$$\begin{aligned} X_N &= A_N\cos\theta + \delta X = fX + \Delta A\cos\theta + \delta X \\ P_N &= A_N\sin\theta + \delta X = fP + \Delta A\sin\theta + \delta P \end{aligned} \tag{5-6}$$

其中，X 和 P 为信号光正则分量的调制数据，X_N 和 P_N 表示存在光源强度噪声时的实际输出信号光正则分量，θ 为信号光的相位服从 $0\sim2\pi$ 之间的均匀分布，f 为光源强度噪声引入的乘数因子，ΔA 为光源强度噪声引入的加性因子。δX 和 δP 为信号光正则分量的真空态散粒噪声，是自然存在的真空涨落，在 CV-QKD 中被用作归一化单位使用。

有上述过程就可以得到存在光源强度噪声时信号光实际输出的统计数据：

$$\begin{aligned} &E(X_N) = E(P_N) = 0 \\ &D(X_N) = D(P_N) = \langle f^2\rangle V_A + 0.5\langle \Delta A^2\rangle + 0.5\langle f\rangle\langle \Delta A\rangle\sqrt{\pi V_A/2} + 1 \\ &E(XX_N) = E(PP_N) = \langle f\rangle V_A + 0.5\langle \Delta A\rangle\sqrt{\pi V_A/2} \\ &E(XP_N) = E(PX_N) = 0 \end{aligned} \tag{5-7}$$

其中 V_A 为信号光的调制方差，1 表示 1 个单位的散粒噪声。$\langle f^2\rangle$、$\langle f\rangle$、$\langle\Delta A^2\rangle$、$\langle\Delta A\rangle$分别为光源强度噪声的乘数因子和加性因子的统计数据，根据不同的噪声来源分别为不同的结果，并且将会在后文的具体噪声源中进行具体的计算与分析。通过对光源制备结果的分析，可以获得纠缠等效(EB)模型中存在强度噪声的光源协方差矩阵：

$$\begin{aligned}&\begin{bmatrix} V\cdot\boldsymbol{I}_2 & \sqrt{g(V^2-1)}\boldsymbol{\sigma}_z \\ \sqrt{g(V^2-1)}\boldsymbol{\sigma}_z & V_N\boldsymbol{I}_2 \end{bmatrix}\\ &g=\left[\langle f\rangle+0.5\langle\Delta A\rangle\sqrt{\pi/(2V_A)}\right]^2\\ &V_N=\langle f^2\rangle V_A+0.5\langle f\rangle\langle\Delta A\rangle\sqrt{\pi V_A/2}+0.5\langle\Delta A^2\rangle+1\\ &\varepsilon_N=(V_N-gV_A-1)/g\end{aligned}\tag{5-8}$$

其中，$V=V_A+1$。因此，有强度噪声的信号光量子态能够等效为理想量子态经过一个 PIA 放大器，增益为 g，引入的噪声为 ε_N。

假定信道传输率为 T_C，信道中引入的过量噪声为 ε_C，探测器效率为 η，探测器电噪声为 v_{el}，无光源强度噪声时，经过信道传输后的协方差矩阵为：

$$\begin{bmatrix} V\boldsymbol{I}_2 & \sqrt{T_C(V^2-1)}\boldsymbol{\sigma}_z \\ \sqrt{T_C(V^2-1)}\boldsymbol{\sigma}_z & T_C[V+\varepsilon_C+((1+v_{el})/\eta-T_C)/T_C]\boldsymbol{I}_2 \end{bmatrix}\tag{5-9}$$

存在光源强度噪声时，经过信道传输后的协方差矩阵为：

$$\begin{bmatrix} V\boldsymbol{I}_2 & \sqrt{gT_C(V^2-1)}\boldsymbol{\sigma}_z \\ \sqrt{gT_C(V^2-1)}\boldsymbol{\sigma}_z & T_C(V_N+\varepsilon_C+((1+v_{el})/\eta-T_C)/T_C)\boldsymbol{I}_2 \end{bmatrix}\tag{5-10}$$

因此，存在强度噪声时的信道等效透射率为 $T=gT_C$，等效过量噪声为 $\varepsilon=[T_C(V_N+\varepsilon_C+((1+v_{el})/\eta-T_C)/T_C)-TV_A-(1+v_{el})/\eta]/T$。

- 对合法通信双方互信息的影响

在实际通信中，由于信道噪声等原因，接收端获得的信息，有可能与发送端的原始信息不一致，这种现象称为误码。由于这种信息失真，仅用信息源的 Shannon 熵来衡量整个信息量就不够完全，因为接收端的信息与信息源产生的信息不一致。针对这种有失真的信号，需要对 Shannon 熵的定义加以推广，利用互信息来表示整体的信息量。互信息在数学上定义如下：

$$I(X:Y)=\sum_{x\in X}\sum_{y\in Y}p(x,y)\log_2\frac{p(x,y)}{p(x)p(y)}\tag{5-11}$$

其中 $p(x,y)$表示信号源发出的信号 X 与接收端收到的信号 Y 的联合概率密度分布。上述定义式表明，互信息包括了信号源与接收端两个部分的特征，通过与信号源产生的原始信号比较，来衡量信号失真后的包含原始信号的信息量大小。互信息可以简单理解为接收方有失真的信息中还包含“多少”发送方的原始信息。

经过信道的光源强度噪声对合法通信双方互信息的影响为当 Bob 使用零差探

测时，Alice 和 Bob 之间的互信息为：

$$I_{AB}=\frac{1}{2}\log_2\left(\frac{V+\chi'_{\text{line}}}{\chi'_{\text{line}}+1}\right) \tag{5-12}$$

其中 $\chi'_{\text{line}}=1/T+\varepsilon-1$。

经过探测器的光源强度噪声对合法通信双方互信息的影响为当 Bob 使用零差探测时，Alice 和 Bob 之间的互信息为：

$$I_{AB}=\frac{1}{2}\log_2\left(\frac{V+\chi'_{\text{tot}}}{\chi'_{\text{tot}}+1}\right) \tag{5-13}$$

其中 $\chi'_{\text{tot}}=\chi'_{\text{line}}+\chi_{\text{hom}}/T$，$\chi'_{\text{line}}=(1-T)/T+\varepsilon$。

5.2.1.2 光源相位噪声对系统性能影响

在实际的 CV-QKD 系统中，使用幅度调制和相位调制制备高斯调制的相干态，因此光源中存在的相位噪声会使最终制备的相干态产生偏差。光源的相位噪声可能源于激光器输出的相位噪声，信号输出的数模转换中的量化误差以及相位调制过程中，调制电压的不准确以及漂移。

假设 $\delta\theta$ 为相位噪声引起的相位偏差，服从概率分布 $p(\delta\theta)$。这种不理想的误差可等效为 Alice 发送给 Bob 的出射端的量子态进行了一个相移操作 $U(\delta\theta)=\exp(i\delta\theta a^{\dagger}a)$。系统的 EB 模型如图 5-6 所示。

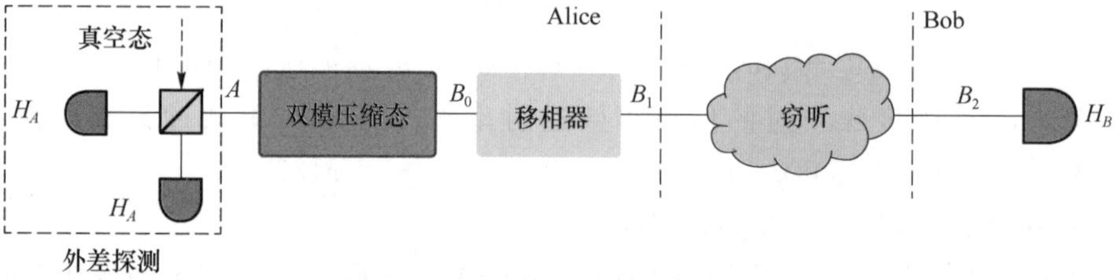

图 5-6 非理想激光器相位噪声下 GG02 协议 EB 等效模型

- 对系统过量噪声的影响

如果光源是理想的，则态 ρ_{AB_0} 具有如下协方差矩阵：

$$\boldsymbol{\gamma}_{AB_0}=\begin{pmatrix} V\boldsymbol{I}_2 & \sqrt{V^2-1}\boldsymbol{\sigma}_z \\ \sqrt{V^2-1}\boldsymbol{\sigma}_z & V\boldsymbol{I}_2 \end{pmatrix} \tag{5-14}$$

其中 $\boldsymbol{I}_2$ 为单位矩阵，$\boldsymbol{\sigma}_z=\text{diag}(1,-1)$。相移操作 $U(\delta\theta)$ 作用于态 $\boldsymbol{\rho}_{AB_0}$ 的模式 B_0 后，相当于对模式 B_0 做相位旋转操作，即

$$\boldsymbol{\gamma}_{AB_1}=U\boldsymbol{\gamma}_{AB_0}U^T \tag{5-15}$$

可以得到受相位噪声影响的输出态是具有随机相移的态的经典混合：

$$\boldsymbol{\rho}_{AB_1} = \int (I_A \otimes U_B(\delta\theta)) \boldsymbol{\rho}_{AB_0} (I_A \otimes U_B^{\dagger}(\delta\theta)) p(\delta\theta) \mathrm{d}\delta\theta \tag{5-16}$$

其对应的协方差矩阵为：

$$\boldsymbol{\gamma}_{AB_1} = \begin{pmatrix} V & 0 & \sqrt{V^2-1}\cos\delta\theta & -\sqrt{V^2-1}\sin\delta\theta \\ 0 & V & -\sqrt{V^2-1}\sin\delta\theta & -\sqrt{V^2-1}\cos\delta\theta \\ \sqrt{V^2-1}\cos\delta\theta & -\sqrt{V^2-1}\sin\delta\theta & V & 0 \\ -\sqrt{V^2-1}\sin\delta\theta & -\sqrt{V^2-1}\cos\delta\theta & 0 & V \end{pmatrix} \tag{5-17}$$

由于 θ 具有均匀分布特性，因此需要对 $\boldsymbol{\gamma}_{AB_1}$ 求均值。$\boldsymbol{\gamma}_{AB_1}$ 中含有 $\delta\theta$ 的元素仅在关联项，对关联项子矩阵求均值得

$$\sqrt{V^2-1}\int \begin{pmatrix} \cos\delta\theta & -\sin\delta\theta \\ -\sin\delta\theta & \cos\delta\theta \end{pmatrix} p(\delta\theta)\mathrm{d}\delta\theta =$$

$$\sqrt{V^2-1}\begin{pmatrix} \int p(\delta\theta)\cos\delta\theta\mathrm{d}\delta\theta & -\int p(\delta\theta)\sin\delta\theta\mathrm{d}\delta\theta \\ -\int p(\delta\theta)\sin\delta\theta\mathrm{d}\delta\theta & \int p(\delta\theta)\cos\delta\theta\mathrm{d}\delta\theta \end{pmatrix} \tag{5-18}$$

其中假设 $\delta\theta$ 具有对称分布，满足 $\int p(\delta\theta)\sin\delta\theta\mathrm{d}\delta\theta = 0$，

$$\kappa = \left(\int p(\delta\theta)\cos\delta\theta\mathrm{d}\delta\theta\right)^2 = (E[\cos\delta\theta])^2 \tag{5-19}$$

其中 $E[X]$ 表示随机变量 X 的期望。

当存在非理想光源时，即存在 $\delta\theta \neq 0$，此时 $\kappa \neq 1$，则实际信道透射率 T_1 和过量噪声 ε_1 表示为：

$$T_1 = \kappa \tag{5-20}$$

$$\varepsilon_1 = V_A(1-\kappa)/\kappa \tag{5-21}$$

则由于不理想的光源引起的相位噪声 $\varepsilon_{\text{phase1}}$ 为：

$$\varepsilon_{\text{phase1}} = V_A(1-\kappa)/\kappa \tag{5-22}$$

光源相位噪声影响下经过信道之后的协方差矩阵为：

$$\boldsymbol{\gamma}_{AB_2} = \begin{pmatrix} V\boldsymbol{I}_2 & \sqrt{\kappa T}\sqrt{V^2-1}\boldsymbol{\sigma}_z \\ \sqrt{\kappa T}\sqrt{V^2-1}\boldsymbol{\sigma}_z & T(V+\chi_{\text{line}})\boldsymbol{I}_2 \end{pmatrix} \tag{5-23}$$

其中 $\chi_{\text{line}} = 1/T + \varepsilon - 1$。

当存在非理想光源时，即存在 $\delta\theta \neq 0$，此时 $\kappa \neq 1$，则实际信道透射率 T_2 和过量噪声 ε_2 表示为：

$$T_2 = \kappa T \tag{5-24}$$

$$\varepsilon_2 = [\varepsilon + (1-\kappa)V_A]/\kappa \tag{5-25}$$

则由于不理想的光源引起的相位噪声 $\varepsilon_{\text{phase2}}$ 为：

$$\varepsilon_{\text{phase2}}=\varepsilon_2-\varepsilon=(1-\kappa)(V_A+\varepsilon)/\kappa=\varepsilon_1+(1-\kappa)\varepsilon/\kappa \tag{5-26}$$

光源相位噪声影响下经过探测器之后的协方差矩阵为：

$$\boldsymbol{\gamma}_{AB_3}=\begin{pmatrix} V\boldsymbol{I}_2 & \sqrt{\kappa\eta T}\sqrt{V^2-1}\boldsymbol{\sigma}_z \\ \sqrt{\kappa\eta T}\sqrt{V^2-1}\boldsymbol{\sigma}_z & \eta T(V+\chi_{\text{tot}})\boldsymbol{I}_2 \end{pmatrix} \tag{5-27}$$

Bob 使用零差探测，对于零差探测 $\chi_{\text{hom}}=(1-\eta+\upsilon_{el})/\eta$，对应的方差 $\upsilon_d^{\text{hom}}=\eta\chi_{\text{hom}}/(1-\eta)$，总的过量噪声可以表示为 $\chi_{\text{tot}}=\chi_{\text{line}}+\chi_{\text{hom}}/T$。其中 η 为探测器的探测效率，υ_{el} 为探测器的电噪声。

当存在非理想光源时，即存在 $\delta\theta\neq0$，此时 $\kappa\neq1$，则实际信道透射率 T_3 和过量噪声 ε_3 表示为：

$$T_3=T_2=\kappa T \tag{5-28}$$

$$\varepsilon_3=\varepsilon_2=[\varepsilon+(1-\kappa)V_A]/\kappa \tag{5-29}$$

则由于不理想的光源引起的相位噪声 $\varepsilon_{\text{phase3}}$ 为：

$$\varepsilon_{\text{phase3}}=\varepsilon_3-\varepsilon \tag{5-30}$$

可以看出，探测器可信建模不对实际信道透射率和过量噪声造成影响。

- 对合法通信双方互信息的影响

在实际通信中，由于信道噪声等原因，接收端获得的信息，有可能与发送端的原始信息不一致，这种现象称为误码。由于这种信息失真，仅用信息源的 Shannon 熵来衡量整个信息量就不够完全，因为接收端的信息与信息源产生的信息不一致。针对这种有失真的信号，需要对 Shannon 熵的定义加以推广，利用互信息来表示整体的信息量。互信息在数学上定义如下：

$$I(X:Y)=\sum_{x\in X}\sum_{y\in Y}p(x,y)\log_2\frac{p(x,y)}{p(x)p(y)} \tag{5-31}$$

其中 $p(x,y)$ 表示信号源发出的信号 X 与接收端收到的信号 Y 的联合概率密度分布。上述定义式表明，互信息包括了信号源与接收端两个部分的特征，通过与信号源产生的原始信号比较，来衡量信号失真后的包含原始信号的信息量大小。互信息可以简单理解为接收方有失真的信息中还包含“多少”发送方的原始信息。

光源相位噪声影响下当 Bob 使用零差探测时，Alice 和 Bob 之间的互信息为：

$$I_{AB}=\frac{1}{2}\log_2\left(\frac{V+\chi_{\text{line2}}}{\chi_{\text{line2}}+1}\right) \tag{5-32}$$

其中 $\chi_{\text{line2}}=1/T_2+\varepsilon_2-1$。

光源相位噪声影响下当 Bob 使用零差探测时，Alice 和 Bob 之间的互信息为：

$$I_{AB}=\frac{1}{2}\log_2\left(\frac{V+\chi_{\text{tot3}}}{\chi_{\text{tot3}}+1}\right) \tag{5-33}$$

其中 $\chi_{\text{tot3}}=\chi_{\text{line3}}+\chi_{\text{hom}}/T_3$，$\chi_{\text{line3}}=(1-T_3)/T_3+\varepsilon_3$

5.2.2 光源非理想性来源与特性

本小节将具体介绍光源强度噪声与光源相位噪声的来源与特性。

5.2.2.1 光源强度噪声

光源强度噪声来源包括激光器功率噪声、强度调制器调制电压离散化误差、强度调制器电压漂移与噪声、强度调制器有限消光比等。

- 激光器功率噪声

高斯调制相干态协议的系统通常使用商用的相干光激光器产生连续型相干态光源。常用的商用激光器有半导体激光器、光纤激光器等,需满足以下要求:(a)线宽窄;(b)相位噪声小;(c)发射激光强度抖动小。脉冲调制部分通常使用光学调制器对激光器产生的连续光进行强度调制(斩波),斩波脉宽与系统重复频率和设定的占空比有关。其中比较重要的参数包括斩波脉冲消光比等。

半导体激光器是最实用最重要的一类激光器。它体积小、寿命长,并可采用简单的注入电流的方式来进行泵浦,其工作电压和电流与集成电路兼容,因而可与之单片集成。并且还可以用高达 GHz 的频率直接进行电流调制以获得高速调制的激光输出。由于这些优点,半导体激光器在光通信领域获得了广泛的应用。

半导体激光器在工作时,由于自发辐射的偶然性使光场的相位起伏并造成输出激光有一定的谱线宽度,同时还不断地改变着光场的强度和相位。激光器输出强度的起伏就表现为光强度噪声,而相位起伏表现为光相位噪声。它们都来源于激射过程本身的量子特性。当半导体激光器作为 CV-QKD 系统的光源时,这些噪声会使系统无法制备理想的量子态,从而在最终的测量中引入噪声,使系统性能受到影响。光强度噪声产生于自发发射涨落。在给定频率下的光强度噪声通常用相对强度噪声来表示,一般定义为:

$$\mathrm{RIN}=S_p(\omega)/P^2 \tag{5-34}$$

其中 $S_p(\omega)$是输出光功率涨落的功率谱密度,P^2 是光功率的平均值。分析表明相对强度噪声的大小与偏置水平有直接的关系。在低于阈值的情况下,相对强度噪声随着注入电流的增大而略有减小,在阈值附近具有最大值。当注入电流大于阈值以后,相对强度噪声反比于偏置水平,也就是激光器的工作电流越高,相对强度噪声越低。强度噪声的功率谱密度的分布(噪声功率随频率的变化)曲线有一个谐振峰值。峰值对应的频率为弛豫振荡频率,频率的范围从几 GHz 到几十 GHz,与载流子的寿命,光子的寿命以及注入电流有关。

产生光强度噪声的原因主要是由于光子在腔内的动力学行为造成的。而载流子涨落是引起光强度噪声最主要的因素,我们通常所测量的光强度噪声大多都是由载流子涨落造成的。另外,电流源的电流涨落,激光器的自身加热作用或外部环境温度引起的涨落，量子效率的涨落都会产生光强度噪声。还有载流子迁移率的涨落也是产生光强度噪声的原因之一。

激光器的噪声（特别是光噪声）是相当弱的，一般在几十 $nV/\sqrt{\mathrm{Hz}}$ 的数量级，属于极微弱信号，所以这种测量方法要求低噪声前置放大器的等效输入噪声要足够小，一般要在 $nV/\sqrt{\mathrm{Hz}}$ 数量级。因此用这种方法测量激光器相对强度噪声对放大器的要求比较严格，放大器的噪声大小以及电源引入的干扰会直接影响测量的准确性。

CV-QKD 系统中的高斯调制相干态由连续激光器的通过幅度调制生成脉冲光信号再经过幅度调制和相位调制生成。因此，激光器输出的连续光信号的强度噪声会增加最终生成量子态的噪声。当激光器的功率发生变化时，调制数据会随着激光器的功率成比例的变化，对应于信号光光场的表达式为：

$$\begin{cases} A'=fA \\ f=\sqrt{P/P_0} \end{cases} \tag{5-35}$$

其中 P 表示激光器的瞬时输出功率，P_0 表示激光器的平均输出功率。激光器的功率噪声包括两部分，激光器瞬时输出功率的随机变化即功率噪声以及长时间工作状态下激光器平均功率的定向漂移，可以使用强度噪声乘数因子 f 的统计特性方差 $D(f)$ 和均值 $\langle f\rangle$ 对功率噪声以及漂移进行描述。在 CV-QKD 系统中完成一次参数估计的时间远远小于功率漂移的时间，因此在对功率噪声进行分析时认为 $\langle P\rangle=P_0$，根据激光器的参数相对强度噪声就可以给出功率噪声对输出幅度的影响：

$$\begin{gathered} \begin{bmatrix} V\boldsymbol{I}_2 & \sqrt{gT_C(V^2-1)}\boldsymbol{\sigma}_z \\ \sqrt{gT_C(V^2-1)}\boldsymbol{\sigma}_z & T_C(V_N+\varepsilon_C+((1+v_{el})/\eta-T_C)/T_C)\boldsymbol{I}_2 \end{bmatrix} \\ g=\langle f\rangle^2 \\ V_N=V_A+1 \\ \langle f\rangle^2=\langle\sqrt{P}\rangle^2/P_0 \\ \langle P^2\rangle=\mathrm{RIN}\cdot B\cdot P_0^2 \end{gathered} \tag{5-36}$$

功率漂移相对与功率噪声是一个慢变的过程，描述了输出功率均值的变化：

$$f=\sqrt{P_1/P_0} \tag{5-37}$$

其中 P_1 表示漂移后功率均值。根据以上数据可得等效协方差矩阵：

$$\begin{gathered} \begin{bmatrix} V\boldsymbol{I}_2 & \sqrt{gT_C(V^2-1)}\boldsymbol{\sigma}_z \\ \sqrt{gT_C(V^2-1)}\boldsymbol{\sigma}_z & T_C(V_N+\varepsilon_C+((1+v_{el})/\eta-T_C)/T_C)\boldsymbol{I}_2 \end{bmatrix} \\ g=P_1/P_0 \\ V_N=V_A+1 \end{gathered} \tag{5-38}$$

因此，系统的等效信道透射率为 $T=gT_C$，等效过量噪声 $\varepsilon=1/g(V_A+\varepsilon_C)-V_A$。系统调制方差 $V_A=6$，信道过量噪声 $\varepsilon_C=0.01$，探测器效率 $\eta=0.6$，协调效率 $\beta=0.96$。可以得到不同 g 功率漂移情况下的信道过量噪声以及系统安全密钥率和传输距离之间的关系如图 5-7 所示。

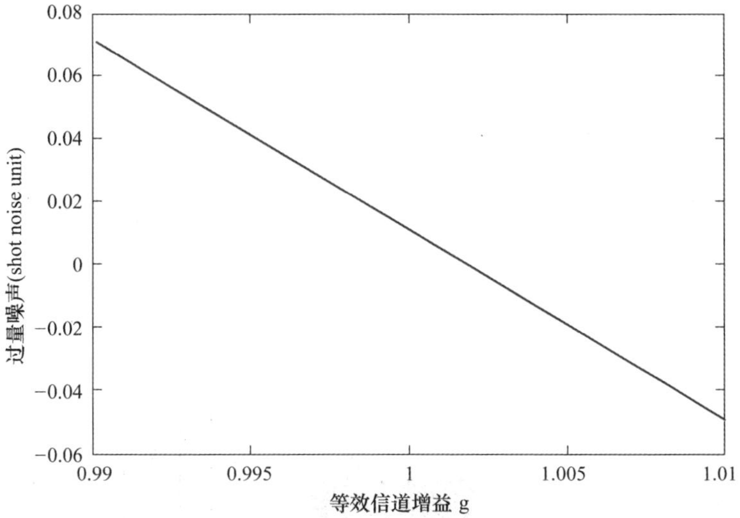

图 5-7 等效信道增益与过量噪声的关系

由图 5-8 可以看出,漂移后的功率均值大于初始功率均值时,会导致系统对信道过量噪声错误估计,得到低估的过量噪声,使得安全码率提高,漂移后的功率均值小于初始功率均值时,参数估计得到的信道透射率会大于实际值,因此系统的安全码率就会下降。

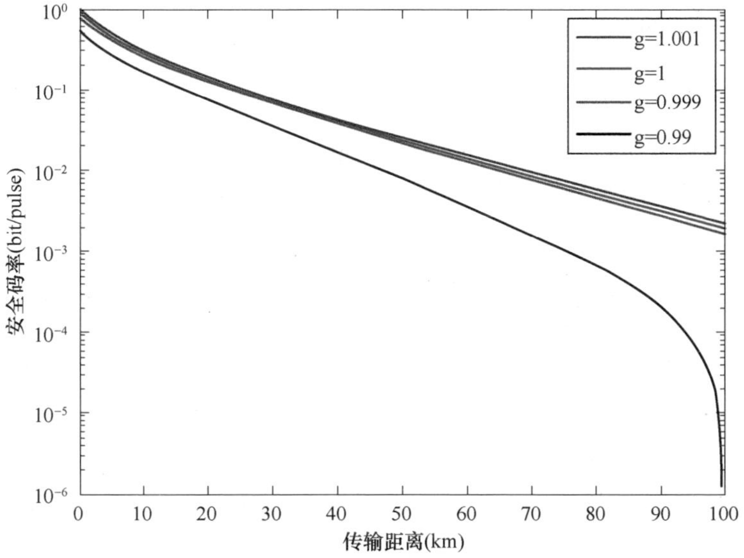

图 5-8 传输距离与安全密钥率的关系

• 强度调制器调制电压离散化误差

CV-QKD 系统中高斯调制相干态,需要使用服从高斯分布的连续数据对信号进行调制,然而实际对调制加载电压时很难实现连续数据的加载,通常需要将连续数据转化离散数据加载在调制器上,即对连续数据进行离散化。离散化过程引起的连续数据和加载到调制器上的数据之间的差称为离散化误差,离散化误差对信号而言是一种噪声。

加载在幅度调制器上的数据同样需要进行离散化,因此这个离散化的过程会在数据幅度调制的过程中引入噪声,根据离散化的方式,离散化引入的噪声大小也不相同。由于信号的幅度调制数据为服从瑞利分布的连续数据,因此数据的离散化过程可以用图 5-9 描述。

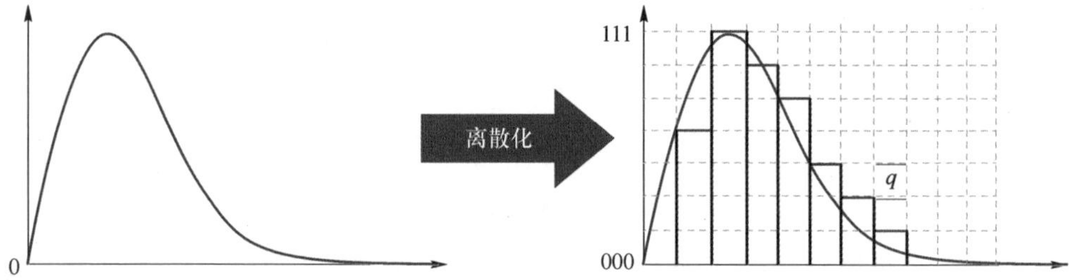

图 5-9　离散化过程示意图

当数据发送模块输出的离散化区间为 q 时,理想情况下幅度调制数据 A 的取值范围被划分为无限个宽度为 q 的区间,分别为:

$$\cdots,[-(m+1/2)q,-(m-1/2)q],\cdots[-q/2,q/2],\cdots[(m-1/2)q,(m+1/2)q]\cdots \tag{5-39}$$

由此对瑞利分布随机变量 A 的输出结果就变成了离散变量 A_c,原始的瑞利分布也被转化为离散分布。离散变量 A_c 的概率密度函数可以通过瑞利分布随机变量 A 的概率密度函数与矩形脉冲函数做周期性的卷积而得到:

$$f_{A_c}(A_c) = \sum_{m=-\infty}^{+\infty} \delta(A_c - mq) \int_{mq-q/2}^{mq+q/2} f_A(A)\mathrm{d}A \tag{5-40}$$

式中 $f_A(A)$是瑞利分布随机变量 A 的概率密度函数。在 CV-QKD 协议中,当 Alice 的调制方差为 V_A,信号光的幅度调制值为服从参数为 $\sqrt{V_A}$的瑞利分布随机变量。

$$f_A(A)=\frac{1}{V_A}\exp\left(-\frac{A^2}{2V_A}\right) \tag{5-41}$$

为计算使用 A_c 时的调制结果,需要对 A_c 的概率分布进行一些数学上的处理,以求光源的统计量。借鉴通信理论中均匀量化问题的处理方法,我们将离散变量 A_c 近似为一个连续变量:

$$A_c \approx A+\Delta A \tag{5-42}$$

连续变量 A_c 可以通过将原始的瑞利分布随机变量 A 与另一个随机变量 ΔA 求和得到,其中 ΔA 满足在区间 $[-q/2, q/2]$ 上的均匀分布。因此可以求得 ΔA 的统计特性:

$$\begin{gathered}\langle \Delta A \rangle = 0 \\ D\langle \Delta A \rangle = \langle \Delta A^2 \rangle = q^2/12\end{gathered} \tag{5-43}$$

通常情况下,瑞利分布参数的 3.5 倍可以包括 99.78%的数据,可以求得离散化区间:

$$q = 3.5 V_A / 2^n \tag{5-44}$$

其中 n 为离散化的位数,可得等效协方差矩阵为:

$$\begin{bmatrix} V\boldsymbol{I}_2 & \sqrt{T_C(V^2-1)}\boldsymbol{\sigma}_z \\ \sqrt{T_C(V^2-1)}\boldsymbol{\sigma}_z & T_C(V+\varepsilon_C+0.5\langle \Delta A^2 \rangle+((1+v_{el})/\eta-T_C)/T_C)\boldsymbol{I}_2 \end{bmatrix} \tag{5-45}$$

根据协方差矩阵可以得到存在强度离散化噪声时的系统过量噪声 $\varepsilon=\varepsilon_C+0.5\langle \Delta A^2 \rangle$。系统调制方差 $V_A=6$,信道过量噪声 $\varepsilon_C=0.01$,探测器效率 $\eta=0.6$,协调效率 $\beta=0.96$。可以得到不同离散化位数情况下系统安全密钥率和传输距离之间的关系如图 5-10 所示。

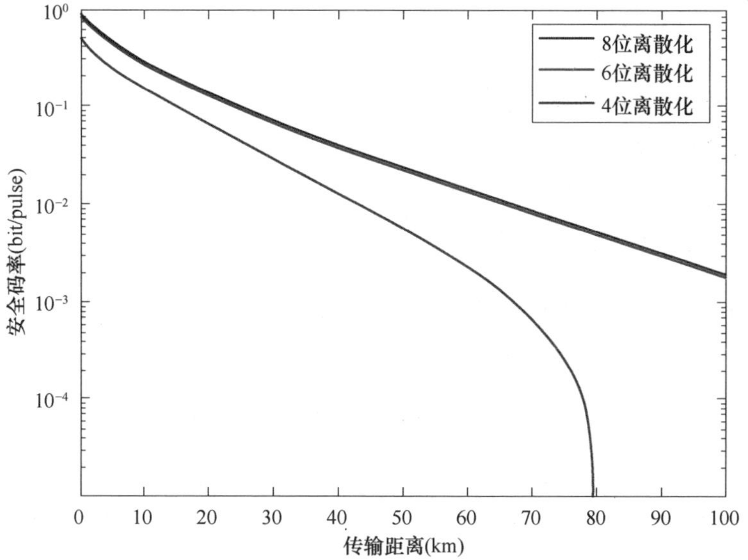

图 5-10 传输距离与安全密钥率的关系

由等效过量噪声的值可以看出,离散化位数越低相应的过量噪声就越高,因此有限离散化位数会增加系统的过量噪声估计,使得安全密钥率下降。

- 强度调制器电压漂移与噪声

电光调制器是利用电信号对光信号进行调制的器件。光通信系统中通常使用的是 LiNbO3 电光调制器。因为 $LiNbO_3$ 晶体具有传输损耗及色散小、高带宽，特别是它的电光系数比较高等优点。对需要脉冲调制的系统而言，最常用的是 $LiNbO_3$ 马赫曾德尔型强度调制器，这种调制器采用了 M-Z 波导结构，所以它的带宽较高，偏压比较小，损耗较低。在 CV-QKD 系统中，$LiNbO_3$ 强度调制器也被用于产生脉冲光，以及对信号的幅度调制。

影响电光调制器直流偏置点发生漂移的原因非常复杂，它往往是众多因素共同作用的结果。这些因素主要包括温度、振动、应变、光的偏振态等等。我们就温度变化对强度调制器直流偏置点的影响来分析。由于铌酸锂型电光调制器中器件的各个材料的热膨胀系数的不同，且它们是紧密的固定在一起的，当温度的变化将导致不同材质的膨胀程度不同，而会产生结构性应力。由于铌酸锂晶体具有压电效应，在外界应力的作用下会表现出极化现象，即在晶体的两端出现电势差。因此晶体的两端会出现电势差，相当于一个电场作用于波导，由于电光晶体的电光效应，该晶体的折射率会发生变化，从而导致电光调制器中光的相位差发生变化。另外，温度的变化还会引起铌酸锂晶体的热电效应，而且温度也会直接使铌酸锂晶体的折射率改变。这些都会使强度调制器中光的相位差发生变化，而导致直流偏置点随温度的变化而发生漂移。

电光调制器直流偏置点漂移，即两束光在电光调制器中的相位差发生变化。此时电光调制器的传输特性曲线会整体的向左或者向右漂移，如图 5-11 所示。从图中可以看出，当直流偏置点发生漂移后，调制出的脉冲光由脉冲光 1 变成脉冲光 2、脉冲光 3。由于电光调制器是一个有限消光比的器件，在它关断时并不能完全阻断光的通过，所以探测脉冲总是存在一个直流的基底。当直流偏置点发生漂移后，不仅脉冲光的峰值功率发生变化，其基底也会发生变化。

当外界环境如温度、应力等变化时，会导致直流偏置点发生改变，上面已经提到过，电光调制器的传输特性曲线将整体向左或者向右移动。若此时电光调制器所加的偏置电压是不变的，那么由其决定的工作点的位置也不变，此时工作点相对于传输特性曲线上的位置就发生了变化(即工作点发生漂移)，如图 5-12 所示，工作点由原来的 Min 点漂移到 a 点或者 b 点。电光调制器的工作点处的斜率也就相应发生了改变。所以通过检测其斜率的变化，就可以测量出此时直流偏置点的漂移。

具体做法是，首先向电光调制器的偏置电压端加一个微弱的正弦信号作为扰动信号，然后将此信号通过电光调制器后得到的调制信号进行相乘、积分等一系列处理，得到一个与工作点斜率成线性关系的直流误差信号。通过检测此直流误差信号就可得到电光调制器工作点处的斜率。

由于强度调制器直流偏置点变化引起的脉冲光峰值功率和基底的变化会降低本振光的脉冲消光比，从而增加由于本振光基底引入的过量噪声，这一点会在有限消光比的部分详细介绍。脉冲峰值功率和基底的变化同样会对调制信号产生影响。强度

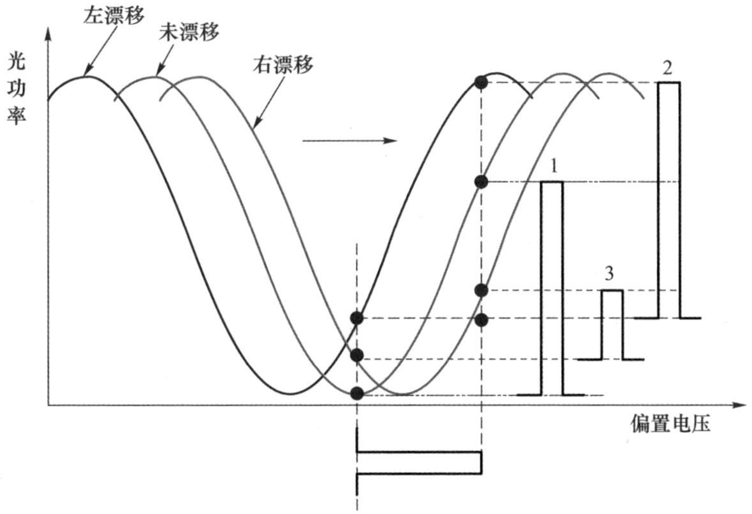

图 5-11 直流偏置点变化对信号的影响

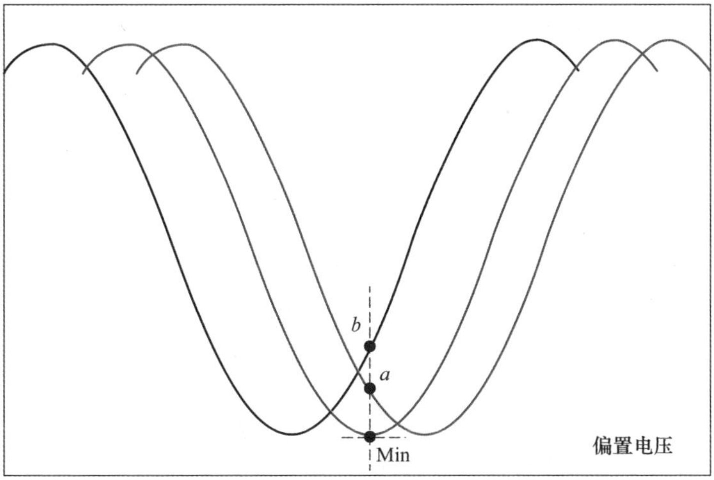

图 5-12 直流偏置点漂移测试方法示意图

调制器直流偏置点的漂移幅度远小于调制信号的幅值，因此认为存在直流偏置点的漂移时的实际信号光幅度可以表示为：

$$A_N = A + \Delta A \tag{5-46}$$

其中，ΔA 表示由于直流偏置点漂移引起的幅度噪声。相较于 CV-QKD 系统的重复频率，直流偏置点的漂移是一个慢变过程，因此在一次参数估计的过程中，ΔA 可以当作一个常数处理，即 ΔA 的方差为 0。此时，接收端系统的协方差矩阵为：

$$\begin{bmatrix} V\boldsymbol{I}_2 & \sqrt{gT_C(V^2-1)}\boldsymbol{\sigma}_z \\ \sqrt{gT_C(V^2-1)}\boldsymbol{\sigma}_z & T_C(V_N+\varepsilon_C+((1+v_{el})/\eta-T_C)/T_C)\boldsymbol{I}_2 \end{bmatrix} \tag{5-47}$$

$$g=\left[1+0.5\langle\Delta A\rangle\sqrt{\pi/(2V_A)}\right]^2$$

$$V_N=V_A+0.5\langle\Delta A\rangle\sqrt{0.5\pi V_A}+1$$

因此,系统的等效信道透射率为 $T=gT_C$,等效过量噪声为 $\varepsilon=1/g(V_A+0.5\langle\Delta A\rangle\sqrt{0.5\pi V_A}+\varepsilon_C)-V_A$。系统调制方差 $V_A=6$,信道过量噪声 $\varepsilon_C=0.01$,探测器效率 $\eta=0.6$,协调效率 $\beta=0.96$。令 $\langle\Delta A\rangle=\alpha A_{\max}$,$\alpha$ 为幅度调制数据与幅度调制数据的最大值的比值,可以得到不同 α 情况下等效过量噪声以及系统安全密钥率和传输距离之间的关系如图 5-13 和图 5-14 所示。

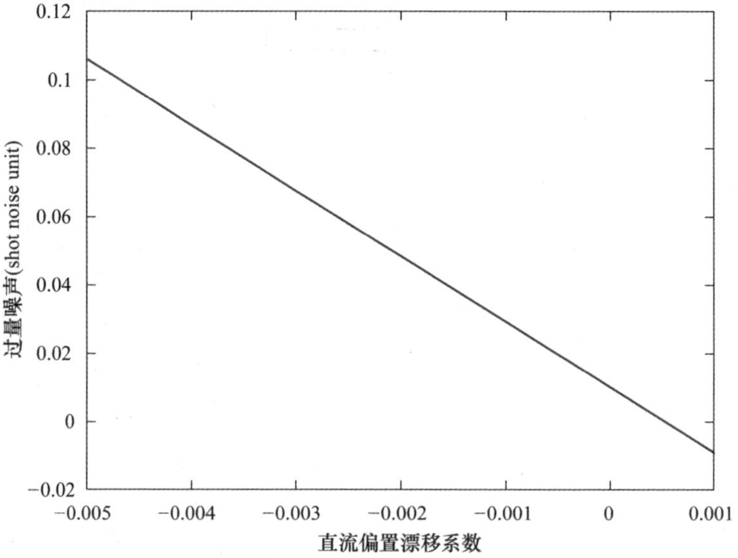

图 5-13 直流偏置漂移与过量噪声的关系

与激光器功率漂移的结果类似,直流偏置点漂移引起的调制数据变化会导致系统对信道透射率和系统过量噪声错误估计,漂移后的调制数据小于初始数据时,参数估计得到的过量噪声会大于实际值,系统的安全码率就会下降,漂移后的调制数据大于初始数据时,参数估计得到的过量噪声会小于实际值,系统的安全码率就会上升。

• 强度调制器有限消光比

随路本振的 CV-QKD 系统中采用本振光与信号光同路传输的方式以减少零差检测中的相位噪声。本振光属于经典信号,脉冲能量远远大于信号光,因此采用时分复用和偏振复用共同减少本振光传输在通路传输过程中在信号光中引入的噪声。在接收端进行解复用后,本振光和信号光进行零差探测获得测量结果。

脉冲光信号是连续激光器进行幅度调制得到的,为了减少本振光同传过程在信

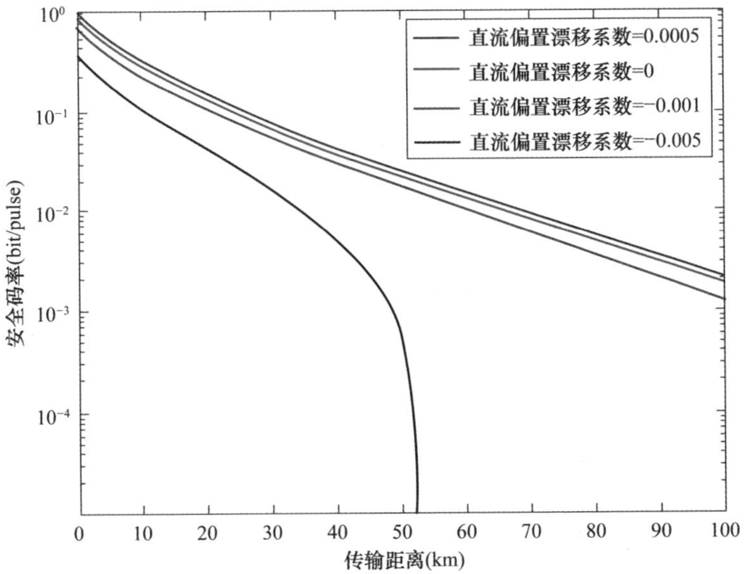

图 5-14 传输距离与安全密钥率的关系

号光中引入的噪声,因此需要尽可能地提高光脉冲信号的脉冲消光比。由于幅度调制的调制效率有限,因此脉冲消光比是有限的,总会有残余的本振光基底因为有限的消光比泄露到信号光路中,在最终的测量结果中引入噪声。在时分复用与偏振复用共同使用的系统中,最终本振光泄露信号的比例由脉冲消光比和偏振消光比共同决定。偏振消光比由偏振耦合器件以及偏振控制器件的性能共同决定,这里不作详细分析,常规情况下偏振消光比可以达到 30 dB。脉冲消光比可以通过级联幅度调制器的方式不断提升,但是多重级联不仅损耗大,系统复杂,稳定性也会随之下降。

假定信道传输率为 T_C,信道中引入的过量噪声为 ε_C,接收端获得的测量结果可以表示为

$$
\begin{aligned}
X' &= \sqrt{T_C}(X+\delta X_C+\delta X_L)+\delta X \\
P' &= \sqrt{T_C}(P+\delta P_C+\delta P_L)+\delta P
\end{aligned}
\tag{5-48}
$$

其中 $\sqrt{T_C}$ 为信道的透射率,X,P 为发送端正则分量的调制数据,δX_C,δP_C 信道中引入的过量噪声,$\langle \delta X_C{}^2 \rangle = \langle \delta P_C{}^2 \rangle = \varepsilon_C$,$\delta X_L$ 和 δP_L 是由于有限消光比引入的噪声,δX 和 δP 为真空态的散粒噪声,$\langle \delta X^2 \rangle = \langle \delta P^2 \rangle = 1$。由于有限消光比引入的噪声可以表示为

$$
\begin{cases}
\langle \delta X_L{}^2 \rangle = \langle \delta P_L{}^2 \rangle = 2\langle N_L \rangle \\
\langle N_L \rangle = \langle N_{LO}^{\text{Alice}} \rangle / R \\
R = R_{\text{pulse}} R_{\text{polar}}
\end{cases}
\tag{5-49}
$$

其中 $\langle N_{\text{LO}}^{\text{Alice}} \rangle$ 为 Alice 端本振光的脉冲的平均光子数,R_{pulse} 为强度调制脉冲消光比,

$R_{\text{polar}}=10^3$ 为偏振消光比。系统调制方差 $V_A=6$,信道过量噪声 $\varepsilon_C=0.01$,探测器效率$\eta=0.6$,协调效率 $\beta=0.96$,本振光功率$\langle N_{\text{LO}}^{\text{Alice}}\rangle=10^8$,可以得到不同强度调制消光比情况下系统安全密钥率和传输距离之间的关系,如图 5-15 所示。

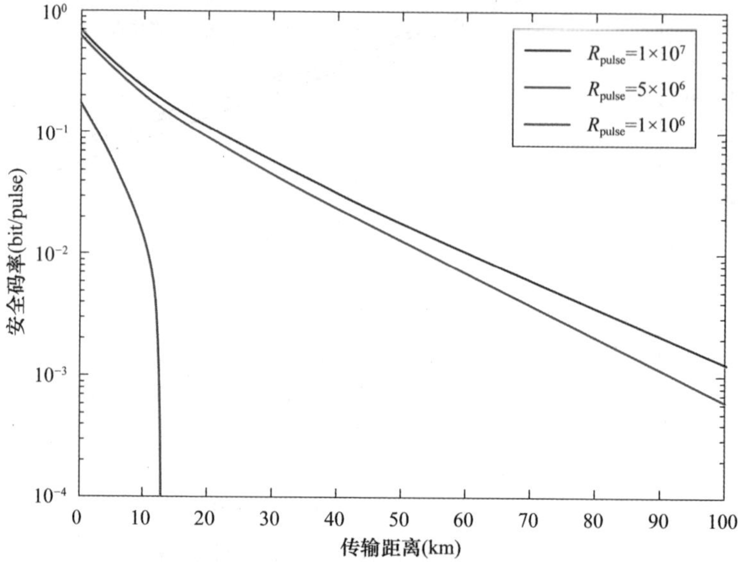

图 5-15　传输距离与安全密钥率的关系

强度调制消光比分别为 10^7、5×10^6、10^6 时,由于有限消光比引入的噪声为 0.02、0.04和 0.2。光脉冲信号的脉冲消光比越低,意味着有越多的本振光基底能量泄露到信号光路,这部分能量会使得测量结果中增加额外的噪声,导致参数估计得到的过量噪声增加,从而降低了系统的安全密钥率。

5.2.2.2　光源相位噪声

光源相位噪声来源包括激光器相位噪声、相位调制器调制电压离散化误差、相位调制器电压漂移与噪声等。下面对这三种相位噪声的来源与特性做具体地介绍。

- 激光器相位噪声

激光器的噪声源于自发辐射,在激光器中是不可避免的。自发辐射产生的光的振幅和相位都是时间的函数,即振幅 $|E(t)|=\hat{E}(t)$ 和相位 $\phi(t)$。所以,将会导致激光器的发射谱明显展宽。随机相位 $\phi(t)$称为激光器的相位噪声,随机幅度$|E(t)|$成为激光器的强度噪声。受噪声的干扰,激光传输光波的振幅矢量可表示为

$$E(t)=\hat{E}(t)\mathrm{e}^{j(\phi_0+\phi(t))}\mathrm{e}^{j2\pi f_0 t} \tag{5-50}$$

在分立能级的单模激光器中,自发辐射和受激辐射都产生频率为 f_0 的光波。受激辐射光的相位是相同的,而自发辐射光的相位是随机的。每一次自发辐射产生的

光波为 $E_{spi}(t)=\hat{E}_{spi}(t)e^{j\phi_{spi}}e^{j2\pi f_0 t}$，它混杂在受激辐射产生的光波中。

当受激辐射光波只受到一个自发辐射光波的影响。受激辐射光的相位是相同的，而自发辐射光的相位是随机的，在 $-\pi\sim\pi$ 的范围内几率相等。当受激辐射光波连续 4 次受到自发辐射光的影响，最后输出的相位和强度都受到干扰，即为相位噪声和强度噪声。因为自发辐射光没有得到同样的放大，所以强度要比受激辐射光小几十个量级。由此可以得到以下关系：

$$\hat{E}_{spi} << \hat{E}_0 \quad i\in N \tag{5-51}$$

经过一次自发辐射干扰后，激光的相位为

$$\phi_1=\phi_0+\arctan\left(\frac{\hat{E}_{sp1}\sin(\phi_{sp1})}{\hat{E}_0+\hat{E}_{sp1}\cos(\phi_{sp1})}\right)\approx\phi_0+\frac{\hat{E}_{sp1}}{\hat{E}_0}\sin(\phi_{sp1}) \tag{5-52}$$

经过 I 次自发辐射干扰后，激光器的相位为

$$\phi_I \approx \phi_0+\sum_{i=1}^{I}\frac{\hat{E}_{spi}}{\hat{E}_0}\sin(\phi_{spi}) \tag{5-53}$$

激光器的相位噪声 $\phi(t)$ 是时间 t 的函数，根据自发辐射系数 R_{sp} 的定义，得到自发辐射干扰次数 I 和时间 t 之间的关系：

$$I=I(t)=N_2(0)-N_2(t)=R_{sp}t, \quad t\geqslant 0 \tag{5-54}$$

这意味着，在时间 t 内，平均自发辐射的次数为 I，或产生 I 个自发辐射光子。此外，从 $t=0$ 开始，受激辐射开始受到自发辐射的干扰，激光器中相位噪声的表示形式为：

$$\phi(t)=\sum_{i=1}^{I(t)}\frac{\hat{E}_{spi}}{\hat{E}_0}\sin(\phi_{spi}) \tag{5-55}$$

其中，R_{sp} 为自发辐射系数，$\hat{E}_{spi}$ 为自发辐射的幅度，ϕ_{spi} 为自发辐射的相位，$\hat{E}_0$ 为受激辐射的幅度。

对于相位噪声的研究，最初主要是在低频段（<1 MHz）。相位噪声的大小与相干光束之间的光程差成正比，即随着光程差的增加，相位噪声也线性增大，当光程差从 0 增加到 40 cm 时，相位噪声大约增加 50-62 dBV。这主要是由于激光发射波长的涨落而引起的。在阈值以上，相位噪声与驱动电流几乎无关，即随着驱动电流的增大而相位噪声的变化并不明显。在低频段，相位噪声随着频率的增加而减小。在宽的频率范围内。相位噪声的功率谱密度在驰豫频率处也有一峰值，这与强度噪声的功率谱密度是一致的。这个峰值是由于材料折射率的变化引起的，并使输出光信号的线宽展宽。

表征相位噪声的 3 个参数分别为电场的功率谱密度（psd）、相位误差方差和 FM 噪声谱。相位噪声会在信号光和本振光之间产生相位误差抖动。相位噪声包括白噪

声（White Noise）、闪烁噪声（Flicker Noise）、随机漂移噪声（Random Walk Noise）。

激光器的 FM 噪声谱 psd 为

$$S_f(f)=S_0+\frac{K_1}{f}+\frac{K_2}{f^2}=S_0+\left[1+\frac{f_1}{f}+\left(\frac{f_2}{f}\right)^2\right] \tag{5-56}$$

其中 S_0 为白噪声的 psd；f_1 为附加闪烁噪声的拐角频率；f_2 为随机漂移 $1/f^2$ 调频噪声。

激光器的测量相位误差方差为：

$$\sigma_\phi^2(\tau)=4\int_{fL}^{fU}S_f(f)=\frac{\sin 2(\pi f\tau)}{f^2}\mathrm{d}f \tag{5-57}$$

通过计算白噪声、闪烁噪声和 FM 噪声各自的积分，得到相位误差方差的分析公式。

$$\sigma_\Phi^2(\tau)=2\pi\Delta\upsilon\left[1+[1.5+C_i(2\pi f_\upsilon\tau)-C_i(2f_L\tau)](2\pi f_L\tau)+\left(\frac{f_2}{f_L}\right)(2f_2\tau)-\frac{2}{3}(\pi f_2\tau)^2\right] \tag{5-58}$$

因而，公式 $I_Q(t)$ 和公式 $I_I(t)$ 即为延迟自零差法得到的差分相位误差的 I 分量和 Q 分量，通过对采集到的 I/Q 数据进行分析就能得到前面提到的表征相位噪声的 3 个参数，分别是电场的功率谱密度、相位误差方差和 FM 噪声谱，从而进行激光器相位噪声总体评估。

实验系统中使用的是连续激光器，其相位噪声完全由随机漂移过程描述，相位方差为：

$$\sigma_\phi(\tau_s)=2\pi\Delta\upsilon\tau_s \tag{5-59}$$

其中 $\Delta\upsilon$ 为激光器的线宽，τ_s 为采样时间。

综上，相位噪声的分布为一个均值为 0，方差为 σ_ϕ 的高斯分布，其具体数值由激光器的参数决定。根据 5.1.1.2 小节中的分析，由于激光器相位噪声的影响，在参数估计过程中获得的信道透射率为

$$T_2=\kappa T \tag{5-60}$$

其中，T 为实际的信道透射率，T_2 参数估计得到的有误差的信道透射率，κ 为激光器相位噪声引入的误差系数。

$$\kappa=\left(\int\cos\delta\theta/\sqrt{2\pi\sigma_\phi^2}\exp(-\delta\theta^2/2\sigma_\phi^2)\mathrm{d}\delta\theta\right)^2 \tag{5-61}$$

根据 5.2.1.2 小节中的分析，假设系统调制方差 $V_A=6$，信道过量噪声 $\varepsilon_C=0.01$，探测器效率 $\eta=0.6$，协调效率 $\beta=0.96$。可以得到不同的激光器相位噪声条件下系统安全密钥率和传输距离之间的关系，如图 5-16 所示。

相位噪声方差分别为 $0.001\pi^2$、$0.002\pi^2$、$0.003\pi^2$ 时，对应的等效信道过量噪声为0.0696、0.1298、0.1906。激光器的相位噪声会导致对信道透射率的错误估计，从而增加了过量噪声的估计值，导致了系统安全密钥率的下降。

- 相位调制器调制电压离散化误差

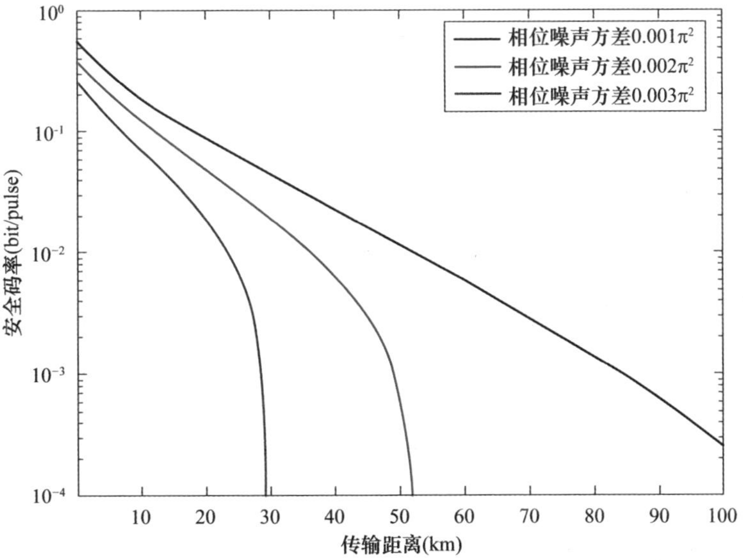

图 5-16 传输距离与安全密钥率的关系

光调制器是光路系统的重要组成部分，它具有对光场的幅度或相位进行调制的能力，使得输入的信号能够通过光量子进行传输。连续变量系统要求光调制器有着很高的消光比和很低的插入损耗。根据调制方式的不同，光调制器分为内调制器和外调制器两种：内调制器是通过改变出发激光源的电信号来直接产生编码的激光，外调制器则通在激光器产生激光之后再对其进行编码调制。目前，在光纤通信系统中使用的外调制器通常是铌酸锂(LN)型，这种调制器具有较宽调制带宽和较低插入损耗，比较适合于连续变量量子系统中使用。

电光效应调制器是利用某些电光晶体，例如铌酸锂晶体($LiNbO_3$)的电光效应而制成。所谓电光效应是指外电场加到晶体上引起晶体折射率的变化的效应，从而影响光波在晶体中传播特性变化，实质上是电场作用引起晶体的非线性电极化。实验表明，折射率的变化(Δn)与外加电场(E)有着复杂的关系，可以近似地认为 Δn 与($r|E|+R|E|^2$)成正比，括号中的第一项与电场成线性关系，这个现象称为普克尔(Pockel)效应，括号中第二项与电场成平方关系，这个现象称为克尔(Kerr)效应。通常，把折射率与电场的比例的变化称为线性电光效应或普克尔效应。由于系数 r 和 R 均甚小，所以对于电光晶体而言要是折射率获得明显的变化，需要加上 1 000 V 甚至 10 000 V 的电压。

设外电场作用区为 $0<Z<L$，则导模在 $Z=L$ 处的相位为：

$$\varphi=(\beta_\mu+K_{\mu\mu})L=(N_{\text{eff}}+\Delta N_{\text{eff}})kL \tag{5-62}$$

其中 $K_{\mu\mu}$ 是自耦合系数，其值等于外电场引起导模传播常数 β_μ 的增量，即 $\Delta\beta_\mu=K_{\mu\mu}$。$N_{\text{eff}}$ 和 ΔN_{eff} 分别为导模的有效折射率和受外电场作用而产生的增量，k 为耦合系数，

L 为外电场作用区长度。由外电场引起的相位变化量 $\Delta\varphi$ 为：

$$\Delta\varphi = K_{\mu\mu}L = \Delta N_{\text{eff}}kL \tag{5-63}$$

对于一个正弦调制来说，$\Delta\varphi(t)$有如下表示：

$$\Delta\varphi(t) = \eta_{\varphi}\sin\omega_m t \tag{5-64}$$

其中 η_{φ} 为调相指数，表示为：

$$\eta_{\varphi} = \frac{2\overline{n}}{\lambda}\Delta\overline{N}_{\text{eff}}L \tag{5-65}$$

其中 $\Delta\overline{N}_{\text{eff}}$是 ΔN_{eff}的峰值。

模拟信号有两个特点：在某个时间段上连续取值、幅值在某一区间内连续。计算机对数据的处理都是以二进制数的形式来完成的，因此计算机处理的信号数值上和时间上都是不连续的，而是离散的。模拟信号的离散化就是实现信号的数字化，这个任务在A/D通道完成。信号离散化过程如图 5-17 所示。

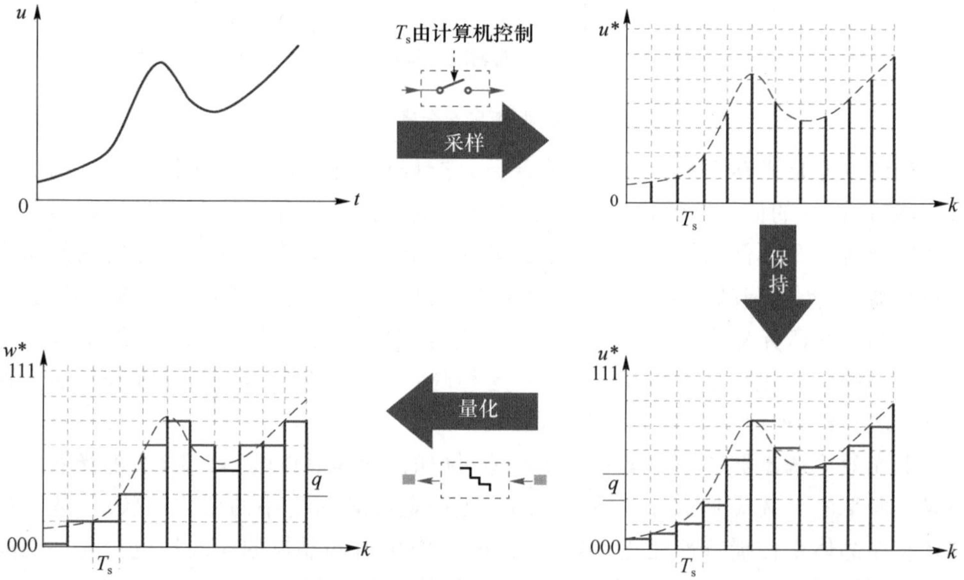

图 5-17　信号离散化过程图

CV-QKD 中高斯调制相干态，需要使用服从高斯分布的连续数据对信号进行调制，然而实际对调制加载电压时很难实现连续数据的加载，通常需要将连续数据转化离散数据加载在调制器上，即对连续数据进行离散化。离散化过程引起的连续数据和加载到调制器上的数据之间的差称为离散化误差，离散化误差对信号而言是一种噪声。

加载在相位调制器上的数据同样需要进行离散化，因此这个离散化的过程会在数据幅度调制的过程中引入噪声，根据离散化的方式，离散化引入的噪声大小也不相同，信号的相位调制数据为服从均匀分布的连续数据。

电光相位调制器(PM)是一种铌酸锂的波导结构器件，波导被放置在电极的正极和负极之间。当加载正负电极加载电压时，铌酸锂的晶体的折射率将会由于受到电场的作用而变化。相位调制器的调制相位与所加电压呈线性关系：

$$\delta\theta=\pi\frac{V(t)}{V_\pi} \tag{5-66}$$

其中称为 V_π 半波电压，定义为使得通过调制器的光场分量产生相位差所需的电压。半波电压是表征一个相位调制器性能的重要指标。在高斯调制的系统中，由于协议要求在相空间内要调制整个圆周(即 $[0,2\pi)$)，因此负责调制量子信息的控制电路所输出的电压幅值至少要为相位调制器半波电压 V_π 的两倍。

在系统中，相位差 $\delta\theta$ 由相位调制器电压误差 ΔV 引入：

$$\delta\theta=\pi\frac{\Delta V}{V_\pi}=\pi\frac{E}{V_\pi} \tag{5-67}$$

在实际系统中，采用适当位数和量程的采集卡或 A/D 转换器，配合适当的信号调理和可编程序放大器增益，就可以保证满意的量化精度。

当数据发送模块输出的离散化区间为 q 时，理想情况下相位调制数据 θ 的取值范围被划分为无限个宽度为 q 的区间，分别为：

$$\cdots,[-(m+1/2)q,-(m-1/2)q],\cdots[-q/2,q/2],\cdots[(m-1/2)q,(m+1/2)q]\cdots \tag{5-68}$$

由此对均匀分布随机变量 θ 的输出结果就变成了离散变量 θ_c，原始的均匀分布也被转化为离散分布。离散变量 θ_c 的概率密度函数可以通过均匀分布随机变量 θ 的概率密度函数与矩形脉冲函数做周期性的卷积而得到：

$$f_{\theta_c}(\theta_c)=\sum_{m=-\infty}^{+\infty}\delta(\theta_c-mq)\int_{mq-q/2}^{mq+q/2}f_\theta(\theta)\mathrm{d}\theta \tag{5-69}$$

式中 $f_\theta(\theta)$是均匀分布随机变量 θ 的概率密度函数。在 CV-QKD 协议中，相位调制数据 θ 在$(0,2\pi)$区间内满足均匀分布：

$$f_\theta(\theta)=\frac{1}{2\pi},\quad 0<\theta<2\pi \tag{5-70}$$

为计算使用 θ_c 时的调制结果，需要对 θ_c 的概率分布进行一些数学上的处理，以求光源的统计量。借鉴通信理论中均匀量化问题的处理方法，我们将离散变量 θ_c 近似为一个连续变量：

$$\theta_c\approx\theta+\Delta\theta \tag{5-71}$$

连续变量 θ_c 可以通过将原始的均匀分布随机变量 θ 与另一个随机变量 $\Delta\theta$ 求和得到，其中 $\Delta\theta$ 满足在区间 $[-q/2,q/2]$ 上的均匀分布。因此可以求得 $\Delta\theta$ 的统计特性：

$$\begin{aligned}&\langle\Delta\theta\rangle=0\\&D\langle\Delta\theta\rangle=\langle\Delta\theta^2\rangle=q^2/12\end{aligned} \tag{5-72}$$

均匀分布的离散化区间为

$$q=\frac{2\pi}{2^n} \tag{5-73}$$

其中 n 为离散化的位数。由于量化是一个归整问题，必然存在误差。若采用四舍五入的归整方法，量化误差 E 与量化单位 q 之间的关系为

$$E=\pm\frac{1}{2}q \tag{5-74}$$

则

$$\kappa=\left(\int p(\delta\theta)\cos\delta\theta\mathrm{d}\delta\theta\right)^2=\left(\int_{-\frac{q}{2}}^{\frac{q}{2}}\frac{1}{q}\cos\delta\theta\mathrm{d}\delta\theta\right)^2=\left(\frac{1}{q}\sin\delta\theta\bigg|_{-\frac{q}{2}}^{\frac{q}{2}}\right)^2=\frac{4}{q^2}\sin^2\frac{q}{2} \tag{5-75}$$

系统调制方差 $V_A=6$，信道过量噪声 $\varepsilon_C=0.01$，探测器效率 $\eta=0.6$，协调效率 $\beta=0.96$。可以得到不同离散化位数情况下系统安全密钥率和传输距离之间的关系如图 5-18 所示。

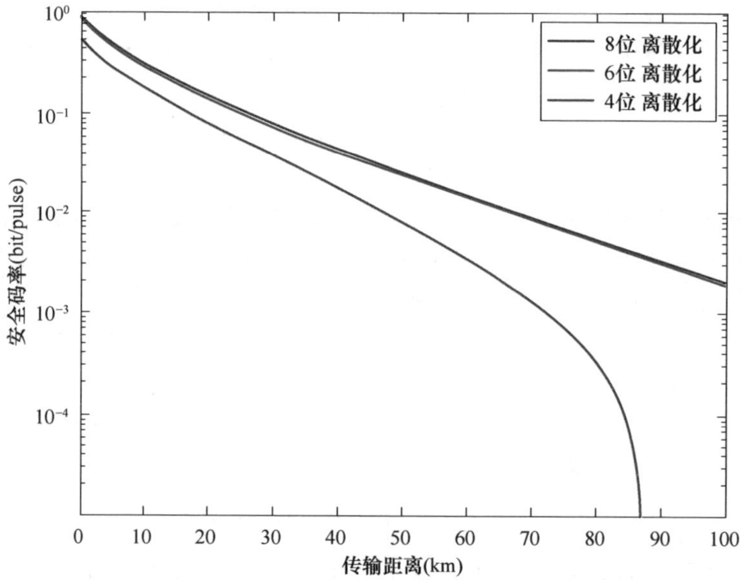

图 5-18 传输距离与安全密钥率的关系

离散化位数 $n=8$、6、4 时，对应的等效过量噪声分别为 0.0103、0.0148、0.0878。由等效过量噪声的值可以看出，离散化位数越低相应的过量噪声就越高，因此有限离散化位数会增加系统的过量噪声估计，使得安全密钥率下降。

• 相位调制器电压漂移与噪声

依据前文对相位调制电压漂移和噪声的定义，即相位噪声为相位调制电压的随机变化，漂移为相位调制电压的长时间定向变化。因此，将噪声定义为调制输出电压的方差，将漂移定义为调制电压的均值变化。

调制电压漂移为实际调制电压的均值相对于理想调制电压值的偏移。调制电压

噪声为实际调制电压相对于理想调制电压变化的方差。

调制电压漂移值：

$$V_{\text{drift}} = \frac{1}{N}\sum_{i=1}^{N} V_i - V_0 \tag{5-76}$$

其中 V_0 为理想调制电压值，V_i 为实际每次采样的调制电压值，$i=1,2,\ldots,N$ 为采样次数。

调制电压噪声值 V_{noise} 的方差为

$$D(V_{\text{noise}}) = \frac{1}{N}\sum_{i=1}^{N}\left[V_i - \frac{1}{N}\sum_{i=1}^{N} V_i\right]^2 = \frac{1}{N}\sum_{i=1}^{N} V_i^2 - \left[\frac{1}{N}\sum_{i=1}^{N} V_i\right]^2 \tag{5-77}$$

根据实际测得的电压值可以计算出与需要调制的理想电压值的漂移值 V_{drift}，根据相位与调制电压的关系式可以得到调制电压漂移引入的相位偏移量：

$$\delta\theta = \pi \frac{V_{\text{drift}}}{V_\pi} \tag{5-78}$$

其中 V_π 为相位调制器的半波电压。由于漂移值 V_{drift} 为一个慢变的值，在一次参数估计的过程中，可以认为是一个定值，因此参数估计过程中获得的信道透射率为

$$T_2 = \kappa T \tag{5-79}$$

其中，T 为实际的信道透射率，T_2 参数估计得到的有误差的信道透射率，κ 为激光器相位噪声引入的误差系数。

$$\kappa = (\cos\delta\theta)^2 \tag{5-80}$$

根据 5.2.1.2 小结中的分析，假设系统调制方差 $V_A=6$，信道过量噪声 $\varepsilon_C=0.01$，探测器效率 $\eta=0.6$，协调效率 $\beta=0.96$，相位调制器半波电压为 2.33 V。可以得到不同的相位调制电压漂移条件下系统安全密钥率和传输距离之间的关系，如图 5-19 所示。

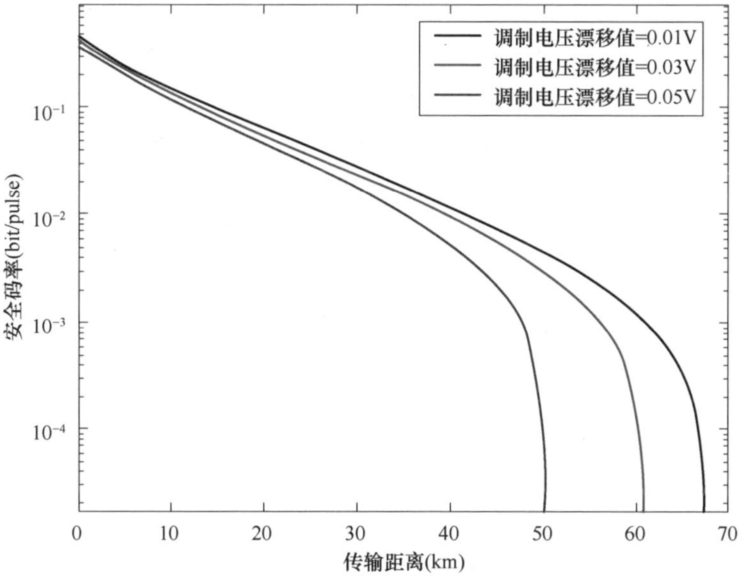

图 5-19　传输距离与安全密钥率的关系

调制电压漂移值分别为 0.01 V、0.03 V、0.05 V 时，对应的等效过量噪声为 0.1063、0.1152、0.1330。相位调制电压的漂移会影响对信道透射率的估计，从而增加了过量噪声的估计值，导致了系统安全密钥率的下降。

根据相位与调制电压的关系式可以得到调制电压噪声引入的相位偏移量：

$$\delta\theta = \pi \frac{V_{\text{noise}}}{V_{\pi}} \tag{5-81}$$

其中 $\delta\theta$ 为一个服从高斯分布的随机变量，均值为 0，方差为 $D(V_{\text{noise}})$。根据 5.2.1.2 中的分析，由于激光器相位噪声的影响，在参数估计过程中获得的信道透射率为

$$T_2 = \kappa T \tag{5-82}$$

其中，T 为实际的信道透射率，T_2 参数估计得到的有误差的信道透射率，κ 为激光器相位噪声引入的误差系数。

$$\kappa = \left(\int \cos\delta\theta / \sqrt{2\pi D\,(V_{\text{noise}})^2}\exp(-\delta\theta^2/2D\,(V_{\text{noise}})^2)\,\mathrm{d}\delta\theta\right)^2 \tag{5-83}$$

根据 5.2.1.2 中的分析，假设系统调制方差 $V_A=6$，信道过量噪声 $\varepsilon_C=0.01$，探测器效率 $\eta=0.6$，协调效率 $\beta=0.96$，相位调制器半波电压为 2.33 V。可以得到不同的相位调制电压噪声条件下系统安全密钥率和传输距离之间的关系，如图 5-20 所示。

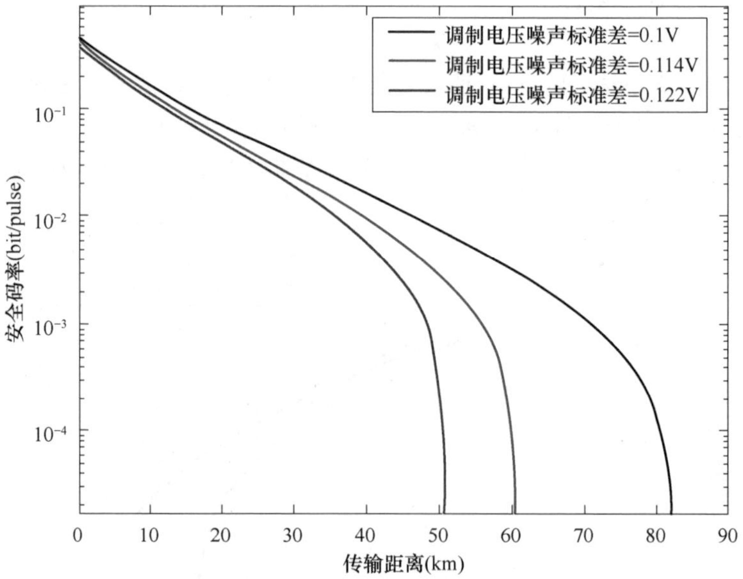

图 5-20 传输距离与安全密钥率的关系

调制电压噪声方差分别为 0.01 V、0.013 V、0.015 V 时，对应的等效过量噪声为 0.0916、0.1163、0.1328。相位调制电压的噪声同样会导致对信道透射率的错误估计，从而增加了过量噪声的估计值，导致了系统安全密钥率的下降。

5.3 探测器非理想性建模与安全性分析

为探测加载在量子态正则分量上的信息,CV-QKD 采取平衡零拍探测作为检测手段。平衡零拍探测器(BHD Balanced Homodyne Detector)的前端为一对高对称的光电二极管(PD photodiode),通过对信号光与本振光的两路干涉输出分别进行光电转换,将量子态正则分量携带的信息转移到差分电流中,差分电流再进入电放大器进行放大以备进一步处理。BHD 的原理如图 5-21 所示,信号光与频率相同、偏振相同、相位差固定的本振光经 3 dB 耦合器耦合后,两路输出分别被光电转换器件转化为光电流并相减,差分电流中就包含了干涉信息。

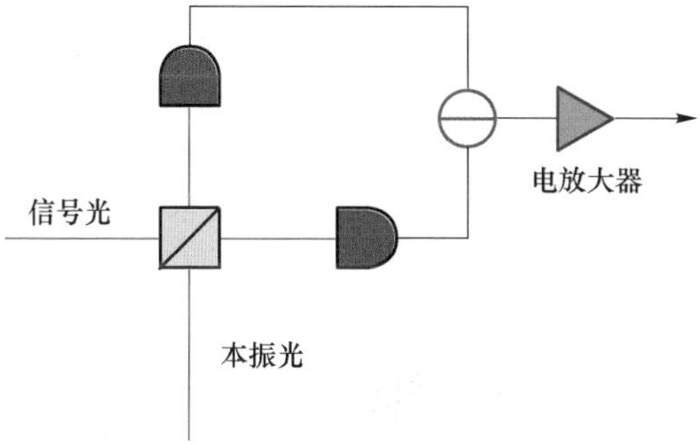

图 5-21　平衡零拍探测器原理图

5.3.1 探测器非理想性来源与特性

在实验系统中,CV-QKD 系统的量子性是通过 BHD 的探测结果体现的,因而针对这一器件对安全性的影响的相关研究既广泛又深入。与光源噪声不同,实验系统中 BHD 的非理想特性体现在多个方面。首先,3 dB 耦合器的分光比并非精确的 50:50, PD 的量子效率又通常在 90%左右,因而 BHD 并不能将光场信息以 100%的比例转化为电信号,而是存在一定的损耗;其次,受 PD 暗电流、放大芯片的内部噪声、电阻热噪声以及电源噪声等因素的影响,BHD 输出的电信号中除了部分信息之外,还包含一定比例的噪声,这些噪声显然会对信息的提取产生不利的影响;再次,虽然光场正交分量的取值是连续的,但受电学特性的限制,BHD 输出的电信号无法达到无限的精度,而是具有一定分辨率,这相当于引入一步量化过程;最后,PD 只能对小于某一阈值的输入光功率产生线性输出,放大电路输出的电信号幅度也不能超出其供电电压,因而 BHD 只能对功率在一定范围内的光场产生线性输出。综上所述,BHD 的非理想特性包括探测效率、探测器噪声、有限分辨率和有限量程等方面。

5.3.1.1 探测效率

在实际系统中，分束器 BS 的分光比不可能是严格的 50:50。如图 5-22 所示，对于一个非理想零差探测器，其 BS 四端口插损定义如下：

$$\begin{cases} X_t \rightarrow X_1 : L_{13}, \\ X_t \rightarrow X_2 : L_{14}, \\ X_{LO} \rightarrow X_1 : L_{23}, \\ X_{LO} \rightarrow X_2 : L_{24}. \end{cases} \tag{5-84}$$

零差探测器输出的电压值 V 表达式如下，其中 k 为检测器电压放大倍数，其参数值由放大电路的具体参数给出。

$$V = k \begin{Bmatrix} (\eta_1 L_{23} - \eta_2 L_{24}) \langle N_{LO} \rangle + (\eta_1 L_{13} - \eta_2 L_{14}) \langle N_{signal} \rangle + \\ (\eta_1 \sqrt{L_{13} L_{23}} + \eta_2 \sqrt{L_{14} L_{24}}) \sqrt{N_{LO}} \langle \hat{X} \cos\theta + \hat{P} \sin\theta \rangle \end{Bmatrix} \tag{5-85}$$

由于信号光是量子信号，功率十分微弱，所以由于信号光引入的直流分量可以忽略不计，但是如果本振光引入的直流分量如果太大，将会直接影响信号的测量。为了保证检测结果不受影响，在测量真空涨落的时候，要求由于非平衡性引入的本振光直流分量 $(\eta_1 L_{23} - \eta_2 L_{24}) < N_{LO} >$ 尽可能的小。

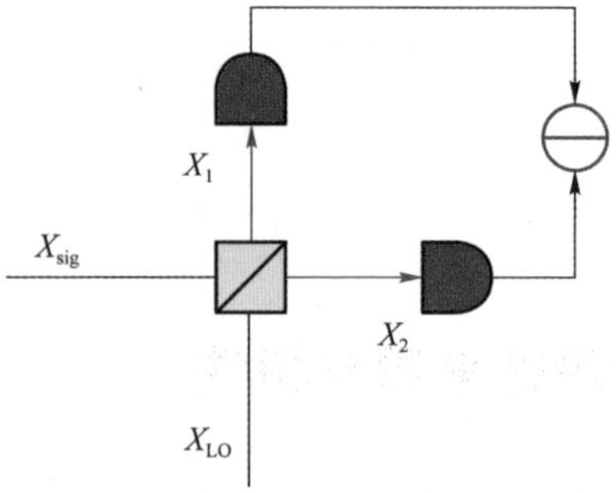

图 5-22 探测效率计算示意图

可以看出，虽然增强本振光可以增加探测的强度，但是也要求平衡校准精度非常高。在实验过程中可以通过在分束器之后添加可调衰减器进行调节，在增加本振光的强度的情况下将直流分量校准最小，平衡校准后再测量各路的插损，即可得到探测器最终的探测效率为

$$\eta_{eff} = (\eta_1 \sqrt{L_{13} L_{23}} + \eta_2 \sqrt{L_{14} L_{24}}) \tag{5-86}$$

5.3.1.2 探测器电噪声

探测器电噪声来源主要包括 PD 暗电流、放大芯片的内部噪声、电阻热噪声以及电源噪声等因素的影响。下面具体介绍放大芯片的内部噪声，对于运算放大器而言噪声主要由三部分组成，第一部分是放大电路元器件工作过程所产生的热噪声，图

5-23 中的 e_{t1} 表示的就是电阻 R_1 的热噪声，最终的热噪声是电路中所有电阻的热噪声之和。第二个部分就是运算放大器的电压噪声源 e_n 的噪声。第三个部分是运算放大器的电流噪声源 i_n 的噪声[23]。这三个部分的噪声彼此独立，其数值将在后面详细给出。

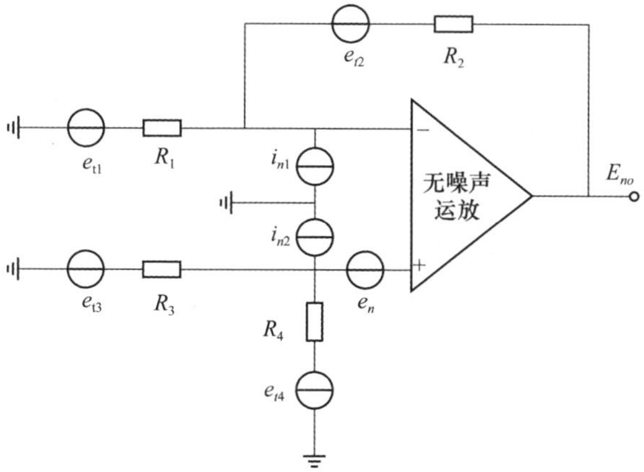

图 5-23　差分放大电路噪声模型

假设电路中仅有电阻 R_1 产生噪声，其余元件为理想元件，并不产生噪声，通过计算可以得知此时电路的增益为 $-(R_2/R_1)$，因此最终的输出电噪声全为热噪声，其噪声功率为 $E_1^2\times(R_2/R_1)^2$。同理可得电路中 R_2 产生的电噪声功率为 E_2^2，电阻 R_3 产生的噪声功率为 $E_3^2\ \{[R_4/(R_3+R_4)][(R_1+R_2)/R_1]\}^2$，电阻 R_4 的输出噪声功率的数值为 $E_4^2\ \{[R_3/(R_3+R_4)][(R_1+R_2)/R_1]\}^2$。同样假设差分放大电路中仅有电压噪声源会产生噪声，电流噪声以及热噪声忽略不计，此时差分放大电路的增益的表达式为 $(R_1+R_2)/R_1$，因此输出的噪声功率为 $E_n^2\ [(R_1+R_2)/R_1]^2$。

假设电路中仅有电流噪声之时，两个电流噪声源 i_{n1} 和 i_{n2} 所产生的电流噪声的数值分别为 $I_{n1}^2R_2^2$，$I_{n2}^2\{[R_3R_4/(R_3+R_4)][(R_1+R_2)/R_1]\}^2$。在计算各个噪声源的噪声之时本文假设各个噪声源之间是相互独立的，因此对于运算放大电路而言其最终的输出噪声是各个噪声源的输出噪声之和[24]。对于差分放大电路而言，电阻 R_1 与电阻 R_3 阻值相同，电阻 R_2 和电阻 R_4 阻值相同，因此可以得到最终的输出噪声的表达式为：

$$\begin{aligned} E_{\mathrm{no}}^2 &= 2E_1^2\left(\frac{R_2}{R_1}\right)^2+2E_2^2+2\,(I_nR_2)^2+E_n^2\left(\frac{R_1+R_2}{R_1}\right)^2 \\ &= 2E_2^2\left(\frac{R_1+R_2}{R_1}\right)+2\,(I_nR_2)^2+E_n^2\left(\frac{R_1+R_2}{R_1}\right)^2 \end{aligned} \tag{5-87}$$

对于噪声电压以及噪声电流，其表达式为：

$$E_n=\sqrt{\int_{f_L}^{f_H}G_{en}(f)\mathrm{d}f}=e_N\sqrt{f_{ce}\ln\frac{f_H}{f_L}+(f_H-f_L)} \tag{5-88}$$

$$I_n = \sqrt{\int_{f_L}^{f_H} G_{in}(f)\mathrm{d}f} = i_N \sqrt{f_{ci}\ln\frac{f_H}{f_L} + (f_H - f_L)} \tag{5-89}$$

上式中的 f_H 和 f_L 分别代表的是电路的上限工作频率以及下限工作频率，其数值是由电路本身所决定的。而 e_N 和 i_N 的数值在运算放大芯片的数据手册中会给出。将上述公式代入公式(5-88)中可以得到输出噪声的计算公式为：

$$E_{\mathrm{no}}^2 = 8\mathrm{k}TR_2\left(\frac{R_1+R_2}{R_1}\right)(f_H - f_L) + 2\,(i_N R_2)^2\left[f_{ci}\ln\frac{f_H}{f_L} + (f_H - f_L)\right] + e_n^2\left(\frac{R_1+R_2}{R_1}\right)^2\left[f_{ce}\ln\frac{f_H}{f_L} + (f_H - f_L)\right] \tag{5-90}$$

以上对差分放大电路等效噪声模型的噪声计算公式推导能够对零差探测器电路设计起到很好的借鉴作用，对差分电路模型稍作变形处理就能够得到反相放大电路以及同相放大电路的噪声等效模型，其输出总噪声的计算过程与差分放大电路的计算过程基本类似，在这里就不多进行介绍。在实际电路的设计过程中，所设计的电路可能比等效噪声模型更为复杂，所需要考虑到的噪声影响因素可能更多，但是归根结底放大电路的主要组成是元器件的热噪声，电压噪声以及电流噪声，按照类似的分析方法基本能够大致对所设计的放大电路的总噪声进行估计。当然，除了内部噪声的影响之外，设计电路的过程中还需要考虑到外部电磁噪声的影响。

5.3.1.3 有限分辨率

当探测器的分辨率为 q 时，理想情况下正交分量测量结果 y 的取值范围被划分为无限个宽度为 q 的区间，分别为…，$[-(m+1/2)q, -(m-1/2)q]$，…$[-q/2, q/2]$，…$[(m-1/2)q, (m+1/2)q]$，…。这样，对高斯随机变量 y 的探测结果就变成了离散变量 y_c，原始的高斯分布也被转化为离散分布。离散变量 y_c 的概率密度函数可以通过高斯变量 y 的概率密度函数与矩形脉冲函数做周期性的卷积而得到：

$$f_{y_c}(y_c) = \sum_{m=-\infty}^{+\infty} \delta(y_c - mq)\int_{mq-q/2}^{mq+q/2} f_y(y)\mathrm{d}y \tag{5-91}$$

式中 $f_y(y)$ 是理想情况下正交分量探测结果 y 的概率密度函数。在 CV-QKD 协议中，当 Alice 的调制方差为 V_A，量子信道的传输率为 T，过量噪声为 ε 时，y 满足高斯分布

$$f_y(y) = \frac{1}{\sqrt{2\pi\boldsymbol{\gamma}_B}}\exp\left(-\frac{y^2}{2\boldsymbol{\gamma}_B}\right) \tag{5-92}$$

式中 $\boldsymbol{\gamma}_B = TV_A + 1 + T\varepsilon$。

在经典通信的参数估计中，Alice 随机公布一部分高斯随机数，Bob 公布相应的测量结果来估计 T 和 ε。利用协方差矩阵可以构造出估计值：

$$\begin{cases} T_{\mathrm{est}} = \left(\dfrac{\langle xy\rangle}{\langle x^2\rangle}\right)^2 \\ \varepsilon_{\mathrm{est}} = \langle x^2\rangle\left(\dfrac{\langle y^2\rangle - 1}{\langle xy\rangle^2}\langle x^2\rangle - 1\right) \end{cases} \tag{5-93}$$

注意这里忽略了有限码长效应。当 Bob 利用完美探测器的测量结果 y 进行估计时，就能够得到信道参数的真实值，即 $T_{\text{est}}=T$，$\varepsilon_{\text{est}}=\varepsilon$。一旦探测器的分辨率特性被考虑进来，上式中所有的 y 都被 y_c 所替换，信道参数估计值也可能产生变化。

为计算使用 y_c 时参数估计的结果，需要对 y_c 的概率分布进行一些数学上的处理，以求解上式中的各项二阶统计量。借鉴通信理论中均匀量化问题的处理方法，我们将离散变量 y_c 近似为一个连续变量[25]：

$$y_c \approx y+n \tag{5-94}$$

连续变量 $\tilde{y}_c$ 可以通过将原始的高斯变量 y 与另一个随机变量 n 求和得到，其中 n 满足在区间 $[-q/2,q/2]$ 上的均匀分布。利用这一近似可以对二阶统计量进行求解

$$\langle xy_c \rangle=\langle xy \rangle,\ \langle y_c^2 \rangle=\langle y^2 \rangle+\frac{q^2}{12} \tag{5-95}$$

将上式代入，就可以求出探测器具有有限分辨率时，信道参数的估计值：

$$T_{\text{est}}^c=T,\ \varepsilon_{\text{est}}^c=\varepsilon+\frac{q^2}{12T_{\text{est}}^c} \tag{5-96}$$

从上式中可以直观看出有限分辨率效应对参数估计的影响。第一，传输率 T 的估计不受探测器分辨率的影响。这是由于此时探测器的输出相当于在原始信号的基础上叠加了均匀分布的无关噪声。这部分噪声不会对 Alice 和 Bob 之间的相关性产生任何破坏作用，也就不会影响传输率估计值的精确性。第二，受探测器分辨率的影响，过量噪声 ε 的估计值比真实值偏高。这是由于叠加的均匀噪声虽然不影响 Alice 和 Bob 两者之间的相关性，但会使 Bob 自身信号的方差变大，引起了过量噪声估计值的上浮。但幸运的是，估计值与真实值之间的偏移是固定的。探测器的分辨率可以在系统的校准过程中取得，再结合估计出的无偏的信道传输率，就可以对过量噪声的估计值进行修正，得到无偏的真实值。整体而言，探测器的有限分辨率对参数估计的影响是可控的。

5.3.2 探测器非理想性建模与安全性分析

5.3.2.1 探测效率和电噪声

探测器探测效率和电噪声可以通过以下方式建模，如图 5-24 所示：

探测器中存在的额外损耗，可由理想零差探测器前的分束器所描述，分束器的透过率 η 被设置为与探测效率相等。

探测器中存在的电噪声可被描述为从分束器另一个输入端耦合一个热噪声进入理想探测器。具体来说，可以将其建模成一个方差为 V_N 的 EPR 态，其一个模式通过分束器耦合进系统。其中，V_N 和电噪声的关系为：$V_N=1+v_{el}/(1-\eta)$。

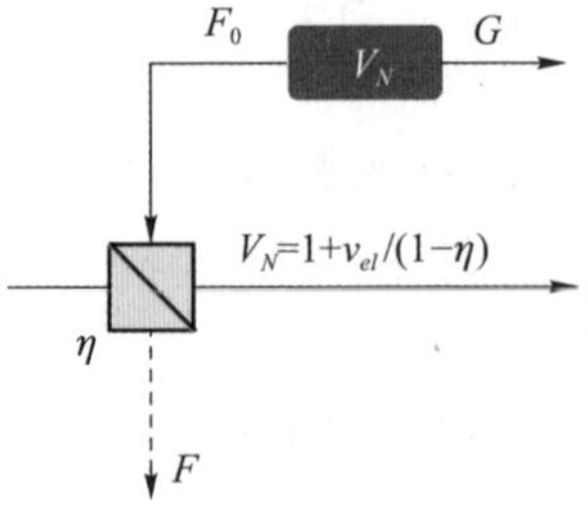

图 5-24 探测器非理想性模型

对于探测器的可信建模,探测器的主要非理想性包括有限的探测效率和电噪声,在安全性分析的基于协议的 EB 模型中,有限的探测效率由分束器(BS)的透射率模拟,电噪声由分束器的另一输入端耦合的 EPR 态的方差模拟。

CV-QKD 协议的安全性依赖于制备与测量模型与基于纠缠模型的等价,实际实验中,通常选择制备与测量模型,因为它对于源的制备通常更加方便和容易,而基于纠缠的模型则更适合进行安全性分析及码率计算。

实际实验中,由于制备测量模型的输出结果需要被散粒噪声归一化,为保持制备测量模型与基于纠缠模型的等价,及在外者看来,不能分辨两种模型输出的差别,需要制备测量模型被散粒噪声归一化后的输出与基于纠缠的模型相同。

首先考虑实际探测器的输出:

$$X_{\text{out}}=AX_{\text{LO}}(\sqrt{\eta_d}\hat{x}_B+\sqrt{1-\eta_d}\hat{x}_{v_1})+X_{\text{ele}} \tag{5-97}$$

其中,A 是放大参数,X_{LO} 是本真光对信号的放大参数,η_d 是探测器的探测效率,X_{ele} 是电噪声。

由于输出结果需要被散粒噪声进一步归一化,可以得到归一化后的结果为:

$$x_{\text{out}}=\frac{X_{\text{out}}}{\sqrt{SNU}}=(\sqrt{\eta_d}\hat{x}_B+\sqrt{1-\eta_d}\hat{x}_{v1})+\frac{X_{\text{ele}}}{AX_{LO}} \tag{5-98}$$

因此,需要基于纠缠的模型的输出结果等于制备测量模型中归一化后的测量结果 x_{out},根据图 5-25 的建模,可以实现基于纠缠模型对散粒噪声归一化后结果的建模[26-28]。

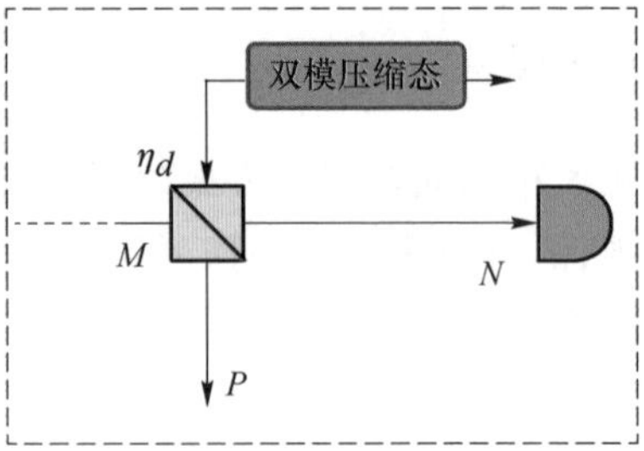

图 5-25 传统实际探测器的可信建模

传统的实际探测器建模需要所有探测器的非理想性都被标定，才能应用；比如，仅对探测效率进行标定而不对电噪声进行标定，将导致传统探测器建模失效，由此，实际通信双方又只能将实际探测器看成不理想的信道；因此，北大-北邮联合团队提出了一种可以使接收端根据自身情况对实际探测器建模的灵活方案。

定义一个新的可信噪声建模下的真空噪声 $\mathrm{SNU}^{\mathrm{OTC}}$，在 PM 模型中，获取真空噪声 $\mathrm{SNU}^{\mathrm{OTC}}$需要一个步骤：保持本振光路接通，信号光路断开，计算探测器输出结果的方差作为真空噪声 $\mathrm{SNU}^{\mathrm{OTC}}$。与该散粒噪声相对应的是一种改进的实际探测器建模[29,30]，如图 5-26 所示。

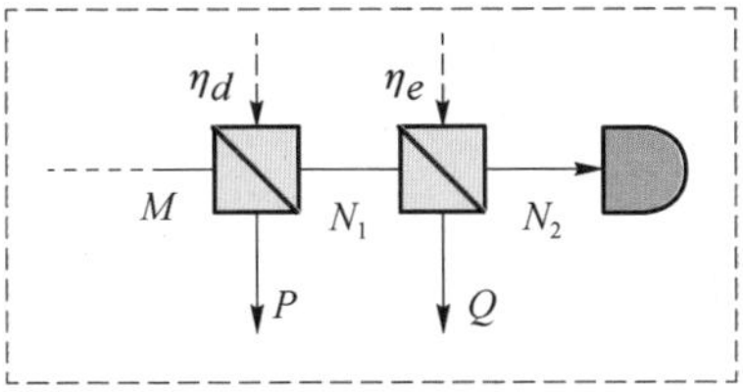

图 5-26 改进的实际探测器建模

改进的实际探测器模型仍然主要考虑实际探测器两个非理想性：有限的探测效率和电噪声。如图 5-26 所示，在改进的实际探测器建模中，探测效率和电噪声分别通过 BS 的透过率来表示，其中探测效率由 η_d 来表示，电噪声由 η_e 来表示。

根据图 5-26 所示的模型，可以直接写出探测器的输出：

$$\hat{x}_{\mathrm{hom}}=\sqrt{\eta_e}(\sqrt{\eta_d}\hat{x}_B+\sqrt{1-\eta_d}\hat{x}_{v1})+\sqrt{1-\eta_e}\hat{x}_{v2} \tag{5-99}$$

而对于实际的 PM 模型，探测器的输出为：

$$X_{\mathrm{out}}=AX_{\mathrm{LO}}(\sqrt{\eta_d}\hat{x}_B+\sqrt{1-\eta_d}\hat{x}_{v1})+X_{\mathrm{ele}} \tag{5-100}$$

探测器的实际输出需要被散粒噪声归一化，才能进行进一步处理，采用新提出的散粒噪声，得到归一化的结果：

$$x_{\mathrm{out}}^{\mathrm{new}}=\frac{AX_{\mathrm{LO}}}{\sqrt{A^2X_{\mathrm{LO}}^2+v_{el}}}(\sqrt{\eta_d}\hat{x}_B+\sqrt{1-\eta_d}\hat{x}_{v1})+\frac{\sqrt{v_{el}}}{\sqrt{A^2X_{\mathrm{LO}}^2+v_{el}}}\hat{x}_{v2} \tag{5-101}$$

此时，如果假设 $\sqrt{\eta_e}=\dfrac{AX_{\mathrm{LO}}}{\sqrt{A^2X_{\mathrm{LO}}^2+v_{el}}}$，就可以得到结果：实际探测器输出的结果等价于改进的实际探测器的输出，因此证明了其安全性及可行性。

改进的实际探测器建模还有一种变形情况，如图 5-27 所示：

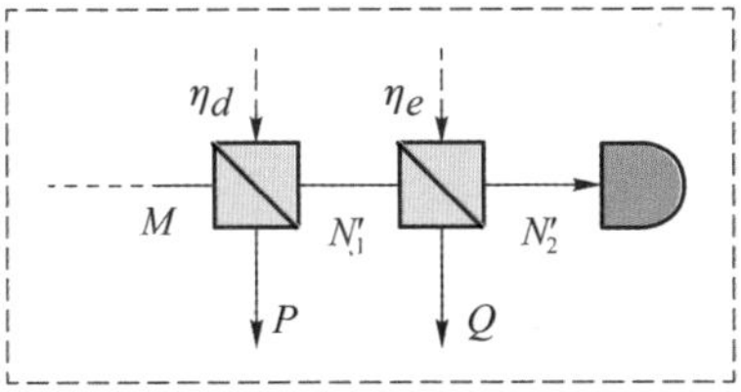

图 5-27 改进实际探测器建模的变形

在这个模型中，来自信道的模式 M 首先经过代表电噪声的 BS η_e，然后再通过代表探测效率的 BS η_d，可以观察到，此模型同样可以描述经过散粒噪声 SNU^{OTC} 所归一化的实际输出，即在此变形模型下的输出方差与由实际 PM 模型输出所归一化的结果完全相同，因此，可以证明，此模型同样可以描述实际探测器的输出。

如图 5-26 和图 5-27 所示的模型可以对实际探测器的建模进行灵活的建模，如图 5-27 所示模型，即仅对电噪声标定，不需要对实际探测器的探测效率进行标定，就可以实现对探测器的部分标定内容的可信建模；而如图 5-27 所示，当实际 PM 模型只对探测效率进行标定而电噪声未知时，可以对探测效率部分进行可信建模。因此，该方法可以大大提高实际探测器建模的灵活性。实际实验中，探测效率相对稳定，而电噪声易随时间，温度等不断变化，如图 5-27 所示的模型更多应用于实际实验中。

以下对改进的实际探测器建模与传统探测器建模进行了仔细的比较，得到结果如图 5-28 和图 5-29 所示。

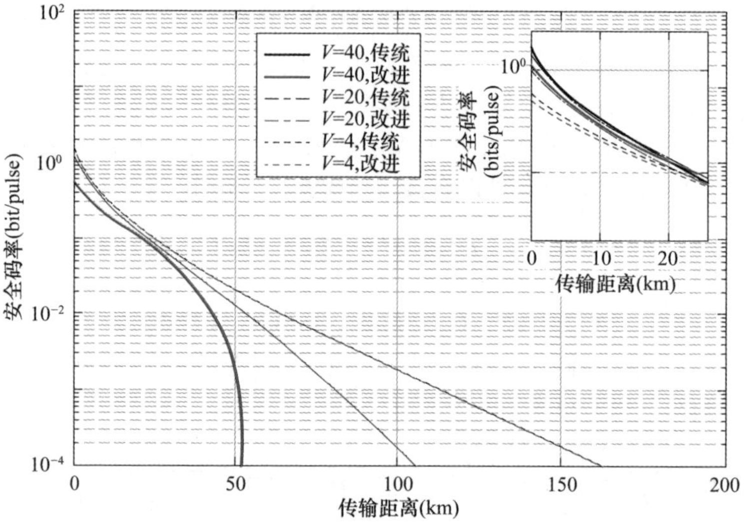

图 5-28　改进与传统探测器模型安全码率对比

可以看出，改进的模型与传统模型的安全码率在各个方差下几乎没有差别，只有在很短距离（小于 20 km）的情况下，传统模型码率稍稍高于改进的探测器模型。

对于改进的实际探测器模型和传统的实际探测器模型，可容忍噪声的情况也几乎相同。

5.3.2.2　分辨率与量程

有限分辨率的影响在于将连续的高斯分布转化为具有无限可列个元素的离散分布，有限量程则进一步将无限可列个元素转化为有限个元素。假定探测器的量程为

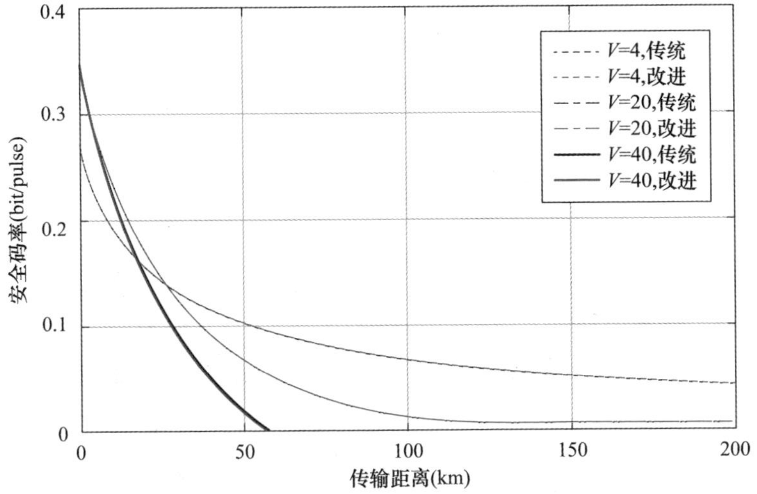

图 5-29 改进与传统探测器模型可容忍过量噪声对比

$[-(M+1/2)q,(M+1/2)q]$,则当测量结果在此量程之内时可以正常输出;如果测量结果超出量程,探测器就无法对其进行分辨,只能输出量程允许的最大值来代替原始测量结果。在这种情形下,探测器输出的概率密度函数可以表示为

$$f_{y_f}(y_f)=\delta(x-M)\int_{M-q/2}^{+\infty}f_y(y)\mathrm{d}y+\delta(x+M)\int_{-\infty}^{-M+q/2}f_y(y)\mathrm{d}y+\sum_{m=-(M-1)}^{M-1}\delta(x-m)\int_{m-q/2}^{m+q/2}f_y(y)\mathrm{d}y \tag{5-102}$$

要分析有限量程效应的影响,仍然需要计算此时的参数估计结果 T_{est}^f 和 $\varepsilon_{\mathrm{est}}^f$,也就是计算二阶统计量 $\langle xy_f\rangle$ 和 $\langle y_f^2\rangle$。定性角度来说,考虑有限量程效应时二阶统计量的数值一定小于未考虑这一效应时的数值[31]。但要进行定量分析,则需要对离散变量与连续变量的乘积变量求解均值与方差,因而要给出解析解是非常困难的。因此,下文将利用数值仿真的方法分析有限量程的影响[32]。

在仿真中,假定 Alice 的调制方差 $V_A=25$,量子信道的过量噪声 $\varepsilon=0.04$,探测器的分辨率 $q=0.1$、量程为 $M=10$。在以上参数下,有限分辨率的影响与有限分辨率和有限量程的共同影响如图 5-30 所示。图中蓝色方点为传输率的估计值,红色圆点为过量噪声的估计值;实线为只考虑有限分辨率时的结果,短虚线为同时考虑有限分辨率和有限量程时的结果。从图中可以看出,单独考虑有限分辨率时,参数估计值的仿真结果与对应公式高度吻合,即传输率可以精确估计,过量噪声的估计存在固定的偏移。一旦将有限量程考虑进来,估计结果的就会产生偏差。当量子信道的传输率 T 在 0.4 以下时,有限量程对估计结果的影响可以忽略不计。当 T 上升至 0.55 时,有限量程的影响就变得比较明显。当 T 达到 0.9 时,估计结果的偏差可以达到 7.7%,达到了不容忽视的程度。

造成这一现象的原因在于经过长距离传输后,量子态受到严重衰减,集中在相空间上靠近原点的区域。因此,测量结果超出探测器量程的概率较小。如果传输距离较近,量子态在相空间上的分布必然会更加分散,测量结果落在探测器量程之外的概率也相应增加。这无疑会造成信息量的损失,进而导致 Alice 和 Bob 之间相关性的下降与传输率 T 的过低估计。

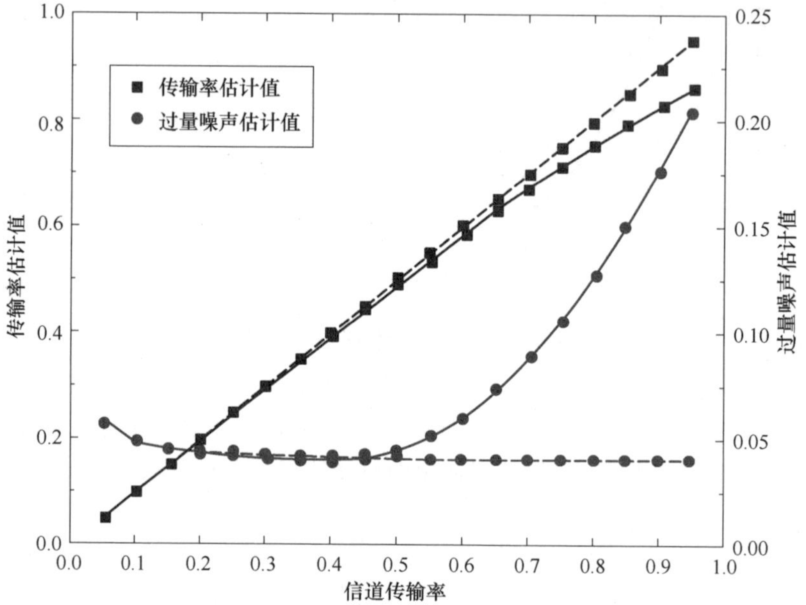

图 5-30　使用具有有限分辨率和有限量程的探测器时参数估计的结果

相比传输率 T,有限量程对过量噪声 ε 的估计结果的影响方式更加复杂。当 T 在0.2 以下时,有限量程对估计结果的影响可以忽略不计;随着 T 的逐渐提高,估计结果在经历了小幅下降之后急剧上升。当 T 达到 0.9 时,估计结果甚至达到了真实值的 4 倍以上。这意味着受探测器的量程影响,参数估计过程产生了严重偏差。

过量噪声 ε 的估计结果之所以呈现出先下降后上升的特性,原因在于两个二阶统计量 $\langle xy_f\rangle$ 和 $\langle y_f^2\rangle$ 的综合影响。在信道衰减严重时,$\langle y_f^2\rangle$ 的变化占据主导地位,导致了估计结果的下降。随着传输率的提高,$\langle xy_f\rangle$ 逐渐取代 $\langle y_f^2\rangle$ 占据主导地位,致使估计结果急剧升高。

参数估计产生的偏差会进一步导致安全码率的计算产生偏差,其结果如图 5-31 所示。在仿真中协调效率为 $\beta=0.948$。从图 5-31 中可以看出,当量子信道的传输率在0.2~0.5 这一区间内时,探测器的有限分辨率与有限量程效应对安全码率的影响比较微弱,可以忽略不计。但在这一区间外 T_{est}^f 和 $\varepsilon_{\text{est}}^f$ 对安全码率的影响则截然不同。当量子信道的传输率在 0.5 以上,对应传输距离小于 15 公里时,有限分辨率与有限量程效应会导致安全码率的低估。例如,当传输率为 0.75 时,实际安全码率为

0.545bit/pulse，但利用 T_{est}^{f} 和 ε_{est}^{f} 计算出的安全码率仅为 0.273bit/pulse，是实际值的一半。这说明当传输距离较短时，探测器的有限分辨率和有限量程效应会导致对 CV-QKD 通信能力的低估，进而降低密钥分发的效率。

另一方面，当量子信道的传输率低于 0.2 时，有限分辨率与有限量程效应的影响更加严重。从图中可以看出，当传输率为 0.1，对应传输距离为 50 km 时，实际安全码率约为 3.7×10^{-3} bit/pulse。但如果利用 T_{est}^{f} 和 ε_{est}^{f} 进行计算的话，得出的安全码率就是负值。换言之，参数估计精度的下降导致了对 CV-QKD 可行性的错误判断。这说明有限分辨率与有限量程效应会严重限制 CV-QKD 在长距离密钥分发中的应用。

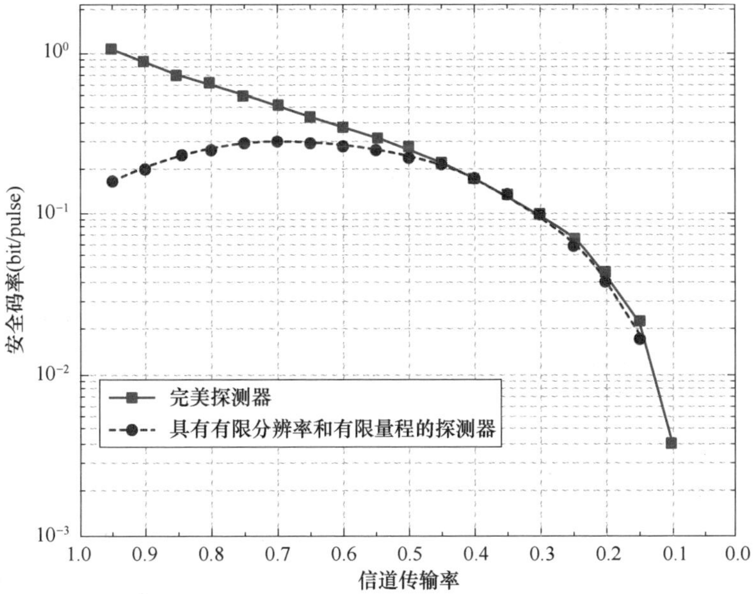

图 5-31 利用 T_{est}^{f} 和 ε_{est}^{f} 计算出的安全码率与真实安全码率的比较

从前文的仿真结果与分析中可以看出，有限量程对参数估计过程的影响要远远超出有限分辨率的影响。如果有限量程的影响能够被忽略，实验中就能够通过额外的修正来实现无偏的参数估计。要达到这一要求，探测器需要具有足够大的测量范围。在实际应用中，探测器的测量能力显然会受到信号取值范围的影响，信号的取值范围又由 Alice 的调制方差决定。因而在图 5-32 中对探测器量程的影响进行仿真，以观察在给定的调制方差下，何等程度的探测器量程足以使系统对其影响忽略不计。图中数据已利用只考虑有限分辨率条件下的估计结果进行归一化，蓝色点线为 $M=15$ 时的估计结果，红色实线为 $M=20$ 时的估计结果。从图 5-32 中可以看出，当探测器的量程 $M=15$，即调制方差 V_A 平方根的 3 倍时，随着传输率的提高，估计结果依然会产生误差。但当 M 上升至 20，即 V_A 平方根的 4 倍时，此时的估计结果与不考虑有限量程时的估计结果完全一致。

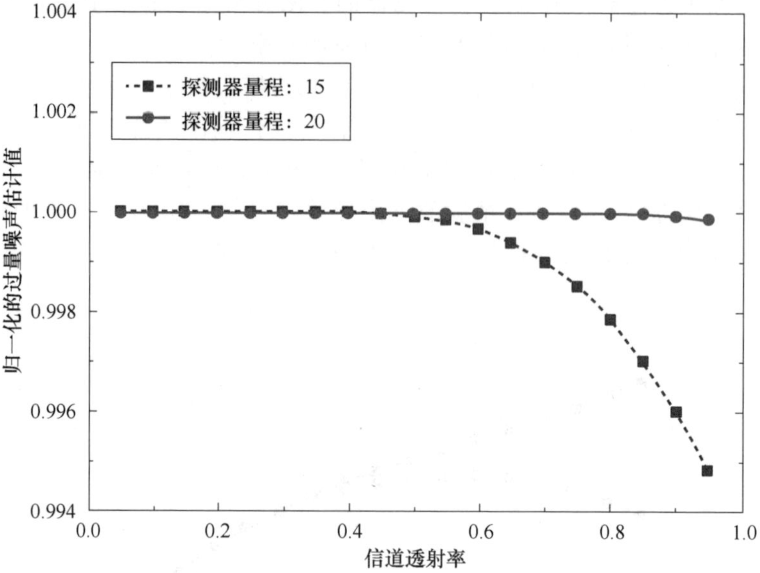

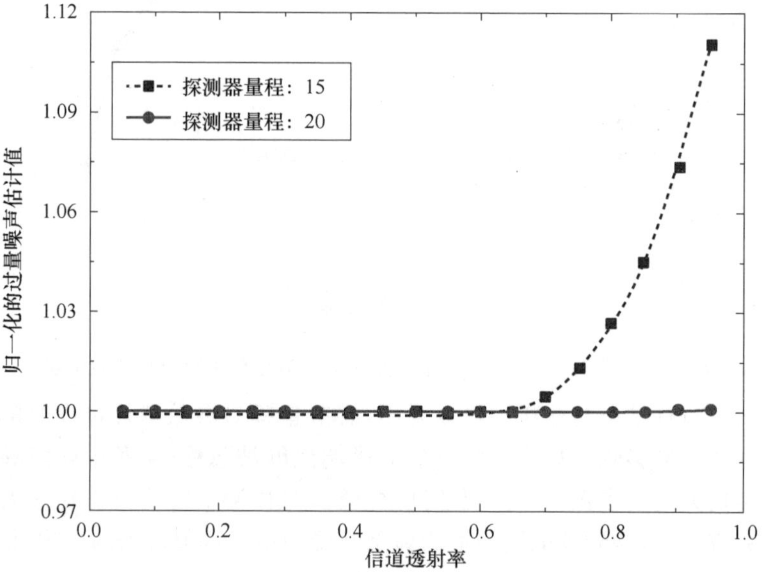

图 5-32　使用非理想探测器时参数估计的结果

从图 5-32 中还可以观察到，即使当探测器的量程较小时，估计结果的误差也只会在信道传输率高于某个值时才会体现出来。适用于所有传输率的解决方案是选择量程达到调制方差平方根正负 4 倍的探测器，能够同时满足长距离和短距离 CV-QKD 的需求。当传输率在 0.4 以下，即传输距离超过 20 km 时，量程在调制方差平方根正负 3 倍的探测器就足以完成精确的参数估计。当传输率进一步下降至 0.2，对应 35 km 以上的传输距离时，探测器的量程可以进一步下降至调制方差平方根的正负 2 倍，同时保证参数估计的精度不受影响。需要注意的是这是在调制方差为 25 时的情况，当调制方差变化时，这一比例也会产生轻微波动。

5.4 偏振控制器非理想性建模与安全性分析

在 CV-QKD 系统中，Alice 端发送信号光和本振光，通过时分复用耦合进一根光纤进行传输。当信号光和本振光到达 Bob 端时，本振光和信号光都由原来的线偏振态变成椭圆偏振态，垂直关系保持不变。当信号光和本振光到达 Bob 端后，先通过偏振分束器分为信号光和本振光，在未经偏振调制情况下，经过 BS 处进行干涉再进入零差探测器。当偏振控制器在系统中，本振光先经过分束器 BS 以一定比例的信号输入到反馈电路中，并在偏振光与本振光经过偏振分束器之前对它们进行补偿。偏振态存在偏离，这种改变会导致通过偏振控制器的解复用过程中本振光有泄露的光子到信号光中，由于本振光相比信号光功率更大，信号光功率较弱，受到本振光泄露的影响更严重。对干涉及后续零差探测产生影响，故需要对信号光与本振光的偏振态进行调制。

偏振控制器是一种能把任意输入偏振态转换到任意目标偏振态的器件，其工作原理为：通过组合不同的波片，利用波片中晶体的双折射效应来改变输入的偏振态，使得输出为目标的偏振态。偏振控制器根据工作原理可以分成机械式、电控式、全光学式。电控式的控制速度比较快，它一般需要较高的电压，电路也比较复杂，价格比较昂贵。在实际的光纤通信系统中主要用到的都是电控式的偏振控制器。全光学类的控制器对波长很敏感。

具有双折射效应的光学元件称为波片，波片有两个可以调节的参数，一个是双折射相位差，又叫延迟量，另一个是折射率主轴的方位角。偏振控制器主要是通过调节波片的这两个参数来改变偏振态的。偏振消光比作为衡量偏振控制器调制结果好坏的重要依据，可以将偏振消光比转化为理论分析中的过量噪声，对实际系统中存在的偏振控制器非理想性对码率的影响做出分析。

激光器的偏振消光比表示为：

$$\mathrm{PER}=10\log_{10}\frac{P_{\max}}{P_{\min}}(\mathrm{dB}) \tag{5-103}$$

对于通过偏振控制器的检偏器，偏振消光比表示为：

$$\mathrm{PER}=10\log_{10}\left(\frac{I_{\max}}{I_{\min}}\right) \tag{5-104}$$

其中 $I_{\max}$ 和 $I_{\min}$ 表示，表示最大或最小的透射光强。对于输出端的偏振态，消光比表示为两束垂直分解的偏振光的光强之比。

下面推导由椭圆偏振光分解得到的两束光的光强关系：

根据椭圆方程：

$$\frac{E_y^2}{A_y^2}+\frac{E_x^2}{A_x^2}-2\frac{E_x E_y}{A_x A_y}\cos\Delta\varphi=\sin^2\Delta\varphi \tag{5-105}$$

当 A_x、A_y 确定时，椭圆的形状由相位差决定。由光的电磁理论知，电磁波的强弱可以用其能流密度来衡量。对于光波来说，电场和磁场的变化频率在 10^{14} Hz 量级，所以通过光场中某点 P 处的能流密度随时间迅变，它的瞬时值无法直接测量，光场中某点处 P 的光强定义为通过该点的平均能流密度，所以光强是一个时间平均值。由积分取时间平均的方法可以推得平面偏振光的光强等于其振幅的平方。在椭圆偏振光中，每个分量的光强可以表示为其振幅的平方。

考虑更现实情况，当存在方位角(改变坐标系)的椭圆偏振光的分解：

Oxy 坐标系中：

$$\begin{aligned}E_x&=A_x\cos(\bar{\omega}t-kz)i\\E_y&=A_y\cos(\bar{\omega}t-kz+\Delta\varphi)j\end{aligned} \tag{5-106}$$

$Ox'y'$坐标系中：

$$\begin{aligned}E'_x&=A'_x\cos(\bar{\omega}t-kz)i'\\E'_y&=A'_y\cos(\bar{\omega}t-kz+\Delta\varphi)j'\end{aligned} \tag{5-107}$$

如图 5-33 所示，振幅的大小等于与椭圆的外切矩形的边长的一半，这里矩形的边取与坐标系的坐标轴平行。

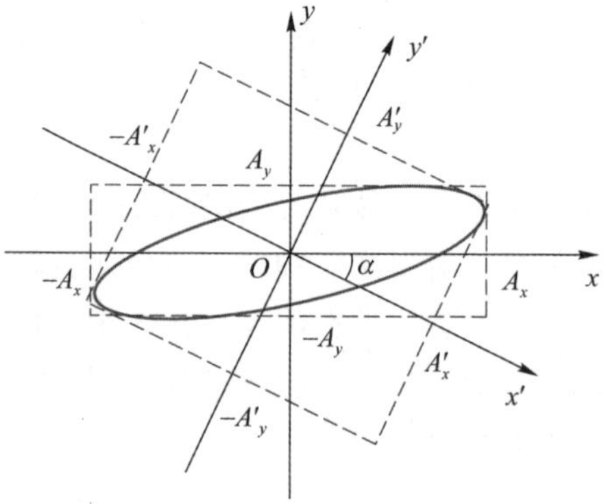

图 5-33　椭圆偏振光的分解

由光的叠加性，A'_x，A'_y表示为：

$$A'_x=\sqrt{(A_x\cos\alpha)^2+(A_y\sin\alpha)^2-2\,(A_x\cos\alpha A_y\sin\alpha)^2\cos\Delta\varphi}$$

$$A'_y=\sqrt{(A_x\sin\alpha)^2+(A_y\cos\alpha)^2-2\,(A_x\sin\alpha A_y\cos\alpha)^2\cos\Delta\varphi} \tag{5-108}$$

对以上方程进行简化：假设 A_x，A_y 分别为 a，b，Ox，Oy 轴分别平行于 a 轴，b 轴，

相位差 $\Delta\varphi=\pi/2$（正椭圆），化简(6.6)得到：

$$A'_x=\sqrt{(a\cos\alpha)^2+(b\sin\alpha)^2}$$
$$A'_y=\sqrt{(a\sin\alpha)^2+(b\cos\alpha)^2} \tag{5-109}$$

将得到的振幅 A'_x，A'_y 带入偏振控制器的消光比公式(6.2)：

$$\mathrm{PER}=10\log\left(\frac{I_{A'_x}}{I_{A'_y}}\right)=10\log\left(\frac{(a\cos\alpha)^2+(b\sin\alpha)^2}{(a\sin\alpha)^2+(b\cos\alpha)^2}\right) \tag{5-110}$$

利用椭圆率，方位角 ε 对公式进行进一步化简：

$$\mathrm{PER}=10\log\left(\frac{(\cos\alpha)^2+(\tan\varepsilon\sin\alpha)^2}{(\sin\alpha)^2+(\tan\varepsilon\cos\alpha)^2}\right) \tag{5-111}$$

由此得到偏振消光比与椭圆偏振光的椭圆度及方位角的关系。

图 5-34 为通过 Matlab 仿真得到的结果，图中横坐标表示为椭圆度角度制偏移量，通过仿真可以看到，无论方位角偏离多小，当椭圆度偏离达到 π/4 时，消光比都几乎为 0，为获得更高的消光比，椭圆偏振光的椭圆度及方位角应尽可能保证小。

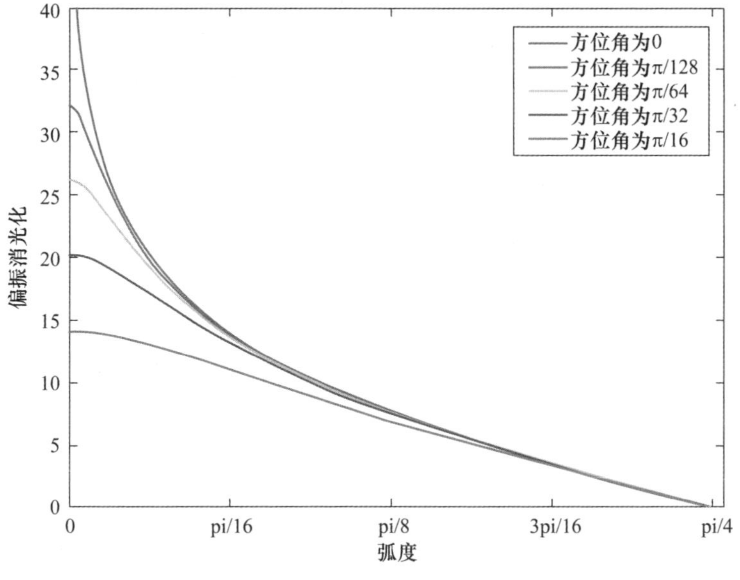

图 5-34　不同方位角偏振消光比随椭圆度变化图

接下来考虑用过量噪声表示由偏振误差带来消光比的变化：

假设 Bob 端收到的量子态(X,P)满足：

$$X=\sqrt{\eta T}(X_A+\delta X_C)+\delta X_A$$
$$P=\sqrt{\eta T}(P_A+\delta P_C)+\delta P_A \tag{5-112}$$

其中 V_A 为调制方差，X_A，P_A 分量满足方程

$$\langle X_A^2\rangle=\langle P_A^2\rangle=V_A=2\langle\hat{N}_{\mathrm{sig}}\rangle \tag{5-113}$$

δX_A,δP_A 表示散粒噪声,满足关系:

$$\langle \delta X_A^2 \rangle = \langle \delta P_A^2 \rangle = 1 \tag{5-114}$$

δX_C,δP_C 表示过量噪声,满足关系:

$$\langle \delta X_C^2 \rangle = \langle \delta P_C^2 \rangle = \varepsilon_C \tag{5-115}$$

经过传输,Bob 端本振光泄露的光子数为:

$$\langle \hat{N}_{\mathrm{LO}} \rangle = \frac{\langle \hat{N}_{\mathrm{LO}} \rangle}{\mathrm{Re}} \tag{5-116}$$

其中,$\langle \hat{N}_{\mathrm{LO}} \rangle$是 Alice 端本振光 LO 的功率,Re 为激光调制器与偏振控制器消光比的和。

因此,由本振光泄露与信号光发生干涉的结果表示为:

$$X' = \sqrt{\eta T}(X_A' + \delta X_C) + \delta X_A$$
$$P' = \sqrt{\eta T}(P_A' + \delta P_C) + \delta P_A \tag{5-117}$$

其中 X_A',P_A'的方差为

$$\langle X_A'^2 \rangle = \langle P_A'^2 \rangle = V_A + 2\langle \hat{N}_{LE} \rangle \tag{5-118}$$

本振光泄露引入的噪声可以当作是过量噪声处理,则测量结果可以改写成:

$$X' = \sqrt{\eta T}(X_A + \delta X_C + \delta X_e) + \delta X_A \tag{5-119}$$
$$P' = \sqrt{\eta T}(P_A + \delta P_C + \delta P_e) + \delta P_A$$

由此,可以推断出过量噪声的表达式为:

$$\varepsilon_{\mathrm{LE}} = \langle \delta X_e^2 \rangle = \langle \delta P_e^2 \rangle = 2\langle \hat{N}_{\mathrm{LE}} \rangle = \frac{2\langle \hat{N}_{\mathrm{LO}} \rangle}{\mathrm{Re}} \tag{5-120}$$

仿真中,Alice 的光子数满足$\langle \hat{N}_{\mathrm{LO}}^{\mathrm{Alice}} \rangle = 10^8$ 光子每脉冲。激光调制器消光比 $R_{\mathrm{AM}} = 65$ dB,设偏振消光比为 R_{po},则总消光比:

$$Re = R_{\mathrm{AM}} + R_{\mathrm{po}} \tag{5-121}$$

将上面的消光比带入 R_{po},可以得到总消光比,可进而转化为过量噪声,仿真不同偏振角度对码率的影响。

如图 5-35 所示,在调制效率 $\beta = 0.956$,调制方差 $V = 40$,散粒过量噪声 $\varepsilon_c = 0.002$,电噪声 $v_{el} = 0.05$ 时不同偏振角度对码率的影响。可以看到,偏振调制器调制的效果对码率有重要的影响,随着输出偏振态与目标偏振态的角度的差增大,安全距离剧烈减小,当偏振态偏离 0.57°,传输距离仍然能够超过 90 km,当偏移达到 3.42°时,安全距离小于 20 km。表 5-1 给出了图 5-35 中偏移量与对应消光比。

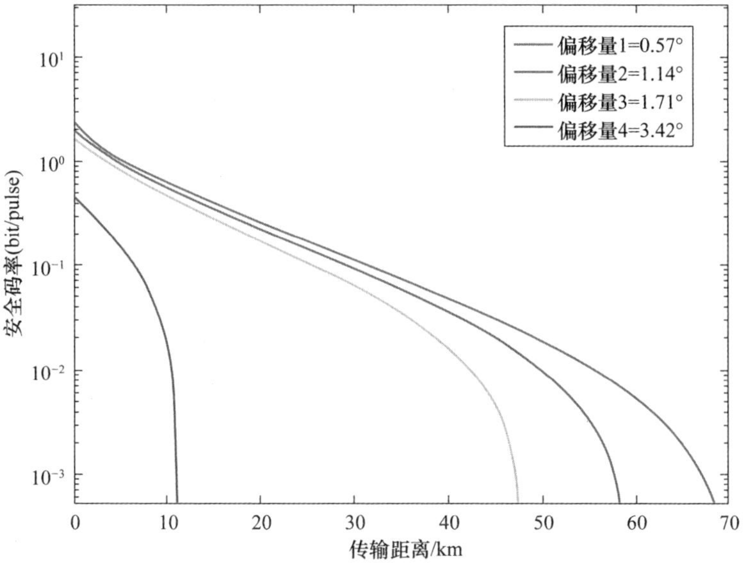

图 5-35　不同偏振偏移量(椭圆度和方位角)对码率及安全距离的影响

表 5-1　偏移量与对应消光比

偏移量	偏振消光比
0.57°	35.99 dB
1.14°	30.97 dB
1.71°	27.44 dB
3.42°	23.76 dB

参考文献

[1] Guo H, Li Z, Yu S, et al. Toward practical quantum key distribution using telecom components[J]. Fundamental Research, 2021, 1(1): 96-98.

[2] Grosshans F, Van Assche G, Wenger J, et al. Quantum key distribution using gaussian-modulated coherent states[J]. Nature, 2003, 421(6920): 238-241.

[3] Lance A M, Symul T, Sharma V, et al. No-switching quantum key distribution using broadband modulated coherent light[J]. Physical Review Letters, 2005, 95(18): 180503.

[4] Lodewyck J, Debuisschert T, Tualle-Brouri R, et al. Controlling excess

noise in fiber-optics continuous-variable quantum key distribution [J]. Physical Review A, 2005, 72(5): 050303.

[5] Lodewyck J, Bloch M, García-Patrón R, et al. Quantum key distribution over 25 km with an all-fiber continuous-variable system[J]. Physical Review A, 2007, 76(4): 042305.

[6] Jouguet P, Kunz-Jacques S, Leverrier A, et al. Experimental demonstration of long-distance continuous-variable quantum key distribution [J]. Nature Photonics, 2013, 7(5): 378-381.

[7] Huang D, Lin D, Wang C, et al. Continuous-variable quantum key distribution with 1 Mbps secure key rate[J]. Optics Express, 2015, 23(13): 17511-17519.

[8] Wang C, Huang D, Huang P, et al. 25 MHz clock continuous-variable quantum key distribution system over 50 km fiber channel [J]. Scientific Reports, 2015, 5(1): 1-8.

[9] Zhang Y, Chen Z, Pirandola S, et al. Long-distance continuous-variable quantum key distribution over 202. 81 km of fiber [J]. Physical Review Letters, 2020, 125(1): 010502.

[10] Qi B, Lougovski P, Pooser R, et al. Generating the local oscillator "locally" in continuous-variable quantum key distribution based on coherent detection [J]. Physical Review X, 2015, 5(4): 041009.

[11] Soh D B S, Brif C, Coles P J, et al. Self-referenced continuous-variable quantum key distribution protocol [J]. Physical Review X, 2015, 5 (4): 041010.

[12] Wang H, Pi Y, Huang W, et al. High-speed gaussian-modulated continuous-variable quantum key distribution with a locallocal oscillator based on pilot-tone-assisted phase compensation[J]. Optics Express, 2020, 28(22): 32882-32893.

[13] Fossier S, Diamanti E, Debuisschert T, et al. Field test of a continuous-variable quantum key distribution prototype[J]. New Journal of Physics, 2009, 11(4): 045023.

[14] Jouguet P, Kunz-Jacques S, Debuisschert T, et al. Field test of classical symmetric encryption with continuous variables quantum key distribution[J]. Optics Express, 2012, 20(13): 14030-14041.

[15] Huang D, Huang P, Li H, et al. Field demonstration of a continuous-variable quantum key distribution network [J]. Optics Letters, 2016, 41

(15): 3511-3514.

[16] Zhang Y, Li Z, Chen Z, et al. Continuous-variable QKD over 50 km commercial fiber [J]. Quantum Science and Technology, 2019, 4 (3): 035006.

[17] Zhang Y, Chen Z, Chu B, et al. Continuous-variable QKD network in qingdao[J]. Bulletin of the American Physical Society, 2020, 65.

[18] Filip R. Continuous-variable quantum key distribution with noisy coherent states[J]. Physical Review A, 2008, 77(2): 022310.

[19] Shen Y, Yang J, Guo H. Security bound of continuous-variable quantum key distribution with noisy coherent states and channel [J]. Journal of Physics B: Atomic, Molecular and Optical Physics, 2009, 42(23): 235506.

[20] Usenko V C, Filip R. Feasibility of continuous-variable quantum key distribution with noisy coherent states[J]. Physical Review A, 2010, 81(2): 022318.

[21] Shen Y, Peng X, Yang J, et al. Continuous-variable quantum key distribution with Gaussian source noise[J]. Physical Review A, 2011, 83 (5): 052304.

[22] Huang P, He G Q, Zeng G H. Bound on noise of coherent source for secure continuous-variable quantum key distribution [J]. International Journal of Theoretical Physics, 2013, 52(5): 1572-1582.

[23] Instruments T. Noise analysis in operational amplifier circuits [J]. Application Report, SLVA043B, 2007.

[24] Karki J. Calculating noise figure in op amps[J]. Analog Applic. J. Q, 2003, 4: 31-37.

[25] Widrow B, Kollar I. Quantization noise [M]. Cambridge: Cambridge University Press, 2008.

[26] Lodewyck J, Bloch M, García-Patrón R, et al. Quantum key distribution over 25 km with an all-fiber continuous-variable system[J]. Physical Review A, 2007, 76(4): 042305.

[27] Fossier S, Diamanti E, Debuisschert T, et al. Improvement of continuous-variable quantum key distribution systems by using optical preamplifiers[J]. Journal of Physics B: Atomic, Molecular and Optical Physics, 2009, 42 (11): 114014.

[28] Usenko V C, Filip R. Trusted noise in continuous-variable quantum key distribution: a threat and a defense[J]. Entropy, 2016, 18(1): 20.

[29] Zhang Y, Huang Y, Chen Z, et al. One-time shot-noise unit calibration

method for continuous-variable quantum key distribution [J]. Physical Review Applied，2020，13(2)：024058.

[30] Huang Y，Zhang Y，Xu B，et al. A modified practical homodyne detector model for continuous-variable quantum key distribution：detailed security analysis and improvement by the phase-sensitive amplifier[J]. Journal of Physics B：Atomic，Molecular and Optical Physics，2020.

[31] Park J，Ji S W，Lee J，et al. Gaussian states under coarse-grained continuous variable measurements [J]. Physical Review A，2014，89(4)：042102.

[32] 王天一. 基于连续变量的量子密钥分发系统中长距离传输技术与安全性研究[D]. 北京：北京邮电大学，2016.

第6章 高斯后选择技术对协议的改进

提升 CV-QKD 系统的性能是 QKD 领域研究中十分重要的研究内容。一方面，现有 CV-QKD 系统产生安全密钥的速率相比于经典通信速率仍是较低的，为了尽可能地满足“一次一密”加密方法对密钥产生速率的要求，就需要提高 CV-QKD 协议安全码率；另一方面，最大安全传输距离的提升可有效缩减大规模网络构建时的节点数，节约成本。此外，提升系统对信道中过量噪声的容忍能力，就可以提高系统在变化的实际工作环境中的稳健性。在所有提出的提升 CV-QKD 系统性能的方法中，对数据直接进行操作的性能提升方法最受青睐。因为它不需要复杂的物理操作，简单易行，可以方便地移植到已成型的系统中。在对数据直接进行的操作中，有一类操作被称为后选择，它通过某种规则概率性地挑选出“噪声较小”的部分信号，仅从此部分信号中提取安全密钥，可以提升在长距离情况下系统的性能。本章与下一章将会分别介绍与无噪线性放大（Noiseless Linear Amplifier，NLA）操作等价的高斯后选择技术和与减光子操作等价的非高斯后选择技术。NLA 可以对相干态信号进行概率性的无噪声放大，因此将其应用在以相干态为编码量子态的 CV-QKD 协议中可以有效提升协议的安全传输距离。本章将展示将 NLA 应用到不同的 CV-QKD 协议中的效果，包括 GG02 协议、四态协议、相干态 MDI 协议等，并将会给出其可提升系统传输距离的应用条件，以及如何获得最优提升效果的参数条件。

6.1 无噪线性放大器

2008 年，澳大利亚昆士兰大学的 T. Ralph 等人首次提出了 NLA 的概念[1]，其作用是几率性地将相干态信号 $|\alpha\rangle$ 放大为 $|g\alpha\rangle$ 同时不增加正交分量 x 和 p 的噪声，放大后的量子态仍为纯态，如图 6-1 所示。2012 年，法国法布里实验室 R. Blandino 等人的研究表明，在反向协调的条件下，NLA 可以任意提升基于高斯调制相干态的 CV-QKD 协议的安全距离[2]。当 NLA 的放大倍数为 g 时，CV-QKD 可容忍的信道

衰减可以获得 $20\log_{10}g$ dB 的提升，这可以等效为增加了 $100\log_{10}g$ 公里的传输距离。这一成果对 CV-QKD 技术的改进推广意义重大，并很快被应用到多种 CV-QKD 协议中[3-10]。

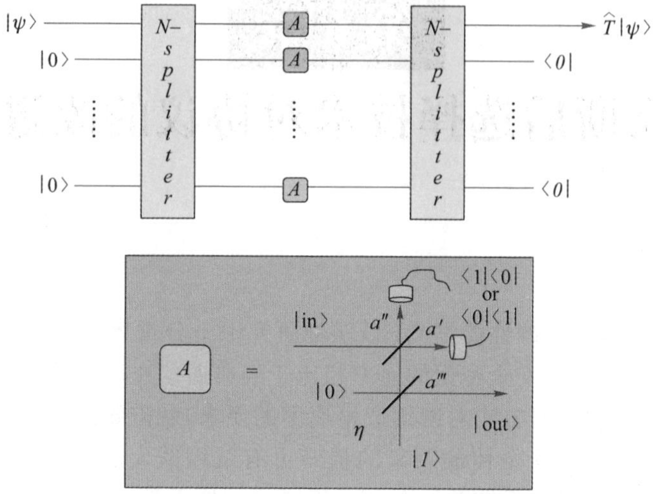

图 6-1　NLA 的工作原理示意图

近年来，有关 NLA 的研究在理论和实验上都取得了丰硕成果。2013 年，N. Walk 等人将 NLA 引入相空间表象，给出了无噪放大操作在相空间上的变换形式，大大简化了 NLA 的数学分析难度[11]，该小组的 N. McMahon 等人则于 2014 年提出了 NLA 的最优架构，这一架构建立在幺正变换和投影测量等操作上，探索了达到放大成功概率的上限[12]，同年，该小组的 J. Bernu 等人给出了利用 NLA 和量子剪刀结构对 EPR 态进行纠缠提纯的理论分析，得出了需要在纠缠提纯效果和成功概率之间进行折中的结论[13]。实验上，早在 2010～2011 年间，澳大利亚格里菲斯大学的 G. Y. Xiang 等人、意大利佛罗伦萨大学的 A. Zavatta 等人和法国法布里实验室的 F. Ferreyrol 等人就分别以不同方式实现了 NLA 的原理演示性实验[14-16]。2014 年，澳大利亚国立大学的 H. Chrzanowski 等人实现了基于测量的线性无噪放大原理演示实验，即通过数据后选择的方式实现 NLA 的功能[17]。

NLA 的结构图如图 6-1 所示，需要放大的模式被均匀地分成 N 份，由 $1:N$ 分束器，每一路光通过时会由单光子态辅助作用。这种作用的通用形式是量子剪刀。这种作用的成功是当有且只有一个光子在相应端口被记录的时候。$1:N$ 分束器是一系列分束器，均匀的将输入光分成 $1:N$ 份。第二个 $1:N$ 分束器相干地把光束耦合。成功的情况是当没有光出现在其他端口的情况，这是由其他端口的光子计数器体现出来。标注着“A”的是与单光子辅助态进行作用的情况，其细节，在图 6-1 下图中给出。上面的分束器是 $50:50$ 的，而下面的分束器的透射率为 η。放大作用的成功情况是当 a' 端口有单光子计数而 a'' 没有单光子计数，或者是相反的情况。每一路通过之后将重新耦合到一起通过一个干涉仪，这种干涉仪是与之前的 1∶N 分束器相反的设备。当没有单光子辅助的情况下，输出仍是原来的模式，光子计数被放置在每个输出口。NLA 操作成功的标志是所有的光子计数器没有计数而所有辅助的作用的单光子探测器有计数。

首先，当计算输入态的是相干态，$|\psi\rangle=|\alpha\rangle$，1∶N 分束器会把相干态均匀的分成直积态 $|\alpha'\rangle|\alpha'\rangle|\alpha'\rangle$，其中 $\alpha'=\alpha/\sqrt{N}$。因此，可以单独考虑每个部分通过单光子辅助的操作。通用的量子剪刀操作时把相干态截短到一阶的同时对它进行放大。特别的对单光子的探测，当端口 a' 输出的是单光子而另一个端口 a'' 输出的是 0，或者当端口 a' 输出是 0 光子，在输出端可以产生：

$$|\alpha'\rangle_{a'}\rightarrow \mathrm{e}^{-\frac{|\alpha'|^2}{2}}\sqrt{\frac{\eta}{2}}\left(1\pm\sqrt{\frac{1-\eta}{\eta}}\hat{a}^{\dagger}\alpha'\right)|0\rangle_{a''}, \tag{6-1}$$

其中，加号对应的是前者的情况而减号对应的是后者的情况，在后者，可以应用一个相位移相器实现相位反转。在原来的量子剪刀中，$\eta=0.5$ 这个情况下被截短的相干态不被放大。相干的耦合这些模式在第二个 1∶N 分束器然后对那些在输出端计数为 0 光子的模式进行后选择得到：

$$\mathrm{e}^{-\frac{|\alpha'|^2}{2}}\eta^{\frac{N}{2}}\left(1+\sqrt{\frac{1-\eta}{\eta}}\hat{a}^{\dagger}\frac{\alpha}{N}\right)^N|0\rangle_a \tag{6-2}$$

当 N 非常大的时候，比如 $N\gg g|\alpha\rangle$，可以得到近似关系：

$$\lim N\rightarrow\infty\left(1+g\,\hat{a}^{\dagger}\frac{\alpha}{N}\right)^N|0\rangle=\mathrm{e}^{g\alpha\hat{a}^{\dagger}\hat{a}}|0\rangle \tag{6-3}$$

其中，$g=\sqrt{(1-\eta)/\eta}$，可以看到，等式右边就是幅度为 $g\alpha$ 的相干态。合起来可以得到在 N 很大情况下可以得到如图 6-1 所示的变换效果：

$$|\alpha\rangle\rightarrow\eta^{\frac{N}{2}}\mathrm{e}^{-\frac{(1-g^2)|\alpha|^2}{2}}|g\alpha\rangle \tag{6-4}$$

当 $\eta<1/2$，有 $g>1$，因此可以实现无噪的线性放大效果。NLA 的成功率通过求量子态的范数给出：

$$P=\eta^N\mathrm{e}^{-(1-g^2)|\alpha|^2} \tag{6-5}$$

因此 NLA 的成功率与量子态有关，并且随着 N 的增大，成功率下降。这说明更好对量子态放大的代价是成功率的降低。

下面，将会结合不同的 CV-QKD 协议，展示 NLA 物理操作如何等效为在数据后处理阶段实施高斯后选择，并提升协议的性能。

6.2 协议的改进

在本小节中，将会介绍将与 NLA 等价的高斯后选择技术应用到 GG02 协议、四态协议、相干态 MDI 协议等 CV-QKD 协议中时的具体情况及安全性分析方法。

6.2.1 NLA 对 GG02 协议的改进

在 GG02 协议的 EB 模型中，如图 6-2 所示，Alice 对 EPR 态的一个模式 A 进行外差测量并将另一个模式 B_0 发送给 Bob，当 Bob 不知道 Alice 的测量结果时，模式 B_0 的量子态对应一个热场态，即：

$$\boldsymbol{\rho}_{B_0} = (1-\lambda^2)\sum_{n=0}^{\infty}\lambda^{2n}|n\rangle\langle n| \tag{6-6}$$

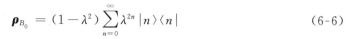

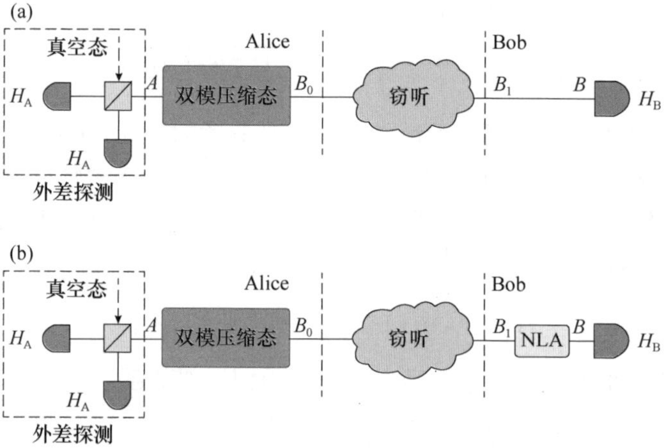

图 6-2 (a)GG02 协议的 EB 模型 (b)使用 NLA 改进 GG02 协议的 EB 模型

相应地，此热场态的正交分量均值为 0，方差为 $V=(1+\lambda^2)/(1-\lambda^2)$。经过参数为 (T,ε) 的量子信道传输后，模式 B_0 变为模式 B_1，其正交分量的方差也变化为 $T(V+\varepsilon)+1-T$。由此可以写出模式 B_1 的热场态表达式：

$$\boldsymbol{\rho}_{B_1} = (1-\lambda_1^2)\sum_{n=0}^{\infty}\lambda_1^{2n}|n\rangle\langle n| \tag{6-7}$$

利用模式 B_1 正交分量的方差可以求出：

$$\lambda_1^2 = \frac{T[\lambda^2(2-\varepsilon)+\varepsilon]}{2-\lambda^2[2+T(\varepsilon-2)]+T\varepsilon} \tag{6-8}$$

在接收端，Bob 利用 NLA 对接收到的热场态 B_1 进行放大。放大成功后，NLA 输出的模式 B 的量子态可以写成：

$$\begin{aligned}\boldsymbol{\rho}_B^g(\lambda_1) &= g^{\hat{n}}\rho_{B_1}(\lambda_1)g^{\hat{n}} \\ &= \int \frac{1-\lambda_1^2}{\pi\lambda_1^2}\mathrm{e}^{-\frac{1-\lambda_1^2}{\pi\lambda_1^2}|\alpha|^2} g^{\hat{n}}|\alpha\rangle\langle\alpha|g^{\hat{n}}\mathrm{d}\alpha \\ &= C\int \frac{1-g^2\lambda_1^2}{\pi g^2\lambda_1^2}\mathrm{e}^{-\frac{1-g^2\lambda_1^2}{\pi g^2\lambda_1^2}|u|^2}|u\rangle\langle u|\mathrm{d}u\end{aligned}$$

$$= C(1-g^2\lambda_1^2)\sum_{n=0}^{\infty}(g\lambda_1)^{2n}|n\rangle\langle n| \tag{6-9}$$

上式中 C 为归一化系数,与积分变量无关。从上式可以看出,NLA 放大后的量子态是一个参数为 $g\lambda_1$ 的热场态。结合前文中的公式可以得出结论:当 Bob 未知 Alice 的测量结果 α_A 时,NLA 的作用为将 Bob 装置入射端参数为 λ_1 的热场态放大为 Bob 装置出射端参数为 $g\lambda_1$ 的热场态,用公式可以表示为:

$$\frac{T[\lambda^2(2-\varepsilon)+\varepsilon]}{2-\lambda^2[2+T(\varepsilon-2)]+T\varepsilon}\rightarrow g^2\frac{T[\lambda^2(2-\varepsilon)+\varepsilon]}{2-\lambda^2[2+T(\varepsilon-2)]+T\varepsilon} \tag{6-10}$$

当 Bob 已知 Alice 的测量结果时,模式 B_0 的量子态对应一个相干态。经过参数为(T,ε)的量子信道传输后,模式 B_0 的相干态变为模式 B_1 的平移热场态,可以用平移算符 $D(\alpha)$作用在系数为 λ_2 的热场态 $\boldsymbol{\rho}_{th}(\lambda_2)$上,用公式表示为:

$$\begin{aligned}\boldsymbol{\rho}_{B_1|A} &= D(\beta)\rho_{th}(\lambda_2)D(-\beta)\\ &= D(\beta)\int\frac{1-\lambda_2^2}{\pi\lambda_2^2}\mathrm{e}^{-\frac{1-\lambda_2^2}{\lambda_2^2}|\alpha|^2}|\alpha\rangle\langle\alpha|\,\mathrm{d}\alpha D(-\beta)\\ &= \int\frac{1-\lambda_2^2}{\pi\lambda_2^2}\mathrm{e}^{-\frac{1-\lambda_2^2}{\lambda_2^2}|\alpha|^2}|\alpha+\beta\rangle\langle\alpha-\beta|\,\mathrm{d}\alpha\\ &= \int\frac{1-\lambda_2^2}{\pi\lambda_2^2}\mathrm{e}^{-\frac{1-\lambda_2^2}{\lambda_2^2}|\alpha-\beta|^2}|\alpha\rangle\langle\alpha|\,\mathrm{d}\alpha,\end{aligned} \tag{6-11}$$

上式中 $\beta=\sqrt{T}\lambda\alpha_A,\lambda_2^2=T\varepsilon/(T\varepsilon+2)$。利用 NLA 对平移热场态 $\boldsymbol{\rho}_{B_1|A}$进行放大可以得到:

$$\begin{aligned}\boldsymbol{\rho}_{B_1|A}^{g} &= \int\frac{1-\lambda_2^2}{\pi\lambda_2^2}\mathrm{e}^{-\frac{1-\lambda_2^2}{\pi\lambda_2^2}|\alpha-\beta|^2}g^{\hat{n}}|\alpha\rangle\langle\alpha|g^{\hat{n}}\,\mathrm{d}\alpha\\ &= C\int\frac{1-g^2\lambda_2^2}{\pi g^2\lambda_2^2}\mathrm{e}^{-\frac{1-g^2\lambda_2^2}{\pi g^2\lambda_2^2}\left|u-g\frac{1-\lambda_2^2}{\pi\lambda_2^2}\beta\right|^2}|u\rangle\langle u|\,\mathrm{d}u\end{aligned} \tag{6-12}$$

上式中 C 为归一化系数,与积分变量无关。从上式可以看出,平移热场态经过 NLA 放大后仍为平移热场态,但均值和方差都发生了改变,用公式可以表示为:

$$\sqrt{T}\lambda\alpha_A\rightarrow g\frac{1-\lambda_2^2}{\pi\lambda_2^2}\sqrt{T}\lambda\alpha_A,\lambda_2^2\rightarrow g^2\lambda_2^2 \tag{6-13}$$

综上所述,EPR 态$|\Phi_{AB_0}(\lambda)\rangle$经过参数为$(T,\varepsilon)$的量子信道传输再被 NLA 成功放大后,其协方差矩阵可以等效为另一个 EPR 态$|\Phi_{AB_0}(\zeta)\rangle$经过参数为$(\eta,\varepsilon^g)$的量子信道传输且未经 NLA 放大的协方差矩阵。要建立这一等效关系,需要满足以下条件:

$$\begin{cases}\dfrac{\eta[\zeta^2(2-\varepsilon^g)+\varepsilon^g]}{2-\varepsilon^2[2+\eta(\varepsilon^g-2)]+\eta\varepsilon^g}=g^2\dfrac{T[\lambda^2(2-\varepsilon)+\varepsilon]}{2-\lambda^2[2+T(\varepsilon-2)]+T\varepsilon}\\ \sqrt{\eta}\zeta=g\dfrac{1-\lambda_2^2}{1-g^2\lambda_2^2}\sqrt{T}\lambda\\ \dfrac{\eta\varepsilon^g}{2+\eta\varepsilon^g}=g^2\dfrac{T\varepsilon}{2+T\varepsilon}\end{cases} \tag{6-14}$$

如图 6-3 所示，这样二者就对应了完全相同的 PM 方案，也就具有一致的安全码率。对上式中的方程组求解可以得到：

$$\begin{cases}\zeta=\lambda\sqrt{\dfrac{(g^2-1)(\varepsilon-2)T-2}{(g^2-1)\varepsilon T-2}}\\ \eta=\dfrac{g^2T}{(g^2-1)T[(g^2-1)(\varepsilon-2)\varepsilon T/4-\varepsilon+1]+1}\\ \varepsilon^g=\varepsilon-\dfrac{1}{2}(g^2-1)(\varepsilon-2)\varepsilon T\end{cases} \tag{6-15}$$

由此，NLA 对 GG02 协议的改进便可以通过原始的联合窃听下的安全码率计算公式进行计算。下面将会给出具体的步骤。

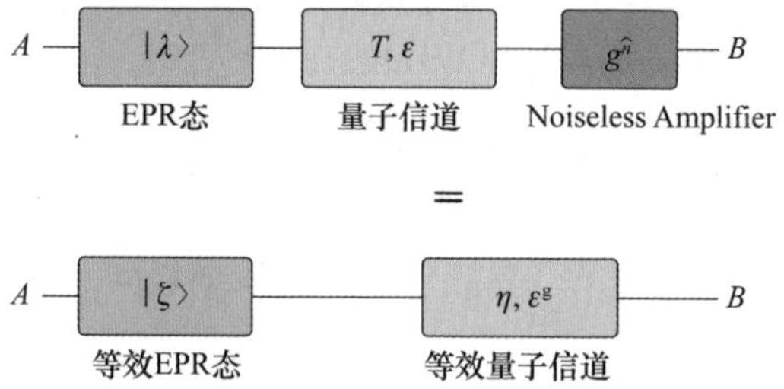

图 6-3　原始模型与放大后等效模型

在 GG02 协议中，协方差矩阵 $\boldsymbol{\gamma}_{AB}$ 为：

$$\begin{pmatrix} V(\lambda)\boldsymbol{I}_2 & \sqrt{T(V(\lambda)^2-1)}\boldsymbol{\sigma}_z \\ \sqrt{T(V(\lambda)^2-1)}\boldsymbol{\sigma}_z & T[V(\lambda)+\chi]\boldsymbol{I}_2 \end{pmatrix} \tag{6-16}$$

其中 $\boldsymbol{I}_2=\mathrm{diag}(1,1)$，$\boldsymbol{\sigma}_z=\mathrm{diag}(1,-1)$，$V(\lambda)=\dfrac{1+\lambda^2}{1-\lambda^2}$是热态的调制方差，由 $V_A=V-1$ 确定，并且 $\chi=\dfrac{1-T}{T}+\varepsilon$ 为信道的等效输入噪声。

在联合攻击下，协议的安全码率公式可表示为：

$$K_{\mathrm{GG02}}(\lambda,T,\varepsilon,\beta)=\beta I_{AB}(\lambda,T,\varepsilon)-\chi_{BE}(\lambda,T,\varepsilon) \tag{6-17}$$

当考虑在 GG02 协议中使用 NLA，由于 NLA 的输出为高斯型，因此可以寻找 EPR 通过高斯信道的等效参数，其推导在前面中有详细说明。并得出了放大后的协方差矩阵 $\boldsymbol{\gamma}_{AB}(\lambda,T,\varepsilon,g)$是与 $\boldsymbol{\gamma}_{AB}(\zeta,\eta,\varepsilon^g,g=1)$等效的，其中 EPR 态的等效参数为 ζ，并经过一个透过率为 η，过量噪声为 ε^g 的信道。

这种对应关系很容易提供与成功放大时相对应的安全码率 ΔI^g，上一个公式可以与有效参数一起使用，表示为：

$$K^g_{\mathrm{GG02}}(\lambda,T,\varepsilon,\beta)=K_{\mathrm{GG02}}(\zeta,\eta,\varepsilon^g,\beta) \tag{6-18}$$

如果这些参数满足物理含义，则可以解释为等效系统的物理参数范围 $0\leqslant\zeta<1$，$0\leqslant\eta\leqslant1$，$\varepsilon^g\geqslant0$。而 NLA 成功放大的概率的上界为 $1/g^2$，因此最终安全码率可

写为：

$$K_{GG02}^{NLA}=\frac{1}{g^2}K_{GG02}(\zeta,\eta,\varepsilon^g) \tag{6-19}$$

图 6-4 给出了 GG02 协议在是否使用了 NLA 情况下的安全码率与传输距离的关系。该图表明 NLA 可以增加 $100\log_{10}g$ km 公里的距离，这意味着 NLA 确实可以增加最大传输距离。仿真参数为 $\lambda=0.806$，信道过量噪声 $\varepsilon=0.05$，协调效率 $\eta=0.95$。

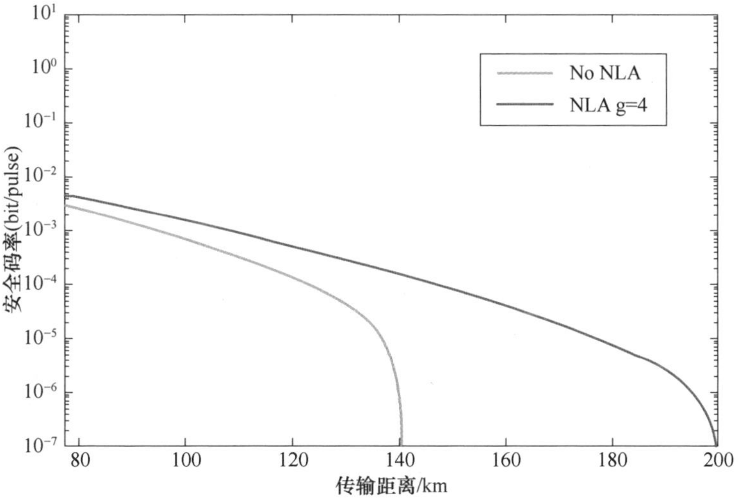

图 6-4　GG02 协议改进效果

6.2.2　NLA 对存在光源噪声的 GG02 协议和无开关协议的改进

在上一章中，介绍了在实际的 CV-QKD 系统中，受激光器和调制器非理想特性的影响，发送端发出的信号态是有噪声的，光源噪声会降低协议的安全码率与安全距离。由于 NLA 具有提升 CV-QKD 传输距离的作用，在本节中将会考虑利用 NLA 来提升存在光源噪声时 CV-QKD 的系统性能[15]，其 EB 模型如图 6-5 所示。在 Alice 端，光源噪声用分束片模型进行建模；在 Bob 端，对量子信道的输出信号进行零差或外差探测之前，首先使用 NLA 对其进行几率性放大。下面将利用这一系统模型进行安全性分析。

在发送端，通过用透射率为 T_N 的分束片对两个方差分为 V 和 N 的 EPR 态实施幺正变换来模拟光源噪声，量子信道的输入可以表示为：

$$\boldsymbol{\gamma}_{FGAB_1}=\boldsymbol{S}_N(\boldsymbol{\gamma}_{FG}\oplus\boldsymbol{\gamma}_{AB_0})\boldsymbol{S}_N^T \tag{6-20}$$

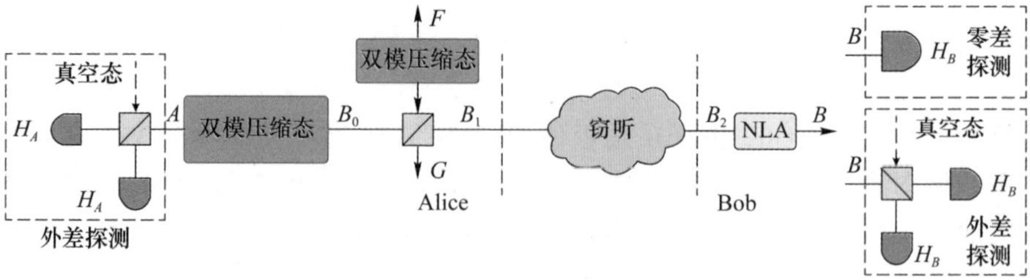

图 6-5　利用 NLA 改进有光源噪声的 GG02 协议和无开关协议的 EB 模型

上式中 $\boldsymbol{S}_N=\boldsymbol{I}_2\oplus\begin{pmatrix}\sqrt{T_N}\boldsymbol{I}_2 & \sqrt{1-T_N}\boldsymbol{I}_2\\ -\sqrt{1-T_N}\boldsymbol{I}_2 & \sqrt{T_N}\boldsymbol{I}_2\end{pmatrix}\oplus\boldsymbol{I}_2$，$\boldsymbol{\gamma}_{FG}=\begin{pmatrix}N\boldsymbol{I}_2 & \sqrt{N^2-1}\boldsymbol{\sigma}_z\\ \sqrt{N^2-1}\boldsymbol{\sigma}_z & N\boldsymbol{I}_2\end{pmatrix}$，

$\boldsymbol{\gamma}_{AB_0}=\begin{pmatrix}V\boldsymbol{I}_2 & \sqrt{V^2-1}\boldsymbol{\sigma}_z\\ \sqrt{V^2-1}\boldsymbol{\sigma}_z & V\boldsymbol{I}_2\end{pmatrix}$。

在量子信道中，Eve 对信号模式实施纠缠克隆攻击，即自己生成一个方差为 $W=1+T\varepsilon/(1-T)$ 的 EPR 态，将其中一个模式与信号模式经由透射率为 T 的分束片混合，另一个模式则空置。透射出的信号模式被继续发送至接收端，另外两个模式则由 Eve 保留，待后处理结束后对所有模式进行最优的联合测量。经过量子信道传输后，系统状态可以表示为：

$$\boldsymbol{\gamma}_{FGAB_2E_1E_2}=\boldsymbol{S}_{\text{channel}}(\boldsymbol{\gamma}_{FGAB_1}\oplus\boldsymbol{\gamma}_{E_1E_2})\boldsymbol{S}_{\text{channel}}^T \tag{6-21}$$

上式中

$$S_{\text{channel}}=\boldsymbol{I}_2\oplus\boldsymbol{I}_2\oplus\boldsymbol{I}_2\oplus\begin{pmatrix}\sqrt{T}\boldsymbol{I}_2 & \sqrt{1-T}\boldsymbol{I}_2\\ -\sqrt{1-T}\boldsymbol{I}_2 & \sqrt{T}\boldsymbol{I}_2\end{pmatrix}\oplus\boldsymbol{I}_2 \tag{6-22}$$

$$\boldsymbol{\gamma}_{E_1E_2}=\begin{pmatrix}W\boldsymbol{I}_2 & \sqrt{W^2-1}\boldsymbol{\sigma}_z\\ \sqrt{W^2-1}\boldsymbol{\sigma}_z & W\boldsymbol{I}_2\end{pmatrix} \tag{6-23}$$

在接收端，Bob 使用 NLA 对信号态进行无噪放大。当发送端的发送信号为理想相干态时，NLA 的放大作用可以等效为一个新 EPR 态经过一个新量子信道传输，新 EPR 态的方差、新量子信道的传输率和过量噪声都是原参数的函数。但是存在光源噪声时，这一简单的等效不再适用，需要利用协方差矩阵的变换关系来确定放大器输出的光场性质。

为分析存在光源噪声时 NLA 的放大效果，则需要在相空间上利用 Wigner 函数对 NLA 进行建模[6]。无噪放大算符 $g^{\hat{n}}$ 的 Wigner 函数可以表示为：

$$G_w(x,p)=\frac{1}{2\pi}\int e^{ipy}\langle x-y|g^{\hat{n}}|x+y\rangle dy=\exp\left\{\left(\frac{g-1}{g+1}\right)(x^2+p^2)\right\} \tag{6-24}$$

当 NLA 对任意高斯态进行放大时，其输出量子态的 Wigner 函数可以通过输入态和无噪放大算符的 Wigner 函数的 Moyal 积求得。由于 Moyal 积在计算上存在难度，因而可以通过求解 Wigner 函数的傅立叶变换，即量子态的特征函数来分析。由于两个高斯形式 Wigner 函数的 Moyal 积仍然具有高斯形式，因而 NLA 对高斯态的放大输出也是高斯态。根据高斯态的特性，其特征函数只与其一阶与二阶统计量相关。如此，分析 NLA 对任意高斯态的放大效果问题就简化为在给定输入的高斯态条件下，求解 NLA 输出高斯态的位移矢量与协方差矩阵的问题。

当输入 NLA 的量子态的密度矩阵为 $\boldsymbol{\rho}$ 时，成功放大后输出态的密度矩阵可以表示为 $\boldsymbol{\rho}'=g^{\hat{n}}\boldsymbol{\rho}g^{\hat{n}}$。经过一系列复杂的计算与代换，可以求得 NLA 放大输出的平移量与协方差矩阵[6]。

$$
\begin{aligned}
d_{\text{out}}&=2g\left[g^2+1-\Sigma(g^2-1)\right]^{-1}d,\\
\Sigma_{\text{out}}&=g\left[g^2+1-\Sigma(g^2-1)\right]^{-1}\left[\Sigma(g^2+1)-(g^2-1)\right]g^{-1}
\end{aligned}
\tag{6-25}
$$

上式中 $g=\mathrm{diag}(g,g)$ 表示放大倍数。利用位移矢量和协方差矩阵的变换关系可以大大简化 NLA 对高斯态放大的分析。

要计算安全码率，首先需要将 $\boldsymbol{\gamma}_{FGAB_2E_1E_2}$ 作为输入协方差矩阵代入式(6-25)中，以得到经过放大后系统 $FGAB$ 的协方差矩阵：

$$
\boldsymbol{\gamma}_{FGAB}=\begin{pmatrix}
V_F\boldsymbol{I}_2 & c_{FG}\boldsymbol{\sigma}_z & c_{FA}\boldsymbol{I}_2 & c_{FB}\boldsymbol{\sigma}_z\\
c_{FG}\boldsymbol{\sigma}_z & V_G\boldsymbol{I}_2 & c_{GA}\boldsymbol{\sigma}_z & c_{GB}\boldsymbol{I}_2\\
c_{FA}\boldsymbol{I}_2 & c_{GA}\boldsymbol{\sigma}_z & V_A\boldsymbol{I}_2 & c_{AB}\boldsymbol{\sigma}_z\\
c_{FB}\boldsymbol{\sigma}_z & c_{GB}\boldsymbol{I}_2 & c_{AB}\boldsymbol{\sigma}_z & V_B\boldsymbol{I}_2
\end{pmatrix}
\tag{6-26}
$$

上式中的参数由下表列出：

$$
\begin{cases}
V_F=N+\alpha T(1-T_N)(N^2-1)\\
V_G=T_NN+(1-T_N)V+\alpha TT_N(1-T_N)(V-N)^2\\
V_A=V+\alpha TT_N(V^2-1)\\
V_B=\dfrac{T\left[T_N(V+\chi_N)+\chi_{\text{line}}\right](g^2+1)-g^2+1}{T\left[T_N(V+\chi_N)+\chi_{\text{line}}\right](1-g^2)+g^2+1}\\
c_{FG}=\sqrt{T_N(N^2-1)}\left[1+\alpha T(1-T_N)(V-N)\right]\\
c_{FA}=-\alpha T\sqrt{(1-T_N)T_N(N^2-1)(V^2-1)}\\
c_{FB}=-\upsilon\sqrt{T(1-T_N)(N^2-1)}\\
c_{GA}=\sqrt{(1-T_N)(V^2-1)}\left[1+\alpha TT_N(V-N)\right]\\
c_{GB}=\upsilon\sqrt{TT_N(1-T_N)}(V-N)\\
c_{AB}=\upsilon\sqrt{TT_N(V^2-1)}
\end{cases}
\tag{6-27}
$$

其中

$$\begin{cases}\alpha=\dfrac{g^2-1}{T\left[T_N(V+\chi_N)+\chi_{\text{line}}\right](1-g^2)+g^2+1}\\ \upsilon=\dfrac{2g}{T\left[T_N(V+\chi_N)+\chi_{\text{line}}\right](1-g^2)+g^2+1}\\ \chi_N=N(1-T_N)/T_N\\ \chi_{\text{line}}=1/T-1+\varepsilon\end{cases} \tag{6-28}$$

值得注意的是，为保证 NLA 的物理可实现性，放大倍数 g 应满足一定的限制条件。NLA 的物理可实现条件在数学公式上体现在参数 α 和 υ 的分母必须大于 0，即：

$$T[T_N(V+\chi_N)+\chi_{\text{line}}](1-g^2)+g^2+1>0 \tag{6-29}$$

根据这一条件可以求解出放大倍数 g 在不同信道衰减下的最大值，结果由图 6-6 给出。仿真条件为量子信道的过量噪声 $\varepsilon=0.05$，调制方差 $V_A=4$，光源噪声参数 $T_N=0.9$，$N=3$。

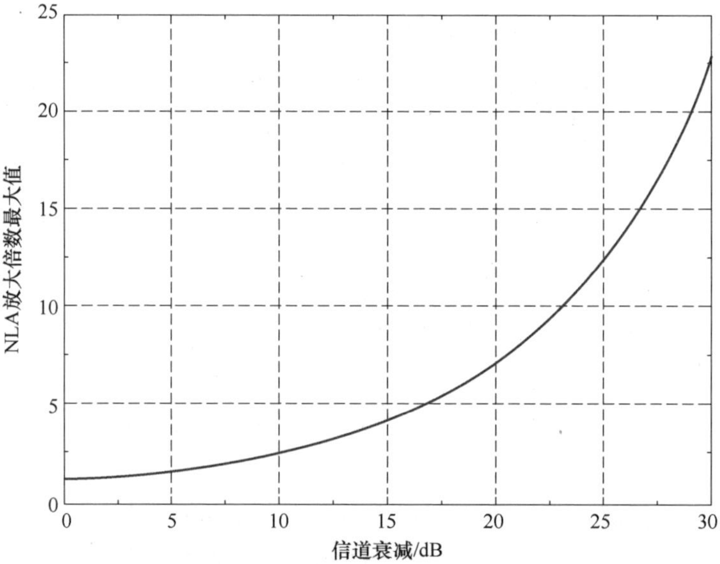

图 6-6　NLA 物理可实现放大倍数与信道衰减之间的关系

根据协方差矩阵 $\boldsymbol{\gamma}_{FGAB}$ 可以计算出经过 NLA 后 Alice 和 Bob 之间的经典互信息 $I_{AB}(g)$ 以及 Eve 和 Bob 之间量子互信息的上界 $\chi_{BE}(g)$，并利用下面的安全码率表达式进行相应的分析

$$K^{NLA}(g)=P_{\text{success}}(\beta I_{AB}(g)-\chi_{BE}(g)) \tag{6-30}$$

其中 β 为协调效率。

Alice 和 Bob 之间的经典互信息可以直接利用协方差矩阵中的对应元素计算得出：

$$I_{AB}^{\mathrm{GG02}}(g)=\frac{1}{2}\log_2\frac{V_{B^M}}{V_{B^M|A^M}}=\frac{1}{2}\log_2\frac{V_B}{V_B-\frac{c_{AB}^2}{V_A+1}}$$
$$I_{AB}^{N-S}(g)=\log_2\frac{V_{B^M}}{V_{B^M|A^M}}=\log_2\frac{V_B+1}{V_B+1-\frac{c_{AB}^2}{V_A+1}} \tag{6-31}$$

利用 Eve 可以纯化系统 $FGAB$ 和 Bob 的投影测量操作可以纯化系统 $FGAE$ 这两点事实,就可以计算出 Eve 和 Bob 之间的互信息 χ_{BE}。

$$\chi_{BE}(g)=S(E)-S(E|b)=S(FGAB)-S(FGA|b) \tag{6-32}$$

式中 $S(\cdot)$表示冯诺依曼熵,$S(\cdot|b)$表示 Bob 完成测量之后的冯诺依曼条件熵。对全高斯协议而言,冯诺依曼熵完全由系统的协方差矩阵的辛特征值所决定。为计算辛特征值,首先需要定义辛不变量。

$$\Delta_{n,j}=M_{2j}(\boldsymbol{\Omega}\boldsymbol{\gamma}_{FGAB}) \tag{6-33}$$

式中 $\boldsymbol{\Omega}$ 是 n 个 y 泡利矩阵的直积,$M_{2j}(\boldsymbol{\Omega}\boldsymbol{\gamma}_{FGAB})$是 $2n\times 2n$ 矩阵 $\boldsymbol{\Omega}\boldsymbol{\gamma}_{FGAB}$ 的 $2j$ 阶主子式,可以通过对矩阵 $\boldsymbol{\Omega}\boldsymbol{\gamma}_{FGAB}$ 的所有 $2j\times 2j$ 阶子矩阵的行列式值求和来计算[18]。有了辛不变量,辛特征值就可以通过对下式中的方程求解得到[18]

$$z^4-\Delta_{4,1}z^3+\Delta_{4,2}z^2-\Delta_{4,3}z+\Delta_{4,4}=0 \tag{6-34}$$

经过冗长但直观的数学计算可以得出

$$\lambda_{1,2}=\sqrt{\frac{1}{2}\left[(\Delta_{4,3}-2\Delta_{4,4})\pm\sqrt{(\Delta_{4,3}-2\Delta_{4,4})^2-4\Delta_{4,4}}\right]} \tag{6-35}$$
$$\lambda_{3,4}=1$$

利用这些辛特征值就能够求出 $S(E)$。由于系统 $FGAB$ 的信息特性与 Bob 的探测方式无关,因而 $S(E)$在零差探测和外差探测情形下是相等的。要求出矩阵 $\boldsymbol{\gamma}_{FGA|b}$ 的辛特征值,首先要确定其在不同探测方式下的不同形式

$$\boldsymbol{\gamma}_{FGA|b}^{\mathrm{GG02}}=\boldsymbol{\gamma}_{FGA}-\boldsymbol{\sigma}_{FGAB}^T(X\boldsymbol{\gamma}_BX)^{\mathrm{MP}}\boldsymbol{\sigma}_{FGAB}$$
$$\boldsymbol{\gamma}_{FGA|b}^{N-S}=\boldsymbol{\gamma}_{FGA}-\boldsymbol{\sigma}_{FGAB}^T(\boldsymbol{\gamma}_B+\boldsymbol{I}_2)^{-1}\boldsymbol{\sigma}_{FGAB} \tag{6-36}$$

式中的各个矩阵可以通过对 $\boldsymbol{\gamma}_{FGAB}$ 分解得到

$$\boldsymbol{\gamma}_{FGAB}=\begin{pmatrix}\boldsymbol{\gamma}_{FGA} & \boldsymbol{\sigma}_{FGAB}^T\\ \boldsymbol{\sigma}_{FGAB} & \boldsymbol{\gamma}_B\end{pmatrix} \tag{6-37}$$

利用式(6-34)就可以求解出所需的辛特征值

$$\lambda_5^{\mathrm{GG02}}=\sqrt{\det\boldsymbol{\gamma}_{FGA|b}^{\mathrm{hom}}},\ \lambda_{6,7}^{\mathrm{GG02}}=1$$
$$\lambda_5^{N-S}=\sqrt{\det\boldsymbol{\gamma}_{FGA|b}^{\mathrm{het}}},\ \lambda_{6,7}^{N-S}=1 \tag{6-38}$$

进一步可以求出 χ_{BE}:

$$\chi_{BE}^{\mathrm{GG02}}(g)=S(\lambda_1\boldsymbol{I}_2)+S(\lambda_2\boldsymbol{I}_2)-S(\lambda_5^{\mathrm{GG02}}\boldsymbol{I}_2) \tag{6-39}$$
$$\chi_{BE}^{N-S}(g)=S(\lambda_1\boldsymbol{I}_2)+S(\lambda_2\boldsymbol{I}_2)-S(\lambda_5^{N-S}\boldsymbol{I}_2)$$

至此就可以对利用 NLA 提升存在光源噪声时 CV-QKD 系统性能的方案的安

全码率进行计算了。

在数值仿真中，NLA 的放大成功概率 P_{success} 的取值为常数 $1/g^2$，这是已经得到证明的上界。在实际系统中，P_{success} 取决于放大器的实际结构，远远达不到这个上界，但这并不影响分析结论。这是由于 P_{success} 仅仅影响安全码率的数值，而不会改变安全码率的符号。换言之，即使 P_{success} 的取值下降，也不会改变采用 NLA 后，随着通信距离的增加，安全码率由负值转化为正值的事实，这足以表明 NLA 可以显著增加安全距离。

图 6-7 为存在光源噪声的情况下，GG02 协议（上图）和无开关协议（下图）的改

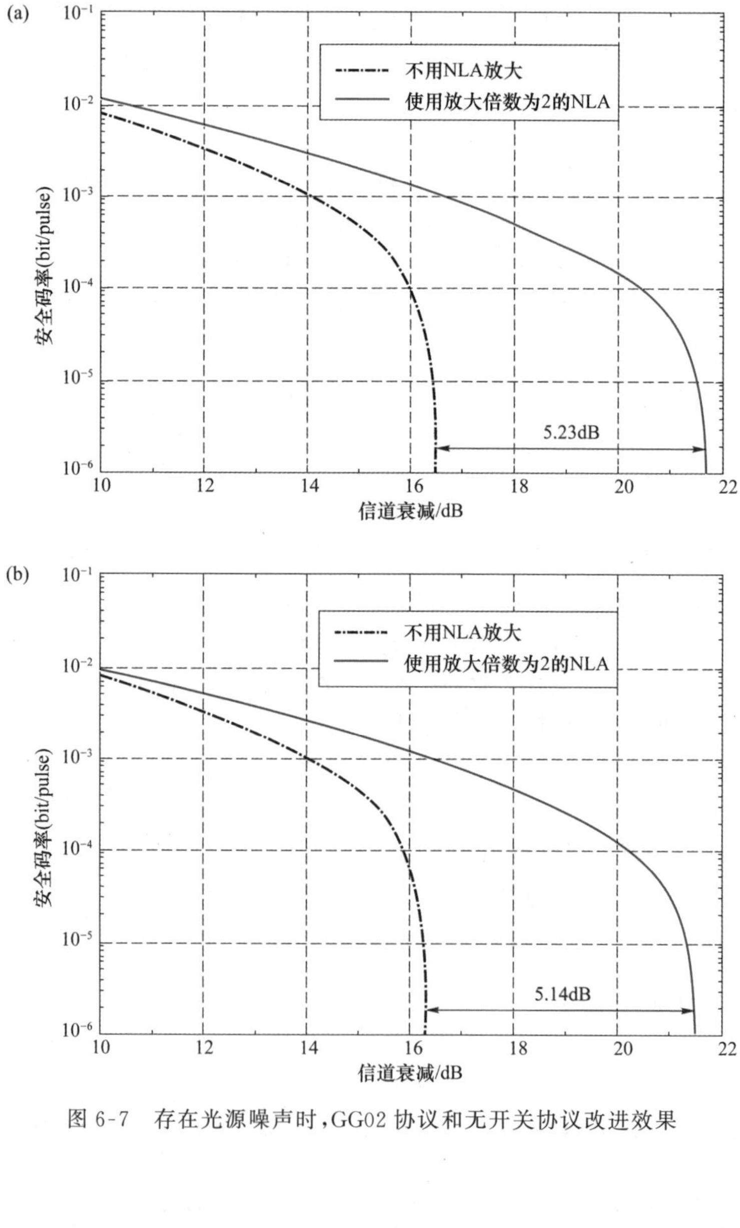

图 6-7　存在光源噪声时，GG02 协议和无开关协议改进效果

进效果，不使用 NLA 时和使用放大倍数为 2 的 NLA 时的最大安全码率曲线。最大安全码率是指当 $P_{success}$ 取得最大值时的安全码率。仿真参数为调制方差 $V_A=4$，光源噪声方差 $N=2.5$，光源端衰减系数 $T_N=0.9$，量子信道的过量噪声 $\varepsilon=0.05$，反向协调的协调效率 $\beta=0.95$。从图中可以看出使用 NLA 后，Bob 端使用零差探测时，系统的安全距离较没有使用 NLA 时提高了 5.23 dB，相当于 26.15 km；使用外差探测时，安全距离的提升为 5.14 dB，相当于 25.7 km，与零差探测相比略有下降。仿真结果表明 NLA 给系统的安全距离带来了显著提升，但提升效果与不存在光源噪声时的理论值 6 dB 仍有一定差距。

针对性能提升不能达到理论值的问题，对不同放大倍数的 NLA 在不同强度的光源噪声下的性能提升效果进行了分析，结果如图 6-8 所示，GG02 协议(上图)和无

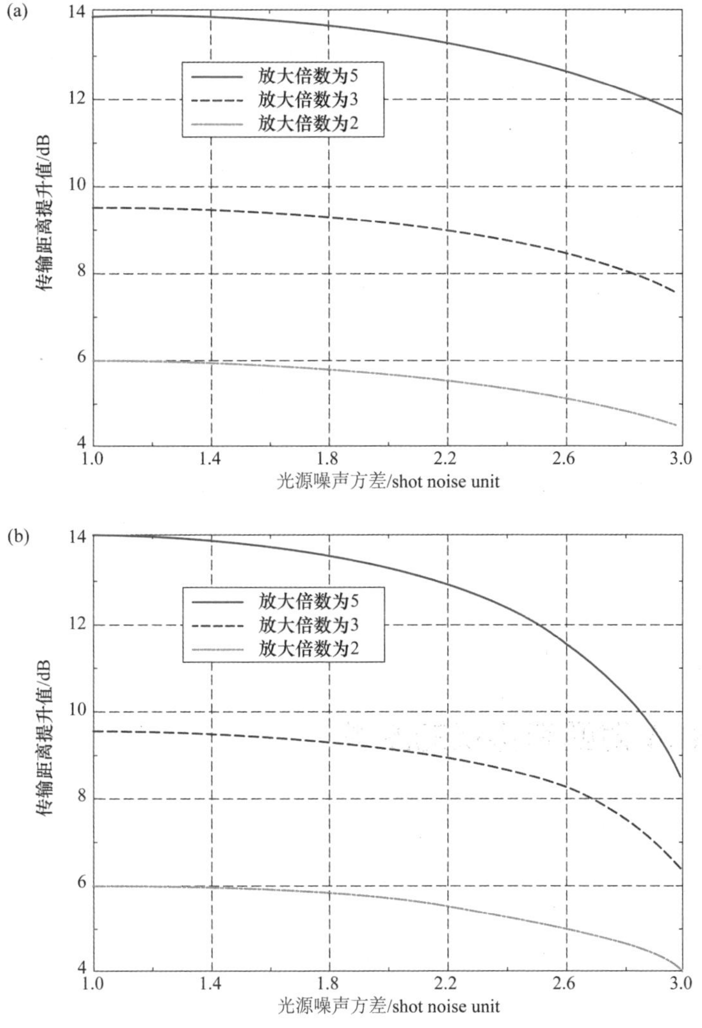

图 6-8 使用 NLA 能够获得的传输距离增益与光源噪声方差之间的关系

开关协议(下图)。可以看到,当放大倍数为 2 时,安全距离的提升在光源噪声方差 $N=1$ 时接近理论值 6 dB,随即随着光源噪声方差的增加快速下降,这种趋势随着放大倍数的增加而变得越发明显。这一现象可以通过图 6-5 中的 EB 模型来解释。Alice 和 Bob 在量子态分发前分享的纠缠被模拟光源端衰减的分束片削弱,在 Alice 端加入的相位非敏感噪声又会对反向协调产生负面影响。这两者导致存在光源噪声时,NLA 对安全距离的提升效果低于理想值。而当 Bob 使用 NLA 进行放大后,噪声被与信号同等程度地放大,其对安全距离的负面影响也会随着放大而加强,放大倍数越大,其影响就越强烈。

除光源噪声本身的影响外,对光源噪声的分束片建模方式也会对 NLA 的放大效果产生一定影响。在分束片模型中,信号与噪声通过透射率接近 1 的分束片混合,这给信号引入了虽然程度较小但却不容忽视的衰减。即使在没有噪声存在时,信号也会受到这部分衰减的影响而导致统计特性产生变化。这也是即使在 $N=1$ 时 NLA 的放大倍数也达不到理论值的原因。深入而言,分束片模型的根本问题在于不能够退化到信号态为纯态的特殊情形下,这必然会给对光源噪声的分析结果带来一定影响。

除了安全距离的提升外,NLA 对信道噪声抗性的影响也被纳入了分析范畴,其定量结果如图 6-9 所示,GG02 协议(上图)和无开关协议(下图),其中光源噪声的方差 $N=2.5$,放大倍数的选择均在图 6-9 中的物理可实现范围内。仿真结果表明当量子信道中的过量噪声过大时,虽然使用包含光源噪声的信号态本身无法完成密钥分发的任务,借助 NLA 的无噪放大却可以完成。这表明当光源噪声一定时,NLA 能够提高 GG02 协议和无开关协议对过量噪声容忍度的阈值。另一方面,当量子信道中的过量噪声一定时,NLA 也能够提高 GG02 协议(上图)和无开关协议(下图)对光源噪声容忍度的阈值,这一结果由图 6-10 给出。当过量噪声 $\varepsilon=0.05$ 时,放大倍数为 2 的 NLA 可以将光源噪声的容忍度提高 0.7 个单位;随着放大倍数变为 0.5,这一提升效果提高为 1.6 个单位。由此可见,使用 NLA 可以有效帮助 GG02 协议和无开关协议在非理想条件下完成密钥分发任务。

6.2.3 NLA 对四态协议的改进

在本节中,详细介绍了利用 NLA 放大时并对信道进行联合窃听时四态协议的安全码率的推导过程[5]。假设四态协议中态 $|\Phi_{AB}(\alpha)\rangle$ 的协方差矩阵 $\boldsymbol{\gamma}_{A_0B_0}$ 为:

$$\boldsymbol{\gamma}_{A_0B_0}=\begin{bmatrix}V\boldsymbol{I}_2 & Z\boldsymbol{\sigma}_z\\ Z\boldsymbol{\sigma}_z & V\boldsymbol{I}_2\end{bmatrix} \tag{6-40}$$

其中 $\boldsymbol{I}_2=\mathrm{diag}(1,1)$,$\boldsymbol{\sigma}_z=\mathrm{diag}(1,-1)$,$V=2\alpha^2+1=V_A+1$ 是模式 A,B 的正交分量的方差,并且

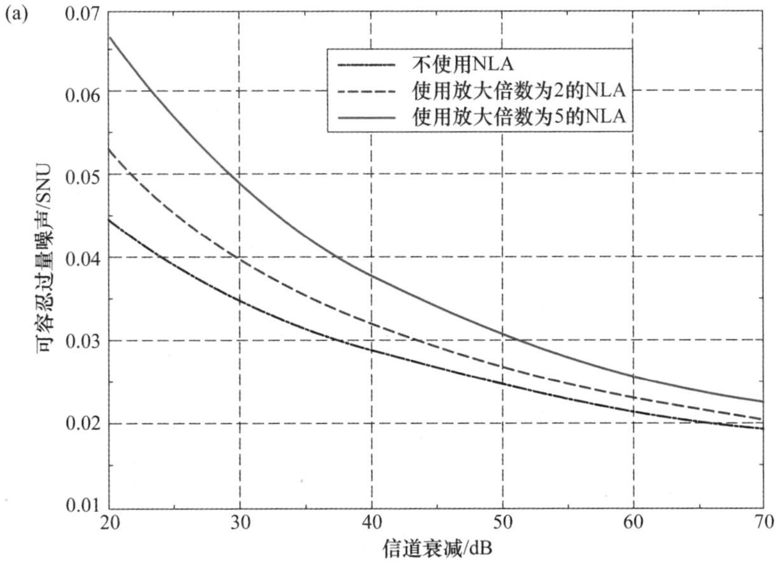

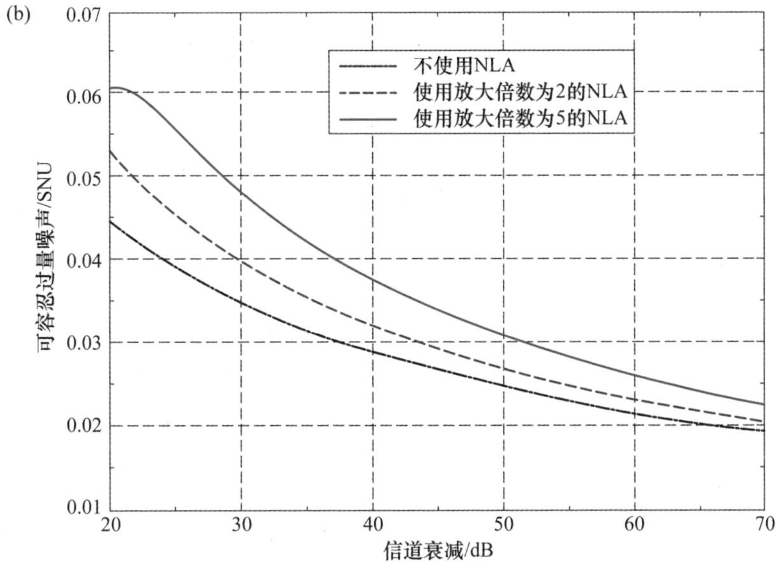

图 6-9 使用 NLA 放大后，最大可容忍过量噪声与信道衰减之间的关系

$$\begin{cases} Z=2\alpha^2(\lambda_0^{3/2}\lambda_1^{-1/2}+\lambda_1^{3/2}\lambda_2^{-1/2}+\lambda_2^{3/2}\lambda_3^{-1/2}+\lambda_3^{3/2}\lambda_0^{-1/2}) \\ \lambda_{0,2}=\dfrac{1}{2}e^{-\alpha^2}[\cosh(\alpha^2)\pm\cos(\alpha^2)] \\ \lambda_{1,3}=\dfrac{1}{2}e^{-\alpha^2}[\sinh(\alpha^2)\pm\sin(\alpha^2)] \end{cases} \tag{6-41}$$

反映了模式 A 和模式 B 之间的相关性。模式 B 通过透射率为 T，输入端的等效

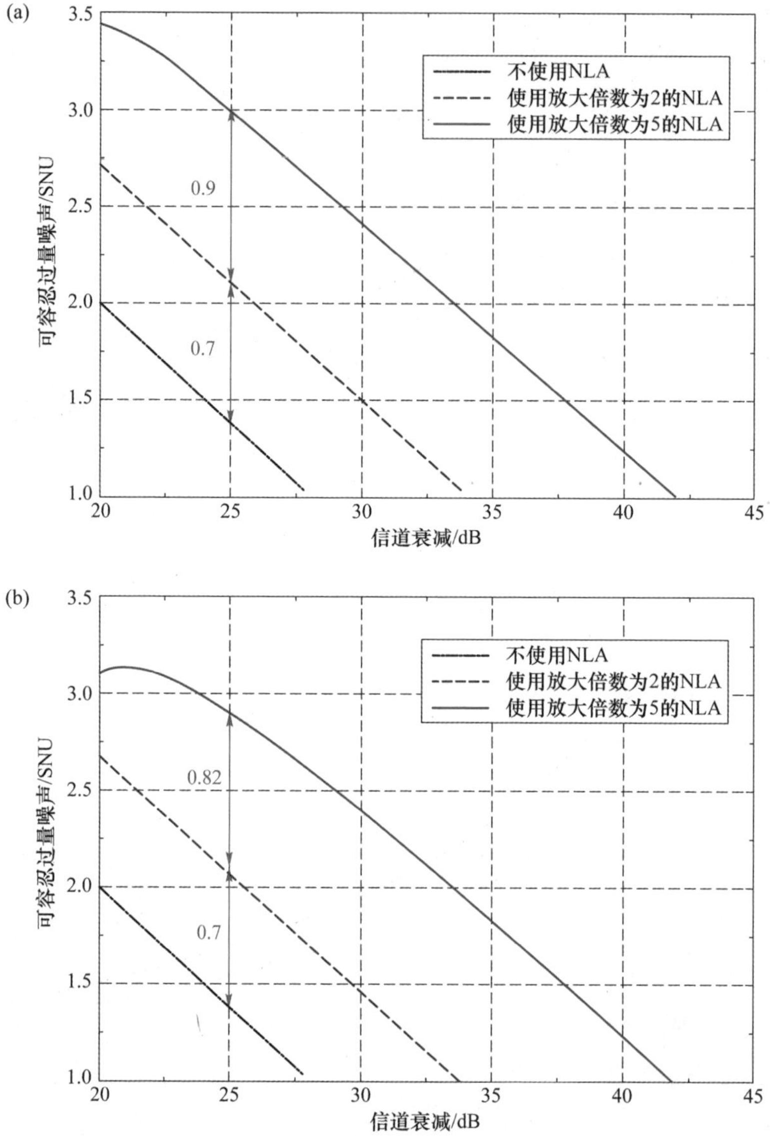

图 6-10 使用 NLA 放大后，最大可容忍光源噪声与信道衰减之间的关系

过量噪声为 ε 的高斯通道后，量子态 $\boldsymbol{\gamma}_{A_0B_0}$ 转变为 $\boldsymbol{\rho}_{AB}$，变化后的协方差矩阵为：

$$\boldsymbol{\gamma}_{AB}(\alpha,T,\varepsilon)=\begin{bmatrix} V\boldsymbol{I}_2 & \sqrt{T}Z\boldsymbol{\sigma}_z \\ \sqrt{T}Z\boldsymbol{\sigma}_z & T(V+\chi)\boldsymbol{I}_2 \end{bmatrix} \tag{6-42}$$

其中 $\chi=\frac{T}{1-T}+\varepsilon$ 是输入端的等效总噪声。这里安全性分析使用的是线性信道假设条件，此矩阵包含了四态调制 CV-QKD 协议在联合窃听下的安全码率所需的所有信息，而反向协调下的安全码率的下限为：

$$K_{F-S}(\alpha,T,\varepsilon)\geqslant\beta I_{AB}(\alpha,T,\varepsilon)-S_{BE}(\alpha,T,\varepsilon) \tag{6-43}$$

其中

$$I_{AB}(\alpha,T,\varepsilon)=\frac{1}{2}\log_2\left(\frac{V+\chi}{1+\chi}\right) \tag{6-44}$$

这里指的是 Alice 和 Bob 之间的互信息，S_{BE} 是 Eve 和 Bob 的互信息的 Holevo 界，并且 $\beta<1$ 是协调效率。当态 $\boldsymbol{\rho}_{AB}$ 是一个高斯态，S_{BE} 取到最大值，写为：

$$S_{BE}\leqslant S_{BE}^{G}=G\left(\frac{\lambda_1-1}{2}\right)+G\left(\frac{\lambda_2-1}{2}\right)-G\left(\frac{\lambda_3-1}{2}\right) \tag{6-45}$$

其中 $G(x)=(x+1)\log_2(1+x)+x\log_2 x$

$$\lambda_{1,2}=\sqrt{\frac{1}{2}(\Delta\pm\sqrt{\Delta^2-4D})} \tag{6-46}$$

$\lambda_{1,2}$ 是协方差矩阵 $\boldsymbol{\gamma}_{AB}$ 的辛特征值，其中 $\Delta=V^2+T^2(V+\chi)^2-2TZ^2$，$D=(TV^2+TV\chi-TZ^2)^2$，同时

$$\lambda_3=\sqrt{V\left(V_A+1-\frac{TZ^2}{TV_A+1+T\varepsilon}\right)} \tag{6-47}$$

λ_3 是协方差矩阵 $\boldsymbol{\gamma}_{A|B}$ 的辛特征值，这里是 $\boldsymbol{\gamma}_{A|B}$ 在已知 Bob 端的零差测量结果后，Alice 端态的协方差矩阵。最后，安全码率公式为

$$K_{F-S}(\alpha,T,\varepsilon)=\beta I_{AB}(\alpha,T,\varepsilon)-S_{BE}^{G}(\alpha,T,\varepsilon) \tag{6-48}$$

通过使用 NLA 提出了一种改进的四态 CV-QKD 协议，如图 6-11 (a)所示，其中 Alice 和 Bob 正常实现了原始的四态 CV-QKD 协议，但是在 Bob 端的零差探测之前添加了 NLA，在这里它被认为是简化分析最好的选择。

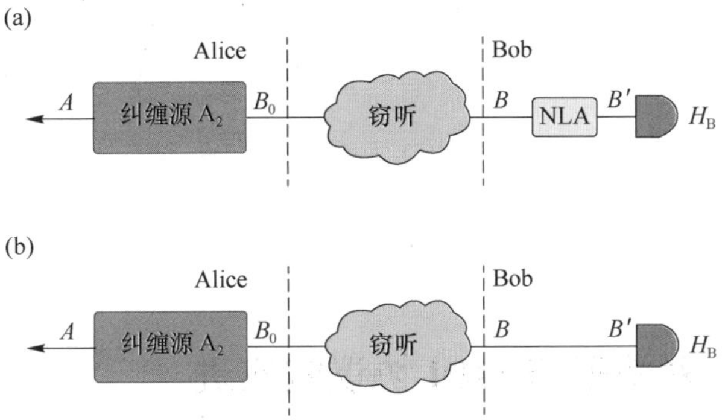

图 6-11 (a)改进后的四态 CV-QKD 协议 (b)等效 EB 模型

成功的放大可由算符 $\hat{C}=g^{\hat{n}}$ 描述，其中 $\hat{n}$ 是光子数算符。当 NLA 成功放大相干态时，

$$\hat{C}|\alpha\rangle=\mathrm{e}^{\frac{|\alpha|^2}{2}(g^2-1)}|g\alpha\rangle \tag{6-49}$$

其中 g 是 NLA 的放大增益系数。

接下来，将分析经过修改的四态 CV-QKD 协议在有损和有噪的高斯信道中的性能。具体推导可以参考上一节 NLA 对 GG02 协议的改进。如果这些参数满足物理意义，则可以将它们解释为等效系统的物理参数。$0\leqslant\eta\leqslant1,\varepsilon^{g}\geqslant0$。最终可得到：

$$K_{F-S}^{\mathrm{NLA}}(\lambda,T,\varepsilon)=P_{\mathrm{success}}K_{F-S}(\zeta,\eta,\varepsilon^{g}) \tag{6-50}$$

在下文中，对于给定的具有相同的透射率 T 和过量噪声 ε 的信道，将修改后的四态协议的性能与原始协议进行比较。在数值仿真中，P_{success} 假定为常数，并且 P_{success} 的上界为 $\frac{1}{g^2}$，所以这里选择 $P_{\mathrm{success}}=\frac{1}{g^2}$ 来优化修改后的四态 CV-QKD 协议的性能。$R_{\mathrm{tot}}^{g}(\alpha,T,\varepsilon)$ 和 $R(\alpha,T,\varepsilon)$ 的仿真都采用相同的 T 和 ε，详见下图 6-12，其中 NLA 的增益为 $g=4$，而过量噪声 $\varepsilon=0.002$。和文献中的结果类似，可以发现最大传输距离增加了 $100\log_{10}g$ km 公里。此结果不取决于 P_{success} 的值。即使获得更现实的成功概率，NLA 也会以相同的方式增加最大传输距离。

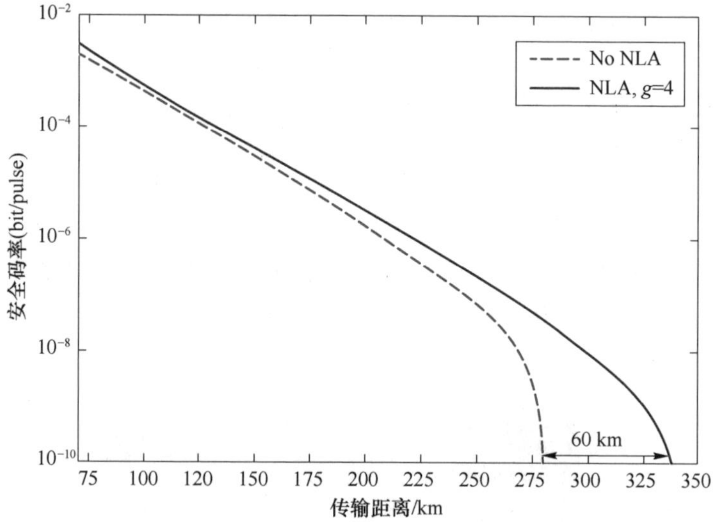

图 6-12　四态协议改进效果图

6.2.4　NLA 对相干态 MDI 协议的改进

如图 6-13 所示，为了保证协议的对称性，这里使用的相干态 MDI 协议与第四章中的协议略有不同：Alice 和 Bob 在接收到 Charlie 发送来的测量结果后，Alice 和 Bob 都做位移操作[7,19]。当选取合适的参数时，这种对称性可以提升相干态 MDI 协议的性能。此时，Alice 和 Bob 做的位移操作是 $D(\alpha_1)$ 和 $D(\alpha_2)$，其中 $\alpha_1=-g_A(X_C-iP_D)/2$，$\alpha_2=g_B(X_C+iP_D)/2$，$g_A$，$g_B$ 为位移增益。

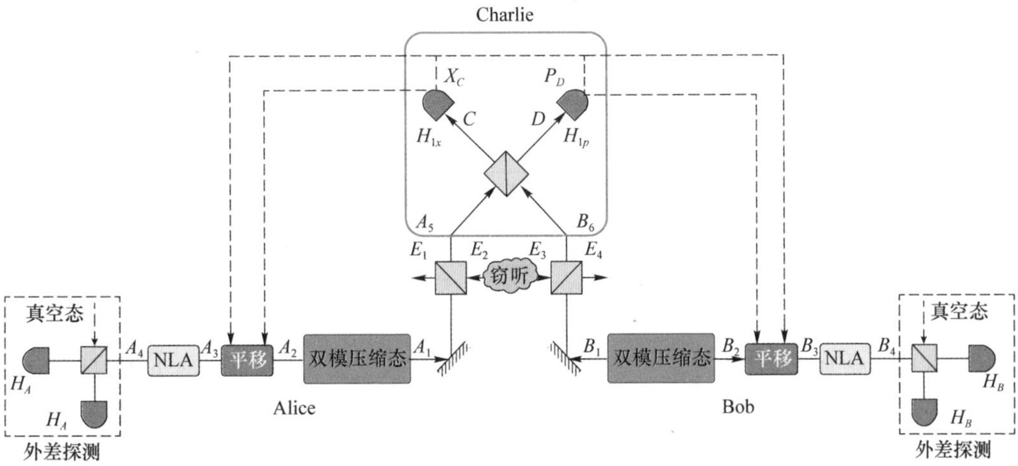

图 6-13 使用 NLA 的相干态 MDI 协议的 EB 模型

值得注意的是，这里使用的相干态 MDI 协议的 EB 模型同样可以抵抗所有的边信道攻击。从这个角度上来说，这使得相干态 MDI 协议的安全性进一步提升。下面只介绍如何从协方差矩阵 $\boldsymbol{\gamma}_{A_3B_3}$ 推导出协方差矩阵 $\boldsymbol{\gamma}_{A'_3B'_3}$，后续在联合窃听下的安全码率计算方法和第四章中类似，所以这里就不在重复了。

假设协方差矩阵 $\boldsymbol{\gamma}_{A_3B_3}$ 为：

$$\boldsymbol{\gamma}_{A_3B_3}=\begin{bmatrix}a\boldsymbol{I}_2 & c\boldsymbol{\sigma}_z\\ c\boldsymbol{\sigma}_z & b\boldsymbol{I}_2\end{bmatrix} \tag{6-51}$$

其中 $\boldsymbol{I}_2$ 为 2 阶单位阵，$\boldsymbol{\sigma}_z=\mathrm{diag}(1,-1)$。

然后，将协防矩阵 $\boldsymbol{\gamma}_{A_3B_3}$ 转换成 Fock 态表象下的密度矩阵 $\hat{\boldsymbol{\rho}}$。双模态的 Husimi Q-方程可以描述为

$$Q(R)=\frac{\sqrt{\det \Gamma}}{\pi^2}\mathrm{e}^{-R^T\Gamma R} \tag{6-52}$$

其中 $R=(\hat{x}_A,\hat{p}_A,\hat{x}_B,\hat{p}_B)$，$\Gamma=(\gamma+\boldsymbol{I}_n)^{-1}$。因此，可以得到

$$\Gamma=\begin{bmatrix}A\boldsymbol{I}_2 & C\boldsymbol{\sigma}_z\\ C\boldsymbol{\sigma}_z & B\boldsymbol{I}_2\end{bmatrix} \tag{6-53}$$

通过两个 NLA 之后，矩阵 $\boldsymbol{\Gamma}$ 变成了

$$\boldsymbol{\Gamma}_{NLA}=\begin{bmatrix}\left(g_1^2\left(A-\frac{1}{2}\right)+\frac{1}{2}\right)\boldsymbol{I}_2 & g_1g_2C\boldsymbol{\sigma}_z\\ g_1g_2C\boldsymbol{\sigma}_z & \left(g_2^2\left(B-\frac{1}{2}\right)+\frac{1}{2}\right)\boldsymbol{I}_2\end{bmatrix} \tag{6-54}$$

其中 g_1 和 g_2 是 Alice 和 Bob 端的两个 NLA 的放大倍数(如果 $g_1=1$，或者 $g_2=1$ 表示没有使用 NLA)。由此，可以获得通过两个 NLA 放大后量子态的协方差矩阵：

$$\boldsymbol{\gamma}_{A'_3B'_3}=\boldsymbol{\gamma}_{NLA}=(\boldsymbol{\Gamma}_{\text{NLA}})^{-1}-\boldsymbol{I}_4 \tag{6-55}$$

这里，将通过数值仿真得到通过 NLA 改进的相干态 MDI 协议的性能。数值仿真中会影响系统性能的参数有：协调效率 β，Alice 端和 Bob 的调制方差 (V_A-1) 和 (V_B-1)，信道透射率 T_1 和 T_2，信道过量噪声 ε_1 和 ε_2。在本次数值仿真中，这些参数都选择实际实验中的典型值并且为固定值。这里选择 $V_A=V_B=1.7$，$\beta=0.95$，信道过量噪声 $\varepsilon=0.2$，Alice 端的位移增益为 $g_A=\sqrt{(V^2-1)/[2T_1(V+\varepsilon)+2(1-T_1)]}$，Bob 端的位移增益为 $g_B=\sqrt{(V^2-1)/[2T_2(V+\varepsilon)+2(1-T_2)]}$，两个 NLA 的联合成功概率为 $P_{\text{total}}=1/(g_1^{2N_A}g_2^{2N_B}|_A)$。

在这些仿真参数下，首先考虑了对称信道的情况，即 Alice 与 Charlie 之间的距离和 Bob 与 Charlie 之间的距离等长。如图 6-14 上图所示，数值仿真了改进相干态

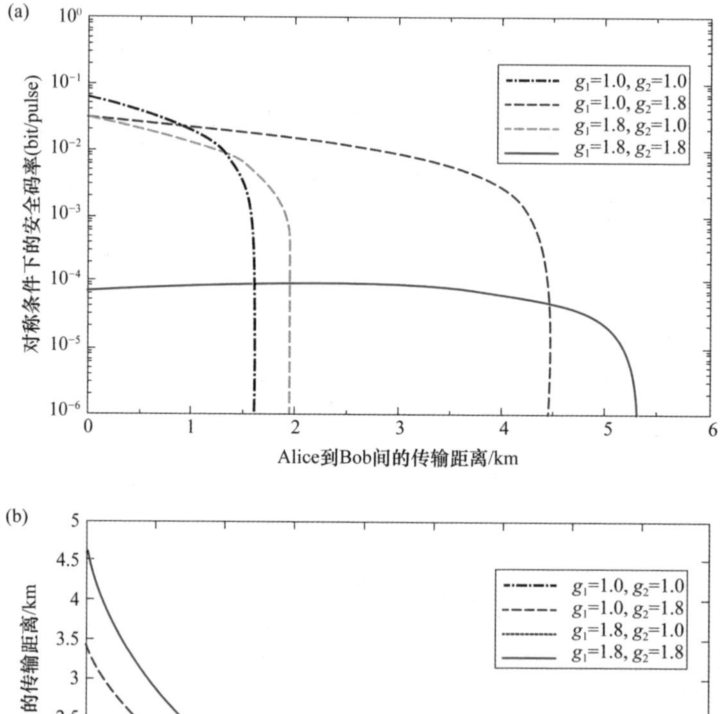

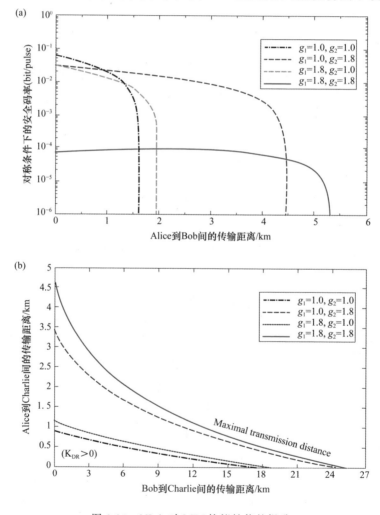

图 6-14　NLA 对 MDI 协议性能的提升

MDI 协议的安全码率随传输距离的变化情况。图中黑色点画线代表原始相干态 MDI 协议,绿色虚线代表着在协调端使用 NLA 的改进相干态 MDI 协议,蓝色点线代表在非协调端使用 NLA 的改进相干态 MDI 协议,红色实线代表两端均使用 NLA 的改进相干态 MDI 协议。在两端各用一个 NLA 的时候,协议可以传输的距离最远,最远距离提升了三倍。

此外,对于正向协调协议来说,当把 Charlie 的位置接近 Alice 端时,最远传输距离可以增加到一个相对更长的距离。如图 6-15 下图所示,当 Alice 与 Charlie 之间的距离减少的时候,协议的最远传输距离会增加。图中黑色点画线代表原始相干态 MDI 协议,绿色虚线代表着在协调端使用 NLA 的改进相干态 MDI 协议,蓝色点线代表在非协调端使用 NLA 的改进相干态 MDI 协议,红色实线代表两端均使用 NLA 的改进相干态 MDI 协议。在最非对称的情况下,改进的相干态 MDI 协议最远可以传输 25.2 km,这也是在两端均使用 NLA 的时候获得的。如果只有一个 NLA 可以使用,那么应该把这个 NLA 放在非协调端(反向协调协议为 Alice 端,正向协调协议为 Bob 端)。

参考文献

[1] Ralph T C, Lund A P. Nondeter ministic noiseless linear amplification of quantum systems[C]. Proceedings of 9th international conference of quantum communication measurement and computing, April, 2009 [C]. United states: AIP Press, 2009.

[2] Blandino R, Leverrier A, Barbieri M, et al. Improving the maximum transmission distance of continuous-variable quantum key distribution using a noiseless amplifier [J]. Physical Review A, 2012, 86(1): 012327.

[3] Fiurášek J, Cerf N J. Gaussian postselection and virtual noiseless amplification in continuous-variable quantum key distribution[J]. Physical Review A, 2012, 86(6): 060302.

[4] Walk N, Ralph T C, Symul T, et al. Security of continuous-variable quantum cryptography with Gaussian postselection[J]. Physical Review A, 2013, 87(2): 020303.

[5] Xu B, Tang C, Chen H, et al. Improving the maximum transmission distance of four-state continuous-variable quantum key distribution by using a noiseless linear amplifier[J]. Physical Review A, 2013, 87(6): 062311.

[6] Fang J, Lu Y, Huang P, et al. Discretely modulated continuous-variable

quantum key distribution with a nondeterministic noiseless amplifier[J]. International Journal of Quantum Information, 2013, 11(04): 1350037.

[7] Zhang Y, Li Z, Weedbrook C, et al. Noiseless linear amplifiers in entanglement-based continuous-variable quantum key distribution [J]. Entropy, 2015, 17(7): 4547-4562.

[8] Wang T, Yu S, Zhang Y C, et al. Improving the maximum transmission distance of continuous-variable quantum key distribution with noisy coherent states using a noiseless amplifier[J]. Physics Letters A, 2014, 378(38-39): 2808-2812.

[9] Ghalaii M, Ottaviani C, Kumar R, et al. Discrete-modulation continuous-variable quantum key distribution enhanced by quantum scissors[J]. IEEE Journal on Selected Areas in Communications, 2020, 38(3): 506-516.

[10] Zhou K, Chen Z, Guo Y, et al. Performance improvement of unidimensional continuous-variable quantum key distribution using heralded hybrid linear amplifier [J]. Physics Letters A, 2020, 384(3): 126074.

[11] Walk N, Lund A P, Ralph T C. Nondeterministic noiseless amplification via non-symplectic phase space transformations[J]. New Journal of Physics, 2013, 15(7): 073014.

[12] McMahon N A, Lund A P, Ralph T C. Optimal architecture for a nondeterministic noiseless linear amplifier[J]. Physical Review A, 2014, 89(2): 023846.

[13] Bernu J, Armstrong S, Symul T, et al. Theoretical analysis of an ideal noiseless linear amplifier for Einstein-Podolsky-Rosen entanglement distillation[J]. Journal of Physics B: Atomic, Molecular and Optical Physics, 2014, 47(21): 215503.

[14] Xiang G Y, Ralph T C, Lund A P, et al. Heralded noiseless linear amplification and distillation of entanglement[J]. Nature Photonics, 2010, 4(5): 316-319.

[15] Zavatta A, Fiurášek J, Bellini M. A high-fidelity noiseless amplifier for quantum light states[J]. Nature Photonics, 2011, 5(1): 52.

[16] Ferreyrol F, Blandino R, Barbieri M, et al. Experimental realization of a nondeterministic optical noiseless amplifier[J]. Physical Review A, 2011, 83(6): 063801.

[17] Chrzanowski H M, Walk N, Assad S M, et al. Measurement-based noiseless linear amplification for quantum communication [J]. Nature Photonics, 2014, 8(4): 333-338.

[18] 王天一. 基于连续变量的量子密钥分发系统中长距离传输技术与安全性研究[D]. 北京：北京邮电大学，2016.

[19] 张一辰. 连续变量量子密钥分发协议的安全性证明及协议改进[D]. 北京：北京邮电大学，2017.

第7章 非高斯后选择技术对协议的改进

上一章介绍了无噪线性放大器等价的高斯后选择技术对 CV-QKD 协议的改进方法，本章将会介绍另外一类后选择技术，即非高斯后选择技术。非高斯后选择技术主要包括减光子操作等价的后选择技术和加光子等价的后选择技术等，本章主要介绍减光子操作等价的后选择技术。在 CV-QKD 系统中，保证系统安全性的关键是提升通信双方 Alice 和 Bob 共享量子态的纠缠度。通常来讲，Alice 和 Bob 共享量子态的纠缠度越高，则意味着系统的安全性就越好。在 CV-QKD 协议的 EB 模型中，发送端使用的光源是双模压缩真空态（Two-Mode Squeezed Vacuum，TMSV），使用减光子操作（Photon Subtraction，PS）可有效提升此类光源的纠缠度。研究表明利用 PS 操作可以有效提升 CV-QKD 系统的安全码率和传输距离。然而，在实际系统中进行减光子操作技术复杂，成功概率低，且对安全传输距离的提升效果极易受到实际探测器的非理想性影响。利用对不同模式的量子测量的可交换性，可使用经典数据后，选择来模拟真实 PS 物理操作。该方法不仅可以省去实际 PS 操作的实验复杂性以及成本，且可以模拟理想 PS 操作，以达到较优的延长安全传输距离的效果[1-2]。此方法可以方便地应用于现有的连续变量协议系统，具有系统改造成本低的优势。本章将展示将 PS 应用到不同的 CV-QKD 协议中，包括 GG02 协议、测量设备无关协议协议等，并将会给出其可提升系统传输距离的应用条件，以及如何获得最优提升效果的参数条件。

7.1 减光子操作与其等价的非高斯后选择

TMSV 是 CV-QKD 的等价 EB 模型中最常使用的纠缠光源，对其一个模式的零差探测会将另一个模式投影到一个压缩态上，或者对其一个模式的外差测量会将另一个模式投影至一个相干态上。此外，TMSV 也是连续变量量子信息论研究中常用的纠缠源，有研究显示利用 PS 操作可以有效提升 TMSV 的纠缠度。

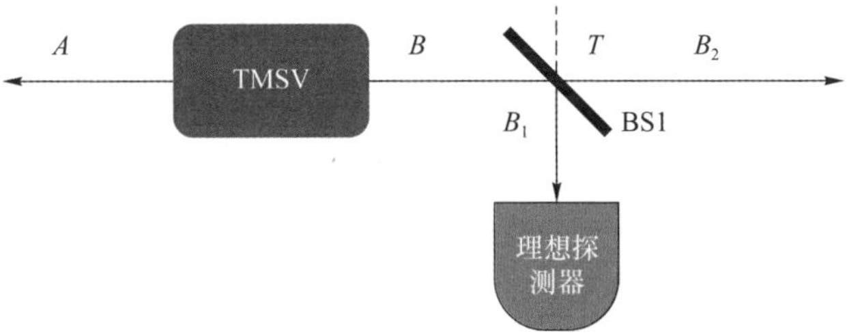

图 7-1 一种实际实现对 TMSV 态其中一个模式执行 PS 操作的方案

PS 操作可以看作将 TMSV 的一个模式(B)通过一个分束器一分为二(得到 B_1 B_2),并对其中一路(B_1)进行光子数测量 $\hat{\Pi}_k=|k\rangle\langle k|$,当该测量成立时,余下的量子态($AB_2$)就是减 k 光子的 TMSV,如图 7-1 所示。

如图 7-2 所示,然而实际实现 PS 操作的效果会受到实际探测器的非理想性所限制,比如基于 APD 的单光子探测器只能有 ON 和 OFF 两种响应,分别代表有光子进入和无光子进入,无法做到光子数的分辨。因此当使用 APD 探测器来完成 PS 操作时,其得到的效果还不如不使用 PS 操作,尤其是 APD 探测器的探测效率并非 100% 时。当使用可以区分光子数的超导探测器时,其可以实现减 1 光子操作。但是实际的超导探测器的探测效率均是小于 1 的,较高效率的可以达到 80%,而一般的仅有 50%左右,较低的探测效率对 PS 的效果影响十分严重。

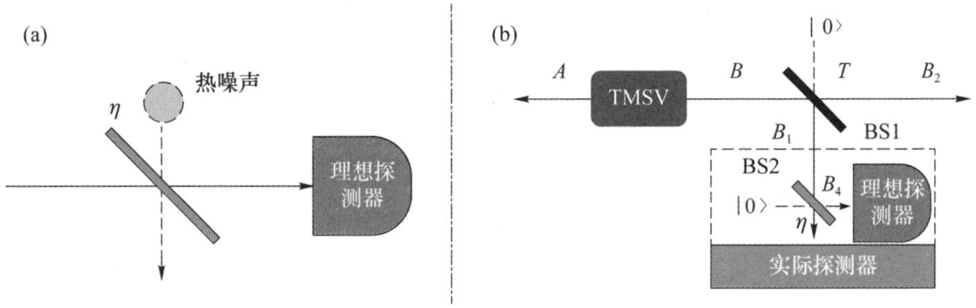

图 7-2 (a)实际探测器建模 (b)将利用实际探测器应用到 TMSV 的 PS 操作中

使用经典数据后选择的方法来模拟用在 CV-QKD 系统中的 PS 操作,可以解决上述非理想探测器造成的影响。该等价性成立的核心在于:

◇ Alice 对 A 的外差测量和对 B_1 的 k 光子区分测量是对易的,因为两者作用于不同的模式上;

◇ 因此可以假设 Alice 先对 A 做外差测量,而后对 B_1 进行 k 光子区分测量,最终将有响应时的 B_2 态通过信道发送给 Bob。则 B_2 态可以表示为:

$$\boldsymbol{\rho}_{B_2}^{(k)}=\int \mathrm{d}x_A\mathrm{d}p_A \underbrace{\frac{P^{\hat{\Pi}_1}(k|x_A,p_A)}{P^{\hat{\Pi}_1}(k)}}_{Q(\gamma,\lambda,T)} P_{x_A,p_A}|\sqrt{T}\alpha\rangle\langle\sqrt{T}\alpha| \tag{7-1}$$

其中$|\sqrt{T}\alpha\rangle\langle\sqrt{T}\alpha|$是发送给 Bob 的相干态，$P_{x_A,p_A}$是 A 的外差测量结果的概率分布，$Q(\gamma,\lambda,T)$是减 k 光子操作在给定 A 的测量结果后的响应概率除以归一化系数。公式(7-1)可以进一步解读为：

Alice 首先产生一对高斯分布的随机数(x_A,p_A)，并依据此产生相干态$|\sqrt{T}\alpha\rangle\langle\sqrt{T}\alpha|$，其中$\alpha=\sqrt{2}\lambda(x_A+ip_A)/2$；

Alice 使用一个均匀随机数 a 与权重函数 $Q(\gamma,\lambda,T)$来进行比较，当 a 大于 Q 时则舍弃该相干态，而小于 Q 时则将该相干态发送给 Bob。此可以被简要总结为通过权重函数 Q 来对 Alice 初始产生的高斯调制相干态进行经典数据后选择[1]。

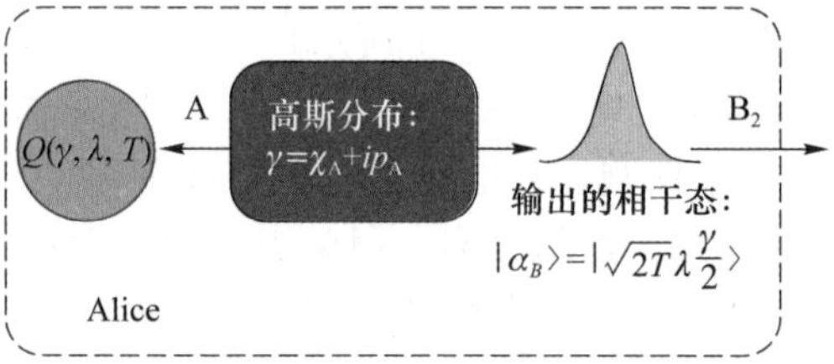

图 7-3　与 PS 操作等价的非高斯后选择方法

通过以上的方法我们就将应用在 CV-QKD 系统中的减 k 光子操作等价到了一个通过经典数据进行后选择的制备测量协议上。使用这种等价经典数据后选择方法的优点有：

◇ 可以避免使用超导探测器这一高成本、使用条件苛刻的仪器；

◇ 可以模拟理想探测器，不会受到实际探测器的有限效率和暗计数的影响；

◇ 可以根据信道的情况实时进行参数优化，达到局部最优的效果。

上述分析中表明数据后处理等价方法的核心在于权重函数 $Q(\gamma,\lambda,T)$，选择不同的权重函数就会导致不同的结果。其中决定权重函数 Q 的相关参数有：减光子数 k，原始 TMSV 的纠缠参数 λ，PS 操作的中分束器的透过率 T。通过对此三者的调整可以对 Q 进行优化选择。

优化选择的目标包含两类：

◇ 达到尽可能长的安全传输距离；

◇ 在确定的传输距离上达到尽可能高的安全码率。

此两类目标将会导致不同的参数优化选择方式和结果，通过对不同的参数进行安全码率仿真，对仿真结果进行对比得出最优工作点。此外，系统的纠错效率也会影响参数的选择，因此还需要研究在不同纠错效率下如何进行参数的优化选择。

7.2 协议的改进

在本小节中，将会介绍将与 PS 等价的非高斯后选择技术应用到 GG02 协议、测量设备无关协议等 CV-QKD 协议中时的具体情况及安全性分析方法。

7.2.1 非高斯后选择对 GG02 协议的改进

在本节中，我们考虑 PS 操作对于 GG02 类协议性能的影响，其 EB 模型如图 7-4 所示。其中，η_G 表示通道的透射率，ε_G 表示过量噪声，Bob 执行零差探测(GG02 协议)或外差探测(无开关协议)。

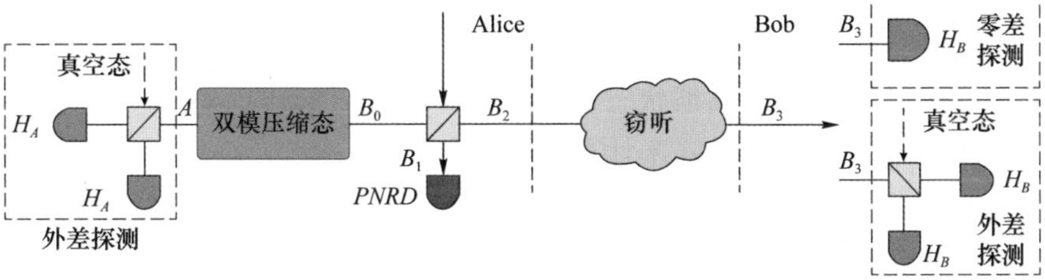

图 7-4 PS 操作对 GG02 协议的改进(EB 模型)

下面，以 Bob 在联合攻击下执行零差探测和反向协调为例介绍安全码率的具体计算方法。信道中的总噪声可以表示为 $\chi_{\text{line}}^G=1/\eta^G-1+\varepsilon^G$。安全码率可以通过如下公式计算

$$K_{\text{GG02}}^{PS}=\beta I_{AB}^G-\chi_{BE}^G \tag{7-2}$$

其中 β 表示协调效率，I_{AB}^G 是 Alice 和 Bob 之间的 Shannon 互信息。χ_{BE}^G 代表 Holevo 界，它定义了 Eve 在基于 Bob 的条件下可获得的信息量，可以通过以下方式计算，则发送给 Bob 的信号态可以被表示为：

$$\begin{aligned}\chi_{BE}^G &= S(\boldsymbol{\rho}_E)-\sum_{m_B}p(m_B)S(\boldsymbol{\rho}_E^{m_B})\\ &= S(\boldsymbol{\rho}_{AB_2})-S(\boldsymbol{\rho}_A^{m_B})\\ &= \sum_{i=1}^{2}G\left(\frac{\lambda_i-1}{2}\right)-G\left(\frac{\lambda_3-1}{2}\right)\end{aligned} \tag{7-3}$$

其中 $G(x)=(x+1)\log_2(x+1)-x\log_2 x$，$\lambda_{1,2}$ 是表征态 $\boldsymbol{\rho}_{AB_3}$ 协方差矩阵的辛特征值，λ_3 是 Bob 测量后表征态 $\boldsymbol{\rho}_A^{m_B}$ 的协方差矩阵的辛特征值。Shannon 信息熵 I_{AB}^G 可以写成：

$$I_{AB}^{G}=\frac{1}{2}\log_2\frac{V_{B_3}}{V_{B_3|A}} \tag{7-4}$$

此外，要计算 Eve 的所得信息量 χ_{BE}^{G}，需要得到 Alice 和 Bob 共享的态 $\boldsymbol{\rho}_{AB_3}^{k}$ 的协方差矩阵 $\boldsymbol{\gamma}_{AB_3}^{k}$，其中上标 k 代表减 k 光子。下面我们以减 1 光子为例。假设进信道前表征量子态 $\rho_{AB_3}^{1}$ 的协方差矩阵写为：

$$\boldsymbol{\gamma}_{AB_1}^{1}=\begin{pmatrix} X\boldsymbol{I}_2 & Z\boldsymbol{\sigma}_z \\ Z\boldsymbol{\sigma}_z & Y\boldsymbol{I}_2 \end{pmatrix} \tag{7-5}$$

其中，

$$\begin{aligned} X &= {}_{AB_1}\langle \zeta^{(1)} | 1+2\hat{a}^{\dagger}\hat{a} | \zeta^{(1)} \rangle_{AB_1} = 2V'+1 \\ Y &= {}_{AB_1}\langle \zeta^{(1)} | 1+2\hat{b}^{\dagger}\hat{b} | \zeta^{(1)} \rangle_{AB_1} = 2V'-1 \\ Z &= {}_{AB_1}\langle \zeta^{(1)} | \hat{a}\hat{b}+\hat{a}^{\dagger}\hat{b}^{\dagger} | \zeta^{(1)} \rangle_{AB_1} = 2\sqrt{V'^2-1} \end{aligned} \tag{7-6}$$

此外，$\boldsymbol{\sigma}_z=\text{diag}\{1,-1\}$，$\hat{a}$ 和 $\hat{b}$ 代表模式 A 和 B 的 PS 算子，$V'=\dfrac{1+\lambda^2(1+T)}{1+\lambda^2(1-T)}$。根据高斯最优定理，当将非高斯状态视为高斯状态时，计算出的安全码率 $\widetilde{K}_N$ 是一个下界。因此，可以通过以下公式来计算安全码率：

$$\widetilde{K}_{\text{GG02}}^{PS}=P_G^{(1)}(\beta I_{AB}^{G}-\chi_{BE}^{G}) \tag{7-7}$$

其中 $P_G^{(1)}$ 是成功实现减 1 光子的概率。

经过信道后，$\rho_{AB_3}^{1}$ 的协方差矩阵将与信道参数相关，其形式如下：

$$\boldsymbol{\gamma}_{AB_3}^{G}=\begin{pmatrix} X\boldsymbol{I}_2 & \sqrt{\eta_G}Z\boldsymbol{\sigma}_z \\ \sqrt{\eta_G}Z\boldsymbol{\sigma}_z & \eta_G(Y+\chi_{\text{line}})\boldsymbol{I}_2 \end{pmatrix}=\begin{pmatrix} \boldsymbol{\gamma}_A & \boldsymbol{\sigma}_{AB_3} \\ \boldsymbol{\sigma}_{AB_3}^{T} & \boldsymbol{\gamma}_{B_3} \end{pmatrix} \tag{7-8}$$

在 Bob 实施零差探测后，协方差矩阵变为：

$$\boldsymbol{\gamma}_A^{m_B}=\boldsymbol{\gamma}_A-\boldsymbol{\sigma}_{AB_3}^{T}(X\boldsymbol{\gamma}_{B_3}X)^{MP}\boldsymbol{\sigma}_{AB_3} \tag{7-9}$$

根据前边的分析，GG02 协议在经过非高斯后选择之后的安全码率 $\widetilde{K}_G$ 与非高斯后选择中的参数 T（分束器透过率）有关，因为 T 不仅影响到非高斯后选择的成功概率，同样影响着协方差矩阵 $\boldsymbol{\gamma}_{AB_3}^{G}$。因此，对于相同的信道参数将存在一个最优的 T 以获得最高的安全码率。图 7-5 展示了对 GG02 协议在经过非高斯后选择后的安全码率仿真，图中横坐标为非高斯后选择中的参数 T，纵坐标为传输距离，不同的颜色深度代表安全码率大小，其中白色区域为安全码率小于 10^{-6} 的区域。其他仿真参数为：TMSV 的方差为$V=20$，信道损耗系数为 $a=0.2$ dB/km，过量噪声为 $\varepsilon=0.01$，纠错效率为 $\beta=0.95$。

图 7-5 很好地说明了参数 T 的变动对安全码率的影响。可以发现，在仿真中的全部传输距离下，当 T 过小时，系统的安全码率均小于 10^{-6}。其中一个原因是，当 T 越小，就代表初始进入信道的相干态的均值就越小，最终 Bob 测量时的信噪比就越低。同时，当 T 过大时，系统的安全码率会逐渐趋于 0，这是因为非高斯后选择的成

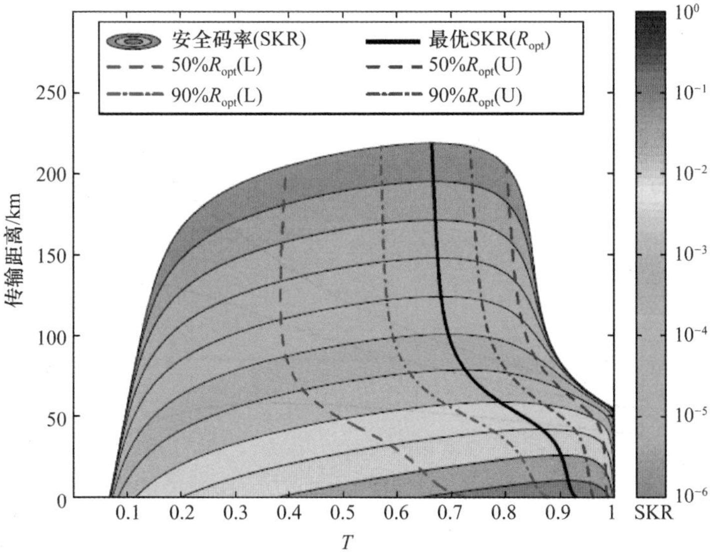

图 7-5 非高斯后选择中参数 T 的最优值

功概率随着 T 趋于 1 而趋于 0。图 7-6 展示了虚拟减 1～4 光子操作的成功概率与参数 T 之间的关系。图中可以发现不论是减几个光子的操作,其成功概率在 T 趋于 1 时都会趋于零。这点并不难理解,T 趋于 1 时几乎没有光子被 BS 反射,因此单光子探测器的响应率也就会趋于 0。图 7-6 所使用的仿真参数与图 7-5 相同。

上述对虚拟减单光子操作的分析同样适用于虚拟减 k 光子操作,它们具有相似的表现。图 7-7(a)展示了虚拟减 1～4 光子时,在每个传输距离下的最优安全码率,并与原始的 GG02 协议进行了对比(黑色实线)。(b) 则为在每个传输距离下取到最优安全码率值时的参数 T 取值。仿真参数为:TMSV 的方差为 $V=20$, 信道损耗系数为 $a=0.2$ dB/km,过量噪声为 $\varepsilon=0.01$,纠错效率为 $\beta=0.95$。

从图 7-7(a)中可以看出,应用虚拟减 1～4 光子操作后最大安全传输距离都超过了原始的 GG02 协议,但随着减光子数量的增多,最大传输距离却越来越近,此外安全码率也在下降。这主要是因为在目前的 CV-QKD 安全性分析中,在不限制 Eve 具体窃听模型的前提下给出联合攻击下的安全码率,需要使用高斯态极值定理。当量子态是非高斯态时,使用该定理虽然是安全的,但其将过高的估计窃听者所窃取的信息,从而给出一个对安全码率下界的较坏估计。在对 TMSV 应用 PS 操作时,所减光子数越多,TMSV 的纠缠度提升就越多,但与此同时其非高斯性也就越高[3-4]。这将导致减更多的光子数反而会造成更低的安全码率。

CV-QKD 协议常关注的另一个性能参数是可容忍过量噪声,图 7-8 (a) 展示了虚拟减 1～4 光子条件下,遍历参数 T 所可得到的最大可容忍过量噪声,并与原始协议 GG02 协议的情况(黑色实线)进行了对比。图(b)为取到最大可容忍过量噪声时

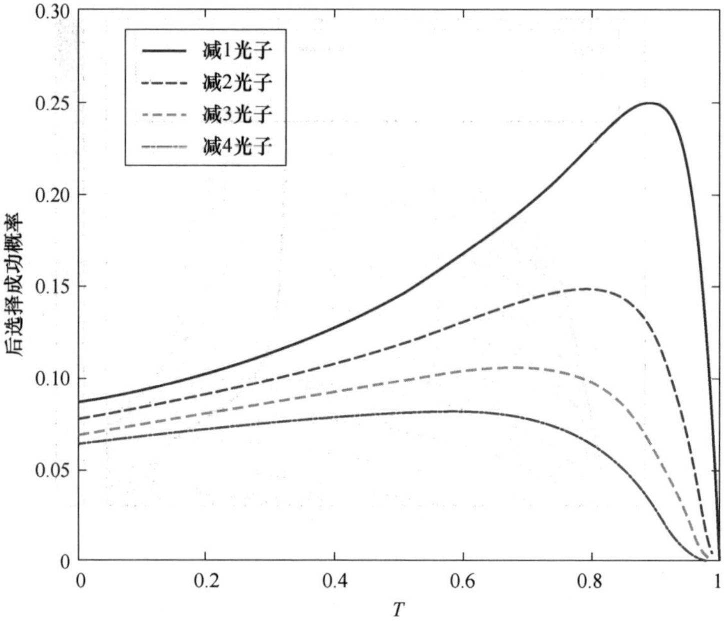

图 7-6　不同非高斯后选择的成功概率与参数 T 的关系

的参数 T。图中蓝色实线代表减 1 光子的情况，绿色虚线代表减 2 光子的情况，粉色点线代表减 3 光子的情况，红色点虚线代表减 4 光子的情况。其他仿真参数为：TMSV 的方差为 $V=20$，信道损耗系数为 $a=0.2$ dB/km，纠错效率为 $\beta=0.95$。图 7-8 的现象与图 7-7 十分相似，其主要原因也相似。更进一步从安全码率计算的角度来解释此现象，对于最终的量子态来讲，“信道透过率”为 $\eta_A T_C$，相当于将 TMSV 经过虚拟减光子操作而引入的额外衰减和信道的衰减一同考虑，新的“过量噪声”的影响被“放大”了。因此，减光子数越多，其最大可容忍噪声也就越小。

这一成果对 CV-QKD 技术的改进有重要的意义，与 PS 等价非高斯后选择技术很快被应用到多种 CV-QKD 协议中[5-17]。

7.2.2　非高斯后选择对测量设备无关协议的改进

如图 7-9 所示，这里使用的相干态 MDI 协议与第四章中的协议相同：Alice 和 Bob 在接收到 Charlie 发送来的测量结果后，Bob 做位移操作。

Alice 和 Bob 所制备的量子态对应的协方差矩阵为：

$$\boldsymbol{\gamma}_{A_1A_4}=\begin{bmatrix} V_{A_1}\boldsymbol{I}_2 & C_{A_1A_4}\boldsymbol{\sigma}_z \\ C_{A_1A_4}\boldsymbol{\sigma}_z & V_{A_4}\boldsymbol{I}_2 \end{bmatrix},\tag{7-10}$$

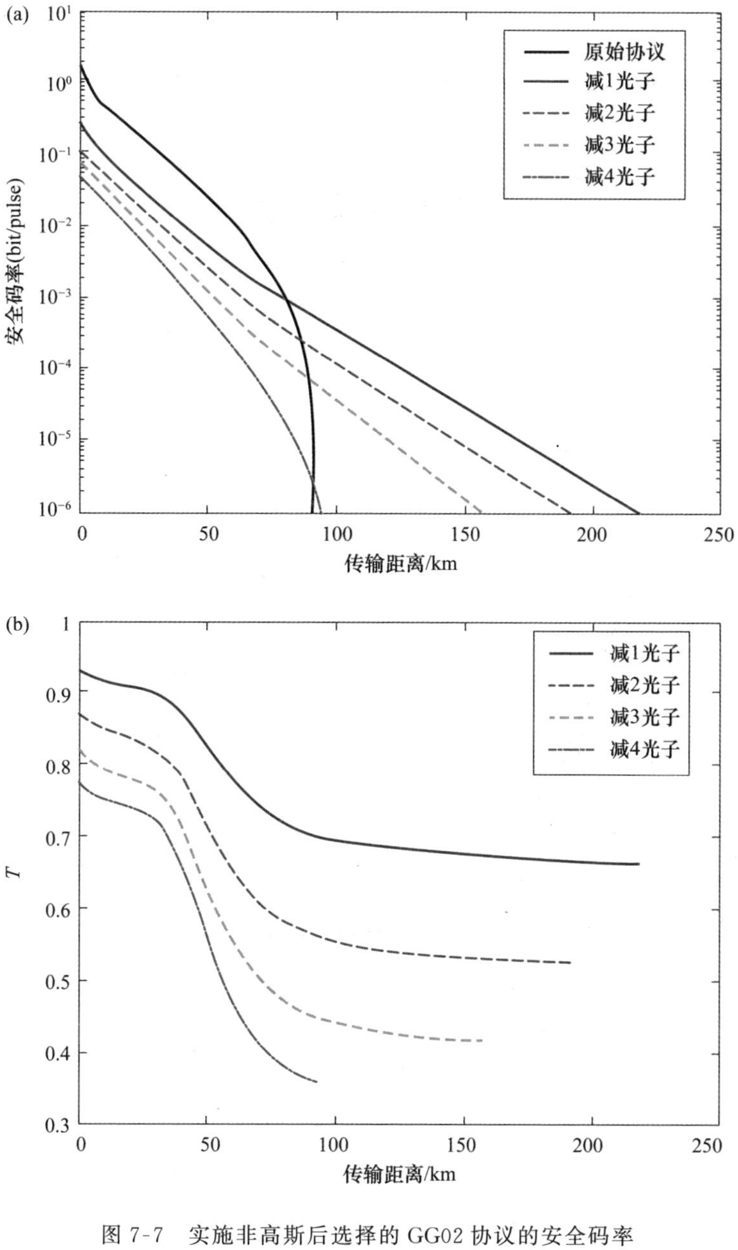

图 7-7 实施非高斯后选择的 GG02 协议的安全码率

$$\boldsymbol{\gamma}_{B_2B_5}=\begin{bmatrix} V_{B_2}\boldsymbol{I}_2 & C_{B_2B_5}\boldsymbol{\sigma}_z \\ C_{B_2B_5}\boldsymbol{\sigma}_z & V_{B_5}\boldsymbol{I}_2 \end{bmatrix}, \tag{7-11}$$

其中

$$\boldsymbol{I}_2=\begin{bmatrix} 1 & 0 \\ 0 & 1 \end{bmatrix},\quad \boldsymbol{\sigma}_z=\begin{bmatrix} 1 & 0 \\ 0 & -1 \end{bmatrix} \tag{7-12}$$

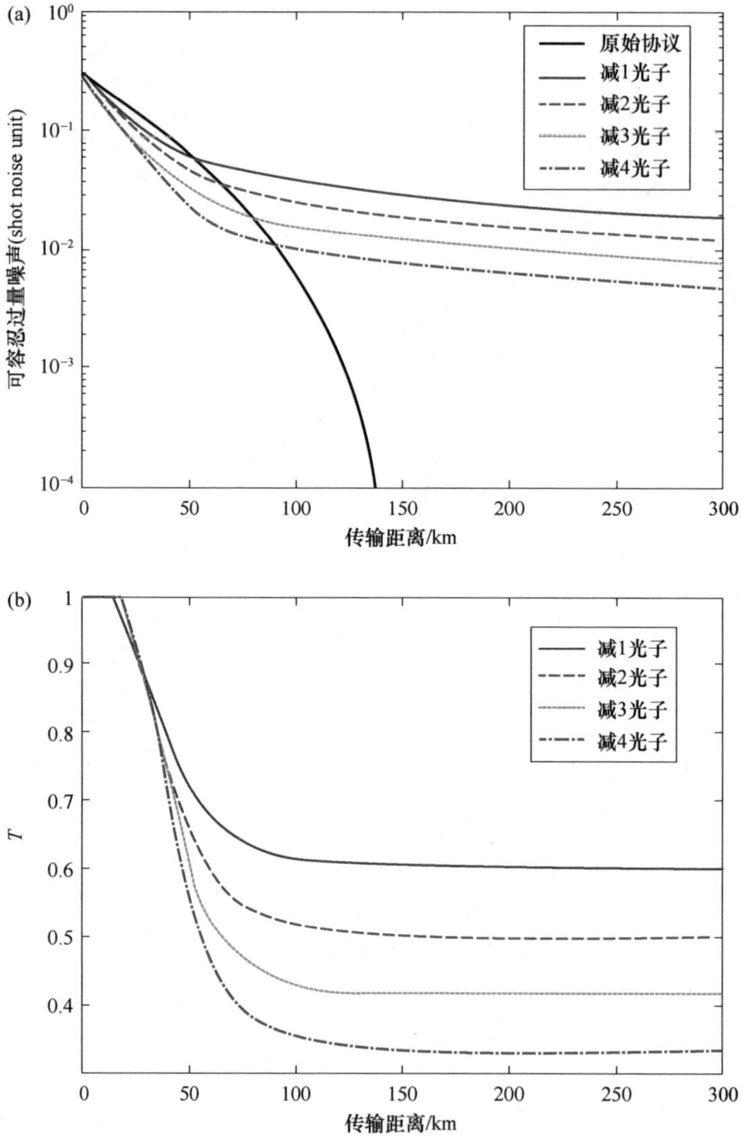

图 7-8 实施非高斯后选择的 GG02 协议的可容忍噪声

Alice 端的协方差矩阵中的参数为

$$V_{A_1}=2V'_A-1,$$

$$C_{A_1A_4}=2\sqrt{T_{PS}}\lambda_A V'_A,$$

$$V_{A_4}=2T_{PS}\lambda_A^2 V'_A+1,$$

$$V'_A=\frac{k+1}{1-T_{PS}\lambda_A^2} \tag{7-13}$$

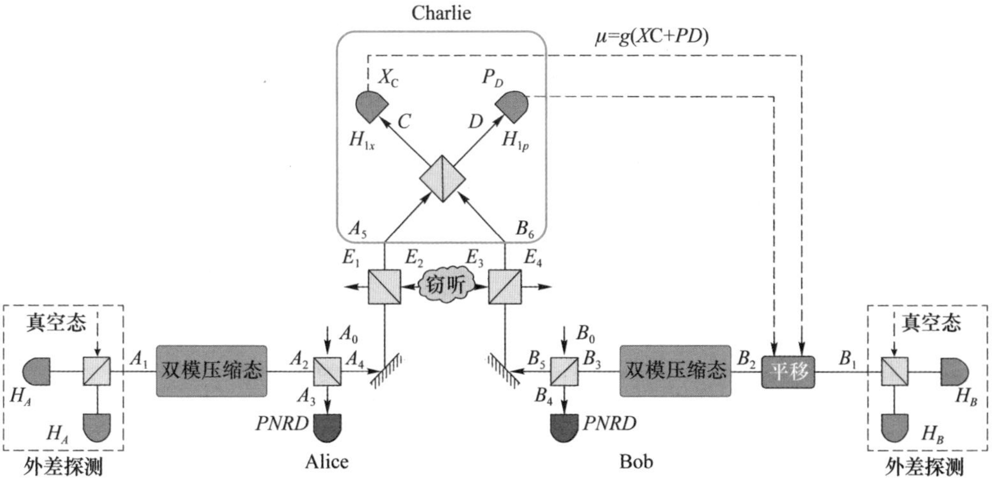

图 7-9　PS 操作对 MDI 协议的改进(EB 模型)

Bob 端的协方差矩阵中的参数与 Alice 端相同,仅仅把方差调整为 Bob 端的方差。经过信道之后,Charlie 手中的模式 C_x 和 C_p 为

$$C_x=\frac{1}{\sqrt{2}}(A_5-B_6)=\frac{1}{\sqrt{2}}(\sqrt{T_A}A_4-\sqrt{T_B}B_5)+\frac{1}{\sqrt{2}}(\sqrt{1-T_A}E_2-\sqrt{1-T_B}E_3),$$

$$C_p=\frac{1}{\sqrt{2}}(A_5+B_6)=\frac{1}{\sqrt{2}}(\sqrt{T_A}A_4+\sqrt{T_B}B_5)+\frac{1}{\sqrt{2}}(\sqrt{1-T_A}E_2+\sqrt{1-T_B}E_3)\tag{7-14}$$

其中 T_A 和 T_B 为 Alice 和 Bob 到 Charlie 的信道透射率。

Bob 端经过位移操作后,模式 B_1 变为

$$B_{1x}=B_{2x}+\mu C_x=\left(B_{2x}-\mu\sqrt{\frac{T_B}{2}}B_{5x}\right)+\mu\sqrt{\frac{T_A}{2}}A_{4x}+\frac{\mu}{\sqrt{2}}(\sqrt{1-T_A}E_{2x}-\sqrt{1-T_B}E_{3x}),$$

$$B_{1p}=B_{2p}+\mu C_p=\left(B_{2p}-\mu\sqrt{\frac{T_B}{2}}B_{5p}\right)+\mu\sqrt{\frac{T_A}{2}}A_{4p}+\frac{\mu}{\sqrt{2}}(\sqrt{1-T_A}E_{2p}-\sqrt{1-T_B}E_{3p})\tag{7-15}$$

与第四章中 MDI 协议安全性分析方法相同,这里可以把 MDI 协议等价为无开关协议,最终的协方差矩阵为

$$\boldsymbol{\gamma}_{A_1B_1}=\begin{bmatrix} V_{A_1}\boldsymbol{I}_2 & \sqrt{T}C_{A_1A_4}\boldsymbol{\sigma}_z \\ \sqrt{T}C_{A_1A_4}\boldsymbol{\sigma}_z & [T(V_{A_4}-1)+1+T\varepsilon']\boldsymbol{I}_2 \end{bmatrix}\tag{7-16}$$

等价的信道透射率 T 和过量噪声 ε' 为:

$$T=\frac{T_A}{2}\mu^2$$

$$\varepsilon'=1+\frac{1}{T_A}\left[T_B(\chi_B-1)+T_A\chi_A-C_E\right]+\frac{1}{T_A}\left[\frac{\sqrt{2}}{\mu}\sqrt{V_{B_5}-1}-\sqrt{T_B(V_{B_2}+1)}\right] \tag{7-17}$$

其中，对于 x 正则分量，$C_E=\frac{2}{T_A}\sqrt{(1-T_A)(1-T_B)}\langle E_{2x}E_{3x}\rangle$；对于 p 正则分量，$C_E=-\frac{2}{T_A}\sqrt{(1-T_A)(1-T_B)}\langle E_{2p}E_{3p}\rangle$。

如果取 $\mu=\sqrt{\frac{2(V_{B_5}-1)}{T_B(V_{B_2}+1)}}$，则上面的公式可以化简为

$$\varepsilon'=\varepsilon_A+\frac{1}{T_A}\left[T_B(\varepsilon_B-2)+2\right] \tag{7-18}$$

根据上面给出的最终的协方差矩阵 $\boldsymbol{\gamma}_{A_1B_1}$，可以计算出协议的安全码率

$$K_{\mathrm{MDI}}^{PS}=\beta I_{AB}-\chi_{BE} \tag{7-19}$$

其中

$$I_{AB}=\log(V_{A_x})-\log(V_{A_x|B_x})=\log\left(\frac{V_{A_1}+1}{V_{A_1}-\frac{C_{A_1B_1}^2}{V_{B_1}}+1}\right) \tag{7-20}$$

具体的计算方法和计算公式与第四章中给出的一样，这里就不再赘述了。随后，将通过数值仿真得到通过 NLA 改进的相干态测量设备无关协议的性能。数值仿真中会影响系统性能的参数有：协调效率 β，Alice 端和 Bob 的调制方差 (V_A-1) 和 (V_B-1)，信道透射率 T_A 和 T_B，信道过量噪声 ε_A 和 ε_B。在本次数值仿真中，这些参数都选择实际实验中的典型值并且为固定值。这里选择 $V_A=V_B=40$，$\beta=0.95$，信道过量噪声 $\varepsilon_A=\varepsilon_B=0.002$。这里均只给出了信道非对称情况下的结果。

如图 7-10 所示，在 Alice 端应用虚拟减 1～3 光子操作后最大安全传输距离和可容忍过量噪声都超过了原始的 MDI 协议，但随着减光子数量的增多，最大传输距离却越来越近，此外安全码率也在下降。这与 GG02 协议中的改进效果类似。

如图 7-11 所示，在 Bob 端应用虚拟减 1～3 光子操作后最大安全传输距离没有超过原始的 MDI 协议，随着减光子数量的增多，最大传输距离却越来越近，此外安全码率也在下降。这里在 Bob 端应用非高斯后选择后对协议的性能没有提升的帮助，其主要原因在于位移操作是在 Bob 端进行，进行非高斯后选择后会在一定程度上增加等效信道的过量噪声。

图 7-10、7-11、7-12 给出了将虚拟减 1 光子操作应该在三种情况下的效果，仅在 Alice 端，仅在 Bob 端，和 Alice 端和 Bob 端同时。性能最好的选择是仅在 Alice 端进行应用。

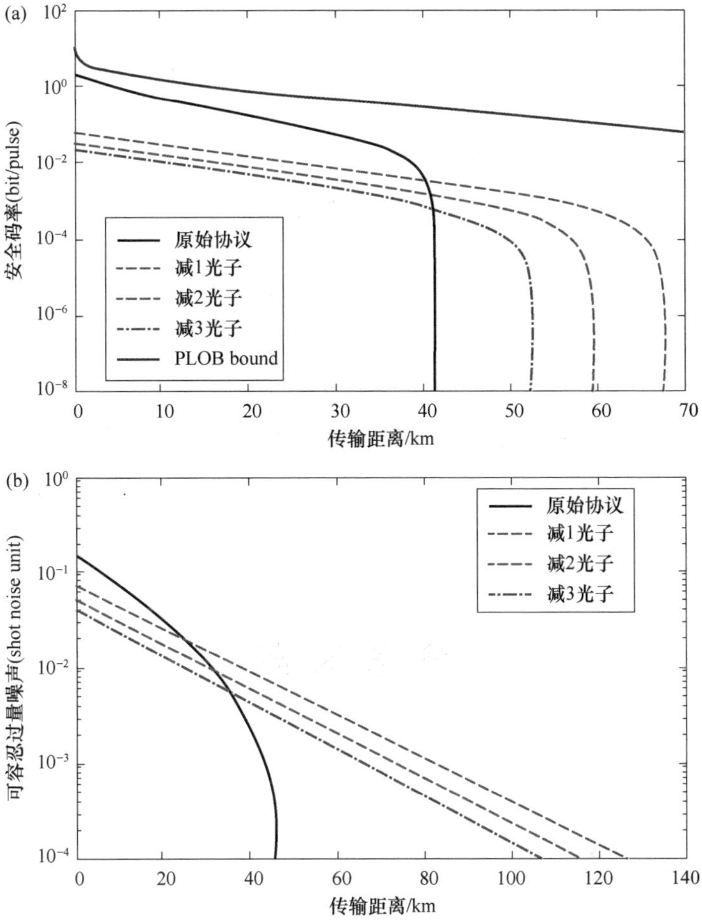

图 7-10 非高斯后选择对 MDI 协议的改进效果图(仅在 Alice 端使用)

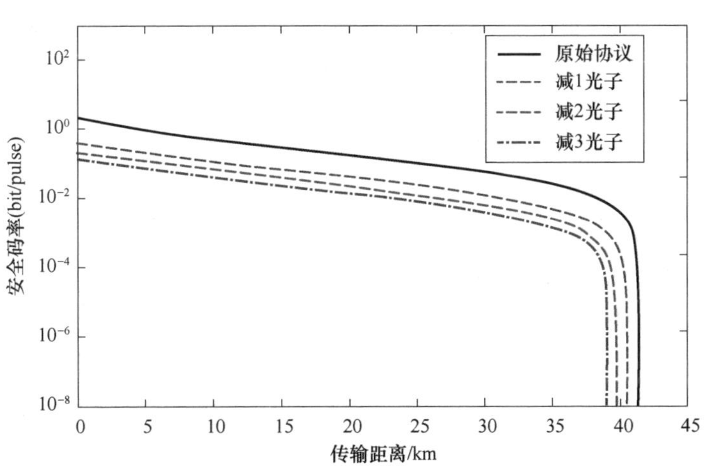

图 7-11 非高斯后选择对 MDI 协议的改进效果图(仅在 Bob 端使用)

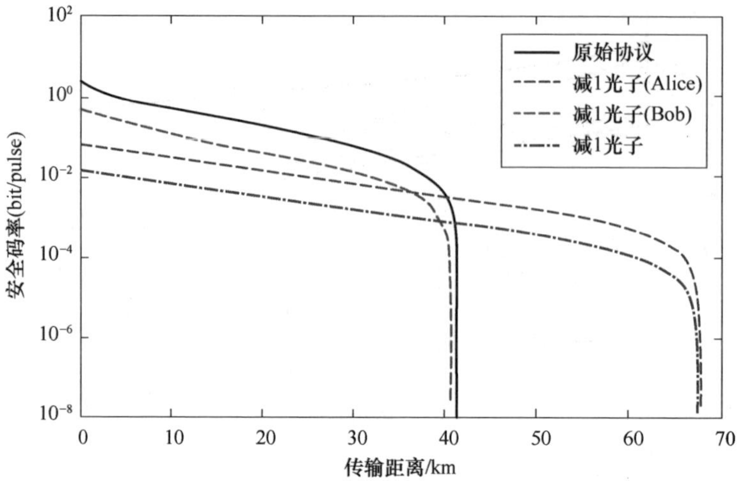

图 7-12 非高斯后选择对 MDI 协议的改进效果图(Alice 和 Bob 端同时)

参考文献

[1] Li Z, Zhang Y, Wang X, et al. Non-Gaussian postselection and virtual photon subtraction in continuous-variable quantum key distribution[J]. Physical Review A, 2016, 93(1): 012310.

[2] 李政宇. 连续变量量子密钥分发协议性能与安全性研究[D]. 北京: 北京大学, 2016.

[3] Kitagawa A, Takeoka M, Sasaki M, et al. Entanglement evaluation of non-Gaussian states generated by photon subtraction from squeezed states[J]. Physical Review A, 2006, 73(4): 042310.

[4] Navarrete-Benlloch C, García-Patrón R, Shapiro J H, et al. Enhancing quantum entanglement by photon addition and subtraction[J]. Physical Review A, 2012, 86(1): 012328.

[5] Zhao Y, Zhang Y, Li Z, et al. Improvement of two-way continuous-variable quantum key distribution with virtual photon subtraction[J]. Quantum Information Processing, 2017, 16(8): 1-14.

[6] Zhao Y, Zhang Y, Xu B, et al. Continuous-variable measurement-device-independent quantum key distribution with virtual photon subtraction[J]. Physical Review A, 2018, 97(4): 042328.

[7] Ma H X, Huang P, Bai D Y, et al. Continuous-variable measurement-device-

independent quantum key distribution with photon subtraction[J]. Physical Review A, 2018, 97(4): 042329.

[8] Zhong H, Wang Y, Wang X, et al. Enhancing of self-referenced continuous-variable quantum key distribution with virtual photon subtraction [J]. Entropy, 2018, 20(8): 578.

[9] Peng Q, Wu X, Guo Y. Improving eight-state continuous variable quantum key distribution by applying photon subtraction[J]. Applied Sciences, 2019, 9(7): 1333.

[10] Lim K, Suh C, Rhee J K K. Longer distance continuous variable quantum key distribution protocol with photon subtraction at the receiver [J]. Quantum Information Processing, 2019, 18(3): 73.

[11] Yu C, Zou S, Mao Y, et al. Photon subtraction-induced plug-and-play scheme for enhancing continuous-variable quantum key distribution with discrete modulation[J]. Applied Sciences, 2020, 10(12): 4175.

[12] Guo Y, Liao Q, Wang Y, et al. Performance improvement of continuous-variable quantum key distribution with an entangled source in the middle via photon subtraction[J]. Physical Review A, 2017, 95(3): 032304.

[13] Liao Q, Guo Y, Huang D, et al. Long-distance continuous-variable quantum key distribution using non-Gaussian state-discrimination detection [J]. New Journal of Physics, 2018, 20(2): 023015.

[14] Wu X D, Wang Y J, Zhong H, et al. Plug-and-play dual-phase-modulated continuous-variable quantum key distribution with photon subtraction[J]. Frontiers of Physics, 2019, 14(4): 1-11.

[15] Ye W, Zhong H, Liao Q, et al. Improvement of self-referenced continuous-variable quantum key distribution with quantum photon catalysis[J]. Optics Express, 2019, 27(12): 17186-17198.

[16] Guo Y, Ye W, Zhong H, et al. Continuous-variable quantum key distribution with non-Gaussian quantum catalysis[J]. Physical Review A, 2019, 99(3): 032327.

[17] Hu L, Al-amri M, Liao Z, et al. Continuous-variable quantum key distribution with non-Gaussian operations[J]. Physical Review A, 2020, 102(1): 012608.

第 8 章

光放大器对协议的改进

目前,已被研究的使用光放大器提升 CV-QKD 协议性能的方法包括使用相位敏感光放大器(PSA)和相位非敏感光放大器(PIA)等。光放大器对协议性能的提升方式与前两章的后选择技术不同,其主要是弥补实际探测器的非理想性。在实际实验中,探测器的量子效率和电噪声是固定值,很难进行调整,并且两个固定值对于整个 CV-QKD 协议来说不一定是最优的。所以可以采取一些预处理手段对探测器的非理想性进行优化,从而提升整个协议的性能。使用 PSA 和 PIA 就是其中的两种手段,理论上可达到使用理想探测器时的协议性能。在本章中,我们将会介绍这两种光放大器对 CV-QKD 协议的改进,并且通过数值仿真,给出两种方案的工作范围和条件。我们为在实验中实现这些改进方案做了充分的数值计算与分析。

8.1 光放大器模型及原理

本小节将会介绍相位敏感光放大器(PSA)和相位非敏感光放大器(PIA)的原理和特点。

8.1.1 相位敏感光放大器

相位敏感光放大器(PSA)的提出与光纤通信技术发展的障碍及掺铒光放大器功能的局限性密切相关[1]。PSA 技术的核心即为利用简并光学参量放大及相位追踪技术,使得与泵浦光同向的信号光分量被放大,而与之正交的信号光分量对应被衰减,如图 8-1 所示。因此,信号光增益具有相位敏感性。

由于 PSA 技术在包括通信系统、光学放大器在内的各种技术应用中扮演着重要角色,研究者们对其噪声特性进行了广泛的研究。在此本章假设放大后的附加噪声为 N_1 和 N_2,x 方向和 p 方向上的放大增益分别为 G_1 和 G_2。它们具有以下关系,该

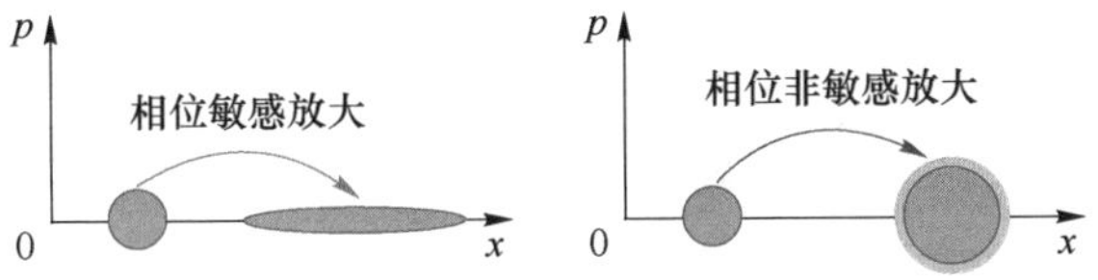

图 8-1 PSA 和 PIA 技术示意图

关系称为放大器不确定性定理：

$$(N_1 N_2)^{\frac{1}{2}} \geqslant \frac{1}{4} \left| 1 \mp (G_1 G_2)^{-\frac{1}{2}} \right| \tag{8-1}$$

上式意味着减少一个方向上的附加噪声必然引起与之正交的另一个方向上附加噪声增加。因此，可以考虑设计一个放大器，使其放大所选方向上的信号（$G_1 \gg 1$），并降低该方向上的附加噪声（$N_1 \ll 1/4$）。这样做的代价是增加与之正交的另一个方向上的附加噪声（$N_2 \gg 1/4$）。因此，相敏光放大器的效果等效于对信号态执行压缩操作，从而实现对所选方向上的信号进行无噪声放大。放大倍数为 g 的相敏光放大器可以将所选方向的信号放大$\sqrt{g}$倍，而另一个方向则压缩为原来的 $1/\sqrt{g}$倍。因此，放大过程对于 x 方向和 p 方向具有非对称效应，其中一个方向被放大而与之正交的另一个被压缩。特别要注意的是，本章忽略了实际放大器所增加的噪声。这样，就可以按照上述思路对这种类型的放大器进行建模，如图 8-2 所示，将 PSA 放置在信道的输出端、Bob 端设备的输入端，PSA 通常使用在零差探测器之前，对将测量的正则分量进行放大。

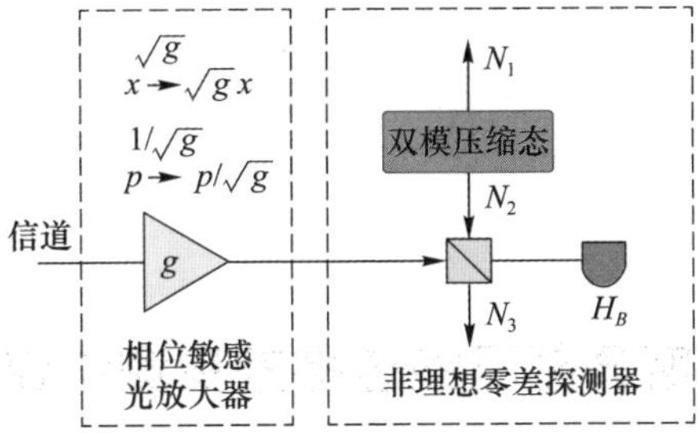

图 8-2 系统中加入 PSA 后的模型

8.1.2 相位非敏感光放大器

当 Bob 采用外差探测时，则可以利用相位非敏感光放大器（PIA）对两个正则分量同时放大。PIA 是非简并光参量放大器，其作用可以等效为对信号态执行双模压缩操作，由于在放大时信号态要与 PIA 内的闲置模式相互作用，因而会额外引入一定的噪声，如图 8-3 所示。

经放大倍数为 g 的 PIA 放大后，信号态的两个正则分量被同等程度地放大，但

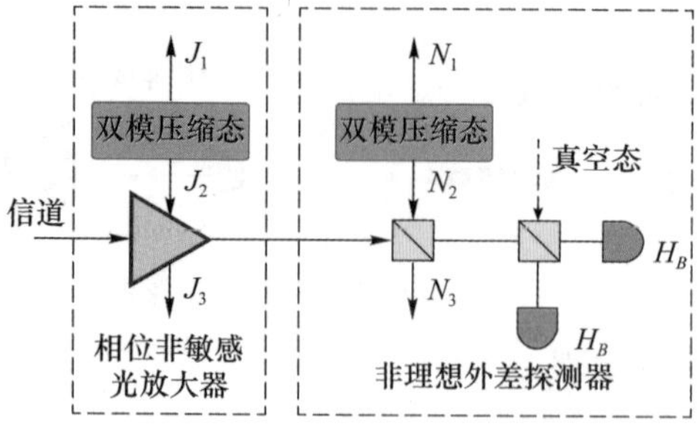

图 8-3　系统中加入 PIA 后的模型

其自身的不确定度也有所增加，其辛矩阵形式如下式所示。

$$\boldsymbol{Y}^{\mathrm{PIA}}=\begin{bmatrix}\sqrt{g}\boldsymbol{I}_2 & \sqrt{g-1}\boldsymbol{\sigma}_z\\ \sqrt{g-1}\boldsymbol{\sigma}_z & \sqrt{g}\boldsymbol{I}_2\end{bmatrix}\tag{8-2}$$

PIA 本身的内禀噪声由一个方差为 N 的双模压缩态建模，其协方差矩阵如下式所示

$$\boldsymbol{\gamma}_{J_1J_2}=\begin{bmatrix}N\boldsymbol{I}_2 & \sqrt{N^2-1}\boldsymbol{\sigma}_z\\ \sqrt{N^2-1}\boldsymbol{\sigma}_z & N\boldsymbol{I}_2\end{bmatrix}\tag{8-3}$$

8.2　协议的改进

在本小节中，将会介绍 PSA 和 PIA 应用到高斯调制压缩态协议、GG02 协议[2]、一维调制相干态协议[3-4]、双路协议[5-6]等 CV-QKD 协议[7-11]中时的具体情况及安全性分析方法。

8.2.1　PSA 对高斯调制压缩态零差探测协议的改进

在高斯调制压缩态零差探测协议的 EB 模型中，如图 8-4，将 PSA 放置在信道的输出端、Bob 端设备的输入端。

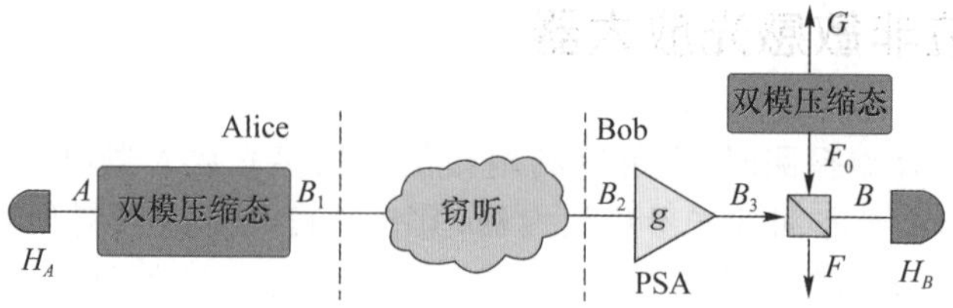

图 8-4　使用 PSA 改进高斯调制压缩态零差探测协议的 EB 模型

在联合窃听下,高斯调制压缩态零差探测协议使用反向协调的安全码率的计算公式可以写为:

$$K_{S-S}^{\mathrm{PSA}}=\beta I_{AB}-\chi_{BE} \tag{8-4}$$

其中,β 表示反向协调的效率。I_{AB} 为 Alice 和 Bob 间的经典信息熵,其可以通过下式计算:

$$I_{AB}=\frac{1}{2}\log_2\frac{V_A}{V_{A|B}} \tag{8-5}$$

其中,χ_{tot} 是 Alice 和 Bob 之间的总噪声且 $\chi_{\mathrm{tot}}=\chi_{\mathrm{line}}+\chi_{\mathrm{hom}}/T$,其中,$\chi_{\mathrm{hom}}$ 可以通过如下公式求得:

$$\chi_{\mathrm{hom}}=(1-\eta+v_{el})/(g\eta) \tag{8-6}$$

式中,v_{el} 表示电噪声,η 是分束器的透射率,g 表示相敏光放大器的放大倍数。

χ_{BE} 的计算需要依赖协方差矩阵 $\boldsymbol{\gamma}_{AB_2}$,其具有以下形式:

$$\boldsymbol{\gamma}_{AB_2}=\begin{bmatrix} V\boldsymbol{I}_2 & \sqrt{T(V^2-1)}\boldsymbol{\sigma}_z \\ \sqrt{T(V^2-1)}\boldsymbol{\sigma}_z & T(V+\chi_{\mathrm{line}})\boldsymbol{I}_2 \end{bmatrix}=\begin{bmatrix} \boldsymbol{\gamma}_A & \boldsymbol{\sigma}_{AB} \\ \boldsymbol{\sigma}_{AB}^T & \boldsymbol{\gamma}_B \end{bmatrix} \tag{8-7}$$

同样地,假定窃听者在信道中使用的是纠缠克隆操作,则在 Eve 可以纯化系统的情况下,χ_{BE} 可以通过下式计算:

$$\chi_{BE}=S(\boldsymbol{\rho}_E)-S(\boldsymbol{\rho}_{\rho_E}^{x_B})=S(\boldsymbol{\rho}_{AB_2})-S(\boldsymbol{\rho}_{AFG}^{x_B}) \tag{8-8}$$

该表达式中的 $S(\boldsymbol{\rho})$ 表示量子态 $\boldsymbol{\rho}$ 的冯·诺依曼熵,可以用表征 $\boldsymbol{\rho}$ 的协方差矩阵 $\boldsymbol{\gamma}$ 的辛特征值来计算:

$$S(\boldsymbol{\rho}) = \sum_i G\left(\frac{\upsilon_i-1}{2}\right) \tag{8-9}$$

其中,$G(x)=(x+1)\log_2(x+1)-x\log_2 x$。

接下来则可以通过协方差矩阵 $\boldsymbol{\gamma}_{AFG}^{x_B}$ 的辛特征值来计算第二部分的值。该特征值可以通过表征 Bob 测量前状态的矩阵 $\boldsymbol{\gamma}_{ABFG}$ 来计算,其最终形式由下式得到:

$$\boldsymbol{\gamma}_{ABFG}=(\boldsymbol{I}_2\oplus Y_{B_3F_0}^{BS}\oplus\boldsymbol{I}_2)Y^{\mathrm{PSA}}(\boldsymbol{\gamma}_{AB_2}\oplus\boldsymbol{\gamma}_{F_0G})(Y^{PSA})^T(\boldsymbol{I}_2\oplus Y_{B_3F_0}^{BS}\oplus\boldsymbol{I}_2)^T \tag{8-10}$$

其中,$\boldsymbol{Y}_{B_3F_0}^{BS}$ 表示 BS 的辛矩阵,其形式如下:

$$\boldsymbol{Y}_{B_3F_0}^{BS}=\begin{bmatrix} \sqrt{\eta}\,\boldsymbol{I}_2 & \sqrt{1-\eta}\,\boldsymbol{I}_2 \\ -\sqrt{1-\eta}\,\boldsymbol{I}_2 & \sqrt{\eta}\,\boldsymbol{I}_2 \end{bmatrix} \tag{8-11}$$

$\boldsymbol{\gamma}_{F_0G}$ 具有如下形式:

$$\boldsymbol{Y}_{B_3F_0}^{BS}=\begin{bmatrix} V_N\boldsymbol{I}_2 & \sqrt{(V_N^2-1)}\boldsymbol{\sigma}_z \\ \sqrt{(V_N^2-1)}\boldsymbol{\sigma}_z & V_N\boldsymbol{I}_2 \end{bmatrix} \tag{8-12}$$

此外,$\boldsymbol{Y}^{PSA}=\boldsymbol{I}_2\oplus\boldsymbol{Y}_{B_2}^{PSA}\oplus\boldsymbol{I}_2\oplus\boldsymbol{I}_2$,且

$$\boldsymbol{Y}_{B_2}^{PSA}=\begin{bmatrix} \sqrt{g} & 0 \\ 0 & 1/\sqrt{g} \end{bmatrix} \tag{8-13}$$

更进一步，通过适当地重新排列矩阵 $\boldsymbol{\gamma}_{ABFG}$ 的行和列，可以得到一个新的矩阵 $\boldsymbol{\gamma}_{AFGB}$，其结构如下：

$$\boldsymbol{\gamma}_{AFGB}=\begin{bmatrix}\boldsymbol{\gamma}_{AFG} & \boldsymbol{\sigma}_{AFGB}^{T}\\ \boldsymbol{\sigma}_{AFGB} & \boldsymbol{\gamma}_{B}\end{bmatrix} \tag{8-14}$$

经过 Bob 的零差操作以后，可以得到矩阵 $\boldsymbol{\gamma}_{AFG}^{x_B}$，其可以通过下式计算：

$$\boldsymbol{\gamma}_{AFG}^{x_B}=\boldsymbol{\gamma}_{AFG}-\boldsymbol{\sigma}_{AFGB}^{T}(\boldsymbol{X}\boldsymbol{\gamma}_{B}X)^{MP}\boldsymbol{\sigma}_{AFGB} \tag{8-15}$$

其中，$\boldsymbol{X}=\begin{bmatrix}1 & 0\\ 0 & 0\end{bmatrix}$，$MP$ 表示 Moore-Penrosen 求逆。计算出 $\boldsymbol{\gamma}_{AFG}^{x_B}$ 的辛特征值，可由式(8-8)计算出 Eve 能获得的信息 χ_{BE}，再由式(8-4)可计算出加入相敏光放大器后协议安全码率的大小。

图 8-5 利用 MATLAB，将加入 PSA 后的高斯调制压缩态零差探测协议的安全码率与传输距离的关系进行了仿真。其中，黑色的实线代表使用实际探测器时实际协议的安全码率，红色的实线代表使用理想探测器时理想协议的安全码率。点线代表加入放大倍数为 3 的相敏光放大器后协议的性能，虚线代表加入放大倍数为 10 的相敏光放大器后协议的性能。可以看到，当放大倍数逐渐增大时，系统的性能逐渐靠近理想性能，探测器的非理想性被补偿。

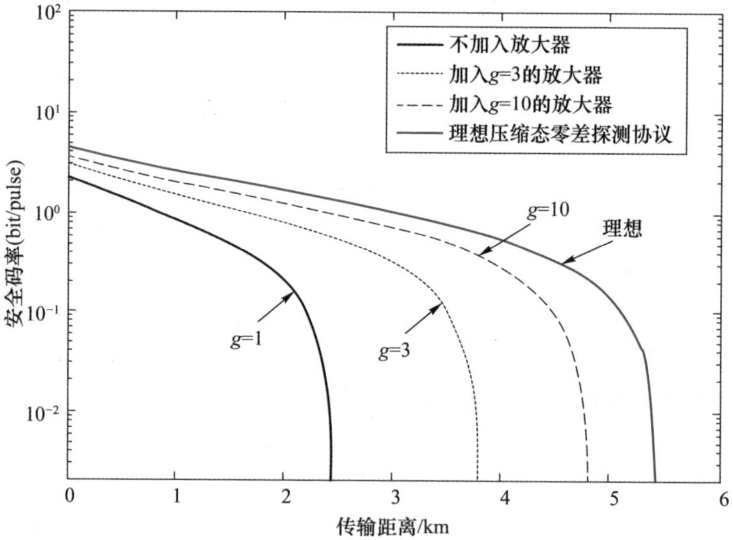

图 8-5　PSA 对高斯调制压缩态零差探测协议的改进效果

8.2.2　PSA 对 GG02 协议的改进

在使用 PSA 改进 GG02 协议的 EB 模型中，见图 8-6，将 PSA 放置在信道的输出端、Bob 端设备的输入端。

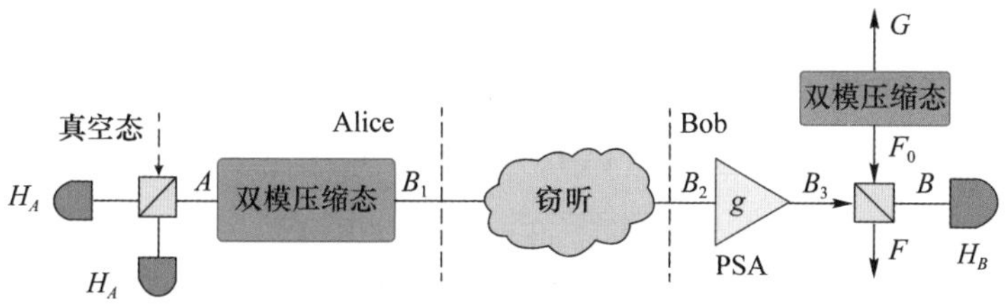

图 8-6 使用 PSA 改进 GG02 协议的 EB 模型

在联合窃听下,使用反向协调的安全码率的计算公式可以写为:

$$K_{\mathrm{GG02}}^{\mathrm{PSA}}=\beta I_{AB}-\chi_{BE} \tag{8-16}$$

其中,β 表示反向协调的效率。I_{AB} 为 Alice 和 Bob 间的经典信息熵,其可以通过下式计算:

$$I_{AB}=\frac{1}{2}\log_2\frac{V_A+1}{V_{A|B}+1}=\frac{1}{2}\log_2\frac{V+\chi_{\mathrm{tot}}}{1+\chi_{\mathrm{tot}}} \tag{8-17}$$

其中,χ_{tot} 是 Alice 和 Bob 之间的总噪声且 $\chi_{\mathrm{tot}}=\chi_{\mathrm{line}}+\chi_{\mathrm{hom}}/T$,其中,$\chi_{\mathrm{hom}}$ 可以通过如下公式求得:

$$\chi_{\mathrm{hom}}=(1-\eta+v_{el})/(g\eta) \tag{8-18}$$

式中,v_{el} 表示电噪声,η 是分束器的透射率,g 表示相敏光放大器的放大倍数。

χ_{BE} 的计算需要依赖协方差矩阵 $\boldsymbol{\gamma}_{AB_2}$,其具有以下形式:

$$\boldsymbol{\gamma}_{AB_2}=\begin{bmatrix} V\boldsymbol{I}_2 & \sqrt{T(V^2-1)}\boldsymbol{\sigma}_z \\ \sqrt{T(V^2-1)}\boldsymbol{\sigma}_z & T(V+\chi_{\mathrm{line}})\boldsymbol{I}_2 \end{bmatrix}=\begin{bmatrix} \boldsymbol{\gamma}_A & \boldsymbol{\sigma}_{AB} \\ \boldsymbol{\sigma}_{AB}^T & \boldsymbol{\gamma}_B \end{bmatrix} \tag{8-19}$$

同样地,假定窃听者在信道中使用的是纠缠克隆操作,则在 Eve 可以纯化系统的情况下,χ_{BE} 可以通过下式计算:

$$\chi_{BE}=S(\boldsymbol{\rho}_E)-S(\boldsymbol{\rho}_{\rho_E}^{x_B})=S(\boldsymbol{\rho}_{AB_2})-S(\boldsymbol{\rho}_{AFG}^{x_B}) \tag{8-20}$$

该表达式中的 $S(\boldsymbol{\rho})$ 表示量子态 $\boldsymbol{\rho}$ 的冯·诺依曼熵,可以用表征 $\boldsymbol{\rho}$ 的协方差矩阵 $\boldsymbol{\gamma}$ 的辛特征值来计算:

$$S(\boldsymbol{\rho})=\sum_i G\left(\frac{v_i-1}{2}\right) \tag{8-21}$$

其中,$G(x)=(x+1)\log_2(x+1)-x\log_2 x$。

接下来,可以通过协方差矩阵 $\boldsymbol{\gamma}_{AFG}^{x_B}$ 的辛特征值来计算第二部分的值。该特征值可以通过表征 Bob 测量前状态的矩阵 $\boldsymbol{\gamma}_{ABFG}$ 来计算,其最终形式由下式得到:

$$\boldsymbol{\gamma}_{ABFG}=(\boldsymbol{I}_2\oplus Y_{B_3F_0}^{BS}\oplus\boldsymbol{I}_2)Y^{PSA}(\boldsymbol{\gamma}_{AB_2}\oplus\boldsymbol{\gamma}_{F_0G})(Y^{PSA})^T(\boldsymbol{I}_2\oplus Y_{B_3F_0}^{BS}\oplus\boldsymbol{I}_2)^T \tag{8-22}$$

其中,$\boldsymbol{Y}_{B_3F_0}^{BS}$ 表示 BS 的辛矩阵,其形式如下:

$$\boldsymbol{Y}_{B_3F_0}^{BS}=\begin{bmatrix}\sqrt{\eta}\boldsymbol{I}_2 & \sqrt{1-\eta}\boldsymbol{I}_2\\ -\sqrt{1-\eta}\boldsymbol{I}_2 & \sqrt{\eta}\boldsymbol{I}_2\end{bmatrix} \tag{8-23}$$

γ_{F_0G}具有如下形式：

$$\boldsymbol{Y}_{B_3F_0}^{BS}=\begin{bmatrix}V_N\boldsymbol{I}_2 & \sqrt{(V_N^2-1)}\boldsymbol{\sigma}_z\\ \sqrt{(V_N^2-1)}\boldsymbol{\sigma}_z & V_N\boldsymbol{I}_2\end{bmatrix} \tag{8-24}$$

此外，$\boldsymbol{Y}^{PSA}=\boldsymbol{I}_2\oplus Y_{B_2}^{PSA}\oplus\boldsymbol{I}_2\oplus\boldsymbol{I}_2$，且

$$\boldsymbol{Y}_{B_2}^{PSA}=\begin{bmatrix}\sqrt{g} & 0\\ 0 & 1/\sqrt{g}\end{bmatrix} \tag{8-25}$$

更进一步，通过适当地重新排列矩阵 $\boldsymbol{\gamma}_{ABFG}$ 的行和列，可以得到一个新的矩阵 $\boldsymbol{\gamma}_{AFGB}$，其结构如下：

$$\boldsymbol{\gamma}_{AFGB}=\begin{bmatrix}\boldsymbol{\gamma}_{AFG} & \boldsymbol{\sigma}_{AFGB}^{T}\\ \boldsymbol{\sigma}_{AFGB} & \boldsymbol{\gamma}_{B}\end{bmatrix} \tag{8-26}$$

经过 Bob 的零差操作以后，可以得到矩阵 $\boldsymbol{\gamma}_{AFG}^{x_B}$，其可以通过下式计算：

$$\boldsymbol{\gamma}_{AFG}^{x_B}=\boldsymbol{\gamma}_{AFG}-\boldsymbol{\sigma}_{AFGB}^{T}(\boldsymbol{X}\boldsymbol{\gamma}_B\boldsymbol{X})^{MP}\boldsymbol{\sigma}_{AFGB} \tag{8-27}$$

其中，$\boldsymbol{X}=\begin{bmatrix}1 & 0\\ 0 & 0\end{bmatrix}$，$MP$ 表示 Moore-Penrosen 求逆。计算出 $\boldsymbol{\gamma}_{AFG}^{x_B}$ 的辛特征值，可由式(8-20)计算出 Eve 能获得的信息 χ_{BE}，再由式(8-16)可计算出加入相敏光放大器后协议安全码率的大小。

图 8-7 利用 MATLAB，对加入相敏光放大器后，高斯调制相干态协议的安全码率与传输距离的关系进行了仿真。其中，黑色的实线代表使用实际探测器时实际协

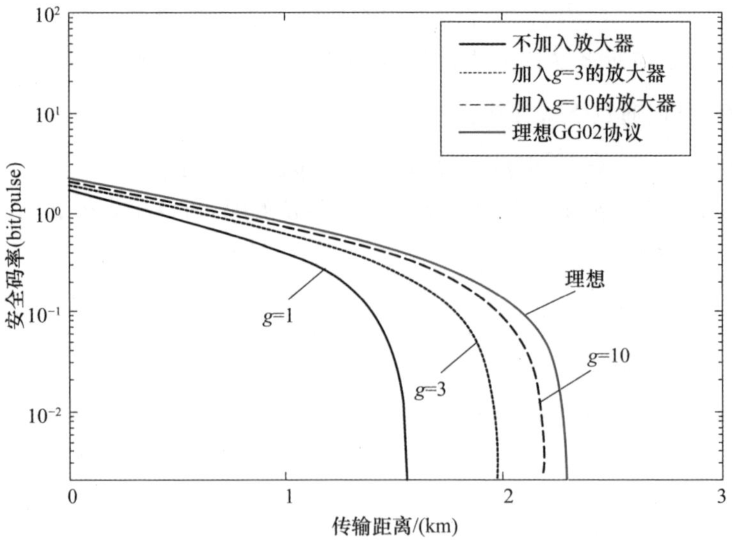

图 8-7　PSA 对 GG02 协议的改进效果

议的安全码率，红色的实线代表使用理想探测器时理想协议的安全码率。点线代表加入放大倍数为 3 的相敏光放大器后协议的性能，虚线代表加入放大倍数为 10 的相敏光放大器后协议的性能。类似地，当放大倍数逐渐增大时，系统的性能逐渐靠近理想性能，探测器的非理想性被补偿。

8.2.3 PSA 对一维调制相干态协议的改进

如图 8-8 所示，Alice 端使用一个 EPR 源，它等效于方差为 V 的双模压缩真空态 ρ_{AB_0}。其中，Alice 保留其中一个模式 A，并将模式 B_0 发送出去。高斯态 ρ_{AB_0} 完全由如下形式的协方差矩阵 $\boldsymbol{\gamma}_{AB_0}$ 确定

$$\boldsymbol{\gamma}_{AB_0}=\begin{bmatrix} V\boldsymbol{I}_2 & \sqrt{V^2-1}\boldsymbol{\sigma}_z \\ \sqrt{V^2-1}\boldsymbol{\sigma}_z & V\boldsymbol{I}_2 \end{bmatrix} \tag{8-28}$$

其中

$$\boldsymbol{I}=\begin{bmatrix} 1 & 0 \\ 0 & 1 \end{bmatrix},\boldsymbol{\sigma}_z=\begin{bmatrix} 1 & 0 \\ 0 & -1 \end{bmatrix} \tag{8-29}$$

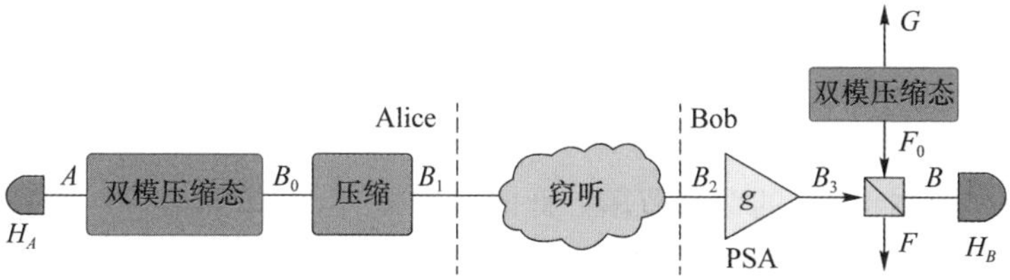

图 8-8 使用 PSA 改进一维调制相干态协议的 EB 模型

接下来，模式 B_0 被压缩，压缩操作的辛矩阵形式如下所示：

$$\boldsymbol{S}=\begin{bmatrix} e^{r} & 0 \\ 0 & e^{-r} \end{bmatrix} \tag{8-30}$$

当 $r=\ln\sqrt{V}$ 时，压缩操作的辛矩阵变为

$$\boldsymbol{S}=\begin{bmatrix} \sqrt{V} & 0 \\ 0 & 1/\sqrt{V} \end{bmatrix} \tag{8-31}$$

经过压缩操作之后可以得到一个新的模式 B_1，A 和 B_1 两个模式之间的新协方差矩阵 $\boldsymbol{\gamma}_{AB_1}$ 具有如下形式：

$$\begin{aligned}\boldsymbol{\gamma}_{AB_1}&=(\boldsymbol{I}_2\oplus\boldsymbol{S})\boldsymbol{\gamma}_{AB_0}(\boldsymbol{I}_2\oplus\boldsymbol{S})^{\mathrm{T}}\\ &=\begin{bmatrix} V & 0 & \sqrt{V(V^2-1)} & 0 \\ 0 & V & 0 & -\sqrt{(V^2-1)/V} \\ \sqrt{V(V^2-1)} & 0 & V^2 & 0 \\ 0 & -\sqrt{(V^2-1)/V} & 0 & 1 \end{bmatrix}\end{aligned} \tag{8-32}$$

接下来，Alice 把压缩后的模式 B_1 经过信道发送给 Bob。经过信道后，得到一个新的模式 B_2，A 和 B_2 两个模式之间的协方差矩阵 $\boldsymbol{\gamma}_{AB_2}$ 具有如下形式：

$$\boldsymbol{\gamma}_{AB_2}=\begin{bmatrix} V & 0 & \sqrt{T^x V(V^2-1)} & 0 \\ 0 & V & 0 & C^p \\ \sqrt{T^x V(V^2-1)} & 0 & T^x(V^2+\chi_{\text{line}}^x) & 0 \\ 0 & C^p & 0 & V_{B_2}^p \end{bmatrix} \tag{8-33}$$

上式中 $\chi_{\text{line}}^x=(1-T^x)/T^x+\varepsilon^x$，表示在 x 方向上的添加到系统的总噪声，其中，等式右侧的第一部分表示损耗引起的噪声。$V_{B_2}^p$ 表示在 Bob 端测量得到的 p 方向上模式 B_2 的方差，而 C^p 表示 Alice 保留的模式和 Bob 得到的模式在 p 方向上的相关性。由于 p 方向未被调制，因此代表相关性的参数 C^p 未知。此外，根据海森堡不确定原理对量子态的约束，量子态的协方差矩阵需要遵循以下约束条件：

$$\boldsymbol{\gamma}_{AB_2}+i\boldsymbol{\Omega}\geqslant 0 \tag{8-34}$$

其中

$$\boldsymbol{\Omega}=\bigoplus_{k=1}^{N}\boldsymbol{\omega} \tag{8-35}$$

且

$$\boldsymbol{\omega}=\begin{bmatrix} 0 & 1 \\ -1 & 0 \end{bmatrix} \tag{8-36}$$

式(8-34)限制了 C^p 的取值范围。此时将其展开，可得到如下不等式：

$$(C^p-C^0)^2\leqslant\frac{V^2-1}{V}(1-T^x V_{B_2}^0)(V_{B_2}^p-V_{B_2}^0) \tag{8-37}$$

其中

$$V_{B_2}^0=\frac{1}{1+T^x\varepsilon^x} \tag{8-38}$$

且

$$C^0=-V_{B_2}^0\sqrt{\frac{T^x(V^2-1)}{V}} \tag{8-39}$$

接下来，可以证明存在一个区域，对于当中的每对海森堡不确定性原理限制的 $V_{B_2}^p$ 和 C^p 的取值，都可以使得协议是无条件安全的。要证明这一点就要保证区域中每对 $V_{B_2}^p$ 和 C^p 计算出来的安全码率最小值都大于零。

此外，安全性分析的核心是如何评估 Eve 可以窃听的信息的上限。在已知 Alice 和 Bob 共享的量子态的协方差矩阵 $\boldsymbol{\gamma}_{AB}$ 后，对于联合窃听下的 CV-QKD 协议来说，如果 Eve 进行的窃听操作可以被视为高斯操作，则 Eve 可以获得的信息量是最多的，故此时的安全码率达到下限。若能保证此时的安全码率大于零，则就能保证协议是无条件安全的。Eve 可以窃听的信息上限 χ_{BE} 的计算仅取决于 Alice 和 Bob 共享的量子态 $\boldsymbol{\rho}_{AB}$。基于上述思想，在反向协调的情况下，安全码率 K 的计算公式可以表示为：

$$K_{UD}^{\mathrm{PSA}}=\beta I_{AB}-\chi_{BE} \tag{8-40}$$

其中，β 表示反向协调的效率。I_{AB} 为 Alice 和 Bob 间的经典信息熵，可以通过下式进行计算：

$$I_{AB}=\frac{1}{2}\log_2\frac{V_A}{V_{A|B}} \tag{8-41}$$

上式中，V_A 是 Alice 端 x 方向上的方差，对应协方差矩阵 $\boldsymbol{\gamma}_{AB}$ 的第一个对角元素，其中，$\boldsymbol{\gamma}_{AB}$ 具有以下形式：

$$\begin{aligned}\boldsymbol{\gamma}_{AB}&=\begin{bmatrix} V & 0 & \sqrt{\eta T^x V(V^2-1)} & 0 \\ 0 & V & 0 & C^p\sqrt{\eta} \\ \sqrt{\eta T^x V(V^2-1)} & 0 & \eta T^x(V^2+\chi_{tot}^x) & 0 \\ 0 & C^p\sqrt{\eta} & 0 & \eta V_{B_2}^p+V_N(1-\eta)\end{bmatrix}\\ &=\begin{bmatrix}\boldsymbol{\gamma}_A & \boldsymbol{\sigma}_{AB}\\ \boldsymbol{\sigma}_{AB}^T & \boldsymbol{\gamma}_B\end{bmatrix}\end{aligned} \tag{8-42}$$

其中，η 是分束器的透射率，$V_N=1+v_{el}/(1-\eta)$ 表示噪声方差；χ_{tot}^x 是在 x 方向上 Alice 和 Bob 之间的总噪声且 $\chi_{\mathrm{tot}}^x=\chi_{\mathrm{line}}^x+\chi_{\mathrm{hom}}/T^x$，其中，$\chi_{\mathrm{hom}}$ 可以通过如下公式求得：

$$\chi_{\mathrm{hom}}=(1-\eta+v_{el})/(g\eta) \tag{8-43}$$

式中，v_{el} 表示电噪声，g 表示相敏光放大器的放大倍数。

更进一步，式(8-41)中的 $V_{A|B}$ 是已知 Bob 测量结果的情况下 Alice 端 x 方向上的条件方差，其值对应于条件矩阵 $\gamma_{A|B}$ 的第一个对角线元素，$\boldsymbol{\gamma}_{A|B}$ 可以通过以下公式计算：

$$\boldsymbol{\gamma}_{A|B}=\boldsymbol{\gamma}_A-\boldsymbol{\sigma}_{AB}^T(\boldsymbol{X}\boldsymbol{\gamma}_B\boldsymbol{X})^{MP}\boldsymbol{\sigma}_{AB} \tag{8-44}$$

其中，$\boldsymbol{X}=\begin{bmatrix}1 & 0\\ 0 & 0\end{bmatrix}$，$MP$ 表示 Moore-Penrosen 求逆。

同样地，假定窃听者在信道中使用的是纠缠克隆操作，则在 Eve 可以纯化系统的情况下，χ_{BE} 可以通过下式计算：

$$\chi_{BE}=S(\boldsymbol{\rho}_E)-S(\boldsymbol{\rho}_{\rho_E}^{x_B})=S(\boldsymbol{\rho}_{AB_2})-S(\boldsymbol{\rho}_{AFG}^{x_B}) \tag{8-45}$$

该表达式中的 $S(\boldsymbol{\rho})$ 表示量子态 $\boldsymbol{\rho}$ 的冯·诺依曼熵，可以用表征 $\boldsymbol{\rho}$ 的协方差矩阵 $\boldsymbol{\gamma}$ 的辛特征值来计算：

$$S(\boldsymbol{\rho})=\sum_i G\left(\frac{\upsilon_i-1}{2}\right) \tag{8-46}$$

其中，$G(x)=(x+1)\log_2(x+1)-x\log_2 x$。

接下来，可以通过协方差矩阵 $\boldsymbol{\gamma}_{AFG}^{x_B}$ 的辛特征值来计算第二部分的值。该特征值可以通过表征 Bob 测量前状态的矩阵 $\boldsymbol{\gamma}_{ABFG}$ 来计算，其最终形式由下式得到：

$$\boldsymbol{\gamma}_{ABFG}=(\boldsymbol{I}_2\oplus Y_{B_3F_0}^{BS}\oplus\boldsymbol{I}_2)Y^{PSA}(\boldsymbol{\gamma}_{AB_2}\oplus\boldsymbol{\gamma}_{F_0G})(Y^{PSA})^T(\boldsymbol{I}_2\oplus Y_{B_3F_0}^{BS}\oplus\boldsymbol{I}_2)^T \tag{8-47}$$

其中，$\boldsymbol{Y}_{B_3F_0}^{BS}$ 表示 BS 的辛矩阵，其形式如下：

$$\boldsymbol{Y}_{B_3F_0}^{BS}=\begin{bmatrix}\sqrt{\eta}\boldsymbol{I}_2 & \sqrt{1-\eta}\boldsymbol{I}_2\\ -\sqrt{1-\eta}\boldsymbol{I}_2 & \sqrt{\eta}\boldsymbol{I}_2\end{bmatrix} \tag{8-48}$$

$\boldsymbol{\gamma}_{F_0G}$ 具有如下形式：

$$\boldsymbol{Y}_{B_3F_0}^{BS}=\begin{bmatrix}V_N\boldsymbol{I}_2 & \sqrt{(V_N^2-1)}\boldsymbol{\sigma}_z\\ \sqrt{(V_N^2-1)}\boldsymbol{\sigma}_z & V_N\boldsymbol{I}_2\end{bmatrix} \tag{8-49}$$

此外，$Y^{\mathrm{PSA}}=\boldsymbol{I}_2\oplus Y_{B_2}^{PSA}\oplus\boldsymbol{I}_2\oplus\boldsymbol{I}_2$，且

$$\boldsymbol{Y}_{B_2}^{PSA}=\begin{bmatrix}\sqrt{g} & 0\\ 0 & 1/\sqrt{g}\end{bmatrix} \tag{8-50}$$

式中，g 表示放大器的放大倍数。

更进一步，通过适当地重新排列矩阵 $\boldsymbol{\gamma}_{ABFG}$ 的行和列，可以得到一个新的矩阵 $\boldsymbol{\gamma}_{AFGB}$，其结构如下：

$$\boldsymbol{\gamma}_{AFGB}=\begin{bmatrix}\boldsymbol{\gamma}_{AFG} & \boldsymbol{\sigma}_{AFGB}^T\\ \boldsymbol{\sigma}_{AFGB} & \boldsymbol{\gamma}_B\end{bmatrix} \tag{8-51}$$

经过 Bob 的零差操作以后可以得到矩阵 $\boldsymbol{\gamma}_{AFG}^{x_B}$，其可以通过下式计算：

$$\boldsymbol{\gamma}_{AFG}^{x_B}=\boldsymbol{\gamma}_{AFG}-\boldsymbol{\sigma}_{AFGB}^T(\boldsymbol{X}\boldsymbol{\gamma}_B\boldsymbol{X})^{MP}\boldsymbol{\sigma}_{AFGB} \tag{8-52}$$

则计算出 $\boldsymbol{\gamma}_{AFG}^{x_B}$ 的辛特征值，可由式(8-45)计算出 Eve 能获得的信息 χ_{BE}。再由式(8-40)可计算出协议安全码率的大小。由此，可以推导出加入相敏光放大器后，协议的安全码率计算公式。为了更直观地了解加入相敏光放大器后的作用，下面利用 MATLAB 进行数值仿真。

特别地，本节仿真了拥有不同放大倍数 g 的 PSA 对于协议性能带来的影响，并将安全码率 K 视为与安全传输距离有关的函数。影响安全码率的参数包括调制方差 $V_M=V^2-1$；信道中的透射率 $T^{x(p)}$、过量噪声 $\varepsilon^{x(p)}$（本节计算中，假设量子信道中 x 方向和 p 方向上的透射率 $T^x=T^p=T$，热过量噪声 $\varepsilon^x=\varepsilon^p=\varepsilon$）；Bob 使用的实际探测器的效率 η 和系统中的电噪声 v_{el}；以及放大器的增益 g。本节将放大倍数 g 的增益取值为 1、3 和 10（注：$g=1$ 等于系统中没有加入放大器，因此可以与其他两个相比较系统中有无相敏光放大器的结果）。信道传输效率为 $T^x=T^p=10^{-\alpha L/10}$，其中 $\alpha=0.2$ dB/km 是光纤的损耗系数，L 表示信道的长度，即传输距离。在所有数值仿真中，效率 η 取值为 0.6 和 1，协调效率 β 取值为 0.96，系统中的电噪声 v_{el} 取值为 0 和 0.1（以散粒噪声方差为单位）。值得注意的是，$\eta=1$，$v_{el}=0$ 对应于使用了理想检测

器的情况，此时，当 $g=1$，代表系统中没有加入放大器，即为原始的理想一维调制相干态协议。

下面首先考虑过量噪声对系统安全码率的影响。具体来说，将过量噪声设置为 0.001 和0.01，同时如上所述设置其他参数，仿真结果如图 8-9、图 8-10 所示。通过图 8-9和图 8-10 的比较(两张图分别代表 $\varepsilon=0.001$ 和 $\varepsilon=0.01$ 的情况)，可以直接看出过量噪声越小，在使用相同倍数的相敏光放大器的条件下，可以得到越高的安全码率、越长的传输距离。此外，如图 8-9 所示，可以看到添加 PSA 可使实际的一维调制相干态协议接近理想协议、获得更好性能。尤其是，可以观察到不管过量噪声值如何设置，放大增益越大，性能越好。更具体地说，当放大增益为无限时，表达式趋于零。因此，设置相敏光放大器有助于补偿实际探测器的固有缺陷，并且当增益 g 增加时，性能趋于完美。此外，在图 8-9 和图 8-10 中还示出了 PLOB 界限，它为有损信道提供了无中继器量子通信的最大界限。尽管本文已经成功地补偿了探测器的缺陷，但该方案与最终极限之间仍然存在差距。

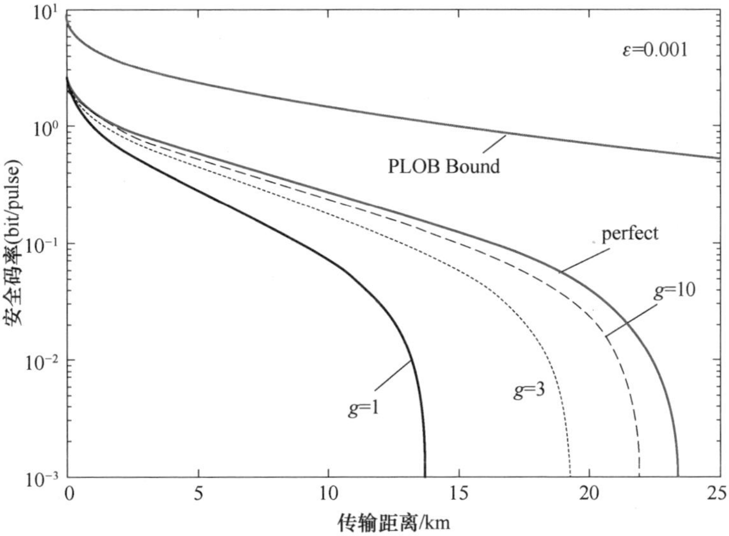

图 8-9 PSA 对一维调制协议的改进效果(过量噪声为 0.001 时)

此外，相敏光放大器在其他性能关键指标上也反映了补偿作用。本节数值模拟了可容忍过量噪声与距离的关系。仿真参数与前文安全码率仿真参数相同。很明显，在实际系统中，通过相敏光放大器可以提高系统对过量噪声的容限，如图 8-11 所示。实际上，仿真结果表明，随着放大增益 g 的增加，过量噪声的容限也得到了提高。实际系统中的可容忍过量噪声将逐渐接近理想系统中的可容忍过量噪声。

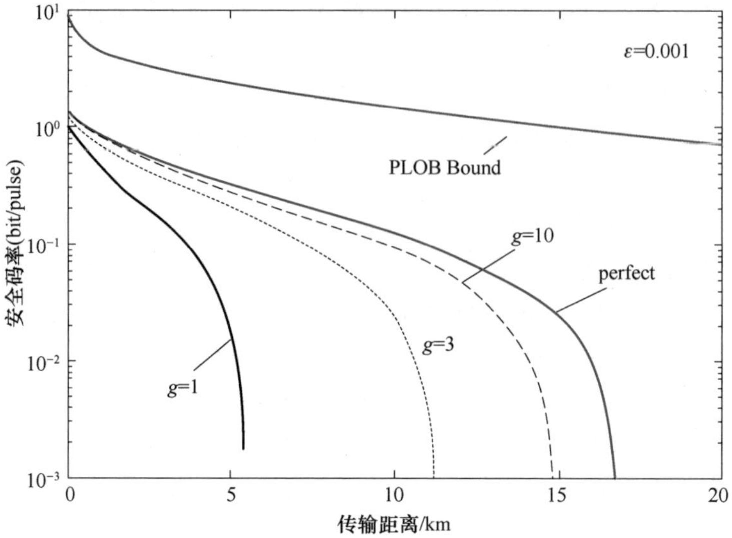

图 8-10　PSA 对一维调制协议的改进效果(过量噪声为 0.01 时)

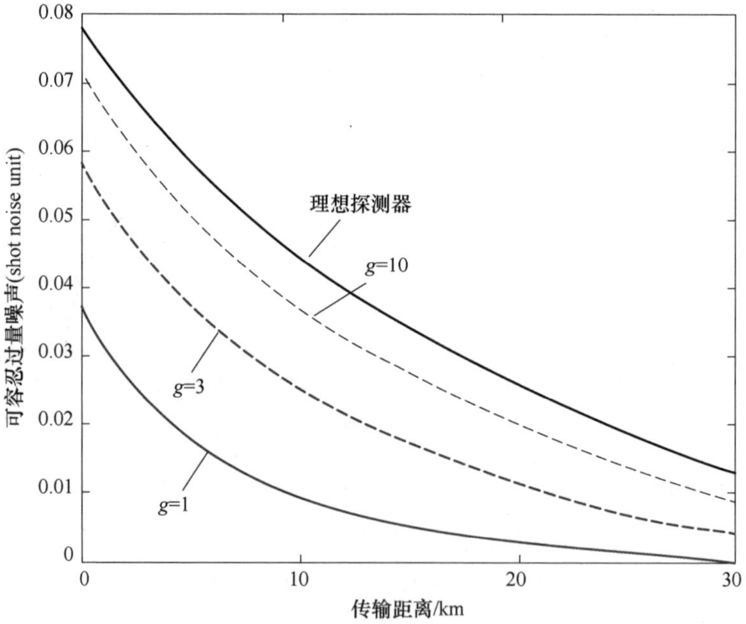

图 8-11　PSA 对一维调制协议的改进效果(可容忍噪声)

8.2.4 PSA 和 PIA 对双路协议性能的改进

在这一小节，将介绍使用 PSA 和 PIA 对双路协议进行改进，提升协议的性能。首先，将介绍改进协议的基本描述和必要参数。然后，推导出改进协议的安全码率的计算方法和仿真建模，并给出数值仿真的结果。

这里考虑改进的双路协议为基于相干态-零差探测的改进双路协议（以下简称零差探测的双路协议）和基于相干态-外差探测的改进双路协议（以下简称外差探测的双路协议），通过使用 PSA 改进零差探测的双路协议，使用 PIA 改进外差探测的双路协议。具体的改进方法如图 8-12 和图 8-13 所示。

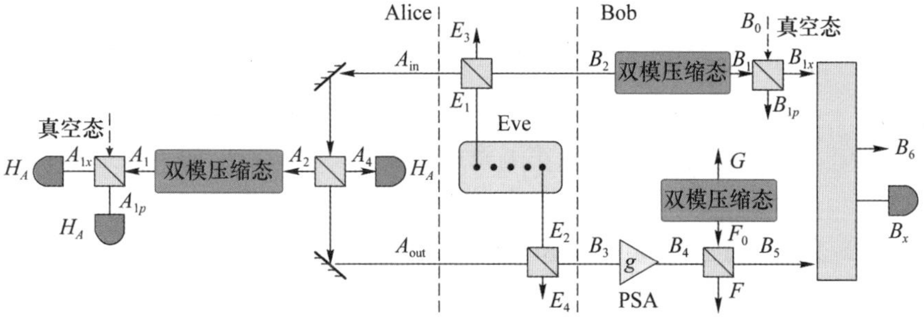

图 8-12 使用 PSA 改进零差探测双路协议的 EB 模型

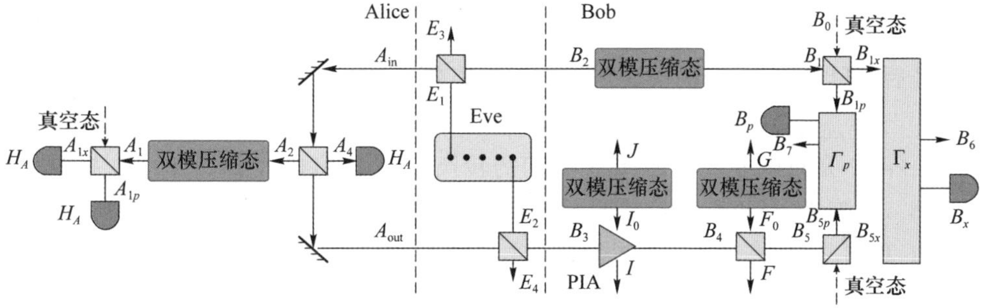

图 8-13 使用 PIA 改进外差探测双路协议的 EB 模型

- 使用 PSA 的零差探测的双路协议的改进方案

在接收端探测器之前加入 PSA 不会改变 $S_{BE}=S(E)-S(E|b)$ 的第一项，因为第一项与 Bob 的探测结构无关。因此，这里只需考虑加入 PSA 第二项是如何变化的。对于第二项，需要计算协方差矩阵 $\boldsymbol{\gamma}^{B_x}_{A_0A_2GFB_5B_{1P}}$ 的辛特征值。首先需要计算协方差矩阵 $\boldsymbol{\gamma}_{A_0A_2B_{1p}B_5B_xFG}$，它的具体形式是

$$\boldsymbol{\gamma}_{A_0A_2B_{1p}B_5B_xFG}=\boldsymbol{\Gamma}_X^T\,(\boldsymbol{Y}^{BS})^T\,(\boldsymbol{Y}^{\mathrm{PSA}}_{B_3})^{\mathrm{T}}[\boldsymbol{\gamma}_{A_0A_2B_{1P}B_{1x}B_3}\oplus\boldsymbol{\gamma}_{F_0G}]\boldsymbol{Y}^{PSA}_{B_3}\boldsymbol{Y}^{BS}\boldsymbol{\Gamma}_x \tag{8-53}$$

其中，矩阵 $\boldsymbol{Y}^{BS}$，Γ_x，$\boldsymbol{\gamma}_{A_0A_2B_{1p}B_{1x}B_3}$，$\boldsymbol{\gamma}_{F_0G}$ 在第五章中已给出，$\boldsymbol{Y}^{PSA}_{B_3}$ 的具体形式为

$$\boldsymbol{Y}_{B_3}^{\mathrm{PSA}}=\boldsymbol{I}_8\oplus\boldsymbol{Y}^{PSA}\oplus\boldsymbol{I}_4 \tag{8-54}$$

然后可以用相同方法来计算协方差矩阵 $\boldsymbol{\gamma}_{A_0A_2GFB_5B_{1p}}^{B_x}$，然后得到它的辛特征值 $\lambda_{5,6,7,8,9,10}$。

• 使用 PIA 的外差探测的双路协议的改进方案

同理，加入 PIA 也不会改变 $S_{BE}=S(E)-S(E|b)$ 的第一项，需要计算协方差矩阵 $\boldsymbol{\gamma}_{A_0A_2IJFGB_6B_7}^{B_x,B_p}$ 的辛特征值，$\boldsymbol{\gamma}_{A_0A_2IJFGB_6B_7}^{B_x,B_p}$ 的具体计算方法如下式所示，第一步计算

$$\boldsymbol{\gamma}_{A_0A_2IJFGB_6B_7B_x}^{B_p}=\boldsymbol{\gamma}_{A_0A_2IJFGB_6B_7B_x}-\boldsymbol{\sigma}_{A_0A_2IJFGB_6B_7B_xB_p}^{T}(\boldsymbol{P}\boldsymbol{\gamma}_{B_p}\boldsymbol{P})^{MP}\boldsymbol{\sigma}_{A_0A_2IJFGB_6B_7B_xB_p} \tag{8-55}$$

然后，第二步计算

$$\boldsymbol{\gamma}_{A_0A_2IJFGB_6B_7}^{B_x,B_p}=\boldsymbol{\gamma}_{A_0A_2IJFGB_6B_7}^{B_p}-(\boldsymbol{\sigma}_{A_0A_2IJFGB_6B_7B_x}^{B_p})^T(\boldsymbol{X}\boldsymbol{\gamma}_{B_p}\boldsymbol{X})^{MP}\boldsymbol{\sigma}_{A_0A_2IJFGB_6B_7B_x}^{B_p} \tag{8-56}$$

这两步中用到的矩阵可以通过分解矩阵 $\boldsymbol{\gamma}_{A_0A_2IJFGB_6B_7B_xB_p}$ 和 $\boldsymbol{\gamma}_{A_0A_2IJFGB_6B_7B_x}^{B_p}$ 而获得

$$\boldsymbol{\gamma}_{A_0A_2B_{1X}B_{1P}B_4IJF_0G}=(\boldsymbol{Y}_{B_3I_0}^{\mathrm{PIA}})^{\mathrm{T}}[\boldsymbol{\gamma}_{A_0A_2B_{1x}B_{1p}B_3}\oplus\boldsymbol{\gamma}_{I_0J}\oplus\boldsymbol{\gamma}_{F_0G}]\boldsymbol{Y}_{B_3I_0}^{\mathrm{PIA}} \tag{8-57}$$

其中矩阵 $\boldsymbol{\gamma}_{A_0A_2B_{1P}B_{1X}B_3}$，$\boldsymbol{\gamma}_{I_0J}$，$\boldsymbol{\gamma}_{F_0G}$ 在第五章已经给出，矩阵 $\boldsymbol{Y}_{B_3I_0}^{\mathrm{PIA}}$ 的具体形式为

$$\boldsymbol{Y}_{B_3I_0}^{\mathrm{PIA}}=\boldsymbol{I}_8\oplus\boldsymbol{Y}^{PIA}\oplus\boldsymbol{I}_6 \tag{8-58}$$

接下来，交换下矩阵的某些行和列便可获得矩阵 $\boldsymbol{\gamma}_{A_0A_2B_{1x}B_{5x}B_{1p}B_{5p}FIJG}$

$$\boldsymbol{\gamma}_{A_0A_2B_{1x}B_{1p}B_5FIJG}=(\boldsymbol{Y}_{B_4F_0}^{BS})^T[\boldsymbol{\gamma}_{A_0A_2B_{1x}B_{1p}B_4F_0IJG}]\boldsymbol{Y}_{B_4F_0}^{BS} \tag{8-59}$$

$$\boldsymbol{\gamma}_{A_0A_2B_{1x}B_{1p}FIJGB_{5x}B_{5p}}=(\boldsymbol{Y}_{B_5}^{BS(0.5)})^{\mathrm{T}}[\boldsymbol{\gamma}_{A_0A_2B_{1x}B_{1p}FIJGB_5}\oplus\boldsymbol{I}_2]\boldsymbol{Y}_{B_5}^{BS(0.5)} \tag{8-60}$$

其中，$\boldsymbol{Y}_{B_4F_0}^{BS}=\boldsymbol{I}_8\oplus\boldsymbol{Y}^{BS}\oplus\boldsymbol{I}_6$，$\boldsymbol{Y}_{B_5}^{BS(0.5)}=\boldsymbol{I}_{16}\oplus\boldsymbol{Y}^{BS(0.5)}$，$\boldsymbol{Y}^{BS(0.5)}=\begin{bmatrix}\sqrt{0.5}\boldsymbol{I}_2 & \sqrt{0.5}\boldsymbol{I}_2\\ -\sqrt{0.5}\boldsymbol{I}_2 & \sqrt{0.5}\boldsymbol{I}_2\end{bmatrix}$。

最后，可以通过下面的等式获得协方差矩阵 $\boldsymbol{\gamma}_{A_0A_2IJFGB_6B_7B_xB_p}$

$$\boldsymbol{\gamma}_{A_0A_2B_6B_xB_7B_pIJFG}=(\boldsymbol{\Gamma}_{B_{1p}B_{5p}}^{p})^{\mathrm{T}}(\boldsymbol{\Gamma}_{B_{1x}B_{5x}}^{x})^{\mathrm{T}}\boldsymbol{\gamma}_{A_0A_2B_{1x}B_{5x}B_{1p}B_{5p}IJFG}\boldsymbol{\Gamma}_{B_{1x}B_{5x}}^{x}\boldsymbol{\Gamma}_{B_{1p}B_{5p}}^{p} \tag{8-61}$$

矩阵 $\boldsymbol{\Gamma}^x$ 是正则分量 x 的 CNOT 门的转换矩阵，它将模式 B_{5x} 和 B_{1x} 变换成模式 B_6 和 B_x，矩阵 $\boldsymbol{\Gamma}^p$ 是正则分量 p 的 CNOT 门的转换矩阵，它将模式 B_{5p} 和 B_{1p} 变换成模式 B_7 和 B_p。因此，$\boldsymbol{\Gamma}_{B_{1x}B_{5x}}^{x}=\boldsymbol{I}_4\oplus\boldsymbol{\Gamma}^x\oplus\boldsymbol{I}_{12}$，$\boldsymbol{\Gamma}_{B_{1p}B_{5p}}^{p}=\boldsymbol{I}_8\oplus\boldsymbol{\Gamma}^p\oplus\boldsymbol{I}_8$。

现在，将通过数值仿真得到双路协议在单模攻击下的性能并与单路协议进行比较。会影响系统性能的参数有：协调效率 β，Alice 端和 Bob 的调制方差(V_A-1)和(V_B-1)，Alice 端耦合器的透射率 T_A。在本次数值仿真中，这些参数都选择实际实验中的典型值并且为固定值。这里选择 $V_A=V_B=40$，$\beta=1$ 或者 $\beta=0.95$，$T_A=0.4$。同时，选取了不同的信道过量噪声参数 $\varepsilon=0.005$，$\varepsilon=0.02$，$\varepsilon=0.2$，用于模拟不同环境下的噪声。

首先在考虑使用 PSA 的零差探测双路协议来改进协议的性能，得到了协议的安全码率随传输距离的变化曲线(如图 8-14 所示)。图中黑色点线表示不使用 PSA 时协议的性能，粉色虚线表示使用增益为 2 的 PSA 时协议的性能，粉色点画线表示使用增益为 15 的 PSA 时协议的性能，黑色实线便是使用理想探测器时协议的性能。

图 8-14(a)、(b)、(c)三张图分别是在信道参数为 $\varepsilon=0.005$，$\varepsilon=0.02$，$\varepsilon=0.2$ 时的仿真结果。当 PSA 的增益越大时，协议的传输距离和安全码率的提升也越大。并且，这种提升在不同的信道参数下均有效。改进协议的最优性能可以达到使用理想零差探测器时协议的性能，也就是说使用 PSA 可以完全弥补探测器的非理想性所引起的协议性能的下降。

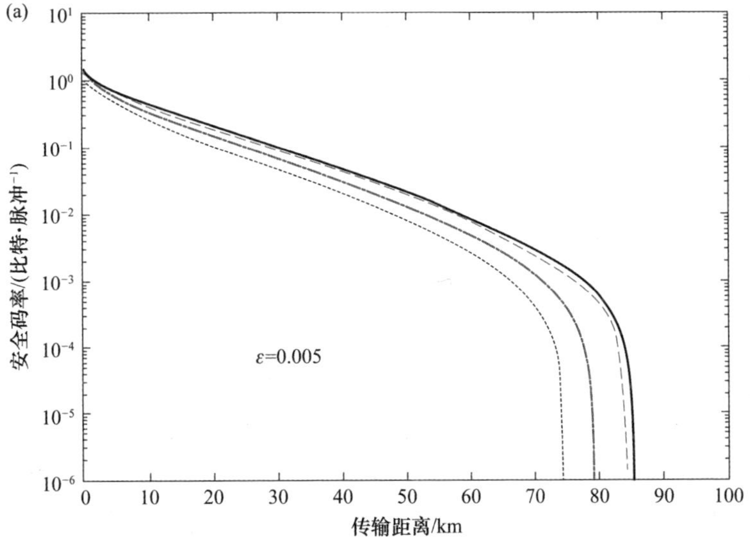

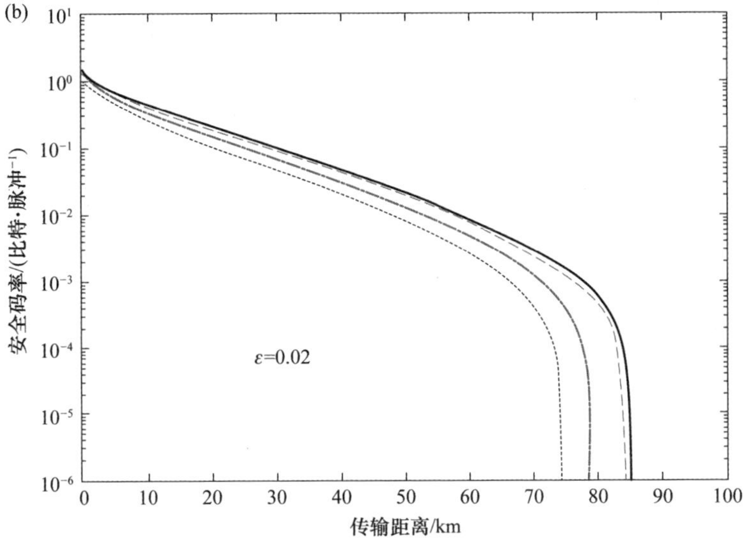

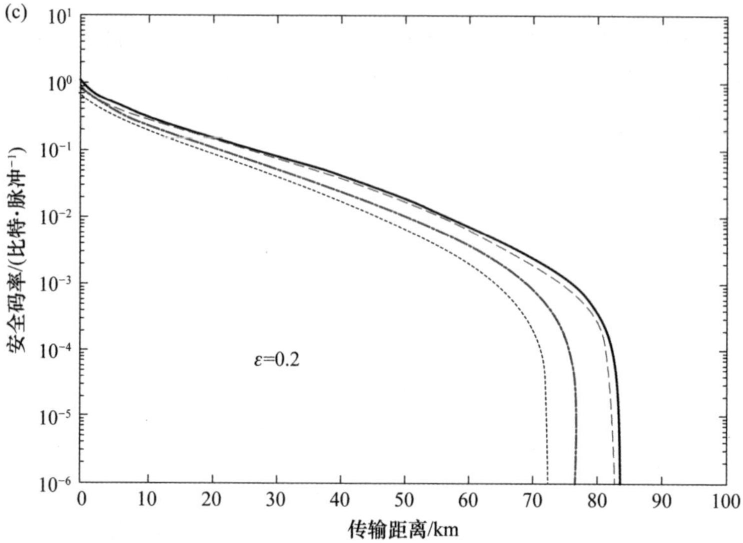

图 8-14　PSA 对零差探测双路协议性能的改进效果

然后，将 PIA 应用于外差探测双路协议来改进协议性能，得到了协议的安全码率随传输距离的变化曲线(如图 8-15 所示)。图中黑色点线表示不使用 PIA 时协议的性能，粉色虚线表示使用增益为 2，噪声为 1 的 PIA 时协议的性能，粉色点画线表示使用增益为 15，噪声为 1 的 PIA 时协议的性能，蓝色虚线表示使用增益为 2，噪声为1.5的 PIA 时协议的性能，蓝色点画线表示使用增益为 15，噪声为 1.5 的 PIA 时协议的性能，黑色实线便是使用理想探测器时协议的性能。上中下三张图分别是在信

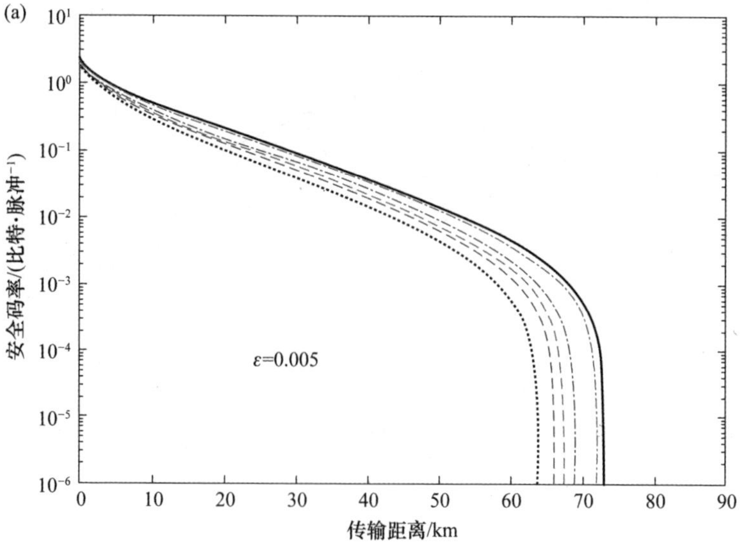

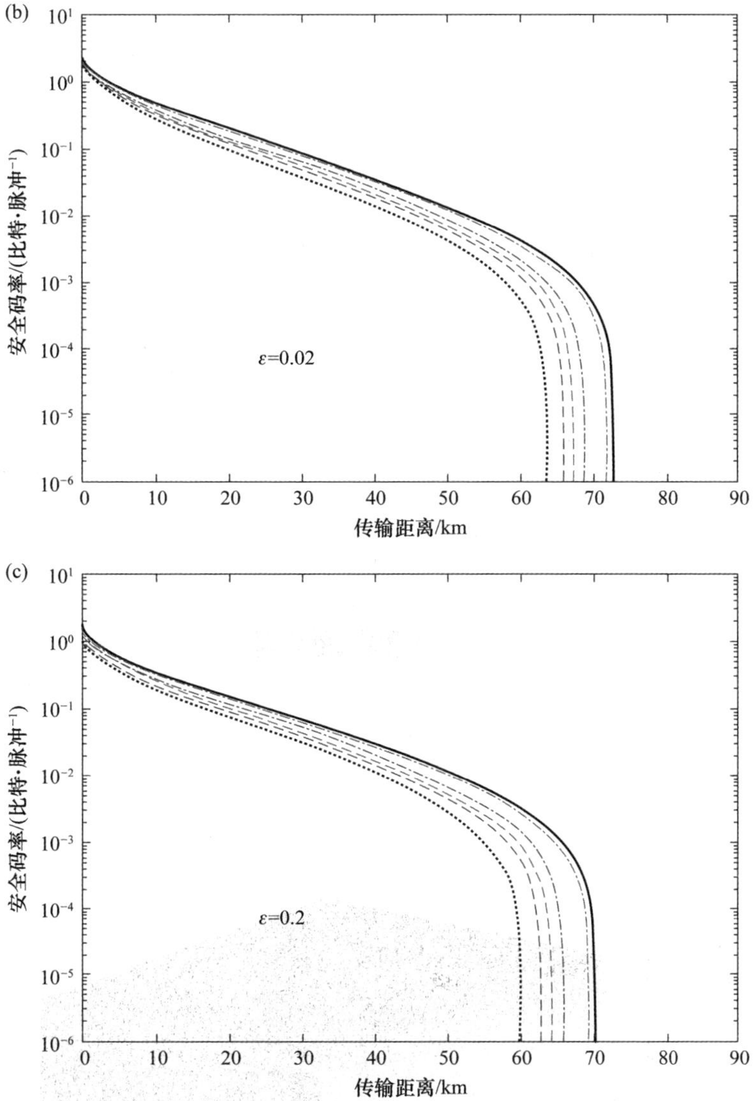

图 8-15 PIA 对外差探测双路协议性能的改进效果

道参数为 ε=0.005,ε=0.02,ε=0.2 时的仿真结果。当 PIA 的增益越大时,协议的传输距离和安全码率的提升也会越大;当 PIA 的噪声越小时,协议的传输距离和安全码率的提升也会越大。并且,这种提升在不同的信道参数下均有效。改进协议的最优性能可以达到使用理想外差探测器时协议的性能,也就是说使用 PIA 可以完全弥补探测器的非理想性所引起的协议性能的下降。

图 8-16 所示给出了了安全码率随 PIA 的噪声的变化曲线。上图为固定距离(60 km)和固定增益(增益为 15)下的码率曲线。当 PIA 的噪声增大时，协议的安全码率会逐渐减小。所以，上图又给出了一条表示在传输距离为 60 km 下使用非理想探测器时的安全码率的参考线。在这条参考线之上的区域为性能提升区，参考线之下的区域为性能下降区。因此，该参考线与码率曲线的交点的横坐标为所能容忍的最大的 PIA 的噪声，定义为最大可容忍 PIA 噪声。如图 8-16 所示，在 60 km 传输距离下，当想使用增益为 15 的 PIA 来提升协议的性能时，PIA 的噪声必须小于 2.678。由此，可以得到不同距离不同增益下，PIA 的最大可容忍 PIA 噪声(如图 8-16 所示)。这个最大可容忍 PIA 噪声是一个判断在实验中是否需要使用 PIA 的关键参数。

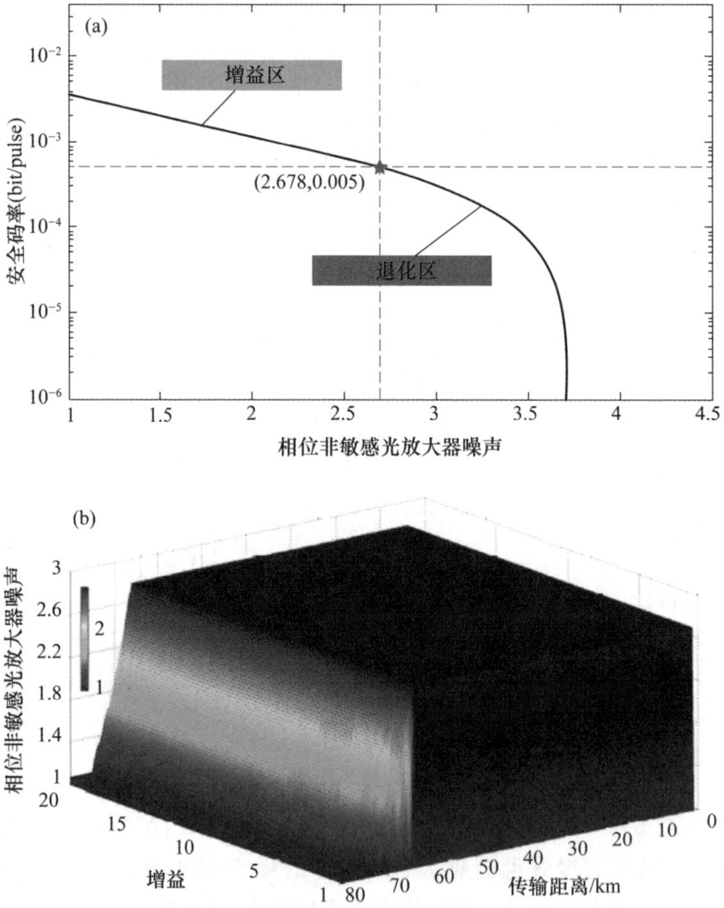

图 8-16　PIA 的适用范围

参考文献

[1] Caves C M. Quantum limits on noise in linear amplifiers[J]. Physical Review D，1982，26(8)：1817.

[2] Fossier S，Diamanti E，Debuisschert T，et al. Improvement of continuous-variable quantum key distribution systems by using optical preamplifiers[J]. Journal of Physics B：Atomic，Molecular and Optical Physics，2009，42(11)：114014.

[3] Huang L，Zhang Y，Chen Z，et al. Unidimensional continuous-variable quantum key distribution with untrusted detection under realistic conditions [J]. Entropy，2019，21(11)：1100.

[4] 黄露雨. 相敏光放大器对连续变量量子密钥分发协议的改进研究[D]. 北京：北京邮电大学，2020.

[5] Zhang Y，Li Z，Weedbrook C，et al. Improvement of two-way continuous-variable quantum key distribution using optical amplifiers[J]. Journal of Physics B：Atomic，Molecular and Optical Physics，2014，47(3)：035501.

[6] 张一辰. 连续变量量子密钥分发协议的安全性证明及协议改进[D]. 北京：北京邮电大学. 2017.

[7] Zhang H，Fang J，He G. Improving the performance of the four-state continuous-variable quantum key distribution by using optical amplifiers[J]. Physical Review A，2012，86(2)：022338.

[8] Guo Y，Li R，Liao Q，et al. Performance improvement of eight-state continuous-variable quantum key distribution with an optical amplifier[J]. Physics Letters A，2018，382(6)：372-381.

[9] Wang P，Wang X，Li Y. Continuous-variable measurement-device-independent quantum key distribution using modulated squeezed states and optical amplifiers[J]. Physical Review A，2019，99(4)：042309.

[10] Huang Y，Zhang Y，Xu B，et al. A modified practical homodyne detector model for continuous-variable quantum key distribution：detailed security analysis and improvement by the phase-sensitive amplifier[J]. Journal of Physics B：Atomic，Molecular and Optical Physics，2020，54(1)：015503.

[11] Zhou K，Chen Z，Guo Y，et al. Performance improvement of unidimensional continuous-variable quantum key distribution using heralded hybrid linear amplifier[J]. Physics Letters A，2020，384(3)：126074.